普通高等学校“十四五”规划生命科学类特色教材

附数字资源增值服务

切花优质高效栽培与采后保鲜技术

主　编　曾长立　李靖玉　董元火

副主编　母洪那　戴希刚　万何平

编　者（以编写章节先后为序）

曾长立　江汉大学

李靖玉　山东省高速路桥养护有限公司

戴希刚　江汉大学

母洪那　长江大学

董元火　江汉大学

万何平　江汉大学

陈伟达　江汉大学

陈敬东　江汉大学

华中科技大学出版社

http://www.hustp.com

中国·武汉

内 容 提 要

本书是普通高等学校"十四五"规划生命科学类特色教材。

本书理论内容分为六章，包括花卉保鲜概论、切花花卉优质高效栽培技术、切花采后的生理生化变化、切花采收及采后处理、花卉保鲜常用技术、几种常见切花的保鲜技术。本书还设有实验部分，包括十八个与切花生产及保鲜相关的实验项目，可为教师及学生开展相关实验提供参考。本书力求使读者尽可能全面掌握切花保鲜技术的基本原理，了解最新研究成果和未来发展动态，开拓读者视野，为进一步开展切花研究和商业开发奠定坚实基础。

本书可供普通高等院校植物、园艺、园林专业及相近专业的学生使用，也可供广大花店从业人员、技术人员及花卉爱好者学习参考。

图书在版编目(CIP)数据

切花优质高效栽培与采后保鲜技术/曾长立，李靖玉，董元火主编. —武汉：华中科技大学出版社，2021.9
ISBN 978-7-5680-7457-5

Ⅰ. ①切… Ⅱ. ①曾… ②李… ③董… Ⅲ. ①切花-观赏园艺 ②切花-保鲜 Ⅳ. ①S68

中国版本图书馆 CIP 数据核字(2021)第 169059 号

切花优质高效栽培与采后保鲜技术 曾长立 李靖玉 董元火 主编
Qiehua Youzhi Gaoxiao Zaipei yu Caihou Baoxian Jishu

策划编辑：罗 伟
责任编辑：罗 伟 张 萌
封面设计：原色设计
责任校对：刘 竣
责任监印：周治超
出版发行：华中科技大学出版社(中国·武汉) 电话：(027)81321913
武汉市东湖新技术开发区华工科技园 邮编：430223
录 排：华中科技大学惠友文印中心
印 刷：武汉科源印刷设计有限公司
开 本：889mm×1194mm 1/16
印 张：17.5
字 数：545 千字
版 次：2021 年 9 月第 1 版第 1 次印刷
定 价：59.80 元

网络增值服务

使用说明

欢迎使用华中科技大学出版社医学资源网

教师使用流程

（1）登录网址：http://yixue.hustp.com （注册时请选择教师用户）

注册 → 登录 → 完善个人信息 → 等待审核

（2）审核通过后，您可以在网站使用以下功能：

浏览教学资源　建立课程　管理学生　布置作业　查询学生学习记录等

教师

学员使用流程

（建议学员在PC端完成注册、登录、完善个人信息的操作）

（1）PC 端学员操作步骤

①登录网址：http://yixue.hustp.com（注册时请选择普通用户）

注册 → 登录 → 完善个人信息

②查看课程资源：（如有学习码，请在“个人中心—学习码验证”中先通过验证，再进行操作）

首页课程（选择课程） › 课程详情页 › 查看课程资源

（2）手机端扫码操作步骤

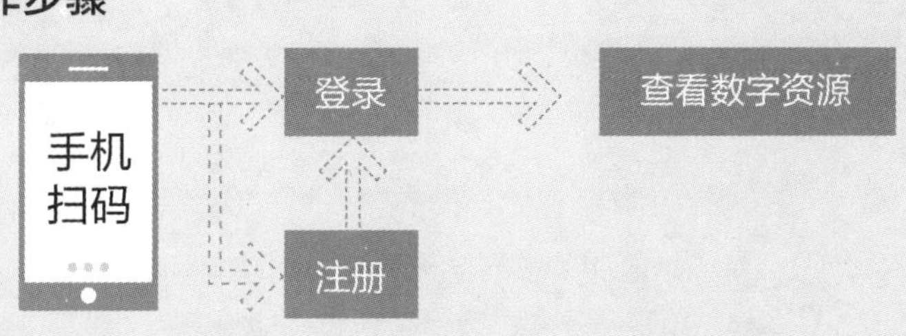

Preface 前言

花卉产业是我国新兴的“朝阳产业”。随着社会文明的进步以及人们生活水平和文化修养的提高，越来越多的人把鲜花作为一种高雅温馨、表情达意的礼物，促使鲜切花消费逐年上升。鲜切花产业已成为我国国民经济发展的一个新的增长点。

花卉保鲜知识在“花卉学”中是作为一章专门讲述的，但远远满足不了学生专业知识构建的需要，因此，许多高校的园艺专业特增设了“花卉保鲜学”这门专业选修课。尽管目前市场上有诸多有关切花保鲜的参考书，但整体章节内容简单，尤其在切花保鲜的生理生化基础、切花采后处理及贮运保鲜技术等方面显得简要，主要读者是花卉爱好者。鲜切花在脱离母体后，花朵极易过早凋萎，观赏时间短，严重降低了其观赏效果。延长切花的保鲜期，首先要具有优质高效的栽培技术，即种出健壮优质的切花，这是关键也是基础，其次是深刻理解采后切花体内的生理生化变化，针对这些变化再采取保鲜措施。在本书编写过程中，编者查阅了大量相关研究论文、专著和教材，力求使读者尽可能全面掌握切花保鲜技术的基本原理，了解最新研究成果和未来发展动态，开拓读者视野，为进一步开展切花研究和进行商业开发奠定坚实的基础。另外，本书还设有实验部分，为教师及学生开展实验提供参考。

参加本书编写的人员如下：曾长立（江汉大学）、李靖玉（山东省高速路桥养护有限公司）、戴希刚（江汉大学）编写第一章；母洪那（长江大学）、李靖玉（山东省高速路桥养护有限公司）、曾长立（江汉大学）编写第二章；曾长立（江汉大学）、李靖玉（山东省高速路桥养护有限公司）、董元火（江汉大学）编写第三章；李靖玉（山东省高速路桥养护有限公司）、曾长立（江汉大学）、万何平（江汉大学）、陈伟达（江汉大学）编写第四章；曾长立（江汉大学）、董元火（江汉大学）、李靖玉（山东省高速路桥养护有限公司）、戴希刚（江汉大学）、万何平（江汉大学）、陈伟达（江汉大学）编写第五章；曾长立（江汉大学）、万何平（江汉大学）、陈伟达（江汉大学）编写第六章；陈敬东（江汉大学）、曾长立（江汉大学）编写实验部分。

本书的出版得到了湖北省汉江流域特色生物资源保护开发与利用工程技术研究中心出版基金的大力资助，同时被纳入中国汉江流域生物资源保护与利用系列丛书。另外在本书的编写过程中，引用了国内外一些专家学者的研究成果，在此一并深表感谢。由于编者水平有限，书中难免有错误和不当之处，恳请大家批评指正。

编　者

目　录

MULU

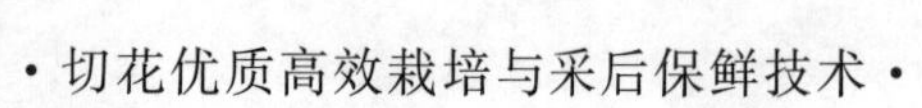

第六章 几种常见切花的保鲜技术

实验部分

第一章　花卉保鲜概论

切花(cut flower)是目前世界各国相当流行的一种花卉装饰材料，也是国际上每年生产和消费量最大的一类花卉。切花既是社交、重大节日及各种礼仪场合不可缺少的装饰品，也是美化居室的必备品之一。自古以来，人们就喜欢种花养草、瓶插鲜花，美化环境，美化居室，陶冶情操。随着社会的发展和人们物质生活水平的提高，人们对切花的需求量与日俱增，切花产业的发展有着一个美好的前景。

第一节　鲜切花概念及特性要求

一、概念

鲜切花有广义和狭义之分。广义的鲜切花是指从植物身上剪切下来用于观赏或装饰的植物材料。广义的鲜切花包括鲜切花、鲜切叶、鲜切枝，可泛指从栽培的或山野自生的观赏植物上带茎叶剪取下来的，瓶插水养用来制作花束、花篮、花环、壁花、胸饰花、花圈等观赏用品的花枝，即凡是植物的茎、叶、花、果的色彩、形状、姿态等具有观赏价值，或气味芳香宜人的，都可成为切花材料。狭义的鲜切花仅指从植物身上剪切下来具有观赏和装饰作用并带有较长茎部的花枝和长柄的单花或花序。

二、切花的作用

(一) 切花功能概述

鲜切花是色彩的来源，是美的象征。用于室内装饰，可蓬荜生辉；用于会议场所，可渲染空间气氛，突出会议之重要；用于社交礼仪，可代表人们的美好心愿。

1. 插花礼仪常用形式

(1) 花篮(图 1-1)：使用最广泛，以篮为盛器制作成各种造型。

(2) 花束(图 1-2)：手持礼仪用品，是人际交往中常见的形式。

(3) 花圈(图 1-3)：丧仪中普遍采用的吊唁用品，常以圆环状花体形式出现。

(4) 婚礼用花(图 1-4)：专属结婚时所涉及的一般装饰形式。

2. 礼仪插花的寓意

(1) 松、竹、梅——岁寒三友(图 1-5)。

(2) 松、菊——经霜不凋，独吐幽芳，长寿(图 1-6)。

(3) 梅、兰、竹、菊——四君子(图 1-7)。

(4) 牡丹——国色天香(图 1-8)。

(5) 水仙——凌波仙子(图 1-9)。

(6) 灵芝——如意(图 1-10)。

(7) 荷花——出淤泥而不染(图 1-11)。

NOTE

扫码看
彩图 1-1

图 1-1　花篮

扫码看
彩图 1-2

图 1-2　花束

扫码看
彩图 1-3

图 1-3　花圈

NOTE

扫码看
彩图 1-4

图 1-4　婚礼用花

扫码看
彩图 1-5

图 1-5　松、竹、梅

扫码看
彩图 1-6

图 1-6　松、菊

NOTE

扫码看
彩图 1-7

图 1-7 梅、兰、竹、菊

扫码看
彩图 1-8

图 1-8 牡丹

扫码看
彩图 1-9

图 1-9 水仙

NOTE

扫码看

彩图 1-10

图 1-10　灵芝

扫码看

彩图 1-11

图 1-11　荷花

(8) 蒲公英——随波逐流(图 1-12)。

扫码看

彩图 1-12

图 1-12　蒲公英

NOTE

3. 花卉名称的谐音

(1) 荷花+叶材——为官清廉。

(2) 百合花+柿子+橘——百事大吉。

(3) 百合花+万年春——和合万年。

(4) 麦穗瓶插——岁岁平安。

(5) 瓶中插月季花——四季平安。

(6) 芙蓉花与桂花同插——夫荣妻贵。

4. 用花习俗

(1) 艾、菖蒲——端午节。

(2) 赏菊花、插茱萸——重阳节。

(3) 玫瑰花、郁金香、紫罗兰和红鹤芋——情人节。

(4) 康乃馨、萱草——母亲节。

(5) 黄色月季、向日葵、石斛兰——父亲节。

(6) 一品红——圣诞节。

5. 常用花语

花语用来表达人的语言及某种感情和愿望,是被大众所公认的。下面列举了 40 种切花的话语。

(1) 非洲菊(图 1-13):神秘、兴奋、有毅力、追求丰富多彩人生。

(2) 菊花(图 1-14):高洁、长寿。

扫码看
彩图 1-13

扫码看
彩图 1-14

图 1-13 非洲菊

图 1-14 菊花

(3) 郁金香(图 1-15):爱的表白、博爱、永恒的祝福。

(4) 百合(图 1-16):百事顺意、百年好合、高贵。

扫码看
彩图 1-15

扫码看
彩图 1-16

图 1-15 郁金香

图 1-16 百合

NOTE

(5) 马蹄莲(图 1-17):清纯、气质高雅、幸福。

(6) 玫瑰(图 1-18):纯洁的爱、美丽的爱情、美好常在。

扫码看
彩图 1-17

扫码看
彩图 1-18

图 1-17 马蹄莲

图 1-18 玫瑰

(7) 蝴蝶兰(图 1-19):幸福、快乐、高洁。

(8) 红掌(图 1-20):大展宏图、鸿运当头、心心相印。

扫码看
彩图 1-19

扫码看
彩图 1-20

图 1-19 蝴蝶兰

图 1-20 红掌

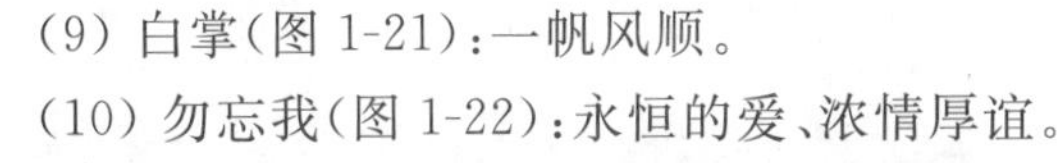

(9) 白掌(图 1-21):一帆风顺。

(10) 勿忘我(图 1-22):永恒的爱、浓情厚谊。

扫码看
彩图 1-21

扫码看
彩图 1-22

图 1-21 白掌

图 1-22 勿忘我

(11) 剑兰(图 1-23):幽会、用心、步步高升。

(12) 文心兰(图 1-24):隐秘的爱、快乐。

(13) 满天星(图 1-25):思恋、纯情、梦境。

(14) 天堂鸟(图 1-26):幸福、快乐、自由、热恋中的情人。

NOTE

扫码看 彩图 1-23

扫码看 彩图 1-24

图 1-23　剑兰

图 1-24　文心兰

扫码看 彩图 1-25

扫码看 彩图 1-26

图 1-25　满天星

图 1-26　天堂鸟

(15) 康乃馨(图 1-27):伟大、神圣、慈祥的母亲、温馨、和睦。

(16) 芙蓉花(图 1-28):纤细之美、贞操、纯洁美艳。

扫码看 彩图 1-27

扫码看 彩图 1-28

图 1-27　康乃馨

图 1-28　芙蓉花

(17) 牵牛花(图 1-29):爱情永固。

(18) 仙客来(图 1-30):喜迎贵客、好客。

(19) 油桐花(图 1-31):情窦初开。

(20) 樱花(图 1-32):爱情与希望的象征,代表着高雅、质朴纯洁的爱情。

(21) 曼陀罗(图 1-33):恐怖、偏执、圣洁和情欲之门等。

(22) 向日葵(图 1-34):沉默的爱。

NOTE

扫码看
彩图 1-29

扫码看
彩图 1-30

图 1-29　牵牛花

图 1-30　仙客来

扫码看
彩图 1-31

扫码看
彩图 1-32

图 1-31　油桐花

图 1-32　樱花

扫码看
彩图 1-33

扫码看
彩图 1-34

图 1-33　曼陀罗

图 1-34　向日葵

(23) 杜鹃花(图 1-35):繁荣昌盛、友谊长存、关心和思恋等。

(24) 水仙花(图 1-36):思念、团圆和敬畏等。

(25) 栀子花(图 1-37):永恒的爱、一生的守候、我们的爱等。

(26) 昙花(图 1-38):刹那的美丽,一瞬间永恒(昙花一现)。

(27) 迷迭香(图 1-39):回忆难忘的过去、纪念等。

(28) 含羞草(图 1-40):害羞、脆弱敏感、自我保护、温暖的友情等。

(29) 木棉花(图 1-41):珍惜眼前的幸福。

(30) 风信子(图 1-42):燃生命之火,享丰富人生。

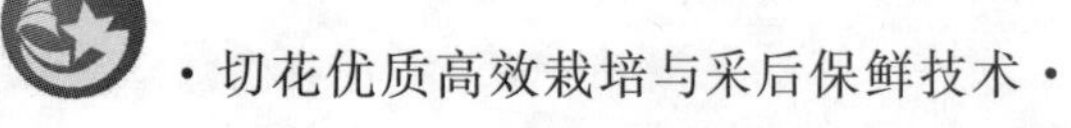

扫码看
彩图 1-35

扫码看
彩图 1-36

图 1-35　杜鹃花

图 1-36　水仙花

扫码看
彩图 1-37

扫码看
彩图 1-38

图 1-37　栀子花

图 1-38　昙花

扫码看
彩图 1-39

扫码看
彩图 1-40

图 1-39　迷迭香

图 1-40　含羞草

扫码看
彩图 1-41

扫码看
彩图 1-42

图 1-41　木棉花

图 1-42　风信子

NOTE

(31) 天竺葵(图 1-43):美好爱情的开始、怀念、思念、想念等。

(32) 雪莲花(图 1-44):纯洁的爱、坚强、希望之光。

图 1-43 天竺葵

图 1-44 雪莲花

扫码看
彩图 1-43

扫码看
彩图 1-44

(33) 茶花(图 1-45):可爱、谦逊、谨慎、美德等。

(34) 海芋(图 1-46):希望、雄壮之美等。

图 1-45 茶花

图 1-46 海芋

扫码看
彩图 1-45

扫码看
彩图 1-46

(35) 虞美人(图 1-47):忠贞不渝、生死离别以及恋人之间浓浓的思恋之情等。

(36) 玉簪花(图 1-48):纯洁、脱俗恬静、冰清玉洁、宽和等。

图 1-47 虞美人

图 1-48 玉簪花

扫码看
彩图 1-47

扫码看
彩图 1-48

(37) 小苍兰(图 1-49):纯洁、幸福、清新舒畅等。

(38) 紫罗兰(图 1-50):永恒的美、质朴、美德、盛夏的清凉等。

(39) 桔梗花(图 1-51):永恒的爱、无望的爱、不变的爱、诚实、温顺等。

(40) 太阳花(图 1-52):沉默的爱、光明、热烈、忠诚、阳光、积极向上等。

NOTE

扫码看彩图 1-49

扫码看彩图 1-50

图 1-49　小苍兰

图 1-50　紫罗兰

扫码看彩图 1-51

扫码看彩图 1-52

图 1-51　桔梗花

图 1-52　太阳花

（二）装饰美化

鲜切花以其姿态万千的风采和争奇斗艳的气韵，给人们以美的享受。随着人们生活水平的提高，居住条件的改善，人们已不再满足于在园林绿地中去观赏鲜花，而是希望将花卉这种美丽的自然产物带进居室、工作室、会议场所、礼宾仪式、娱乐餐饮等各种生活空间之中（图 1-53）。鲜切花既能体现大自然之美，使人们亲近自然、享受自然，又能点缀空间、美化环境。因此，现代生活越来越离不开鲜切花。

（三）丰富精神文化生活

中华民族是一个爱美的民族，历史上有关鲜花的记载很多，如："维士与女，伊其相谑，赠之以芍药"（《诗经・郑风》），讲述男女相嬉，赠以芍药；"摽有梅，其实七兮"（《诗经・召南》），描述姑娘抛梅子给小伙子以表达爱情。长期以来，由于对花卉的挚爱，人们常把花卉植物人格化，联想产生某种情绪或境界。荷花出淤泥而不染，梅花清标高韵，菊花操节清逸，牡丹雍容华贵，梅、兰、竹、菊为"四君子"，松、竹、梅为"岁寒三友"等，形成了丰富的花文化。近年来，随着东西方文化交流的日益频繁，一些国外的节日越来越多地被国人所接受，情人节送玫瑰（图 1-54）、母亲节送康乃馨等已是人人皆知。一束鲜艳的花给人以好的心情，一个好的插花作品给人以精神的享受、艺术的熏陶，这些又进一步丰富了花文化内容，也丰富了现代人的精神文化生活。

（四）礼仪往来，传递情感

在外交场合，无论是政要会晤、外事谈判，还是商务往来，都有一盆时令插花点缀。当一个运动员取得优异成绩时，除了授予奖章、奖杯，还会送上一束鲜花祝贺。如北京奥运会的颁奖花束名为"红红火火"（图 1-55），整体呈尖塔状，高 40 cm，胸径 25 cm，主花材为月季，火龙珠、假龙头、书带草、玉簪叶和芒叶等作为配花配叶，象征中华民族自强不息、团结一心的民族精神和不断追求友谊、团结、公平竞争的奥林匹克运动精神。在现代人的婚礼中，从迎亲的彩车到新房的布置，从新娘的头饰到手中的捧花，无处不见鲜花的身影。在情人间的约会、亲友间的互访之中，鲜花成了感情的桥梁和友谊的象征。在悼念和

NOTE

扫码看
彩图 1-53

图 1-53　用于装饰美化的鲜切花

缅怀的时候，人们也会借助鲜花，用无声的语言表达敬仰和思念。如今人们的生活和社会活动已经与鲜切花结下了不解之缘。

扫码看
彩图 1-54

扫码看
彩图 1-55

图 1-54　作为情人节礼品的切花作品

图 1-55　北京奥运会颁奖花束“红红火火”

（五）促进经济发展

近几年来，花卉产品已成为国际上的大宗商品，消费量迅速增长。鲜切花以其种类繁多、色彩丰富、应用广泛、运输便利、清洁卫生和便于集约化栽培等优点而在花卉业中脱颖而出，显示出良好的发展势头。鲜切花的栽培技术、保鲜技术和运输技术也随之迅速发展。

发展鲜切花产业是调整产业结构，促进国民生产总值增长的有效措施之一。鲜切花生产的投入可大可小，既可以集约化、工厂化生产，也可以“公司加农户”的形式发展小农经济，很适合我国较落后地区发展地方经济。鲜切花产业不仅生产鲜切花，还将带动花卉种子、种苗、花器、包装材料、花肥、花药以及

NOTE

保鲜、贮藏、运输等许多相关行业的发展，对陶瓷业、塑料业、玻璃业、化学工业以及包装运输业等，都有极大的促进作用。

三、切花的分类

（一）根据切取植物材料器官的特征分类

根据切取植物材料器官的特征，将鲜切花大致分为切花、切叶、切枝、切果四类。

1. 切花类

切花是以花作为离体植物材料的主体，其色彩鲜艳，花姿优美，有的还有诱人的香气，是插花和其他花卉装饰的主要花材，也是这类作品色彩的主要来源之一。

(1) 世界五大著名切花：月季、香石竹（又称康乃馨）、唐菖蒲（又称剑兰）、菊花、非洲菊（又称扶郎花）。

(2) 一、二年生草花：金盏菊、紫罗兰、金鱼草、万寿菊、孔雀草、石竹、翠菊、百日草、鸡冠花、千日红、三色堇、桂竹香、蛇目菊、波斯菊、麦秆菊、霞草、勿忘我、福禄考等。

(3) 多年生草花：玉簪、桔梗、花烛（又称红掌）、鸢尾（又称铁扁担）、松果菊、芍药、一枝黄花、宿根天人菊、荷兰菊、萱草、鹤望兰、白鹤芋、耧斗菜、铃兰、金光菊等。

(4) 球根切花：朱顶红、小苍兰（又称香雪兰）、郁金香、风信子、球根鸢尾、石蒜、观赏百合、欧洲水仙、马蹄莲（又称慈姑花）、晚香玉、大丽花、花毛茛等。

(5) 水生切花：睡莲、凤眼莲、荷花等。

(6) 木本切花：一品红（又称圣诞花）、白兰花、山茶花、迎春花、桂花、珍珠梅、连翘、榆叶梅等。

2. 切叶类

切叶是以叶作为离体植物材料的主体。用作切叶的植物材料，有的叶色多彩，有的叶形美丽、奇特。切叶多用作插花和花卉装饰的配材，起烘托主体的作用。

(1) 草本切叶：蜈蚣草（又称肾蕨）、天门冬（又称武竹）、文竹、彩叶草、广东万年青、羽衣甘蓝、雁来红等。

(2) 木本切叶：棕竹、变叶木、苏铁、棕榈、广玉兰（又称荷花玉兰）、常春藤、红叶小檗、龟背竹等。

3. 切枝类

切枝是以枝作为离体植物材料的主体，多数切枝带有花、果、叶。切枝常作为插花和花卉装饰的主体（东方式插花）或衬托。如红瑞木、迎春、蜡梅、梅花、银芽柳、碧桃、龙游柳、龙游桑、龙游枣、金银花、铁线莲、常春藤等。

4. 切果类

切果是以果作为离体植物材料的主体，其色彩鲜艳，果形各异。切果多用作插花和花卉装饰的主材或配材。如火棘（又称红果）、金橘、海棠果、金银木、山楂、南天竹、石榴、葡萄、乳茄、观赏辣椒等。

（二）根据切花的外部形态特征分类

根据切花的外部形态特征又可以将其分为团块状花材、线状花材、散状（填充）花材和特殊形状花材四类。

1. 团块状花材

团块状花材是指主要观赏部位的外形呈团状或块状的花材。这类花材大多花冠较大、花色鲜艳，有一定的独立色块效果，既可以单独观赏，又可以和线状花材配合使用，如头状花序、总状花序、伞房花序、大型单花等。团状花材有鸡冠花、福禄考、天竺葵、八仙花等；块状花材有月季、菊花、香石竹、牡丹等。

2. 线状花材

线状花材是指外形呈长条形或线状的花材。它是构成插花作品轮廓和基本构架的主要花材。线状花材的线形又可分为直线形、曲线形、粗线形、细线形等。不同的线形，在作品中的表现力各不相同，如：直线形表现端庄、刚毅和旺盛的生命力；曲线形表现优雅、抒情、潇洒飘逸和富有动感；粗线形表现雄壮粗犷，阳刚之美；细线形表现温柔秀丽，优雅清新。

常见的枝干型线状花材有银芽柳、红瑞木、迎春、连翘、龙游桑、龙游柳、竹、水葱等;花序为线形的花材有唐菖蒲、蛇鞭菊、金鱼草、千屈菜、香蒲、芦苇等。线状花材一般起着决定插花比例高度的作用,还可活跃插花的构图布局。

3. 散状花材(填充花材)

散状花材枝茎多而纤细,花叶细小而繁密,整体形状呈轻盈蓬松的大而散的花序,所以适宜用来填充空间。常见的这类花材有满天星、补血草、小菊、珍珠梅、天门冬、文竹等。

4. 特殊形状花材

特殊形状花材的花形奇特,形体较大,非常容易吸引人的注意力,1～2朵就足以达到突出的效果。适宜插在作品的突出位置作焦点花,如鹤望兰、卡特兰、红鹤芋、兜兰类、马蹄莲等。

(三)根据生态习性分类

1. 露地切花

在自然条件下,不需要温室等保护地,就能完成全部生长过程,但如要提前花期,也可结合温室、温床进行育苗。露地切花通常分为以下几类。

(1)一年生切花:在一个生长季内完成生活史的花卉植物,即从播种到开花、结实、枯死均在一个生长季内完成。此类切花一般春季播种,夏秋开花结实,然后枯死。如翠菊、凤尾鸡冠、波斯菊、百日菊、麦秆菊、万寿菊、满天星等。

(2)二年生切花:在两个生长季内完成其生活史,一般秋季播种,当年只进行营养生长,翌年春夏开花,酷暑到来时枯死。如金鱼草、金盏菊、紫罗兰、勿忘草等。

(3)多年生切花:个体寿命超过两年,能多次开花结实。因其地下根茎的形态不同,又可分为宿根切花和球根切花两类。

①宿根切花:地下部分形态发育正常,不发生变态,如萱草、玉簪、菊花、芍药、大滨菊等。

②球根切花:地下部分形态变态肥大,呈球块状,如唐菖蒲、晚香玉、百合、郁金香、风信子、石蒜等。

(4)水生切花:在水域中或沼泽地内生长的花卉植物,如荷花、睡莲、千屈菜、香蒲等。

(5)木本切花:茎秆木质化了的植物,如丁香、蜡梅、迎春、银芽柳、月季、牡丹等。包括所有用于切花的乔木、灌木及藤本植物。

2. 温室切花

温室切花为原产于热带、亚热带温暖地区的花卉植物,在北方寒冷地区进行切花栽培,必须在温室内培养。通常分为以下几类。

(1)一、二年生切花:如报春花、香豌豆、瓜叶菊、蝴蝶花等。

(2)宿根切花:如非洲菊、火鹤芋、花烛、鹤望兰、蝴蝶兰、卡特兰、铁线蕨、肾蕨等。

(3)球根切花:如马蹄莲、仙客来、朱顶红、小苍兰等。

(4)亚灌木切花:如香石竹、文竹。

(5)木本切花:如一品红、变叶木、软叶刺葵等。

四、特性要求

目前,花卉产品主要有切花、盆花、球根花卉和干花四大类。作为其中最大宗的切花,与其他花卉产品相比,具有以下特性。

(1)鲜活:切花采收后仍然是有生命的有机体,进行着一系列复杂的生理活动,这些生理活动对于切花的观赏价值和观赏寿命具有重要影响。同时,切花的鲜活程度又是切花品质的重要标志。可以说,切花这一特殊商品的商品价值主要就体现在一个"鲜"字上。

(2)易于衰败:切花脱离了花卉植株母体后,其代谢所需的营养源被切断,再加之采切处的机械损伤和微生物等因素的影响,使得切花即使处于相同的环境条件下,也要比留在母株上衰老变质得更快。因而切花商品又是一种短寿命的鲜活商品,产后的保鲜、加工、包装和运输等都对产品的价值影响很大。

NOTE

(3)贮运方面的特性:一方面,切花的运输不带盆,包装、贮运较为简便;另一方面,由于切花品质的鲜活要求与本身易于衰败的特点,使得切花的贮运承担着品质降低的风险,因而对切花的贮运又提出了较高的要求。为了延长其贮运期和供应期且保证切花品质,通常需要采取贮运前预处理、空运、低温贮运和减压贮运等措施。

不是任何花卉品种都能生产鲜切花。一般温室切花品种应具备冬季能够很好开花、抗病性强、植株直立、花茎较长、花朵鲜艳、花形整齐等特性。不同种类的花卉,有不同的切花要求,如切花月季除上述标准外,还要选成花枝数多、花蕾长尖形、花朵较小、有香味和茎秆少刺的品种;而香石竹要求不裂蕾的品种;菊花要求花期长、花形整齐、切花吸水性好的品种。

第二节　国内外鲜切花生产及贸易概况

一、世界鲜切花生产及贸易概况

1. 世界花卉业发达国家的花卉产业现状

花卉业是世界各国农业中唯一不受农产品配额限制的产业,被誉为"朝阳产业"。20 世纪 50 年代初,花卉作为商品开始在欧美一些发达国家大规模生产,经过几十年的发展,花卉业在切花种类、品种改良、栽培设施、种苗生产、环境条件控制、采前采后处理、营销方式等方面都有很大的进步,现已成为花卉产业中最具活力的一个分支。鲜切花生产与传统的农业生产方式有很大的不同,已经形成比较完备的、特殊的运作系统。从种子、种球、种苗一直到切花上市,每一个细小的环节都有明确的量化管理和先进的技术手段与设备,切花的产量和质量也达到了相当高的水平。与此同时,鲜切花产业的发展还带动了其他相关行业的发展,如温室制造业、塑料工业、运输业等。

近年世界花卉业发展迅速,世界各国花卉业的生产规模、产值及贸易额都有较大幅度的增长,花卉产品已成为世界贸易的大宗商品。20 世纪 50 年代初,世界花卉的贸易额不足 30 亿美元,1985 年发展到 150 亿美元,1990 年为 305 亿美元,1991 年上升到 1000 亿美元。此后,每年以 10%的速度快速增长。世界贸易中心、联合国贸易和发展会议、世界贸易组织的数据表明,仅世界鲜花产业的贸易额,在 1998 年就已超过了 1800 亿美元,其比例为切花 49%、活植物和插条 43%、切叶和其他新鲜植物材料 8%。到 2000 年,世界花卉贸易额达到 2000 亿美元,其比例为鲜切花 60%、小盆花 30%、观赏植物 10%。2002 年全球花木总产值为 750 亿欧元,其中花卉产值为 600 亿欧元,占总产值的 80%;观赏苗木产值为 140 亿欧元,占总产值的 18.6%;种球产值为 7.5 亿欧元,占总产值的 1%。

荷兰是世界上第一大鲜切花生产国和输出国,除在露地生产花卉种球外,其余花卉生产大多数在温室中进行,温室面积约占全部花卉生产面积的 70%,主要生产的鲜切花有郁金香、月季、香石竹、非洲菊、小苍兰、荷兰鸢尾、百合、六出花等,每年生产的鲜切花有数百亿枝,80%以上的产品供出口(图 1-56)。哥伦比亚是世界上第二大鲜切花出口国,主要生产香石竹、月季、菊花等,其中 85%的鲜切花出口到美国,其余产品出口到英国、瑞典、德国等欧洲国家。以色列是世界第三大鲜切花出口国,以生产月季和香石竹为主,鲜切花年产量达数十亿枝,其中 90%的鲜切花供出口。

哥伦比亚靠近巴拿马运河,处于国际贸易交流渠道的十字路口,与世界重要的航运和港口运输服务商相连,美洲在其 6 h 运距范围,海运覆盖中国、日本等 30 天以内运距市场。该国花卉种植集中在迪纳马卡和安蒂奥基亚,中西部地区也有少量分布,花卉种类丰富,2018 年种植面积达 8400 hm^2,产量 25.2 万吨,2010 年以来,哥伦比亚花卉单产略有下降,每 667 m^2 产量 2 吨左右,带动 14 万个就业岗位,解决本国 25%的女性劳动力。哥伦比亚出口花卉种类达 1400 种,有 445 家公司在做鲜花出口贸易,年出口鲜切花 53 亿枝,出口至美国、日本、英国、加拿大、荷兰、俄罗斯、西班牙、智利、波兰、巴拿马等 80 多个国家,美国是主要的出口市场,出口额达 1.1 亿美元。玫瑰、康乃馨和兰花是哥伦比亚的三大花卉,其中康

NOTE

图 1-56　荷兰切花拍卖市场

乃馨占哥伦比亚农产品出口量的 29%，号称第一大康乃馨出口国。目前，哥伦比亚致力于花卉可持续发展以及产品质量和贸易水平进一步提升，增强国际花卉竞争力，把中国、阿联酋、新西兰、新加坡列为未来潜在市场。

肯尼亚是撒哈拉以南非洲经济发展较好的国家之一，也是欧盟鲜切花市场最大供应地，花卉年出口额超过 2.5 亿美元，直接从业者达 10 万人，间接从业者超过了 200 万人。肯尼亚共有 100 余家花卉企业，鲜花 100%出口。肯尼亚每年有超过 8.8 万吨的鲜花从内罗毕机场出口到欧盟国家，每天平均有 4～5 个航班飞往欧洲主要国家，在花卉消费旺季如情人节前后，每天最多可达 7 个航班。肯尼亚鲜切花品种以玫瑰为主，占 73%，康乃馨占 5%，还有晚香玉、东方百合、飞燕草、天堂鸟、蕨类、刺芹草以及肯尼亚本土观赏植物。肯尼亚花卉产业完全属私营经济，政府既不提供财政支持，也不干预其经营活动。肯尼亚花卉产业实行行业自律，通过其花卉协会与欧盟国家及国际组织的有效沟通，整体促进肯尼亚花卉市场的发展和开拓。

在鲜切花进口方面，德国居世界第一位，每年进口花卉达 8 亿美元；其次是美国，每年进口花卉约 6 亿美元。从人均年消费额方面来看，排在前三位的依次是挪威(155.5 美元)、瑞士(142 美元)和日本(133 美元)。

2. 世界切花产业的发展新特点

(1) 发达国家的专业化生产：各主要花卉出口国已出现国际化的专业分工，致力于形成独特的花卉产业生产优势，如荷兰的郁金香、月季、菊花、香石竹；日本的菊花、百合、香石竹、月季；哥伦比亚的香石竹；以色列的唐菖蒲、月季；泰国、新加坡的热带兰；还有荷兰、日本的种球生产等。其优点是集中经营、节省投资、扩大批量、方便管理。各生产商也进行专业化的生产，集中生产某种花卉甚至其中的某几个品种，专业化、规模化渗透到各国切花专业种植商中。

(2) 国际切花产业格局的新变化：进入 20 世纪 90 年代后期，发达国家的花卉业向资源较丰富、气候适宜、劳动力和土地成本低的发展中国家转移，新兴的花卉生产国，如肯尼亚、墨西哥、秘鲁、厄瓜多尔、津巴布韦、毛里求斯等的迅速崛起，就充分地证明了这一点。同时，也为我国的花卉业发展提供了良好的机遇。目前我国单位面积花卉生产平均生产成本是日本的 1/5，并明显低于东南亚、拉丁美洲和非洲国家，发展潜力不言而喻。

(3) 花卉生产向温室、自动化发展：20 世纪 80 年代的能源危机，加之花卉比蔬菜需热量少，使世界上许多温室，首先是蔬菜温室退出经营，以香石竹、菊花花卉温室替代。由于温室设备的高度机械化，电脑自动调节温度、湿度和气体浓度，花卉生产在人工气候条件下实现了工厂化的全年均衡供应。

(4) 种苗业的高度发达：由于花卉生产的社会化分工，种子、种苗、种球等由专业化的公司生产，使得生产者得以进行高效、专业化生产，不断推出新品种以适应市场的需求，也形成了公司加农户的生产经营模式。

(5) 新技术的应用。①节能：选用性能好、透光度强、坚韧耐久的新建筑材料；研制增温快、保温强的新型温室；利用太阳能、沼气、天然气等加温措施；选育耗能少、生长期短和对土壤病虫害抗性强的品种等。②无土栽培：应用于切花生产，对主要花卉及不同生育期确定标准营养液的配方；广泛应用于工

厂化育苗，利用无菌、透气、吸水、保水性能好的介质，制成育苗容器或快速膨体模块。③组培技术：商品化优质种苗的生产，如兰花、菊花、香石竹、非洲菊、满天星等以实现组培苗的工厂化生产，利用组培技术繁殖优良品种，包括各种名贵花卉、珍稀品种、重要的鳞茎花卉等。同时，利用茎尖培养技术对易感病毒的花卉品种进行脱毒苗的批量生产。④激素应用：目前已在促进生根、打破休眠、延缓生长、促进分枝、采后保鲜等方面取得广泛性的应用成果。⑤花卉育种：广泛引进野生花卉资源，利用杂交育种、多倍体育种、辐射育种等进行选育，现已开始运用体细胞杂交、基因工程等最新技术培育，新品种迅速增加。目前主要的花卉的园艺栽培品种有几千个，甚至上万个。如荷兰有7个研究中心，专门从事花卉品种的研究，并在二战以后育成了大批的郁金香、风信子、水仙、唐菖蒲及球根鸢尾的新品种；蔷薇育种以法国为首，品种美丽强健；美国育成的茶香月季品种系列抗寒性强，且色、香、姿俱佳。最新发展的基因工程及其他生物技术手段，有可能使花卉育种带来革命性的突破，如耐贮耐插的香石竹品种已经商品化，蓝色月季花已经问世等。我们有理由相信在不远的将来，有可能根据人们的意志来改变花卉的花色、形态和香味等。

(6) 产品采收、处理、包装、销售纳入现代化管理轨道：减压冷冻、真空预冷设备及技术的推广，保证了花卉产品采后的低温流通和商业保鲜；发达的空运业促进了花卉的远距离外销，形成了国际化的花卉市场；花卉集散地、拍卖市场、批发中心、连锁花店、全球快递等营销形式，加之广告宣传、精良包装、优质服务、园艺展览等促销手段，使得整个花卉产业的产、供、销实现一体化的科学管理和运作模式。

3. 国外切花产业设施生产模式的建立

荷兰鲜切花周年生产的首要因素是大规模采用温室化栽培。荷兰国内玻璃温室总面积达 10000 hm^2，其中用于种植花卉的面积为 5600 hm^2(用于种植蔬菜的面积为 4200 hm^2)，这意味着 70%的荷兰花卉生产是在玻璃温室内进行的。荷兰花卉生产的另一大特点是高度的专业化水平。大多数种植企业只种植一种花卉，甚至一种花卉的某几个品种。专业化的优点是专攻一种花卉生产技术，易于保证产品质量；另一个优点就是便于实现机械化操作，做到批量、周年供花。当然，专业化生产的不足之处在于土壤病害的防治困难，近年来荷兰越来越广泛采用的病害防治方法是对温室中土壤进行加热处理。

美国有 1000 余家大规模鲜花生产公司，也是利用全天候温室实行程序化栽培。温室的设备齐全，花卉植物的温度、湿度、光照、二氧化碳、养分供应等均由电脑自动调节控制；栽培介质一般采用专业化生产的人工基质，营养液则通过滴灌供给。这些现代化的设施及配套的管理手段，使花卉生产彻底摆脱了自然气候的影响，保证了鲜花的优质批量、周年均衡供应。

二、国内鲜切花生产及贸易概况

1. 我国鲜切花生产现状

我国的鲜切花生产是从 20 世纪 80 年代初开始的。据统计，1980 年我国的花卉生产面积不足 15 万亩(1 亩≈667 m^2)，而 1998 年已经发展到 135 万亩，鲜切花年产量达到 20 亿枝。花卉生产总值也从 1987 年的 10 亿元猛增到 1998 年的 105 亿元，出口创汇达 2 亿美元。自 20 世纪 90 年代以来，中国鲜切花生产面积和产量每年均以不低于 10%的速度增长，尤其是 2001 年以后，增长速度加快，达到 30%～40%。2004 年，中国鲜切花生产面积达 29152 hm^2，其中，保护地面积为 12389 hm^2；产量达 81 亿枝，销售额达 44 亿元人民币。中国花卉企业总数 53452 个，花农 113 万户，从业人员 327 万人，其中专业技术人员 12 万人。据统计，2012 年全国鲜切花类(含鲜切花、鲜切叶、鲜切枝)产品种植面积达 59400 hm^2，比 2011 年增加 2.5%。其中鲜切花种植面积为 47800 hm^2、鲜切叶种植面积为 7409.2 hm^2，相比 2011 年分别增加 4.5%和 8.87%。鲜切枝种植面积为 4170.4 hm^2，相比 2011 年减少 22.8%。

云南鲜切花种植面积全球第一，产量连续 25 年居全国第一，占全国 50%以上的市场份额，奠定了其亚洲鲜切花中心的地位。云南鲜切花种植面积达 10000 hm^2以上，其生产面积、销量、销售额分别占全国生产面积、总销量和总销售额的 23.2%、39.3%和 25.4%，是我国名副其实的鲜切花生产大省。近年来，云南鲜切花生产规模呈现递增趋势。据统计，2012 年云南鲜切花总生产面积为 11200 hm^2，较 2011 年增长 10%；总产量为 72.5 亿枝，较 2011 年增长 11.5%。2018 年，云南省花卉种植总面积增至

NOTE

114000 hm²，鲜切花产量 112.2 亿枝，总产值达 525.9 亿元；出口量为 10.3 亿枝，出口额达 1.39 亿美元（图 1-57）。其中，康乃馨种植面积占全国 67%，月季占 33%，百合占 20%左右。另外洋桔梗、非洲菊等部分草本切花的种植在全国范围占绝对优势。据 2018 年统计结果表明，云南省级及以上龙头花企 29 家，销售收入达 1000 万～5000 万元的花企 137 家，销售收入达 5000 万～1 亿元的花企 17 家，销售收入达 1 亿元以上的花企 10 家，花农合作组织 544 家，花农户数 15.6 万户，种植大户 18931 户，花农收入达 124.8 亿元，从业人员达 39.57 万人。

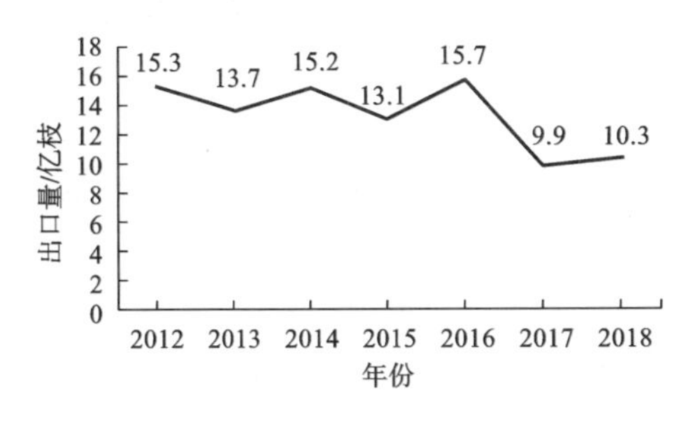

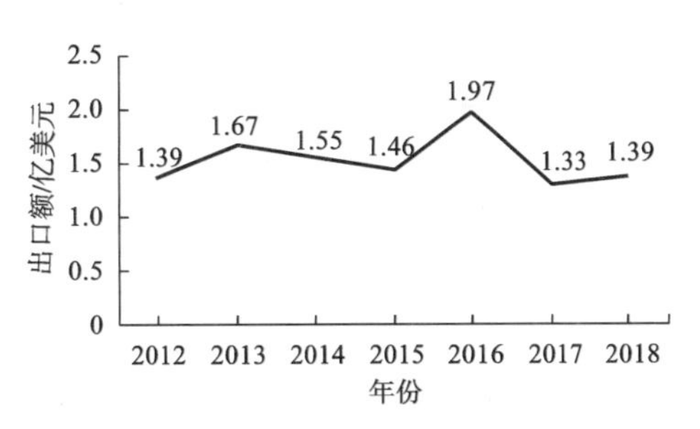

图 1-57 云南 2012—2018 年鲜切花出口量与出口额统计

相比云南的增长势头，2012 年广东、辽宁的鲜切花生产规模都出现了不同程度的缩减，其中广东鲜切花生产面积为 7200 hm²，相比 2011 年缩减了 16.4%；而辽宁鲜切花生产面积为 7000 hm²，相比 2011 年缩减了 15.6%。总体来说，我国鲜切花生产格局基本稳定，呈现三足鼎立局面。近年来，江苏、海南、四川等地的鲜切花生产规模也在不断增加，如江苏近几年的鲜切花产业发展迅速，2012 年该省的鲜切花总生产面积为 3500 hm²，其中以百合和菊花的生产面积较大。据统计，江苏省东海县生产的百合已占据上海市场 70%的份额。

目前，越来越多的鲜切花种植者开始创新之路，就如何在传统生产基础上降低成本展开积极探索。如北京双卉新华园艺、昆明锦苑、昆明杨月季、海南佳卉等企业都加大了新品种引进和研发的资金投入，力争稳中求进。海南佳卉农业有限公司从 2006 年开始种植切花菊，并出口到日本和韩国，公司每年的出口量保持平稳增加，目前每年有 600 万～700 万枝切花菊出口。

结合分析国内鲜切花生产和市场现状，可综合体现以下发展趋势。

（1）品种结构向高档化发展，价格日趋合理：近年来大量引进并生产鲜切花的新优品种，如非洲菊、红掌、鹤望兰、百合、郁金香、鸢尾、热带兰、高档切叶等，品种逐渐高档化，花色则多样、淡雅，而鲜切花市场价格稳中有降，尤以香石竹、月季等大宗产品的降幅较大（应视为合理性的降价），分别达 30% 和 50%。

（2）产业化区域性分工，鲜花流通形成大市场：从国内鲜切花的生产格局和中远期发展趋势来看，切花生产将以云南、广东、上海、北京、四川、河北为主。目前昆明、上海是香石竹、月季和满天星的主产地，如云南 2000 年的鲜花种植面积就已发展到 2.5 万亩，鲜切花的产量近 20 亿枝；广东则利用气候优势，大量生产冬季的月季、菊花、唐菖蒲及高档的红掌、百合等，成为国内最大的冬、春鲜花集散地。随着采后低温流通和远距离运输业的迅速发展，这些地区的优势更加明显，必然出现大生产、大市场的格局。

（3）重视优质种苗、种球基地的建设：建设一批新兴的国家级花卉基地，均起点高、规模大，集科研、生产、开发于一体，提高优质种苗、种球生产的国产化供应能力。

（4）科技水平不断提高，科学种花深入人心：从农业的科技贡献率看，发达国家一般在 80%以上，而我国低于 50%。“九五”计划期间，我国的花卉科技人员通过不懈努力，在野生花卉资源的开发与新品种的选育、引进，传统名花的商业化研究、推广，保护地、现代化温室的应用和改进，观赏植物的无土栽培、化学控制、生物技术、无毒种苗繁育工程等方面，都取得了一批新成果。“十五”计划中又将加强育种和新品种的引进、建立低温流通的综合保鲜体系、加强工厂化育苗及设施栽培技术和无土栽培技术等列为重要内容。

（5）建立起全国性网络的流通体系：目前，国内的鲜花流通网络已经初步形成，昆明、广州、北京、上

海、福州、成都等主要花卉消费城市均建立了大型的花卉批发市场，地方性的花卉市场也不断出现，有些地区已建立起全天候的花卉交易大厅。大、中城市和县镇的花店大量涌现。昆明目前已建成亚洲最大的鲜花拍卖市场，拉开了我国花卉市场走向大流通的序幕。

2. 我国鲜切花消费现状

2001 年以前，中国生产的鲜切花主要用于本国消费，销售量和销售额逐年增长。到 2004 年，全国共消费切花 80 亿枝，人均消费 6 枝/(年·人)；全国消费额为 43 亿人民币，人均消费 3.3 元/(年·人)，但这个数字同其他国家相比仍有较大差距。随着中国经济的快速发展，国民消费水平的提高和市场需求的增加，中国鲜切花的生产和消费将进一步增长。

20 世纪 90 年代中期，中国市场上的切花品种主要是价格比较低廉的唐菖蒲、菊花、非洲菊和康乃馨等；到 20 世纪 90 年代末期和 21 世纪初期，随着更多的优良品种引进，东方百合、红掌和兰花等切花品种在中国市场上越来越丰富，玫瑰切花已成为百姓消费的主打切花，各种配花和配叶供应充足。

尽管中国切花消费二十年来得到了快速的发展，但同一些花卉消费大国相比还有较大差距，因此存在很大的市场发展空间。具体表现是，目前切花消费仍然以馈赠礼品和节日消费为主，而日常消费比例较低，随着中国花卉业的发展，必将带动和引导消费者消费切花的兴趣。值得注意的是，当前鲜切花在中国的消费主体为社会中产阶层，这个阶层的人数在中国正在迅速增加。可以预见，鲜切花消费需求将随着中国中产阶层的发展而大幅上升。中国广州花卉交易场所见图 1-58。

图 1-58 中国广州花卉交易场所

3. 中国鲜切花进出口贸易的发展

中国鲜切花的进口贸易始于 20 世纪 90 年代，进口数量和进口金额均呈逐年增长趋势。2005 年，全国鲜切花进口量为 355 万 kg，进口金额为 170 万美元；2006 年 1 月至 7 月中国切花进口数量仍然保持增长趋势，与 2005 年同期相比增长幅度达 52%，进口金额同比增长 380%。随着鲜切花产品质量的提高和数量的增长，中国鲜切花的出口数量和金额每年以不低于 30%的速度增长。2005 年中国鲜切花出口总额约 2000 万美元，与 2004 年同期相比增长 30%；2006 年 1 月至 7 月中国鲜切花出口总额为 1350 万美元，较 2005 年同期增长 59%。依据海关总署提供的数据，对进出口植物进行分类，将我国海关进出口花卉产品主要分为种球、种苗、鲜切花、鲜切枝(叶)、盆栽植物、干切花、苔藓地衣 7 大类别。据不完全统计，2018 年我国以上 7 类花卉进出口贸易总额达 4.43 亿美元。其中，进口额 2.16 亿美元，比 2017 年增长 2.86%；出口额 2.27 亿美元，比 2017 年增长 5.10%。我国花卉进出口贸易依然呈现上升发展趋势。我国花卉进口总额略上升，鲜切花、干切花变幅较大。与 2017 年相比，2018 年鲜切花、鲜切枝(叶)、苔藓地衣 3 类的进口额呈上升趋势，种球的进口额基本持平，其他 3 类的进口额均呈下降趋势。2018 年，种球、鲜切花、种苗是我国主要的进口花卉类别(图 1-59)。

NOTE

由于鲜切花的保鲜要求较高，受到目前中国花卉保鲜技术水平和花卉物流体系等因素的影响，中国鲜切花出口的主要市场基本集中在周边国家和地区。日本作为国际花卉消费主要国家之一，仍是中国

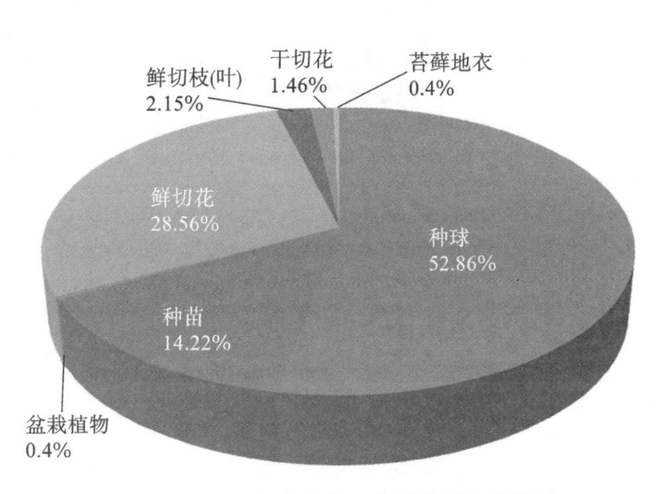

图 1-59　2018 年花卉进口主要类别构成比例

花卉产品特别是鲜切花产品的主要出口市场。近年来，中国政府部门与行业组织高度重视和支持花卉产业的发展，实施了一系列助农增收和发展农业产业化的政策，花卉出口贸易已成为中国农产品贸易的新增长点。从 2006 年起，中国废止了延续上千年的农业税，大大提高了广大花卉种植者和花卉加工、经营者的积极性。在中国诸多部门密切配合下，“企业＋基地”的花卉出口经营模式越来越普及，切花品种越来越丰富，出口花卉质量大大提高，中国鲜切花的产业发展之路必将前程似锦。

第三节　切花保鲜技术研究与应用概况

一、保鲜的概念

所谓切花保鲜，实质上就是采取物理、化学或生物措施，最大可能地延缓植物观赏部位切离植株母体后的衰老过程，以保持切花的新鲜状态。从狭义上讲，仅指消费者购回切花后，用一定的技术来延长切花的“寿命”，而广义上的保鲜概念则包含从切花采收后的预处理、贮藏运输、上货架销售到消费者购买后观赏期间的整个切花采后的延缓衰老过程。生产上的保鲜概念是广义的概念。

切花的保鲜技术以延长切花“寿命”、延缓衰老萎蔫过程为根本目标。目前，关于切花衰老萎蔫尚无统一的标准。从外观形态上看，有人把第一朵小花萎蔫、凋谢作为切花衰老的标志；也有人认为，应该把全部花朵凋谢作为切花的萎蔫标志。但是，切花的种类繁多，观赏部位的结构不尽相同，判断其衰老的标准不可能一概而论。由于切花是用于观赏的，用失去观赏价值作为基本的切花衰老的外观标志，是可被广泛接受的。所以，切花保鲜也就是尽量保持切花的观赏价值。

二、切花保鲜研究概况

随着切花生产和消费水平的提高，切花的保鲜机理与技术研究亦在深入发展。从 20 世纪 50 年代开始，国外就进行了大量的切花采后衰老机理研究，并着手探讨切花的保鲜技术，以促进切花的商品化生产的发展。在花卉生产已经产业化的今天，切花的采后生理和保鲜研究已经成为园艺学的一个重要领域，备受广大学者和生产企业的重视。

（一）切花采后衰老机理的研究

切花品质与其体内的化学成分密切相关，水分、糖类、蛋白质、核酸、有机酸、挥发性物质、矿质元素、维生素和植物激素等化学成分的性质、含量及变化都直接影响切花品质。切花采收后，花枝和母株间的联系被切断，花瓣内部便会发生一系列生理变化：水分代谢遭到破坏；淀粉、蛋白质、核酸和磷脂等大分子生命物质和结构物质逐渐降解，失去原有功能；催熟激素乙烯生成量迅速增加，加速花瓣

的衰老;质膜流动性降低,通透性增加,最后导致细胞解体死亡。外观上则表现为花瓣枯萎、脱落。广大学者主要从水分代谢、呼吸代谢、细胞膜的变化、细胞内含物的变化、内源激素的变化等方面展开了深入的研究。

1. 水分代谢变化

植物从花芽发育到盛开,必须保持高度的紧张度,而花朵的紧张度取决于吸水速度和水分散失间的平衡,鲜度只有在吸水速度大于蒸腾速度时才能获得。大多数切花的含水量为 70%~80%。切花采收后,切断了来自母体根系的水分供应,切花叶面蒸腾量大于基部吸水量,造成水分亏缺。故切花采收后,采取适当措施使其保持一定的含水量对于切花保鲜是极为重要的。

2. 呼吸作用变化

呼吸作用是衡量切花寿命长短的良好的指标,高呼吸速率的切花的寿命较短。对月季、香石竹、兰花、蜡梅等切花的呼吸速率的研究表明,呼吸速率随花卉的生长发育过程逐渐升高,兰花盛开时达到呼吸高峰,花开始萎蔫时呼吸速率降低。采收后喷布 BA 能降低切花的呼吸速率,延迟呼吸高峰的出现,进而延长切花寿命。

3. 碳水化合物、蛋白质等大分子物质的代谢变化

(1) 糖类变化:花瓣衰老伴随着干物质的减少,这是由于一些大分子物质如糖(碳水化合物)、蛋白质和核酸等的重新分配。切花采后碳水化合物呈现出总的下降趋势,淀粉在采后一到几十个小时内迅速分解,之后则维持在较稳定的水平。如月季切花花瓣中的淀粉在采后一到两天内迅速分解,之后维持在较稳定的水平。可溶性糖含量于采后逐渐降低,还原糖在瓶插前期稍有增加,之后也下降。研究表明,月季采收时花瓣中的淀粉含量越高,其后在瓶插的花冠中的糖分就越高,瓶插寿命就越长。糖类是切花体内重要的营养物质,为切花的生命活动提供能量。外部供给糖沿着维管束进入到花中,增加花的渗透浓度,改善吸水能力,使花瓣保持膨胀;同时还可维持细胞膜的半透性,推迟离子与水的渗漏,有利于延长寿命,保持花瓣色泽。糖作为蛋白质合成的基质,可延缓蛋白质的分解。糖还能影响水分的平衡,使气孔关闭,减少水分丧失。

(2) 蛋白质和氨基酸含量的变化:除了糖类的降解,切花体内还伴随着可溶性蛋白质的降解。蛋白质、氨基酸的变化与切花的衰老关系密切。在可溶性蛋白质中,有相当部分是维持生命活动所需的酶类,如切花采后蛋白质酶、核酸酶、过氧化物酶等活性的提高,往往导致切花品质的降低。长寿花比短寿花和中寿花含有更高水平的蛋白质,且水解速率较低。研究认为,切花采后蛋白质的变化动态和切花采收时的发育程度有关,若采收的切花完全开放,已经成熟,则瓶插时主要发生蛋白质的分解作用。若在蕾期或初开期采收,花朵尚未发育成熟,采后初期随着发育程度的加深,蛋白质合成作用是主要的,在以后的衰老过程中蛋白质才开始大量分解,含量下降。鲜花衰老时蛋白质水解可使丝氨酸含量增加,而丝氨酸增加促进了蛋白酶的合成,进一步加速了蛋白质的水解。高勇观察到鲜花衰老过程中有游离态的甲硫氨酸(Met)的产生,Met 是乙烯合成的前体,Met 可以合成乙烯,加速鲜花衰老。

(3) 脂类含量的变化:脂类物质主要包括膜脂、不挥发的油脂和蜡质。膜脂和不挥发的油脂是维持细胞结构和功能的重要成分。在切花衰老过程中,膜中磷脂含量减少,不饱和脂肪酸/饱和脂肪酸比例降低,导致膜流动性降低,膜相变温度升高,使得膜黏性增加,与膜结合的酶活性下降,致使细胞吸收溶质的能力减弱,膜固化透性增加,最终导致细胞解体死亡、花瓣凋萎。部分切花叶片表面有蜡质层,能减少切花水分因蒸腾作用而散失,较长时间地维持切花品质。生物膜能够将细胞与外界隔开,并能将细胞分室化,以保证在特定的区域进行特定的生理生化反应。在衰老的过程中,生物膜的流动性减弱、透性增加,不饱和脂肪酸的比例降低,而固醇与磷脂的比例增加。

4. 内源激素的变化

(1) 乙烯的变化:乙烯是公认的成熟激素。乙烯与切花衰老的关系,多年来一直是切花衰老研究的中心内容之一。根据切花衰老进程中花瓣中乙烯是否大量生成,可划分为跃变型和非跃变型两类。跃变型花卉的乙烯生成有 2 个相互联系的系统,即系统Ⅰ(少量乙烯)和系统Ⅱ(大量乙烯);当系统Ⅰ乙烯达到一定程度时,会诱导系统Ⅱ乙烯产生,进而启动衰老进程。而非跃变型花卉的乙烯生成只有系统

NOTE

Ⅰ。多数情况下，呼吸动态变化与乙烯动态变化相吻合；但也存在少数两者不相吻合的情况，如高俊平等发现，不同品种的月季切花，其乙烯生成与呼吸强度的变化动态有很大不同，月季衰老过程中乙烯的生成有跃变型、非跃变型和末期上升型3种，而呼吸只有一种模式，即典型呼吸跃变。乙烯在切花衰老中的作用：乙烯能刺激糖酵解过程，引起氧化磷酸化解偶联，使呼吸加快，切花有机质消耗过度；乙烯能抑制生长素合成，增强膜的通透性，使水分散失加快，引起液泡膜内陷，液泡区域消失，膜脂发生相变，总电解质外渗，电导率上升；乙烯还能促进多种酶合成，增强某些酶（IAA氧化酶及水解酶）的活性，尤其是纤维素酶、过氧化物酶等一些与成熟和衰老密切相关的酶的活性，从而促进衰老。

（2）脱落酸（ABA）的变化：乙烯和脱落酸（ABA）促进花瓣衰老。切花衰老过程中，花瓣组织内ABA的浓度提高，微体膜黏滞性增加。ABA能加速香石竹和月季花的衰老，ABA处理能刺激乙烯产生，并增加花对乙烯的敏感性。Ronen等证实花瓣的萎蔫与乙烯有直接的关系，并指出ABA是通过影响乙烯的产生而引起的。Cooper等证明ABA无须通过诱导乙烯生成，即可单独调节紫苏叶柄的脱落。Sacher等认为ABA对衰老的促进作用胜过乙烯。张微等发现，几种花衰败时ABA均达到很高水平，ABA对花的衰老有重要调节作用。因此，关于切花的衰老是由ABA诱导而引起的，还是由ABA诱导乙烯生成而引起的，或是二者共同作用的结果，还有待进一步研究。

（3）细胞分裂素（CTK）的变化：CTK可以延缓香石竹、月季、鸢尾、郁金香、花烛、非洲菊、木槿等切花的衰老。因此，这类物质已被广泛用于切花的保鲜。短寿花比长寿花内源CTK含量低，CTK通过阻碍乙烯的生物合成来推迟花的衰老，同时还具有延缓外源ACC转化为乙烯和清除自由基的能力。Kor等报道0.1 mol/L的细胞分裂素6-苄氨基嘌呤（6-BA）、激动素和玉米素可阻碍香石竹离体花瓣把外源ACC转化成乙烯，6-BA还能阻止乙烯处理过的花瓣中ACC的积累，抑制乙烯增加，但CTK这个作用只有在乙烯高峰期到达之前使用才有效。这说明CTK不是直接抑制乙烯的合成，而是延迟乙烯高峰期的到来。他们认为CTK促进ACC合成酶和EFE两者抑制剂的合成。6-BA能阻止IAA诱导的乙烯生成，从而延迟花瓣萎缩。CTK还可抑制ABA促进切花衰老的效应。

（4）赤霉素（GA_3）和生长素（IAA）的变化：GA_3作为一个抗衰老因子在调节营养运输、维持水分平衡和膜完整性方面起重要作用。内源GA_3在花发育早期含量很高，达到成熟和走向衰老之前降低，有利于乙烯产生或活化器官程序化死亡过程。IAA在不同的植物上和使用不同的浓度时效应不同，表现为具有延迟和促进衰老的双重作用。一般认为，IAA通过促进乙烯产生而促进衰老，IAA通过刺激ACC合成酶活性促进香石竹花瓣的乙烯释放，但IAA却延缓了一品红的衰老和脱落，随着一品红的衰老，内源IAA水平下降。

（5）多胺的变化：多胺（polyamine，PA）是生物体代谢过程中产生的具有较高生物活性的低分子量的脂肪族含氮碱。高等植物中常见的多胺有腐胺（Put）、亚精胺（Spd）、精胺（Spm）等。多胺曾被认为是一类新的植物激素，近年来，许多研究者认为多胺是激素作用的媒介或是类似于cAMP那样的“第二信使”，调节植物的生长和发育。Cohn等发现，多胺广泛存在于有激素参与的快速生长的细胞和组织中，能在清除自由基、稳定膜结构和tRNA、mRNA等过程中起作用。多胺生物合成的起始物质是精氨酸和蛋氨酸。由于多胺能和乙烯竞争合成前体S-腺苷-L蛋氨酸（SAM），因而它可以通过降低中间体1-氨基环丙烷基羧酸（ACC）的合成，从而抑制乙烯生成，延缓衰老。Halevy等曾研究了多胺对香石竹衰老的影响，结果表明，切花衰老时多胺合成下降。多胺类物质影响切花衰老，可能的机理如下。①乙烯和多胺生物合成途径中相互竞争SAM，而SAM的去向决定衰老的进程。Even-Chen等人使用^{14}C标记的甲硫氨酸，发现当用Put、Co^{2+}等处理抑制乙烯合成时，^{14}C标记的Spd含量增加3～4倍。Roberts等人还指出多胺合成抑制剂促进了乙烯释放，而乙烯合成抑制剂如AOA则提高了多胺水平，这表明多胺与乙烯合成途径共用1个SAM库而相互联系。②多胺可作为内源自由基的清除剂，能抑制依赖过氧化作用进行的ACC转化为乙烯的代谢过程。Legge等人用实验证实ACC转变为乙烯是有自由基参与的反应；自由基清除剂可阻止ACC向乙烯转化。Drolet等人证实多胺（Spd、Put、Spm和Cad）能有效地充当自由基清除剂，10～15 $mmol \cdot L^{-1}$的多胺能抑制ACC转化为乙烯的过程。③多胺在生理pH条件下多以多聚阳离子状态存在，易和带负电荷的核酸和蛋白质结合，推测这种非特异性的作用可影响

NOTE

ACC合成酶和ACC氧化酶的基因表达，从而引起乙烯生物合成的变化。④多胺抑制乙烯产生的物理机制。Apelbaum于1981年提出一种假设，即离子化多胺与膜上靶结合位点结合，引起构象改变，这种改变损害ACC氧化酶的功能，进而影响乙烯的生物合成。

5. 色素类物质含量的变化

花色是花瓣表皮细胞所含色素对光线选择性吸收及反射的结果，是切花最重要的观赏指标。花的颜色主要取决于两大类化合物，即类黄酮和胡萝卜素。类黄酮是普遍分布于植物体内的次生代谢物，参与植物许多功能，也是花中的主要色素。参与花色形成的类黄酮主要有两大类，一类是产生红色或紫色的花色素苷，另一类是产生黄色的2-苯甲川基苯(并)呋喃酮和苯基苯乙烯酮(查耳酮)。花色素苷所占比例在很大程度上能改变花的最终颜色，不同的花色素苷使花的颜色产生从红色到紫色的变化，如花葵素产生橘红色，花青素产生红色，翠雀素产生紫色。黄酮和黄酮醇单独存在时无色，与花色素苷组成协同着色色素复合物时就会影响花的颜色。色素的含量在有些花中保持不变，在有些花中会出现明显降低甚至消失，还有的随着花瓣衰老，花色素苷急剧合成，颜色加深。矮生菊苣在凌晨开浅蓝色的花，晚上花变成白色并完全凋萎。一种花瓣呈橘黄色的玫瑰花，到衰老时变为深红色，其间测得的花色素苷含量增加了十多倍。

6. 有机酸和挥发性物质变化

有机酸主要是一些代谢产物，如天门冬氨酸、苹果酸、酒石酸，其含量的变化，导致液泡中的pH变化，进而影响到花瓣的颜色变化。如月季、天竺葵、矮牵牛和香石竹，随着衰老即pH的上升由红色变成蓝色。挥发性物质是指切花产生的一系列具有芳香气味，在常温下呈油状的物质，虽然它们含量很低，但能赋予切花更好的品质。

7. 基因及其表达的变化

鲜花衰老过程中，核酸(RNA和DNA)不断降解。李宪章等研究认为RNA含量在花开放至脱落过程中有明显变化，随着鲜花衰老，RNA急剧降解，通常认为RNA水平的降低由两方面因素引起：一是RNAase活性的增加；二是DNA-RNA聚合酶活性的降低，此酶与RNA的合成有关。在RNA降解过程中游离态核苷酸有增加的趋势，切花的衰老过程中核酸随着品种的变化而异。对紫茉莉花衰败过程的研究表明，在切花衰老过程中RNA含量下降，RNAase活性明显增强；DNA含量及DNAase活性无明显变化。不同寿命的切花，调控乙烯生物合成基因的表达也不相同，短寿花的ACC合成酶基因与受体基因的表达水平高于长寿花。

8. pH的变化

高勇等研究月季切花细胞液pH的变化发现，衰老组织中的pH升高。衰老细胞液的pH升高是蛋白质降解、游离氨基酸积累所致。pH升高正是月季切花变蓝的原因，因为花色除与色素密切相关外，还与溶液的pH直接关联。

(二) 切花保鲜技术的研究与应用概况

目前，切花保鲜技术包括冷藏保鲜、辐射保鲜、气调贮藏保鲜和保鲜剂保鲜等，其中采用保鲜剂进行保鲜的方法操作简便、保鲜效果好，不仅适合大规模切花销售，还适用于零售商的花材保鲜和消费者的家庭插花。

1. 化学保鲜技术

切花保鲜剂的成分主要有水、糖、杀菌剂、有机酸、无机盐、植物生长调节物质、乙烯抑制剂等。1968年，美国提出了以8-羟基喹啉柠檬酸(8-HQC)和蔗糖为基础的切花系列保鲜剂配方。而硫代硫酸银(STS)的应用，使切花保鲜技术得以显著改进。保鲜剂中的乙烯抑制剂是一种重要的组成成分，因其保鲜效果好受到全世界的广泛关注。目前，关于乙烯抑制剂对切花保鲜的影响的研究主要通过选择阻断乙烯生物合成或信号转导的某一环节来延迟花的衰老。因此将乙烯抑制剂分为乙烯生物合成抑制剂和乙烯作用抑制剂，乙烯生物合成抑制剂包括ACC合成酶抑制剂如氨氧基乙酸(AOA)、氨氧乙烯基甘氨酸(AVG)，ACC氧化酶抑制剂如Co^{2+}；乙烯作用抑制剂包括Ag^{+}、1-甲基环丙烯(1-MCP)、重氮基环戊二烯(DACP)等。

NOTE

（1）乙烯生物合成抑制剂在切花保鲜上的应用：1-氨基环丙烷-1-羧酸（ACC）氧化酶是乙烯生物合成中的关键酶，它主要存在于细胞的细胞壁以及质外体空间中。植物体内乙烯的生物合成及影响因素见图 1-60。在 ACC 合成乙烯的过程中，通过钴离子（Co^{2+}）、聚乙二醇辛基苯基醚（Triton X-100D）、水杨酸（SA）等阻断 ACC 氧化酶的活性，来抑制 ACC 的合成，从而阻遏乙烯的生物合成，进而延缓切花的衰老。因此，Co^{2+}、SA 作为 ACC 氧化酶抑制剂被广泛应用于切花的保鲜。Co^{2+} 具有一定的抗乙烯作用，还能有效地维持切花的鲜重和水分平衡，据李海群等的研究表明，600 mg·kg^{-1} $CoSO_4$ 能使玫瑰切花的瓶插寿命延长 4 天；而用 Ca^{2+}、Co^{2+} 的组合替代 Ag^+，能克服 Ag^+ 生理活性高的缺点，使百合切花的开花时间延长 6 天，且保鲜剂的残留物对环境不造成污染。Triton X-100D 则是一种表面活性剂，主要是通过加强水合作用，减少切花体内水分胁迫的发生。黄春琼等的研究表明，Triton X-100D 不仅可减少胁迫期间切花的失水量，而且能增大月季切花的花朵直径和可溶性蛋白质的含量，缓解水分胁迫对月季切花的影响。水杨酸（SA）不仅可抑制乙烯的生成，而且可降低溶液中的 pH，抑制细菌的繁殖以及醌类物质合成，促进花枝对水分的吸收，从而延长切花的瓶插寿命。

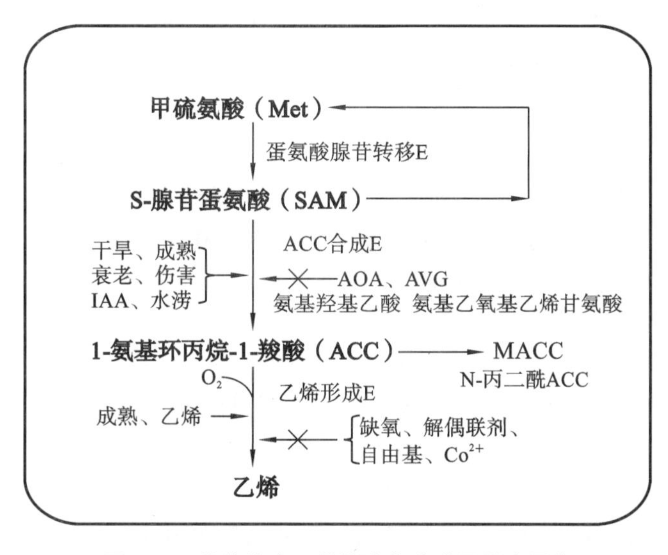

图 1-60　植物体内乙烯的生物合成及影响因素

（2）乙烯作用抑制剂在切花保鲜上的应用：研究表明，Ag^+ 作为一种乙烯作用抑制剂，其抑制乙烯作用的机制为 Ag^+ 取代乙烯受体上的金属离子，从而抑制乙烯和受体相结合，进而抑制乙烯的功能。硫代硫酸银（STS）具有低毒性、易移动和稳定等特点，常用于乙烯敏感型切花的保鲜。黄海泉等的研究表明，STS 能够有效降低智利百合切花的内源乙烯含量，从而使切花的瓶插寿命延长 5 天。硝酸银（$AgNO_3$）作为一种乙烯抑制剂，由于其易被光氧化形成黑色沉淀物或与自来水中的氯离子结合形成沉淀堵塞花茎的基部，且具有毒性，生物活性高，目前已不常用。而近几年来兴起的新型切花保鲜剂 1-甲基环丙烯（1-MCP）是一环丙烯类化合物，因为其化学性质稳定、无污染、效果持续时间较长、使用浓度较低、保鲜效果好等优点在欧美国家被广泛应用。1-MCP 不仅能够通过自身的双键与受体的金属原子紧密结合，阻断乙烯与受体结合，使得受体保持钝化状态，抑制与乙烯相关的生理生化反应，还能通过抑制切花中的 ACS 活性，降低 ACC 含量，来抑制外源乙烯对内源乙烯的诱导作用，从而延长切花产品的采后寿命（图 1-61）。

2. 物理保鲜技术

冷藏保鲜高效、经济，因而被生产和营销部门广泛采用。根据冷藏方法的不同，冷藏又分为干藏和湿藏。干藏的方法通常用于切花的长期贮藏。干藏是将切花用合适的材料如聚乙烯薄膜包装，以减少水分蒸发，降低呼吸速率，有利于延长切花的寿命。干藏前应吸收充足水分。为保持切花品质与防止花蕾过早开放，分级捆扎后的花枝应先将切花放入水温为 2～3 ℃的清水中，使花枝充分吸水。处理的时间约 2 h，不能少于 1 h。需贮藏的花采收时不能开放。湿藏通常用于短期贮藏。湿藏是将切花放在有水或一定保存液的容器中贮藏。百合在 1 ℃下湿藏，最长可贮藏 28 天。

扫码看
彩图 1-61

图 1-61　1-MCP 新型保鲜剂与硫代硫酸银(STS)对康乃馨切花保鲜效果的影响

目前,发达国家已广泛采用预冷处理技术,我国也在真空预冷、减压预冷等保鲜机制和技术方面做了大量的研究。切花在采切之后,呼吸代谢是其主要的生理活动,呼吸会导致其内在干物质消耗,并不断释放呼吸热,导致花材自身温度上升,不利于采后的储存和运输。因此,在不受到低温伤害的基础上有效降低温度,能够起到抑制呼吸的作用,进而延缓切花衰老的进程。预冷在低温技术中属于第一个环节,主要目的在于有效消除炎热夏季鲜花采摘之后花朵体内大量的热量。真空预冷能够在 30 min 之内使数量较大的花材达到预冷效果。在进行真空预冷的过程中,花材会出现失水问题,可通过茎基浸水进行有效解决。茎基浸水的过程中能够有效解决花材茎秆实际降温速度较慢的问题,并进一步吸收预处理液,以补充失水以及预冷。以百合及郁金香切花为材料进行低温处理研究发现,低温状态之所以能够延缓切花的衰老速度是因为其内源乙烯的释放量相对常温储存更低,但是 GA 和 IAA 的含量相对常温贮藏更高。

3. 生物工程技术

现代生物技术用于改良切花品种的代谢特性、增强其耐贮性能的研究已取得重大进展。通过研究乙烯作用机制,利用遗传转化技术培育衰老延缓型切花,有望成为培育保鲜期长的花卉的有效手段,例如,可通过分子生物学方法沉默或抑制乙烯生物合成有关酶基因的表达,导入反义或正义的 ACS 或 ACO 基因,通过基因工程阻断乙烯信号转导途径,从而改变植物组织对乙烯的响应等,从基因水平上延缓切花衰老进程,从而提高其经济价值和利用价值。例如,美国科学家成功分离获得了与康乃馨切花衰老有关的遗传编码——乙烯形成酶和氨基环丙烷羧酸合成酶基因的互补 DNA,利用反义 RNA 导入技术,这些互补 DNA 的反义 RNA 就能有效地阻碍内源乙烯的合成,从而抑制康乃馨切花的衰老。

4. 鲜切花的包装和空运技术

鲜切花的包装和空运技术也是保鲜技术的重要组成部分。荷兰空运鲜花的箱子,腰部用木条横向支撑,中间放置充有空气、装有干冰的塑料袋,然后密封空运,通过箱内局部降温,以达保鲜效果。值得注意的是,鲜切花的包装技术不应仅局限于传统包装的定义,更应将鲜花保鲜、温控技术、湿度控制技术等一系列保鲜技术融为一体。总的来说可以从以下三个方面重点研究。

(1) 高水蒸气阻隔技术:通过添加对水蒸气具有高阻隔性的包装材料维持切花运输、贮藏环境的高湿条件,减少因水蒸气压差过大造成的切花水分缺失。研究表明,高密度聚乙烯材料和双向拉伸聚丙烯材料更为适合鲜切花的阻湿包装。在实际应用中,可以将这种塑料材质的包装作为内层包裹切花,或者作为夹层置于瓦楞纸板的内、外芯之间,如此保鲜效果将会大大改善。

(2) 气调包装技术:采用现代包装技术,为鲜切花制造低 O_2 高 CO_2 的空气氛围,从而降低呼吸作用的频率。一方面,这种包装薄膜具有较强的 CO_2 阻隔能力,以维持切花周围的 CO_2 浓度在较高的水平。另一方面,对 O_2 有较为合适的渗透速率,避免因 O_2 浓度过低造成切花呼吸失调反而缩短寿命。

(3) 结合化学保鲜技术:将化学保鲜手段融合到包装技术中,调节植物生长状态,以抑制乙烯等衰

NOTE

老调节激素的生成速率。例如,泰国的兰花采收后,在基部包裹吸有保鲜剂的棉球或套上含有保鲜剂的指形管,然后用塑料袋包装,能有效地控制切花的衰老。

三、我国切花保鲜状况及前景

随着我国花卉生产的发展,切花保鲜技术的研究与应用已取得很大成绩。1985 年以来,研究人员在菊花、唐菖蒲、康乃馨、非洲菊、月季等切花的保鲜机制及技术方面开展了研究,冷藏技术在切花长途运输中开始应用,切花保鲜剂也在各地花市供应。高俊平等研究了切花月季的真空预冷技术;熊兴耀等探讨了硝酸稀土对非洲菊生长发育及保鲜性能的影响;陈蔚辉报道了水杨酸和 6-BA 对朱槿切花保鲜的作用;邹伟民等研究了切花的辐射保鲜技术。关于切花保鲜理论与技术的研究,在国内方兴未艾。

但是,目前切花的包装、贮藏、运输、销售及观赏消费各环节的保鲜技术体系尚未建立,特别是各种切花的保鲜技术仍有待标准化,保鲜技术和产品尚待加强宣传和普及。随着国内切花生产的发展和花市的扩大,每年因保鲜技术不当所造成的损失也明显增加。据调查,从昆明空运到深圳的切花,因保鲜不当造成的损失高达 40%～50%。所以,保鲜技术的研究与应用已成为我国切花生产发展中的重要问题。

NOTE

第二章　切花花卉优质高效栽培技术

花卉产业目前正处于蓬勃发展阶段，受到世界各国和地区的重视。切花作为花卉产业中的一个重要部分，其发展态势随着全球经济的发展越来越好。我国资源丰富，气候类型多样，尤其是云南具有发展鲜切花产业的独特优势。近年来，我国鲜切花出口量不断扩大，出口额总体平稳上升，出口创汇能力不断提高。虽然我国鲜切花产业市场利润空间大，产品远销海外，在国际市场的占有率不断攀升，但在新优切花品种的研发、切花栽培过程的智能化、商品品质的优质均一化、采后保鲜等方面仍然存在许多问题。因此，切花的优质高效栽培与保鲜技术的研究与应用，对进一步发展我国花卉产业具有极其重要的现实意义。

第一节　主要切花花卉的种类及栽培特性

一、菊花(florist's chrysanthemum)

菊花(图 2-1)是国际市场上的主要切花种类之一，约占切花总消耗量的 30%。菊花在日本皇室被列为第一切花，特别受人崇尚。它清雅高洁、绚丽多姿、傲霜怒放、生命力强。在我国菊花是大众化切花，销售量高达 50%以上。目前，各国广泛栽培的菊花良种多数出自日本，部分是欧美的改良种。

（一）生物学特性

菊花是多年生宿根花卉。它有地上茎和地下茎之分，每年地上茎枯死后，地下茎与根系仍具有活力，它生存于土壤中，次年仍会萌发出新芽，形成新根，成为另一棵植株。这就给生产上的留种和繁殖带来较大方便，也就是所谓的“无性繁殖”。

1. 花器

菊花的花瓣分为两种：一种是管状花或筒状花，聚生在头状花序中间；另一种是舌状花，轮生在头状花序边缘。通常看到的是顶生枝头先端的花序，花托扁平或凸起，周围被总苞片包围。管状花是两性花，雌、雄蕊并存，而舌状花仅是雌性花。

2. 叶片

单叶互生，叶缘有深缺刻至部分裂或全缘。叶的具体形态因品种不同而异。

3. 根

菊花根系发达，多须根，因此适应性很强。

4. 生活习性

菊花的生长适宜温度为 18～21 ℃，对温度要求不严格，稍高温或低温下也可以生长，地下茎在 −10 ℃下也有活力。含腐殖质丰富、排水良好、透气性强的沙质土壤最为适宜。菊花耐旱、忌涝、喜阳光，雨后排水尤为重要。菊花一般属于“短日照植物”，在日照时长少于 12 h，夜间温度为 10～15 ℃时，最适合花芽分化。

NOTE

扫码看
彩图 2-1

图 2-1　不同花色的菊花品种

因此，依据菊花的生态习性，制定科学的种植计划和人工调节栽培环境条件，可终年供应市场。例如：按品种、季节管理好菊花，可保障生产稳定发展；利用遮光（覆盖黑网）或延长光照（夜加灯光）等措施，可达到催延花期的目的；如果把 ZigBee 无线局域网系统运用到切花栽培环境中进行相关指标的实时监测，将提升对切花产品生产情况的预判和调整。此外，对全球市场进行大数据分析，可预测市场需求，有助于合理安排切花生产，达到错峰平稳供应市场的目的。

（二）菊花种类与品种

菊花色彩丰富，花型、花瓣差别较大，变化无穷。花有大、中、小之分，花期也有早、中、晚之别，花瓣呈管状、平状、龙爪状和托瓣状等，类型各异。1985 年起，我国用作切花栽培的菊花品种，多引自日本，如白、黄、橙、雪青、秀芳（白、红、黄）等日本种。在品种选择上，以平瓣内曲、花型丰满、莲座和半莲座、大轮品种为多。要求茎秆长（1.2 m 以上）而花颈短，瓣质厚硬，秆粗壮挺拔，其节间均匀，叶厚平展，鲜绿而光亮，适宜贮存，耐长途运输，且 2～3 日也不萎蔫，吸水复壮，还原力强，浸泡后可全开，而且相对持续时间较久。一般按花期分为夏、秋、寒菊 3 大类。有时也根据对日照的反应分为敏感型或不敏感型。菊花的种类繁多（表 2-1），广东大面积栽培的商品性切花品种有“黄秀风”“台红”“台黄”“大白莲”等，均必须利用灯光促成，控制花芽分化，以保障能够均衡地供应市场。

表 2-1　常见菊花切花品种及其特点

名　称	花　色	上市期货自然花期/月	名　称	花　色	上市期货自然花期/月
老界白	白	8—9	寒小雪	白	1—2
秀风	白	10—11	岩之	黄	1—2
巨星	白	10—11	早金太朗	黄	12
大白莲	白	11—12	晚金太朗	黄	12
台黄	黄	11—12	寒娘	桃红	12

NOTE

续表

名　称	花　色	上市期货自然花期/月	名　称	花　色	上市期货自然花期/月
虎爪黄	黄	10—11	早生姬小丁	桃红	1—2
金黄	黄	12—1	红正月	桃红	1—2
清耕锦	红色	10	国庆白	白	9—10
四季之光	紫红	10	云仙	白	10
威廉巴特	桃色(粉红)	12	面形	白	7—8
银香	白	6—7	黄秀凤	黄	10—11
新明光	黄	6—7	日本黄	黄	11—12
祝	粉	8—9	六月黄	黄	6—10
秋樱	粉	9—10	台红	红色	8—9
花言华	粉	9—10	大绯玉	绯红	9—10
秋之风	白	10	紫荷莲	紫红	12—1
千代姬	粉	9—10	新园	桃色(粉红)	7—8
秋之仙	黄	9	森之泉	白	7—8
寒白梅	白	12	宝珠	黄	7—8
薄雪	白	12	秋晴水	白	9
美雪	白	1—2	都	粉	9—10
深志	黄	9	金御园	黄	1—2
红之华	紫红	9—10	春之光	黄	1—2
琴	粉白	10—11	寒樱	桃红	12
银御园	白	12	姬小丁	桃红	1—2
岩之霜	白	12	岛小町	桃红	12
霜黄	黄	12	春姬	桃红	1—2
银子月	白	1—2			

(三)繁殖技术

菊花只有少数品种可以结种子,常用扦插或分株方法繁殖。近 20 年来,离体培养技术的推广与普及以及茎尖离体快繁组培苗的生产,有利于菊花工厂化生产。

1. 扦插法

剪去母株(健壮无病)地上部分,将根部放入冷室,在南方是保存在露地土中,翌年春天母株即发芽。采脚芽作接穗,直接插于苗床,用手压实,浇透水分。插穗生根过程中,每天喷 1～2 次水,以保持较高的空气湿度和适宜的土壤湿度。15～20 天后,插穗生根,长成新的植株。生长 20～30 天,就可移栽定植在大田,操作简便。

(1) 插穗:剪掉插穗下部叶,保留上部的 2～3 片叶即可,在距插穗下端 0.2 cm 处,用锋利的刀削成斜面。若叶片较大可留半叶,以提高成活率。插穗最好在天晴没有露水时采切,忌雨天或枝条吸水饱胀之时取穗。采后先在阴凉通风处放置,再插就更容易成活。

(2) 苗床基质:扦插用苗床土是人工配制的"基质",基质配方为砂或珍珠岩 70%～80%、蛭石(建筑材料)20%～30%。插床深一般 2～3 cm,株行距 3～4 cm。

(3) 管理:插后苗床保湿十分重要,最好盖上黑网,以免太阳直射,使失水过快,造成幼苗枯死、成活率低等问题。插穗伤口的保护是很重要的,要防止腐烂,有的花农在切口包一块黄泥以利生根。用植物生长素处理,如:萘乙酸(NAA)120 mL 或吲哚丁酸(IBA)60 mL 配成体积为 1 m^3 的溶液,浸泡插穗几分

NOTE

钟，可以缩短1/3的生根时间，使成活率在95%以上。插穗可以无限利用，在新株形成后，待长至15～20 cm时，取顶部7～8 cm又可插穗，为二次扦插。去顶的植株再生侧芽，长大后不断用作插穗，可大量繁殖。扦插时间依定植和花期的要求决定，秋菊在5—6月扦插，寒菊或晚秋菊在6—7月扦插即可。

2. 分株繁殖

将母株地上茎连在一起分成几株，这样扩大繁殖的系数不高，一般夏、秋菊多用此法。其优点是幼苗初期生长快，可以为生产及时供应小苗。缺点是易传染病害，下部叶片脱落，易形成早衰。分株时间因种类不同而异，夏菊9月下旬至10月下旬，秋菊11月至翌年3月，寒菊4—5月比较合适。

(1) 蓬座：菊花生活习性中一个值得重视的问题。即秋季菊花处于短日照环境条件下，地上部分全成花芽。花后冬芽陆续长出，叶簇丛生成“蓬座”状。其冬芽茎短，叶重叠，若未遇低温，入温室后茎也不能伸长。但是，在0 ℃下30天，就可以打破“蓬座”期，可抽茎开花。

(2) 假植催根：在温室假植(临时栽种)，使之发育成熟，根系充分生长。到1—2月再进行分株，促成栽培，特别是平原低温迟来的地区多采用此方式。在温暖的华南沿海地区，如珠江三角洲，甚至整个广东省很少有持续30天的0 ℃低温天气(粤北个别地区除外)，故秋菊无须分株繁殖。

3. 组培繁殖

组培繁殖的技术特点是繁殖指数高，不受自然环境的影响，条件完全由人为控制，但成本高，设备复杂。对一些传统扦插、分株繁殖缓慢、经济价值高的植物是很合算的，例如兰花。而对菊花来说，其最大优点是可以脱除病毒，因为其他方法解决不了这一难题，用茎尖分生组织培养繁殖，可以获得无病毒苗，减少病害引起的退化问题。在组织培养中，培养基是离体繁殖的关键。一般用MS基本培养基即可，pH为5.7，附加NAA 1.0 $mg \cdot L^{-1}$、6-BA 2.0 $mg \cdot L^{-1}$，培养温度为25 ℃，光照强度为2500 lx。一个外植体可以繁殖无数个子体，然后移栽成活，还可以用作再插穗。不仅茎的腋芽可以培养，而且叶片组织、茎尖、根头、花瓣组织，都可作为“外植体”进行人工培养或“试管克隆”。

(四) 菊花的生长管理

1. 栽植前的准备

菊花是一种生长旺盛，需肥量大的植物，多施长效性有机肥，能够使土壤疏松，保持良好的透气性，同时也提高了土壤的持水力，使其物理性状优越，并可提供均衡的营养元素，使菊花根系生长发达，植株代谢平衡，发育健壮，枝繁叶茂。一般选用腐熟的家畜肥(3吨/亩)作为基肥，根据各地土质差异，可以适当补充磷、钾肥，均匀翻施入土。

菊花忌水淹，湿度过大时，则生长不良，遇积水或雨涝，会烂根死亡。轮作倒茬，往往会严重发病，或受到害虫的严重威胁，因为前茬土壤是病原菌或害虫残存的场所，幼苗对多种真菌比较敏感，容易成灾。最好对土壤进行消毒处理，简易方法是用氯化钴($CoCl_2 \cdot 4H_2O$)和溴化钾(KBr)按2∶1混合处理。整畦栽植，一般沟深30 cm，畦宽1～2 m，畦过长就不宜操作。为排水方便、通气良好，田块四周的排水沟应畅通无阻，以雨停水退、不产生积水为原则。

2. 定植

(1) 定植期　一般“多头栽培”要比“独本栽培”适当早一些，“多头栽培”就是“一株多枝”的栽培方式。采用人工摘心技术促进分枝，留有多个枝条，每枝开一朵花，单株可产多个切花菊。相反，“独本栽培”是“一株一枝”栽培方式，只留一个枝条，仅开一朵花，其生育期比较短。“多头栽培”在5月份中下旬，“独本栽培”则在6月上中旬。晚秋菊、冬菊，宜在7月下旬至8月上旬定植，夏菊(5月开花)宜在1月上中旬定植，盛夏菊(7—8月开花)宜在2—3月定植。因此，气候不同，所栽品种不同，定植期亦不一致。如果选择不当，会出现“柳蕾”现象，即营养生长过剩，达到发芽分化水平，而无短日照条件，不能正常开花。

(2) 密度　栽植规格原则上根据季节、土壤肥力、品种及植株整形而定。我国栽培密度标准：夏季10 cm×15 cm、冬季18 cm×15 cm；美国“多花型”栽培密度：夏季15 cm×18 cm，冬季18 cm×20 cm，内2茎，外3茎。台湾以每花茎120～180 cm^2空间计算，若每株摘心得3株，应留有360～540 cm^2空间，每

NOTE

667 m^2可植 18500～12300 株。在不同地区,应根据当地条件确定合适的栽培密度。对茎粗花大、枝不易断的品种来说,可适当密植。凡是大面积种植时,最好以多种方式栽培,易进行控制和人力调配,减少损失。"多头栽培"一般每株 3～4 枝,1 m^2 20 株。如果双行栽培,以畦宽 1 m、株距 10 cm 为宜。"独本栽培",宽窄行方式(4 行栽培)为宽行 40 cm,窄行 10 cm,株距 5 cm,1 m^2 60 株。大花 12 cm×12 cm,1 m^2 60 株;中花 9 cm×9 cm,1 m^2 100 株。

(3) 拉网管理　为使菊花向不同方位定向伸展分布,可使用田间拉网(20～25 cm 网眼),以充分利用光能与空间。每株定植 1.3～2.0 cm 深,一般在 30 cm 高拉网,随着植株长高,拉网上移。有时用双层网,以防花枝倒伏、凌乱不堪或风吹折断。每畦两侧固定用铁丝,塑料网绳系于铁丝上。盖黑网遮光30%,以利于茎伸长与长叶,提高花的质量。为使株高、茎长达到一定要求,每日光照要在 14.5 h 以上,温度为 15.5 ℃。夜间利用灯光延长光照是很有效的方式。在北纬 40°～50°地区,冬季需补光 5 h;在北纬 25°～40°地区,补光 4 h 即可,主要是为了促进花芽分化。在夏季,需补充光强 77～110 lx,冬季则需补充 33～55 lx。在长日照条件下,每周长出 2～4 个叶片。下位叶先熟,顶端以下 10 cm 处的节间迅速伸展,当其达到35～50 cm 时,开始短日照处理。冬季比夏季所需时间(日数)稍长,一般约需 4 周。如果早处理,就可保持花位 90 cm(最低),符合出口标准。

(4) 促成栽培　在广东、福建南部以及海南省以外地区,冬季寒冷,温度低。为了提早上市,可进行人工促成栽培,具体技术依栽培目的而不同。

①夏菊促成栽培:夏菊对光不敏感,只要求温度适宜,早花品种的适宜温度为 13～15 ℃,普通品种的适宜温度则为 15～20 ℃,营养良好,发育正常,花芽分化正常,就可以开花。使用分株苗要提早上市,在 8 月中下旬就除去地上部分,培土施肥,促使发根分蘖。在 11 月,假植于简易温床进行防寒。到 1 月再挖出分株,选高为 10 cm、无病虫的优良植株栽培,在加温条件下种植 4～5 个月便开花,可以供应市场需求。2—3 月分株,开花期相应会延至 5—7 月。

②秋菊促成栽培:选耐寒抗病种,若要在 3 月上市,需用寒冷山地苗,在 11 月成活,按 5～10 cm 间距假植于温床,以玻璃或塑料保温在 10 ℃左右。保证充足光照,20～30 天即发芽,长叶生根,定植温室。如要在 5 月上市则可用平原低温处理幼苗,在 1 月中下旬进行幼苗分株,经过 20～30 天的温床促成培育后,再定植于温室。定植初期的温度保持在 13 ℃以下,后渐升温(白天 15～20 ℃,夜间 10 ℃)。进入 2 月份后,即为"花芽分化期"(10～15 天),白天温度 20 ℃,夜间温度 15 ℃,株高 25～30 cm。再过45～60 天,花芽分化后就开花。人工光照即每 13 m^2安装一支 100 W 灯泡,灯泡设置的高度应根据切花菊的既定规格设定,每天照 2～3 h,1 月上旬到 2 月上旬补充光照,在 3 月份切花就可以上市。

③半促成栽培:秋菊在温暖地区,无须温室栽培,冬芽假植在 5 ℃左右的苗床内。按照 12 cm×12 cm 密度为宜,大花稍稀一点。4 月中下旬苗长至 30 cm 时,日照比较长,需遮光。当达到短日照习性要求,遮光 45～55 天(下午 5 时后,早上 7 时前)直至现蕾开花时才停止遮光,5 月中旬即可供应市场。遮光效果与床温有关,在 20 ℃条件下,遮光利于花芽分化,30 ℃下则效果相反,会抑制花芽分化。因此,需注意通风。

④日照敏感型:在广东、香港、海南等地,按自然花期、季节的不同进行种植。其次,按不同季节进行人工延光或补光处理,促进开花上市,以便达到预想花期能够开花的目的。例如:"敏感型"如紫荷莲、金黄等,常规在 12 月至次年 1 月上旬开花;"中感型"如大白莲、台黄、日本黄等,则在 11 月下旬至 12 月自然开花;而"不敏感型"如六月黄等,在 6 月下旬至 10 月都可开花。

(5) 肥水管理　切花要求花秆粗壮,叶均匀茂盛,花大色艳。肥水管理要注意控制空气湿度,避免土壤过干、过湿。喷灌、滴灌最佳。浇水视天气、发育时期、土壤保水力等条件而定。在定植成活后,浇水次数要减少,到花叶茂盛时,相应要多浇水,每天 3～4 次。在雨季,应少浇或不浇,视积水程度进行排水,以雨后沟内不留水为宜,防止烂根死苗。施肥要得当,生长初期需肥量小,随着植株长大,应不断增加施肥量,但高温季节施用过量肥水会造成烧根死苗和基叶枯黄脱落。在栽后 70～80 天,即蕾期需肥量较大,重施氮肥 13～20.6 kg/667 m^2、磷肥 10～20 kg/667 m^2、钾肥 10～20 kg/667 m^2(表 2-2)。

NOTE

表 2-2 菊花对氮的需求量

定植后天数/天	3 万条茎需肥量/(kg/667 m^2)	需氮百分率/(%)
1～10	0.062	0.53
11～20	0.155	1.34
21～30	0.249	2.20
31～40	0.374	3.00
41～50	0.530	4.60
51～60	1.246	10.18
61～70	2.237	19.25
71～80	3.738	32.60
81～90	1.371	11.76
91～100	0.935	8.00
101～110	0.748	6.40

追肥勤施而量少，过之会出现“柳叶”现象，花芽分化时，即当茎长至 1.0～1.5 cm 时就停止施肥。现蕾露色之后施追肥，秋季每周施 0.1%～0.5%尿素、0.2%～0.5%磷酸二氢钾(KH_2PO_4)，根外施追肥(叶面肥)1 次，以使叶色浓绿、花艳光亮。注意施追肥时，勿引起落叶，防止烧伤叶而造成肥害，一般视苗情决定。

(五) 切花菊的养护管理

切花菊有严格的品质要求和标准，因此需要精心管理。

1. 整枝

栽培过程中要视菊花枝条生长状况及时整枝，去劣保优，改变因肥水过量而造成的疯长，或因环境条件影响生出多余枝条和叶片，以保护植株的标准化发育，合理利用天然光能和营养，以产生高质量的切花菊商品。

2. 摘心与换头

一般主茎长到 5～6 个叶期，进行一次摘心，特别是“多头栽培”菊，即切除主茎顶端优势，促进多个分枝萌发。即使是“独本菊”，也可以早期摘心，控制生长与花期。除去主茎，腋芽会很快萌发，侧生茎速长，也就是“换头”。在菊花生长过程中，尤其是对“柳叶”现象，可用摘心或换头方式来弥补，以减少经济损失。其方法是将顶梢“柳叶”部分，连同 1～2 片正常叶片剪去，使其下部枝条萌发生长，代替主茎。经过短日照阶段，花芽分化，孕蕾开花，达到供应市场的目的。

3. 抹芽

菊花腋芽的生命力很强，会不断生长，与主茎竞争营养，甚至很快赶上主茎高度。因此，要随时在田间观察，抹去多余侧芽或腋芽，只保留 3～4 枝健壮、分布均匀的侧枝，以保证每枝有充足的营养，使其发育良好，提高花的质量。因为枝的多少关系到花质，也影响着花期的迟早。

4. 疏蕾

切花菊栽培过程中，营养状况好，会不断产生花蕾，导致多花、形小、色差、不整齐。只要去掉多余的花蕾，保留几朵有价值的花即可，这是保证质量的一项重要措施，但需小心行事，免伤主茎，若花蕾多而生长密集，待稍长大伸长后再摘除，可达到主蕾营养足、健康生长的目的。

5. 母株养护

在切花产业发达的国家，一株菊花采 8～10 次后就会被淘汰更新，不再作为母株使用。在我国常用 1～2 年，若多次采条，质量会下降，花级低，长势差。母株的密度以 1 m^2 40 株为宜，最适温为 15～25 ℃。母株必须经过无毒检验，在病虫隔离条件下栽培，保证不带任何病毒，才可保证质量。高温区用黑

网遮光，可使顶梢柔嫩。其营养元素高于一般切花植株，氮、钾肥用量大，要减少磷肥。摘除母株适龄插条，以防止其老化或超龄生长。

6. 病虫害防治

菊花常见虫害有蚜虫、绿盲蝽象、蚱蜢、地老虎和蛴螬（金龟子幼虫）、地下害虫等，病害有白粉、斑枯、立枯、炭疽、叶枯、锈病和线虫病。

蚜虫为害最普遍，在整个生长过程都会发生。蚜虫繁殖快，又易产生抗药性，使防治效果降低，难以控制。绿盲蝽象为害比较常见，导致菊花生长缓慢，品质下降。这两种虫是以刺吸式口器（针状）吸取植物营养的，可导致菊花失水，需内吸型药剂防治才有效，如氧化乐果等。蚜虫还常排出体液，含有高糖分，会招引蚂蚁，从而诱发烟霉菌生长。地下害虫的防治可用糖醋液诱捕成虫，减少产卵和后代繁衍，或施用低毒低残留的用药处理土壤，尽量使用生物农药。

病害可用杀菌剂灭除，但需掌握好农药品种、药理、剂型、浓度、用药量、施药期，才能达到理想的防治效果。使用呋喃丹等杀线虫剂，可以解决线虫为害，保障菊花健壮生长。

对菊花主要病虫害的防治，一般花农都有一定的实践经验，根据不同时期与对象，防治其主要病虫害，而不同的地区，病虫害的种类与为害的程度有差异。为了简明扼要，使爱花者灵活应用，现作以下介绍。

(1) 病害的种类与防治　菊花病害有黑斑病、猝倒病、枯萎病、锈病、白锈病、白粉病、斑点病、炭疽病、黄萎病、灰霉病、花腐病、青枯病、叶斑病、花叶病、矮化病及线虫性枯叶病等（表 2-3）。

表 2-3　菊花病害识别与防治技术

名　称	病　原	症状特点	防治技术
黑斑病 （褐斑病、斑枯病）	真菌 （壳针孢菌及粗壮壳针孢菌）	最初在叶面出现圆形、青铜色小斑点，后渐扩大至直径 12.5 mm 以上，不规则形，后呈赤褐色或黑色，叶背灰褐色，基部叶发病多，逐步向上蔓延，不落叶者为“壳针孢菌”为害。叶片出现红色小圆点，后扩大至直径 4.5 mm，病斑边缘红紫色到黑色，中央灰白色，最后叶枯黄变褐下落者为“粗壮壳针孢菌”为害	①选用抗病品种，例如紫桂、春水绿被、子云飞、秋色等抗病品种 ②注意田园卫生，秋冬清理枯枝烂叶，集中烧毁 ③轮作，消毒 ④浇水不宜喷灌，避免叶面水引起侵染概率增高，保持干燥 ⑤用药：克菌丹、代森锰锌、甲基托布津，7～10 天一次，当株高 30～40 mm 时停止
猝倒病	立枯丝核菌、腐霉菌和镰刀菌	实生苗期： ①萌发或刚出土小芽，胚根腐烂，从幼根尖开始，引起全株死亡 ②子叶受害，在土表处下胚轴出现水浸状溢缩变褐腐烂 ③扦插菊的嫩插穗发病，向四周扩展。叶边缘变黑枯死，顶芽停止生长，变萎蔫，呈灰白色，茎近土处呈水浸状，黑褐略溢缩，干枯，全株萎蔫枯黑死亡	①环境卫生：插种用具清洁无菌，如插床、花盘、插种箱、有机肥、基质等。清除四周枯枝烂叶，土壤消毒用福尔马林、溴甲烷、氯化钴等 ②插穗处理：远离土表取插穗，经 10% 漂白粉（次氯酸钙）浸泡 ③排水：通风良好，勿太密，少浇水 ④避高温：高温季节，调整播种扦插期，3—5 月为宜。苗期勤查，及时防治 ⑤药物：多菌灵、代森锌、托布津等
锈病	真菌 （柄锈菌）	叶上有浅黄色斑点，后来叶背出现深褐色疮疤状突起，连成圈，再生疮疤状突起，导致叶枯死	同黑斑病防治方法

NOTE

续表

名称	病原	症状特点	防治技术
枯萎病	真菌 (镰刀菌)	叶色淡,脉现黄而无光泽,下垂枯萎,但不变黄。茎基微肿变褐、有条形褐斑,自下而上延伸,茎有裂缝,间生白色菌丝体。根变黑腐烂,根毛脱落,茎内深褐色或黑褐色,上部较淡,全株枯死不倒	①无菌苗、土壤消毒 ②轮作倒茬 ③销毁病残体 ④抗病品种
	细菌 (欧文氏菌)	叶枝灰色,非干旱,土壤湿润,而植株白天萎蔫,夜间恢复,枝轻压易折,后来枝深褐色,脆而下垂,茎断流出红色黏液,植株枯死	①无菌苗,土壤消毒 ②工具消毒,防人为传染 ③销毁病残体 ④抗病品种 ⑤插穗用100～200单位土霉素浸4 h
青枯病	细菌 (假单孢杆菌)	幼苗根颈变褐腐烂,倒伏。成株叶突然失水、萎蔫下垂,烂根,枯死	①无菌插穗,土壤消毒 ②轮作,工具消毒防伤根,烧毁病株 ③药灌根,0.2%高锰酸钾或100～200单位链霉素或土霉素 ④根外追肥0.01%硼酸
茎腐病	真菌 (核盘菌)	近土处深绿色水浸状,向上下两端发展,腐烂。潮湿时,病部表面生长白丝绵状菌丝体,干燥时则看不到。叶片枯黄,植株死亡。菌核3～6 mm,黑色,重病株茎髓内有1～10 mm菌核,似鼠粪状	①清洁田园,销毁病株 ②轮作倒茬 ③无病苗,不带菌 ④苗期用药保护,如退菌特等
白锈病	真菌 (白锈菌)	初始时,叶背出现黄白色小斑点,中央变褐,后呈蜡白色脓疱状,2.5～5 mm,渐为淡褐色,最终变白,叶面稍凹陷,病叶自上而下,高温时少	①同黑斑病防治 ②插穗热处理:46 ℃浸5 min ③品种:桃金山、舞姬等抗病能力较强
白粉病	真菌 (二孢白粉菌)	叶、茎出现黄色透明小点,后渐连片,产生白粉状霉层。叶变色、扭曲、枯黄、脱落	①合理密植,通风透光 ②早摘除病叶,降低湿度 ③药物:粉锈灵、甲基托布津
斑点病 (黑点病)	真菌 (叶点霉菌)	叶上出现针头状褪绿,后成淡褐色细点,扩为褐色或深褐色圆斑或不规则状,中央黄褐色或灰白色,有不明显轮纹,边缘紫褐色,中央有小黑点(分生孢子器)	同黑斑病防治
炭疽病	真菌 (刺盘孢菌)	叶片出现黄褐色至灰白色圆形病斑,2～5 mm,边缘稍隆起	①避光、免烧伤 ②防药肥害,勿伤叶 ③清除病残体,集中销毁 ④药剂:用百菌清等7～16天一次
黄萎病	真菌 (黄萎轮枝菌和大丽轮枝菌)	基叶边缘发白,萎蔫,叶肉发黄,叶脉绿色,植株逐渐枯死,有的叶缘枯干。局部受害,未被感染部分仍表现正常	①抗病品种 ②无病插穗,土壤石灰消毒 ③轮作倒茬 ④销毁病株,用药水灌根

续表

名　　称	病　　原	症状特点	防治技术
灰霉病 （花枯病）	真菌 （葡萄孢菌）	主要叶、花。老叶易受害，基部多发病，烂叶。花边淡褐斑，2 mm，水浸状。渐湿时花全腐，生长灰绒毛霉层	①注意田园卫生 ②通风透光，保持干燥 ③药剂：甲基托布津等
花腐病	真菌 （小球壳菌或壳二孢菌）	花序半边畸形，花心变黑，枯死。从小花基向下扩展，使花轴、花梗腐烂下垂。叶的病斑不规则，呈扭曲状，茎分枝处黑条斑长达几厘米	①摘除病花 ②花蕾期免积水 ③药剂：百菌清、代森锰锌等
叶斑病	细菌 （假单孢杆菌）	叶上生圆或椭圆病斑，后连续成为不规则大斑，深褐色至黑色。潮湿时，病斑软而下陷，干燥时较脆。具同心轮纹状，易脱落穿孔。茎上病斑 2.5～5 mm，花芽、花序可受害	同枯萎病防治
带化病	细菌 （棒状杆菌）	茎短粗，基粗，生长停滞，矮化，丛生，叶畸形。苗期感染，成株期发病	同上
不孕病	病毒 （番茄不孕病毒 TAV）	每株症状不明显，子代的花序畸形，变小，花色杂碎。严重时，叶片扭曲，株矮小，有的品种带毒不表现症状	①拔除病株，远离菜区及烟草种植区 ②防虫免病 ③用无毒苗（茎尖脱毒 38 ℃，1—3 月热处理） ④抗病品种 ⑤加强管理
花叶病	病毒 （ChMV 和 CSV）	花碎色，边缘呈条纹，小花脱落，叶斑驳，花叶变小，扭曲，植株矮化	同上
矮化病	类病毒 （菊矮化类病毒 CSV）	矮化显著，仅正常株的 1/2，腋芽丛生，叶片苍白直立。白色或带紫红色斑点，花小，碎色，因品种而异。病插穗发根少，枝稍短，局部正常	①无毒插穗 ②防寄生性植物传毒，如菟丝子 ③防虫
褪绿斑驳病	类病毒 （ChMV）	叶小，斑驳，株矮，褪绿。老叶淡红色、紫色、褐色，花序小，病穗生根慢	同上
绿萼病 （黄化病、绿变病）	菌质体	黄化症，花瓣变绿，后渐转为乳白色，生长缓慢	同上
枯叶病	线虫	初在基叶边缘出现淡黄，后转褐黑色，病斑渐扩大，受主脉限制成楔形或成片，全叶枯黄，叶脆不落，病芽叶小而畸形，病花芽的花小而畸形，不正常开放，自下而上。10—11 月严重为害	①清除病残体及杂草 ②轮作，工具、土壤消毒 ③插穗热处理（50 ℃ 10 min 或 55 ℃ 5 min） ④药剂：呋喃丹、涕灭威、克线磷、马拉硫磷等
线虫性枯叶病	线虫 （仙客来根结线虫）	幼根受伤害，产生根瘤 1.0 cm 左右，初黄光滑，后转褐色，粗糙。植株生长慢，叶枯黄	同上

NOTE

（2）虫害种类与防治　害虫多数在植株体外活动，症状显而易见。防治药物多，并且效果比较显著。但是，若掌握不好时机或不科学用药，也会难以控制，造成大的经济损失。常见害虫有蜘蛛（叶螨）等（表 2-4）。

表 2-4　菊花害虫种类与防治技术

名　称		识别特点	防治技术
叶螨类	棉红蜘蛛（朱砂叶螨）	体锈红色或深红色，雌虫 0.55 mm，雄虫长0.35 mm，在树皮上越冬	因体小，繁殖快（1 年 20 代），较难发现，若防治不及时，将为害严重。所以，应预先搞好田园卫生，勤查早治，高温持续季节交替用药
	神泽叶螨	红色，雌虫长 0.5 mm，雄虫长 3.4 mm，在落叶上越冬	
	二点叶螨（二斑叶螨、普通叶螨）	黄色，雌虫长 0.5 mm，体两侧有黑斑，在枝、皮、根上和土壤中越冬	
	卵形短须螨	雌虫长 0.29 mm，背有不规则黑斑，雄虫长 0.23 mm，在叶背、腋芽间、根际上越冬	用三氯杀螨砜、乙硫磷克灭威、氧化乐果等农药
蚜虫类	桃蚜	体长 2.2 mm，黄绿色至赤褐色，因季节或营养而变，以卵在叶腋、枝腋、花序越冬，温室终年发生 10～30 代，多伏于叶背或叶卷缩处和密集花序内各小花间	①清洁田园，冬季杂草多蚜虫，灭除其越冬场所 ②勤查早治，重点在采插穗前，花显色期，留种母株，冬前及盛发期防治 ③保护天敌，如草青蛉、瓢虫、食蚜蝇、芽黄蜂、芽小蜂等 ④药剂有氧化乐果、呋喃丹等内吸杀虫剂
	小长管蚜（姬长管蚜）	体长 2.0～2.5 mm，深红褐色，有光泽，在叶腋或芽旁及杂草中越冬，温室全年发生，平均 10 天一代，孤雌生殖约 30 头，4—5 月和 9—10 月出现两个高峰期	
	棉蚜	体长 1.5～1.8 mm，夏黄绿，春秋棕色至黑色，体表被蜡粉，以卵在杂草根、木槿等树枝缝内越冬。孤雌生殖 40 头，高温季节严重，嫩枝、叶背等易受害，多诱发煤污病	
粉虱类	白粉虱	体长 1～1.5 mm，淡黄色或淡绿色，被有白蜡粉，眼赤红，受惊飞散快速。幼虫长 0.5 mm，椭圆形，扁平，黄绿色。20～30 天/代，10 多代/年，产卵 100～200 粒/头。有性和孤雌生殖并存。夏秋盛发，以盆栽或温室菊花为重，受害叶黄，褪绿，凋萎枯死，可诱发煤污病，又能传播病毒	①加强检疫，以防止其蔓延 ②杜绝虫源，虫常发寄主：一品红、一串红、倒挂金钟等 ③保护天敌，如丽蚜小蜂、中华草蛉等 ④药剂：氧化乐果、菊酯等
叶蝉类	浮尘子	善于弹跳，有横向行走习性，以卵或成虫越冬，卵产在茎、叶肉，一年发生多代，传播病毒	①药剂防治：氧化乐果、菊酯等 ②灯光诱杀成虫
	大青叶蝉（大浮尘子、大绿浮尘子、青叶跳蝉）	体长 7.2～8.3 mm，头胸黄绿色，前翅青绿色，翅端透明，每年发生 3～5 代，以卵越冬，每头雌虫可产十至上百粒卵，每十粒左右成排产于花枝下	①灯光诱杀成虫 ②清洁田园 ③药剂：马拉硫磷、氧化乐果、溴氰菊酯、杀螟松等
	棉叶蝉（二点浮尘子）	体长 3 mm，黄绿色，前翅近端部各有一褐色斑点。每年十多代，卵产于叶背中脉组织内	同上
	沫蝉（黑斑丽沫蝉）	白色若虫，在菊花幼枝、嫩叶上以及叶腋间分泌白色泡沫，并隐藏其间	同上

续表

名称		识别特点	防治技术
蝽象类	苜蓿盲蝽象（牧草盲蝽象）	体型小，纤弱，无单眼。体长 5.0 mm，长圆形，扁平，黄绿色至浅绿色。复眼红褐色，触角 4 节，翅草质绿色。若虫鲜绿色，体表密被黑色细毛。以卵在木槿、石榴、裂缝内越冬。卵期 30～40 天，15 ℃以上孵化，成虫寿命 1～2 个月。年发生数代，有“世代重叠”现象	①清洁田园，除草 ②药剂：辛硫磷、氧化乐果、菊酯、杀螟松等
		成虫黄绿色，比绿盲蝽大，体表密被细茸毛，触角超过体长	
蓟马类	花蓟马	体长 1.3～1.5 mm，呈赭黄色（雌虫）或黄白色（雄虫），成虫越冬。每年发生 10 多代，产卵在花或嫩叶内，20～50 天，每头产卵十至上百粒	①清洁田园，铲除（杂草）消灭其越冬场所 ②生物防治：如草蛉、瓢虫、蜘蛛、花蝽、肉食性蓟马 ③药剂：亚胺硫磷等，同蝽象类
	黄胸蓟马	体长 1.2～1.4 mm，褐色，胸成黄色	同上
潜叶蝇类	菊花潜叶蝇	体长 2～3 mm，色暗，幼虫白色。以蛹在叶肉中越冬，春秋较多。一叶内产卵 1～2 粒	①摘除虫叶，灭冬蛹 ②药剂：乐果、菊酯等
蝗虫类	中华负蝗（尖头蚱蜢、锥头蝗）	雌虫 20～30 mm，雄虫 10～15 mm，呈绿色，有的呈褐灰色。复眼至头顶的长度为复眼长度的 1.1 倍，卵产于土内，呈肾形，稍弯，卵块外被黄色分泌物，以卵越冬。每年发生 2 代	①除草以减少越冬场地 ②清洁田园 ③人工捕捉，清晨时在顶叶多见 ④药剂：敌百虫、二嗪磷、马拉硫磷等
尺蠖类	大尺蠖（造桥虫、步曲虫）	体长 15 mm（成虫展翅，雌的长 45 mm，雄的长 38 mm），幼虫长 40 mm。颜色呈黄绿色、青白色、浅绿色，变化大，有黑色纵线。蛹入土越冬，初孵幼虫吐丝飘迁移动，每年发生数代	①灯光诱杀成虫 ②药剂：敌百虫、辛硫磷、溴氰菊酯、五胺硫磷等
夜蛾类	银纹夜蛾（豆银纹夜蛾）	体长 15～17 mm（成虫），展翅时长 32～36 mm。胸灰褐色或灰黑色，前翅灰褐色，有几条银色斑纹，后翅暗褐色，老幼虫长 23～25 mm，绿色。蛹长 20 mm，外黄白色，卵散布于叶背，每年发生数代，以蛹在土中越冬，幼虫食叶或花	①灯光诱杀成虫 ②药剂：敌百虫、杀螟松等
	斜纹夜蛾（夜盗虫）	大小类似银纹夜蛾，头胸腹均为褐色，后翅银白色，半透明。幼虫头黑，体色多变，黄绿、浅绿或纯黑色。以蛹在土中越冬，南方温室无须越冬，年发生数代，每只雌虫产卵上千粒，成虫昼伏夜出，幼虫能吐丝飘迁，有假死习性	同上

NOTE

续表

名称		识别特点	防治技术
螟虫类	亚洲玉米螟(大丽花螟、钻心虫)	体长13～15 mm,翅鲜黄,有2条横过深色波状纹。老幼虫长20 mm,头红褐色,背淡红色,有3条暗褐色纵条纹,以幼虫在茎内越冬,每年发生2～3代	①剪除虫枝 ②生物防治:苏云金芽孢杆菌等生物农药 ③化学防治,同上
天牛类	菊小筒天牛(菊虎)	成虫体长6～12 mm,黑色,翅稍被稀疏灰绒毛。卵长2～3 mm。幼虫长9～19 mm,淡黄色。每年发生1代,刚孵化成虫根部越冬。距顶10 cm处咬伤再产一卵。伤口变黑,上端枝枯死	①烧毁虫害枝 ②人工捕杀(成虫出土时及产卵前期) ③药剂防治
地下害虫类	小地老虎	成虫体长17～24 mm,展翅时长40～54 mm,前翅暗褐色。幼虫咬新嫩茎,老熟幼虫长37～50 mm,灰褐色,背中线明显,表皮粗糙,布满大小相同黑斑点。每年发生数代,南北不同。成虫昼伏夜出,吸花蜜营养3～4天,产卵2000多粒	①灯光诱杀或糖醋诱捕成虫 ②清除杂草,毒饵诱杀 ③适时栽苗,提前整地,切碎嫩菜拌敌百虫诱杀后栽苗 ④药剂:辛硫磷
	大地老虎	成虫长20～23 mm,展翅时长52～62 mm,老熟幼虫长40～60 mm,黑褐色,背中线不明显,2～4龄时在地下活动,长到5龄时,为暴食期,大片菊苗受害	
蛴螬	红脚绿金龟子	体长18～26 mm,背绿色,腹紫红色,具金属光泽,稍翅布满小刻点。幼虫乳白色,被短毛。广州地区,老幼虫入土越冬,3—4月化蛹,6—7月成虫,每年发生1代,产60～80粒卵于土中	①灯光诱杀 ②毒土杀死 ③药剂:二嗪磷、菊酯类、敌百虫、辛硫磷等
	铜绿异丽金龟子	体长15～19 mm,背铜绿色,有金属光泽,腹面黄褐色,老熟幼虫40 mm,成虫夜间活动,有趋光性和假死习性。3龄幼虫土中活动,6—7月羽化,每年发生1代	
	黑绒金龟子	体长7～9 mm,黑褐色或紫褐色,密被短绒毛。老熟幼虫长16 mm,成虫土中越冬,每年发生1代	
	小青花金龟子	体长13～17 mm,暗绿色,前翅无光泽。取食花心与花瓣,4月出土活动	
蜗牛类	灰巴蜗牛	贝壳椭圆形,顶尖,自左向右旋,触角顶端为黑色圆形眼,土中越冬,寿命2年,每年发生1代。产卵于盆底、石缝中,卵长1～1.5 mm,10～20粒集结成块,圆球形,乳白色,有光泽,不透明	①菊盆垫高,免爬入盆内为害 ②捕捉 ③药剂:蜗牛散(多聚乙醛)、敌百虫,2～3周一次,连续2～3次

* 灯光诱杀:夜间前半夜(12—1时)挂紫外灯,四周竖玻璃3块,下端放置装有毒药的广口瓶,成虫飞来碰在玻璃上,自然落入毒瓶内,中毒死亡。

(六) 商品切花菊与市场

人们习惯在元旦、春节购买大量鲜花，以增加喜庆日子的气氛。所以，在元旦、春节期间商品切花菊价格相应升高，需求量也远远超过平时或其他节日，有时价格上涨数倍甚至 10 倍。这就要求花农应掌握好花期，及时供应市场，通过改善光照、温度条件以及其他栽培措施控制花期。其中，品种选择是十分重要的。一般来说，切花菊在 12 月至翌年 2 月上市，量大就会收到好的经济效益。有时应用植物调节剂也会有明显成效。如喷施 5 $mg \cdot L^{-1}$赤霉素(GA_3)，3 周后再用 25 $mg \cdot L^{-1}$ GA_3喷施一次，就会使花茎增高。花蕾期喷施 1.5～2.5 $mg \cdot L^{-1}$ GA_3，可抑制花茎伸长，达到市场的要求。

“日本香风”“乙女樱”“天家原”等品种在上海盛行。花期用灯光控制，合理密植，产花量高，晚秋或冬性品种为佳。花芽分化，开花整齐一致。“独本栽培”不摘心可推迟种植，8 月底也可以种植。生育期长的在 8 月底种植；反之，在 10 月前后种植。这样，它们都可以在节期开花。要灵活控制花期，当年的气候、温度变化对其影响大。秋冬季补光(14 h)，可延长营养生长，抑制生殖生长，避免早开花。

在短日照条件下，夜温 15 ℃、10 h/d 或 10 ℃、15 h/d，花芽分化。低于此温度时，会推迟开花。光照后至开花的时长因地而异，如上海 70～80 天、福州 60～70 天。花芽分化后，白天保持 20 ℃(温室、大棚栽培)，夜间保持 10 ℃以上。高温季节降温能使花蕾发育快，增温则相反。发育早需控水，要适当干燥；发育慢则需喷水，但浇水多会降低土壤温度，必须谨慎。温室用氮量仅是露地栽培的 3/4。调节发育及花期应节上市是十分重要的。

(七) 菊花的采收

在花苞期采收为佳，即在少数花瓣开放时剪花，这样在高温、远距离运输时，贮藏时间长。反之，低温、短途运输时，可以在 80%花开时采收。采收是在花枝距地面 10 cm 处切断，不带难吸水的木质花茎，摘除下端 1/3 叶片，立即经保鲜液处理，−5 ℃下存放 6～8 周(1.5～2 个月)。此外，可以在 4～8 ℃气温下插入 30 ℃水中，吸足水，在 2～3 ℃气温下存放 2 周。为使花朵免受损伤，以报纸或塑料纸进行包裹，10～12 枝一束，每 1～2 束一包，装入瓦楞箱后上市。

(八) 菊花品种的培育

商品菊花千姿百态、五颜六色、瞩目动人。除不同天然生存的野生种以外，大多数是经人工培养及引种驯化的，产生了成千上万个品种(系)，不仅提高了其商品价值，而且美化了环境。

1. 天然杂交

在自然界，风媒、虫媒及人工活动，都会帮助菊花授粉、结实，形成种子，繁衍后代。有性结合是物种遗传和变异的主要途径。在物种的长期进化过程中，品种优胜劣汰，竞争生存，给人类创造了美好的世界和幸福生活的乐园。早在清代，根据《广群芳谱》(汪灏)记载：“秋菊枯后，将枯花堆放在腴土上，而不必埋，时以肥沃之，明年春初自然出苗收种，其色多变。”证明菊花能够自然杂交，可是其目的性不强，亲本不明，优株率低。这是杂交种的来源之一，是物种多样化的一条途径。

2. 人工杂交

(1) 品种培育程序　确定目标→收集原始材料、配置组合→亲本培育→杂交技术(人工授粉)→收获种子→杂种育苗→栽培子代(F_1)→选优单株→繁殖→二代(F_2)选优→三代(F_3)精选→小区试验→定名验收→推广应用。此程序需 4～5 年才能完成，周期较长。为加快育种，缩短周期，现代科学技术不断创新，建立了各种实用的方法和途径。例如：利用南北地区气候差异，北方各省(市)每年花费不少人力、物力，到海南岛进行品种加代繁殖，可以年收获 2 代种子。

此外，利用人工气候室的条件，以及胚珠培养、花粉培养(单倍体育种)、体细胞融合(远缘种间体细胞融合，类似“试管婴儿”)、外源基因的克隆与转化等先进技术，不但克服了传统育种周期长的缺陷，而且创造了人间从来没有过的奇迹，并加速了新品种的培育。

(2) 亲本配置(杂交组合)　若组合不恰当，就会因“不亲合性”而导致不结种子或者得不到预期的杂种后代，除非离体培养。另外，由于各自目的、要求不同，亲本性状不同，必须合理搭配。例如：亲本无晚花习性，有人从 220 个组合中，获得 4393 株杂种(F_1)，却选不出 1 株元月开花的植株，因为组合不正

NOTE

确而失败。然而，他们另外重新选晚花亲本进行回交，又能够获得成功。如果预期杂种后代需要综合多个亲本的优良性状，杂交亲本的选配需格外注意各个亲本的遗传力大小，遗传力小的一般安排在最后杂交。此外，双亲遗传物质间有互补作用，以优克劣。例如：双亲均为“大花心”种，子代全都“露心”，选不出露心后代单株。利用正、反交技术，就会获得不同结果，尽管亲本相同，能结实与否，与正反交有关系。父本花心有无，直接关系到花粉的供应；多数良种均为“重瓣花”，只能作母本用。

(3) 控制授粉 在育种工作中，防止外来其他花粉干扰混杂十分重要，否则，就不可能达到既定的育种目标。控制授粉常用套袋隔离，一般用纸袋，口朝下，不密封，减少湿度。目前，棚内或温室盆栽，可以不套袋。其优点是杂交工作量小、操作方便、容易控制。为了克服花期不遇，严格掌握亲本花期，以调整(提早或推迟)栽培条件，保证花期同步。菊花属三核花粉，寿命短，保持萌发力时间仅 1～2 天，难以贮藏。一般可通过调节定植期或摘心期等栽培技术，改变花期，使亲本提早或推后 1～2 周，以达到父母本花期相遇。

夏菊于 12 月至次年 2 月定植，在 5—8 月开花。盛夏高温季节花粉败育，萌发率低，花粉管不正常，导致不结实。但夏菊同秋菊栽植，10—11 月可开花，正常结种子，获得杂交成功。花序是自上向下逐渐开放，早花初蕾时如果进行低温处理(4 ℃)，可以推迟 2 周开花。利用这一差异，可解决授粉问题。剪去上端已开花部分，促下方花序发育，是控制人工授粉很有用的技术之一。

(4) 杂交技术 人工杂交需考虑父母本比例是否合适，因为采收花粉困难，父本量必须是母本的 5～10 倍或更多，根据父本花心多少而定。在花蕾开放前要严格防虫，特别是防蚜虫的干扰。母本 3～5 秆，每秆 1～2 个花序，父本可多一些，以保证花粉充足。剪去花瓣以免妨碍授粉，也便于柱头外露接收花粉。由于花从外向内逐渐开放，故需多次剪除，每 1～2 天一次。剪除花瓣时勿伤柱头，依柱长不同而异，留 0.5～1.0 mm 为宜。

采花粉与授粉需谨慎操作，在晴天上午 10 时左右散粉时，专人采收，雄蕊花药自花心的花冠筒顶露出，呈黄色一小团，需用镊子逐个夹取，放入干净指形玻管或带瓶塞小玻璃瓶内，并立即授予雌蕊，不可次日待用，以免发芽力丧失。

室内瓶插采粉方法快速实用，有利于大量杂交工作，这是熊济华于 1998 年创造的一种科学方法。用花边全开、花心待开的切枝瓶插，几枝一束，以 100 瓦日光灯提供光照，保温在 15～25 ℃。取粉时将花枝倒置轻抖动，花粉自动散落白纸上，克服了人工用镊子夹取的困难，既省事、可靠，又可多采花粉，而且无污染，也可免受室外环境的变化及其他因素的影响。用小楷毛笔蘸取花粉，逐个授在“Y”形柱头上，连续重复 3～5 次，效果明显；然后，挂牌注明亲本及日期，以便总结资料，分析试验结果。每次用过的镊子、毛笔需浸入 70%乙醇内，以保持干净，晾干后下一次再用，保证无花粉混杂污染。

(5) 种子收获(即杂交成果) 授粉 45～80 天后，种子成熟，花梗自上向下变黑干枯，可以连花梗下部一起剪下，附带牌子，按不同组合分别装入透气良好的纸袋，放在通风干燥处。自然干燥后，将种子与小花碎片分开，进行低温干燥保存。切记不可搞乱牌子，否则前功尽弃。亲本的遗传力、亲和力、操作时损伤等因素可造成菊花结实率低，常 30%左右的组合无一粒种子。获得杂种后，播种育苗，以最佳条件管理。1986—1991 年的试验结果表明：一般发芽率为 17.2%～72.2%，平均为 47.35%。移苗、定植、选优以及后来复选和精选，需 1～2 年时间。最后是命名、鉴定、推广，完成整个杂交种成功选育的全部程序。

3. 其他方法

突变育种(包括人工诱变)以及引种驯化，都是新品种培育的有效方法。目前，已有 400 多个品种是由芽变而来，新杂交种的芽变也很常见，多为花色变异。例如：红、黄变异体，带有红色条纹；粉色芽变株有白色嵌合体，粉白色变为黄色；而黄色难变为其他色彩。芽变是体细胞突变的一种形式，突变方向不确定，突变频率不高。芽变选种需要细心观察，而且要抓住芽变选种的关键期。一旦发现，立即切下进行无性繁殖，成为新种。这种情况多在开花时可见，用叶、花瓣离体组织培养，是有效快速繁殖的新技术；若整枝变异，可用扦插技术成苗，繁衍成一个种群。

提高突变频率常用物理和化学方法处理，物理方法如 ^{60}Co 辐射诱变处理是最常用的方法之一，化学

方法如甲基磺酸乙酯(EMS)诱变等,两种方法均可以引起染色体或基因突变,产生新品种。插穗经每小时 3000～5000 GY 的剂量处理,就会发生突变。若剂量过高,则会抑制生长或致死,虽然变异率高,但优株率低,生根慢,开花迟,易矮化。将原始材料置于"钴圃"中慢辐射,花期选择变异株则方便可行。

引种方式被广泛应用,途径快速、简便,经济效益显著。菊花原产于我国,容易驯化,周期短,一年即可掌握其生活习性差异,从而可快速丰富当地品种类型。引种必须遵守检验检疫制度,防止危险性病虫随之而入,否则,可能会对近缘物种造成毁灭性的危害。为提高引种的成功率,可在"气候相似论"和"主导生态因子"的指导下进行。一般日本种易适应,荷兰种不耐夏季高温,除非在北方或人工条件下进行种植。

4. 不同用途和造型品种的选择

由于使用目的不同,选择菊花品种也有一定差异。独本菊(标本菊、独头菊)要求长 18 cm 以上、大花型的名贵种类,选择"帅旅""十文珠帘""绿窗纱影""绿牡丹""黄石公""光辉""原青"等品种为宜。"案头菊"要求株高 20 cm(不计花序),杆挺立,有 15～20 片叶,花大,直立向上,不露颈,花瓣整齐丰满。因此,选芍药、平盘、舞球、管属、卷敝、管盘、钩环、黄珠、托挂型等品种为佳。

(九) 菊花优质高产栽培技术要点

菊花优质高产栽培技术要注意以下 8 点要求。

1. 选用适用品种的具体标准

(1) 选用适合栽培地立地条件的品种,如长江流域主要是生长季湿度、温度高,可选用耐湿热的品种,如"秦淮染霞""秦淮粉荷"。

(2) 选用抗病性较好的品种。

(3) 花枝粗壮、长度大于 85 cm,且花颈长在 5 cm 以内。

(4) 花色鲜艳、纯正,光泽好,花形完整、优美且饱满,花直径大于 14 cm。

(5) 产量高。

(6) 瓶插期长,一般选择瓶插期在 15～20 天及以上的品种,如"绿安娜""秦淮粉牡丹"的瓶插期大于 30 天。

2. 选择菊花切花生产设施的注意事项

(1) 可采用造价较低的装配式不锈钢框架。棚面积不宜过大,每个棚的面积控制在 667～1000 m^2 为宜,随着棚内面积增加通风性下降,容易为病虫害滋生创造条件。

(2) 考虑到气候条件,冬季和早春设施保温显得尤为重要,可在棚内增加保温膜的层数,晚上棚外另加保温覆盖物如草帘等。

(3) 棚膜可选择醋酸乙烯薄膜等耐用性和透光性等使用性能均良好的材质。

3. 高品质切花菊生产的栽培管理要求

(1) 土壤选择与处理　菊花不择土壤,微酸到微碱性土壤均可;基于优质高产考虑,土壤必须选择土层深厚、肥沃、疏松、排水良好的地块。整地前用除草剂和杀菌杀虫剂,对土壤中的杂草种子、病原物和虫卵进行彻底消杀。

(2) 施足基肥　菊花是喜肥花卉,整地前必须施入足量的基肥,肥料种类以有机肥为主。施肥量根据土壤肥力来定,一般每 667 m^2 施入腐熟的家畜粪 3000～5000 kg 或菜籽饼 200～300 kg,另外增施过磷酸钙或骨粉 15 kg、草木灰 100 kg 左右,肥料可以和土壤消杀病虫剂一起掺入土壤。

(3) 作畦　畦面宽 80～100 cm,两侧设棚壁沟宽 50～60 cm,中间依次设 3 条沟,沟宽 50 cm,深 20～30 cm。沟可作为养花管理及采切鲜花的通道,而且有利于通风,降低棚内湿度。

(4) 定植　根据市场供应需求,合理安排定植时间;定植密度一般为 1 m^2 20～30 株,如畦面宽 80 cm,一畦可种植 4 行,中心行距 30 cm,两行之间 15 cm,两侧 10 cm;株距:标准菊(独本菊)为 5 cm,多头小菊为 10～15 cm;定植可在阴天或傍晚进行,如果要抢时间定植,可张拉遮阳网临时降低棚内温度,以保证定植的成活率,定植后及时浇透水,另外定植时切勿伤根,且使根系在定植穴内舒展开;定植深度与原来扦插深度一致或略深一点。

NOTE

(5) 肥水管理

①封行前可浅锄松土除草，封行后不再中耕；②菊花喜肥，苗期每隔 2 周追肥 1 次，可用饼肥水或复合肥，封行后停止根部追肥；③孕蕾期叶面喷肥，每 10 天喷 1 次 0.2%磷酸二氢钾溶液，喷 2～3 次即可，另根据叶色判断是否需要添加尿素叶面肥；④苗期控制灌水量，保持见干见湿的土壤水分状况即可，促进根系生长；⑤旺盛生长期至盛花期，保证水肥的充足供应，高温季节注意叶面喷水、通风、适当运用遮阳网等物理降温措施。

(6) 整形修剪

①多本菊应在定植缓苗后 10 天摘心，留 3～4 片叶，待侧芽萌发后根据侧枝的生长情况留强去弱，一般每株留 3～4 个侧枝，其他腋芽均应及时抹掉；抹芽要注意双手同时进行，芽长不超过 2 cm 时进行，抹芽要做到“三不”，即不掉叶、不留橛、不落抹。②抹蕾：2 次摘心可酌情留 4～5 枝，并及时抹去侧枝上的腋芽及花蕾，只保留顶花蕾。待侧蕾长到绿豆大小时及时抹掉，过早过晚均容易损伤菊花植株。

(7) 病虫害防治　菊花常见病害有褐斑病、白粉病及根腐病，其病原均是真菌。真菌病害防治应注意控制土壤湿度及环境空气湿度，改善切花菊种植棚内通风透光状况，及时清除病叶和病株，并处理病株生长的土壤。菊花最严重的病害是白锈病，除了栽培管理措施以外，还需使用化学药剂代森锰锌 500 倍液预防白粉病和锈病，5～7 天喷一次，发病后可喷施腈菌唑 800 倍液或乙蒜素 800 倍液，每 3 天喷一次，直到病情不再发展。

菊花害虫主要有蚜虫、红蜘蛛、尺蠖、菊天牛、蛴螬、潜叶蛾幼虫等。蚜虫可通过粘虫板捕杀或喷施吡虫啉 1000 倍液杀虫；尺蠖、潜叶蛾幼虫可人工捕杀或喷施氯氰菊酯或农地乐 1000 倍液杀虫；红蜘蛛可喷施杀螨醇等内吸型农药防治。

(8) 张网立支柱　切花菊要求茎秆健壮挺拔，栽培实践中通常是设立柱，立柱的高度可略高于切花的株高，一般以1.0～1.5 m 为宜，张网的材料通常是尼龙细绳，网眼规格为 10 cm×10 cm(5 目)；网可以在定植前铺于地面，以后随植株高度及时提网，或当切花菊植株达到 25～30 cm 高度，开始在植株顶端张网，以后随株高的变化而调整网的高度，提网最好在晴天下午进行，此时提网不容易损伤叶片，提网时把花网向外侧绷紧向上提起，注意提网一定要及时。

(9) 调控花期周年供应市场　“神马”是常见栽培的秋菊品种，也是典型的短日照品种，日照时长短于 13.5 h 应该补光，补光可用白炽灯，补光灯的布置密度应根据灯的功率确定，一般每 100 瓦可满足 9 m^2 菊花补光需要，补光灯架设在高度距离植株顶端 1.7～1.8 m 的位置。补光时间随着日长缩短而逐渐增加，一般从刚开始的 2 h 到后期 4 h。补光时间一般在晚上 11 时到次日凌晨 2 时，光强要求在 50 lx(设施内设置照度计，便于检测光强)；当菊花株高达到 60 cm 停止补光，使植株转入生殖生长，此时还应配合适当的控水，如果必要可使用 B_9 调控株型；停止补光后设施内的温度管理非常关键，尤其是夜温，夜温保持在 18～25 ℃为宜，低于 18 ℃花芽不能分化，高于 25 ℃花朵容易出现畸形。

为保障周年稳定供应市场，需要注意以下几点：①注意花期调控，根据订单需求调控花期，使切花菊有序供应市场；②尽量采用订单式生产，保障种植者的权益；③避免主栽切花菊品种单一问题，品种单一抵御病虫害及其他环境因子的风险会增加，因此，切花菊栽培实践中每一类切花菊可选 3～5 个品种；④切花菊商品的时效性强，切花菊生产基地到销售市场中间的物流环节必须通畅且高效，而且要求健全冷链运输体系，尽可能减少切花菊采后的损耗。

二、月季(China rose)

切花月季为蔷薇科蔷薇属常绿或半常绿灌木，花单生茎顶、花姿优美、色彩鲜艳、芬芳馥郁、品种繁多，深受各国人民的喜爱，享有“花中皇后”的美誉。切花月季消费量占切花总消费量的 20%左右。

(一) 生物学特性

月季(图 2-2)一般直立挺拔，梢枝开张，有倒钩皮刺。叶柄、叶轴上也散生皮刺。叶片为羽状互生奇数复叶，小叶 3～5 枚，有广卵形、椭圆形及卵状。花序圆锥状，单生。花色非常丰富，一般有红、黄、紫、粉、白、棕、红、黑和复色，多具芳香味。

扫码看
彩图 2-2

图 2-2　不同花色的月季品种

月季对温度要求比较低，昼 15～26 ℃，夜 10～15 ℃为宜。在 5 ℃以下，32 ℃以上，则进入休眠状态，可耐零下 15 ℃低温和 35 ℃高温。从花枝到开花发育共需 45～50 天，冬季需 60～70 天。在广州、海南、台湾等地以及港澳地区可露地生产，常年开花，供应市场。而在北京、浙江等地需在温室内种植。广州等珠江三角洲地区有地理和气候的优势，成本比较低，产品每年被运至全国各地，如西安、武汉、沈阳、南京、上海、北京等。特别是冬季北方无月季采收，广州、深圳及珠江三角洲的月季花可供应全国市场。

月季栽一次，可切花 4～5 年，省工、省时、高效率、高效益。每 667 m^2 种植 4 万～5 万株，每株收 3～4 次，可生产 12 万～20 万枝切花；在我国切花主产区云南，月季切花可产 3.5 万枝左右，每 667 m^2 收入可达 3.5 万～6.6 万元。

（二）种类与品种

商业化月季品种一般是经过多次、重叠杂交育种，后代性状综合了亲本的优良性状，其遗传物质与传统的月季相差甚大。商业化月季品种繁多，被称为"现代月季"，又被称为"中国玫瑰"。杂种茶香月季(HT)适合切花用，每年四季可以开花。月季按其花色可分为红、黄、粉、白橙、黑红、蓝紫色、二重及复色系等。每个系有不少品种，例如杂种香水类、微型类、藤本类、灌木类等。有人还划分出丰花与壮花月季类。月季花色艳形美，清香味浓，可划分为不同的种类(表 2-5)。

表 2-5　国际月季优良种一览表(HT 系统)

名　称	花色	花瓣	花径/cm	枝长/cm	产量/[枝/(株·年)]	瓶插寿命/天
阿林长(Alinke)	深黄红边	25	11	50～60	26	7
苏伯莉斯(Supless)	白淡粉边	35～40	12	60～70	26	10～12
奥地利钢币(Austiran Coppec)	橙黄	35～40	12	60～70	26	10～12

NOTE

续表

名　称	花色	花瓣	花径/cm	枝长/cm	产量/[枝/(株·年)]	瓶插寿命/天
阿尔推斯 75(Altess75)	红粉	50(交心卷边)	14	50	26	10～12
一等尖(First Prige)	红粉	20～25(重瓣)	14～16	20～25	26	10～12
杨基歌(Yankee Doodle)	红	50～60	10	20～25	26	10～12
王朝(Ocha)	红黄	40	12	20～25	26	10～12
天堂(Paradise)	粉紫	交心卷边	10	20～25	26	10～12
巴卡拉(Baocara)	红	40	10	50～60	20	7～9
巴克罗(Barkarole)	深黑	25～30	11	60～90	20	8
卡拉米亚(CaraMia)	深红	25	13	55～65	24	7
卡尔红(Carl Red)	红	35～40	11	55～65	30	8～10
信(Christion)	红	30	12	55～65	18	7
达拉斯(Dallas)	鲜红	25～30	13	60～75	22	9～10
大师(Grand Master Plece)	红	25	12	60～80	20	7
红衣教主(Kacdinal)	毫红	30	10	45～55	30	8～10
黑珍珠(Kurcshinju)	黑红	30	12	60～70	20	7
诱惑(Oksesslon)	红	25～30	12	55～65	28	8～10
奥林匹亚(Olympiad)	红	30～35	12	55～65	26	7
澳西莉亚(Osiria)	黑红白背	45～50	13	45～55	22	8
红成功(Red success)	红	30	12	55～65	22	7
梅朗胭脂(Rouge Meilland)	鲜红	30～35	13	60～70	17	7
皇家三花(Royge Delight)	红	35	13	60～70	23	8～10
赛尔沙(Selsa)	红	35	12	55～65	28	7
萨曼斯(Samanthe)	深红	30～35	12	55～65	26	7
翰钱(Kangom)	深朱红	30	11	50～60	26	7
自由小姐(Miss Liberty)	橙红	20～25	13	50～60	20	7
莫尼卡(Monica)	橙红	25	12	60～70	26	7
桔魁(Prominent)	橙红	30	13	55～65	20	7
魔德隆(Modelon)	朱红	25～30	12	50～70	26	8
瑞密欧(Remeo)	橙红	55～65	11	55～65	26	8～10
兰蒂(Blue Rillon)	兰紫	25	13	60～70	26	7
兰香草(Lavande)	兰紫	25	12	55～65	26	7
紫罗兰夫人(Supless)	兰紫	30	12	55～65	22	7
爱美罗丝(Amoious)	粉	30～35	11	26	22	7～10
布拉米(Blami)	浅粉	30	12	26	22	7～10
新娘粉(Bridal Pink)	粉	30	10	30	22	7
祝福(Blessing)	珊瑚粉	30	12	20	22	7
外交家(Dipomat)	粉	30	12	26	22	8～9
火烈鸟(Flamingo)	淡粉	25	10	28	22	7
粉时装(Haute Pink)	桃红	30～35	11	26	22	6～7

NOTE

续表

名　称	花色	花瓣	花径/cm	枝长/cm	产量/[枝/(株·年)]	瓶插寿命/天
兰花丰盈(Jucaianda)	兰桃红	35～40	13	26	22	7
迪安娜女神(Leading Lady)	柔粉	35～40	12	26	22	7
女主角(Leaden Lady)	粉	55～60	11	20	22	5～6
旋律(Melody)	柔粉	55～60	12	30	22	10
唐娜小姐(Prima Domna)	桃红	55～75	12	26	22	6
清子小姐(Princess Sayako)	橙红	55～65	12	20	22	7
索尼亚(Sonia Meilland)	鱼末粉	55～65	11	28	22	10～12
雅典娜(Athena)	白	30～35	12	50～60	22	7～8
维瓦尔利(Vivaldi)	淡粉	60～70	13	22	24	10
婚礼白(Bridal White)	白	30	10	45～55	32	7
卡特布兰奇(Carte Blanche)	白	30	12	55～65	20	7
自由女士(Lady Liberty)	白	25～30	12	55～65	30	8～10
蒂尼克(Tmele)	淡绿	35	12	60～70	28	7～8
成功白(White Success)	白深粉蕊	35	11	45～55	23	7
绿云(Luck Cloud)	淡绿	35	11	50～60	16	7
阿斯梅尔宝(Alsmer Gold)	淡黄	30	10	55～65	30	7
香槟酒(Champagne)	香槟	30	11	55～65	28	7
鸡尾酒 80(Cocktail 80)	淡黄	20	12	45～55	20	6～7
旧金山(Frisco)	黄	30～35	8	45～50	35	10
金徽章(Golden Emblem)	深黄	30～35	12	55～65	22	7
金奖章(Gold Medal)	深黄	35～40	12	55～65	24	7
金牌(Golden Medaillon)	黄	25～30	10	55～65	28	8
金色梦(Gold Fantasic)	深黄	25	13	55～65	26	7
海尔施密特(Helmut Schmidt)	黄	30	10	45～55	30	7
可爱的女孩(Lovely Girl)	乳黄	35～40	13	55～65	24	8
女娱相(Maidoy Honour)	橙黄	23	12	60～80	22	7
我的梦幻(Mine Munchen)	深黄	25	10	50～60	22	7
阳光(Sunbeam)	橙黄	40	10	45～55	22	7

据世界权威典籍 *The America Rose Annual*(《美国玫瑰年鉴》)记载，现代月季品种已达到 200 万种之多，目前市场销售的品种也达 8000 多种。世界上流行的品种，多数是欧美国家培育的品种，荷兰、法国、美国、意大利、以色列等国家生产的品种被广泛应用。非 HT 系统月季优良品种见表 2-6。

表 2-6　国际月季优良品种一览表(非 HT 系统)

名　称	系统	花色	花瓣	花径/cm	枝长/cm	产量/[枝/(株·年)]	瓶插寿命/天
迪斯科(Disco)	F	白桃红边	35	9	45～55	26	7
法国花边(Frenchlace)	F	白粉	30(高心卷边)	8～10	45～55	26	7

NOTE

续表

名　称	系统	花色	花瓣	花径/cm	枝长/cm	产量/[枝/(株·年)]	瓶插寿命/天
加比红(Gabiella)	F	红	35～40	8	50	26	7～10
拉里萨(Larasa)	F	深红	小型多瓣	8	50	26	7～10
朱美(Akime)	F	深红	高心翘角	8	50	26	7～10
柔木巴(Rumba)	F	红	重瓣平尾	5	50	26	7～10
马丽拉(Marina)	F	橙红	30	8	45～55	30	8
默西德行(Mercedes)	F	橙红	30	6	40～50	28	8
黄金时代(Gold Jolie)	F	黄	40	9	45～50	30	8
太阳仙子(Sunprint)	F	黄	半重瓣	9	45～50	30	8
太阳火焰(Sun Flare)	F	黄	30(半重瓣)	8	45～50	30	8
亚利桑娜(Arifona)	Gr	黄红	高心卷边	9	45～55	26	7
小裘丽(Mini Jolie)	Min	大红	30	8	45～50	20～24	8
至高(Altissimo)	Cl	鲜红	重瓣	12	枝长	20～240	8

从表 2-5、表 2-6 可以看出，HT 系统占大多数，其次是 F 系统。各地气候等条件不同，所选品种也有差异。适合珠江三角洲种植的品种不少，如红胜利、林肯、农香、蓝月亮、金冠、黑夫人、莫尼卡、信用、绿云等，可露地或温室外栽培，各品种抗逆性(抗病、虫、热、寒、干旱)强弱不同。引种时对其必须全面了解，认真开展预试验，选适合当地种植的品种。

(三) 繁殖技术

切花月季的生产必须有一定规模，以保障一定产量的商品月季花可供应市场批发。然后，转入各花店或个体经销商，再经过一番包装修饰，大大提高商品价值。其中，掌握繁殖技术是重要环节。尽管传统繁殖方法花农皆知，但对新发展的切花基地企业，并不一定十分熟悉，需聘请外来工、技术人员对一些关键问题进行培训。依靠个人经验与实践知识积累，灵活应用，才能增加收益，提高生产效率。

1. 扦插技术

扦插技术简单易行，但根系易衰老，直接影响到植株寿命和切花产量及商品质量。而且，扦插技术视品种而不同，有的就不易扦插成活。例如：大型、中型月季品种，其生根较困难，黄、白色系列尤其不易生根，只有小型品种或作砧木用品种易扦插繁殖。

(1) 季节性　在春秋二季扦插成活率高，而冬夏则不易扦插成活，除非有优越设施和条件。如在现代温室内，可以达到 80%的成活率。但一般乡镇小企业或初始建立的生产基地，由于条件不具备或不完善，依生长季节安排种植。

每年 4—5 月，由于气温回升(15～25 ℃)，相对湿度高，切口愈合快，25 天左右就能产生新根。而在秋季，8 月下旬到 10 月底，秋高气爽，万物皆宜，加之人为地精心护理，扦插成功的比例很大。然而，昼夜温差大造成幼根生长比较缓慢，比春季多 10～15 天。由于不久将面临严寒冬季问题，直到翌年春季，才可以定植移栽。所以，必须加强种苗管理，严防冻害或低温造成的冷害。

(2) 插穗的选择

①枝扦插：选当年形成的枝条，且要生长健壮、无病虫害。选取新叶由红至绿的生长枝条作为插穗，扦插容易成活。

②硬枝扦插：用开花株，初花开放时取枝条为宜。每枝穗枝不少于 3 节，也可从剪枝中挑选，必须及时保湿或插入水中，以免失水之后降低成活率。以花刚凋谢时取枝插穗，保留上部 4 片小叶为优。

③操作要点：插条长 7～10 cm，上剪口距芽 0.3～0.5 cm，切口与芽反方向，下剪口距芽 0.1～0.3 cm。用锋利刀片，切成 45°左右斜面，立即蘸 400 mg · L^{-1} 吲哚丁酸(IBA)或 500 mg · L^{-1} 萘乙酸

(NAA)及生根粉之类药液，然后插入苗床，深度为插条的1/3～1/2，有一个芽插入土内，间距5～6 cm。切记，勿切削皮刺，以免造成伤口感染病菌腐烂，导致死苗发生。

“带踵插条”或“无踵插条”是指削剪枝条时，选留分叉处或无分叉节间取插条。前者成活率高，生长健壮，发育良好；后者则基部吸水过量，成活率比较低。这是江苏常熟地区的经验，可供参考实践。

④栽培管理：扦插后，用手压紧基质，立即浇水一次。基质以干净河沙为主，掺20%左右的珍珠岩或蛭石（建筑材料）。保持湿润是十分重要的，一般用塑料薄膜覆盖可减少蒸腾失水，最好以黑网遮阴，促进发根，使之生长健壮。苗床相对湿度70%左右，在20～25 ℃插后14天生根，35～45天新叶展平，渐绿。待根长达5～10 cm时，就可以移栽定植。注意随时检查和去除死亡株，以免病菌感染滋生。

2. 嫁接技术

由于砧木根系发达，生命力强，嫁接苗也就生长快而健壮、寿命长、切花产量高。多用芽接或枝接方法，操作难度较扦插大。

(1) 砧木的选择和培育　在植物之间，存在有亲缘关系，并非任何植物都可作砧木。类似人输血讲究血型，“不亲和性”会导致死亡。一般蔷薇属植物近绿种，作为月季砧木比较合适。由于地区差异，气候条件不同，土质及野生资源分布不同以及习惯不同，选用砧木标准与类型也不一致。例如：北京多用“粉团蔷薇”，广州等珠江三角洲地区用野生蔷薇“四季青”和“七姐妹”作砧木，而江南地区，多用“大苞（粉春）”等。

砧木培植良好与否，关系着嫁接成功率的高低。在北方，7—8月高温多雨，植物生长旺盛。而在南方沿海地区尤其是广州，4—6月或9—12月较为适宜，因为7—8月高温季，砧木扦插不易成活，蒸发量大，难生根发育。具体方法类似前述月季扦插，取直径6～8 cm徒长枝去掉顶梢，保留15 cm长度，上下多芽眼。生根或定植，株行距为10 cm×25 cm，或用10 cm塑料袋营养栽植排列放置，待春秋嫁接用。

(2) 接穗选取　接穗选取是至关重要的技术环节，决定嫁接的成败以及未来苗的生长发育、开花的好坏。最好取花后无病的枝条，自顶向下第1～2个腋芽，生长有5片小叶的枝条作接穗用，顶端腋芽及其余芽不适宜使用。

(3) 嫁接方法

①“T”形芽接：选取生长饱满的芽，用利刀在芽下切入1.5 cm到木质部，朝上纵切2.5 cm。另外，从芽上0.5～1.0 cm处横切一刀，即可用手轻取芽片。选1～2段嫩砧木（枝条），若砧木太粗老化不易嫁接成活。将砧木距地面5～10 cm处的光滑部位用湿布擦干净。刀切“T”形开口，挑开皮层，将准备好的接穗芽片插入，使横切口对齐后，用塑料膜带（15～20 cm）扎紧，使之尽快愈合，以便生长成苗。

②嵌芽法：先在砧木上距地5～10 cm处，切下一定斜度的“盾形”切口15～20 cm。然后，再以同样方式切取接穗，与芽片大小一致。芽位置于盾形片中下部，直接嵌入在砧木切口上，用塑料膜带绑扎牢固。此操作应快速、熟练，防止切口失水干掉不易愈合。

③“门”字形芽接法：用刀在砧木距地50 cm处，横切至木质部。长约1.5 cm（砧木周长2/5），勿切末干枝条，再从两端垂直下切2 cm。剥离皮层下撕2 cm，切除上部1.5 cm。在芽眼1 cm处，切入枝条至1/3深，下削2.5 cm，取下芽尽快插入砧木切口里。用0.5 cm宽带绑扎封闭，只露芽眼和叶柄。

一周后叶柄枯黄，一碰就落，表示成功。若芽变黑或褐色，表明失败，然后重新在另一面再嫁接。待成活芽长出10 cm之后，解除掉绑带和砧木芽或成枝条，只留接穗芽枝就可生长成新的植株。

(四) 栽培管理

肥水管理、除草、防病、治虫是常规化生产环节。但植物种类不同，其生理代谢、生物特性不同，要求标准是有差异的。由于地区不同，土壤、肥水条件也有差别。应看天浇水（视雨水多少或土地持水力）、看苗子施肥（依植株长势适当补充肥料）。有时因品种不同，肥水管理应区别对待。

1. 肥料

月季属于喜肥植物，但对肥料种类要求不严。基肥以堆肥、厩肥、饼肥、糠粕、骨粉、草木灰、迟效性颗粒化肥为主，用量应因地制宜。例如，广东省江门市新会区德利科农发展有限公司生产的“长效尿素”，就是缓慢释放有效氮素，可减少随灌水流失，延长肥效期，提高利用率，降低成本或投入。

NOTE

在定植前一个月左右，完成施肥、深耕、起畦等工作。一般化肥按比例科学使用，每 100 m^2 施氮 5～6 kg、磷 7～8 kg、钾 4.5 kg 为宜，比例大约为 1∶3∶1。随基肥同施入土(50～60 cm 深)。畦规格宽 105 cm，高 15～20 cm。月季生长期长(一般 4 年以上)，年开花多次，每次开花消耗大量营养，要求肥力高于其他花卉，因此施足底肥是关键之一。先深翻，再施基肥也是合理可用的方式。根外追肥可补充生长不足，视长势决定用量及种类。特别是在生长 3 年的温室内，追肥可以促进花枝长度、挺度与花色鲜艳度。花期少施氮肥，以磷、钾肥为主，提高抗病性，因为氮肥会使植物疯长，使片过大感染疾病，花瓣畸形，色淡，甚至产生"盲节"不开花的现象。

2. 灌水

生物都离不开供水，植物更是如此。月季较耐旱，禁忌积水，不宜过湿。以"见干见湿，浇则必透"为原则，若有条件，定时喷灌为最佳。从其生理特性来看，月季腋芽萌动前需水量比较少，故可以适当控水。此后，到抽新梢时需水日增。当新梢长到 3～5 cm 时，水肥并举，以促快发，特别是从花蕾到开花期为需水高峰期。从此隔日浇水，冬季则每 5～6 天一次，夏日大小沟灌，喷灌可除叶面灰尘。浇水多易引致土地板结，需每隔 10 天松土，破板结一次。相应铲除杂草，以免滋生和蔓延。

3. 种植密度

各种花卉种植密度根据气候、土地、肥水、苗性等特点决定。一般 105 cm 宽的畦，定植 4 行(距离 27 cm，大花品种约 45 cm，中花品种约 35 cm)，1 m^2 700～900 株。在南方露地栽培，每 667 m^2 可植 1500～2500 株。稀植时，花的质量好，产量低。密度太大，会出现"盲蕾"(只现蕾不开花)，品质差。定植深度以接口入土 3 cm 为宜，略高于四周，移栽填土压实，浇透定根水。

4. 养护

(1) 立枝架　因月季植株高，密度大，为防倒伏和便于操作，定植后要建铁网支架。畦的两端设立铁架或水泥柱，拉 2 条铁丝，高 80 cm。每株旁插一根竹竿，用铁丝固定，待植株长高后绑扎其上，若露地稀植则可不必。

(2) 疏蕾　人工摘除部分多余花蕾，有目的地保留所需花蕾，使其健壮生长。特别是单头花品种(HT 系大花型)，枝梢有 3 个花蕾，除去 2 个侧蕾，只保留中央主蕾，以确保营养充足，花大色美价值高。多头花品种(F 系中花型)，多次产生花芽，应及时剪除早谢花，以减少营养消耗与竞争，满足侧花发育所需。

此外，夏蕾、现蕾即摘，因为高温发育不完全，开的花无商品价值，摘后可集中营养，以保秋花上市。嫁接苗的新花蕾都需及时除去，只保留主秆基部长出的枝条顶端花蕾，以便养分充足，花朵大而发育良好。尤其是生长势弱的植株，应保其精华，去其多余，以产品有价值为原则。

5. 温度管理

月季生长适温为昼 25 ℃、夜 15 ℃。温室栽培全靠人工调节温度，必须精心护理，依天气变化管理。华东地区 10 月份大棚就要盖薄膜，11 月份再覆一层地膜，确保夜温 10 ℃以上，才可以在 2 月份有花上市。有时需加热保温，每 180 m^2 大棚内，用 3 根 100 瓦电热丝，抵抗室外－5 ℃低温干扰。

6. 修剪整形

月季属多年生木本花卉，其长势、产花量与修剪整形有着直接的关系。修剪整形在商品化生产过程中是一个主要的环节。

(1) 枝条类型　月季花不同类型的枝条，其产花特点有别于其他植物。"开花枝"即生长发育正常，可以形成完整鲜切花。而"徒长枝(脚芽)"即长势旺、长而粗壮的枝条。它是建立树形和组成理想产花结构的主要材料，关系着花枝密度和切花产量。"盲枝"则营养正常，但是不形成花芽、不开花，其原因不清楚，可能与营养、环境条件、品种遗传特性有关。

(2) 枝条布局　月季"顶端优势"明显，即每个正常发育枝条的顶端都会开花。花后再生 2～3 个芽成为新枝条，一般短小细弱，虽可以开花，但无商品价值，且影响中下部芽的发育。针对这种情况，需要采取人工辅助，控制顶芽再生及株体的高度，合理安排枝条和造型。

(3) 修剪　可通过修剪调节月季开花迟早，特别是秋剪，可促使枝条发育，更新老枝，控制花期，决

定生产花量。冬剪为修整树形，控制高度，称为“强修剪”或“剪足”，一般在入冬休眠期进行。华东地区在12月至次年2月，发芽前完成冬剪工作。夏季只需摘蕾即可，不用修剪，但初夏季剪可控制夏花开放。根据不同目的和季节，确定修剪方法。

①壮枝培养：切花应在枝条基部以上1～2芽点处剪断，因为月季有“顶端优势”，不可高位剪。保留向外芽，防向内交叉。一般在芽上方0.5 cm，或与枝直径同等位剪，与芽反方向45°倾斜剪下；对“徒长枝”顶叶(60 cm处)第二档叶摘心，诱发高产优质花芽，枝粗有力；同时，除去“盲芽”、弱细枝条及内外交叉枝、枯枝和老化枝，以便使植株通风透气，保留有光合能力的枝芽。

②控制高度：从空间分布特性进行修剪，因为月季生长期长，花位渐升高，下芽被抑制发育，形成中空状态。树液上流，高处茂盛。通过修剪，保持主秆60 cm，除去多余细枝或发育不良枝条，以促基芽生长，也可人工使用外源激素提高花质，例如细胞分裂素可有效促进发育。这样可以控制高度，更新枝条。3—5月切花时，利用“矮壮素”(CCC)有意下降高度10 cm左右，保持株体60 cm，或初夏时重剪(5月下旬)，第一年保持株高50 cm，延年升高。剪后，在高温季要注意遮阴降温，控肥摘蕾，以保持半休眠状生长。

③控制花期与产量：一般HT系品种控制18～25枝/(株·年)；大红花120枝/米^2；白、橘红、粉红品种170枝/米^2。由于月季的品种不同，其有效积温生物学特性也不同。根据设施的保温力推迟修剪日期。月季从发育到开花，虽然物候期相对稳定，但修剪时间与修剪部位影响着花期的改变。例如上海的“唐娜小姐”和“红成功”，前者有效积温76.8 ℃，2月12日修剪，5月1日开花；推迟到5月25日修剪，则7月1日时开花；8月25日修剪，国庆节开花；10月20日修剪，元旦、春节时为盛花期；双层薄膜保温，11月份形成花蕾。后者则有效积温96.5 ℃，元旦修剪，5月1日开花；10月10日修剪，元旦、春节开花；5月10日修剪，7月1日开花。剪切位对花期也有影响，中上位剪早开花3～5天，下位剪就迟开花。

④秋剪：根据经济效益最高期，以8月30日为界，或根据温度前高后低、中稳的特点，可使月季冬季盛开。如果太早剪，花蕾期短，2～3天凋谢；若太迟剪，则花期推后2～3天。因此，把握适当时机，使月季春秋开花，可稳定供应市场，获得较高的利润。

(五) 病虫害防治

月季切花常见的病虫害包括黑斑病、白粉病、根瘤病、溃烂病及蚜虫、红蜘蛛、介壳虫、蔷薇叶蜂、金龟子等(表2-7)。

表2-7 月季病虫害识别特点与防治

名称	症状特点	防治方法
黑斑病	叶面上出现直径2～12 mm的不规则黑色斑点，不久病叶变黄而脱落	注意温室通气、降温。露地栽培时，在高温季节，每隔3天喷药1次，使用多菌灵、托布津、百菌清、代森锌等
白粉病	嫩叶、嫩枝或花蕾上出现白色真菌斑块，并逐步萎蔫。严重时叶片卷曲干枯，花蕾不能正常开放	同上
锈病	初期，叶背出现红橙色小斑点，逐渐扩大；后期，叶背的斑点变为黄褐色。严重时，叶片枯萎脱落	同上
溃烂病	病菌由刀口、剪口、虫伤以及嫁接时去刺的伤口等入侵，在枝秆产生黑褐色块状损伤，使养分运输受阻，上部枝叶干枯、花朵萎蔫	注意剪口消毒，勿留过长残枝，以防病毒潜藏，剪除病枝并及时烧毁。喷多菌灵、托布津、百菌清消毒
根瘤病	地表茎秆、嫁接部位与根生瘤，后逐渐变大，由于植株的生长和发育不良，就会直接影响开花	在定植前，用氯化钴进行土壤消毒。种苗时用链霉素或土霉素进行消毒处理，及时清除病残体
蚜虫	早春快速繁殖后，在嫩芽和枝叶中，吸取汁液，妨碍植株的生长和发育，严重时，枝叶枯萎	喷药防治，用氧化乐果或马拉硫磷及DDV、蚜灭多等。利用生物防治技术，如瓢虫、食蚜蝇、草青蛉等

NOTE

续表

名　称	症 状 特 点	防 治 方 法
红蜘蛛	夏季高温闷热时,红蜘蛛迅速繁殖,大量集中在老叶背,吮吸植物营养,叶片出现黄褐色斑点,严重时,短期内叶片干枯脱落	防治使用药物:三氯杀螨醇、三氯杀螨矾、克螨特等
介壳虫	体黄或灰褐色,具甲壳,寄生于枝条和枝秆上,吸取营养使植株生长衰弱,严重时造成植株死亡	初期喷洒马拉硫磷或敌百虫,少量危害时,用刷子刷洗或用竹叶刮掉。严重时,用剪刀剪除受害枝条,集中烧毁并用药剂消毒
蔷薇叶蜂	幼虫取食新叶,开始成群,不久分散	喷施氧化乐果、马拉硫磷、敌百虫等
金龟子	取食叶片、花蕾、花瓣等	喷施杀螟松、马拉硫磷、敌百虫等

(六) 采收、包装与销售

温室栽培月季供应期主要在10月至次年5月,产值最高的时段为12月至次年2月,节日花价高出平常多倍。因此,节前采收,效益较高。采收时期为花前1～2天,以花蕾含苞待放为宜。

从花枝基部留2个芽处剪下,使枝条吸足水。按其长度分级,每30枝一束,运到花场批发,远距离需纸包或装箱。当天剩余未出售的月季,需在温度2～3 ℃,相对湿度90%～95%下保存,可以保存15天左右,但具体保存时间长短依品种而不同。

(七) 月季优质高产栽培技术要点

月季优质高产栽培技术一定要掌握“六个方面”的管理环节,具体如下。

1. 选择对路品种

品种选择有以下“六个标准”。

(1) 耐热性较好。

(2) 抗病性较强。

(3) 花形优美,杯状、高心卷边或翘边,花瓣厚实、有光泽。

(4) 产量高,萌芽力强,耐修剪。

(5) 花枝长、直、少刺,叶片平整,有光泽。

(6) 花朵耐插。

2. 选择适宜设施

注意以下“四要素”。

(1) 必要性:花卉产品用来观赏,采用设施栽培,才能产质优价高的产品。

(2) 针对性:我省夏季高温多雨,常有台风,冬季低温,搭建防雨、防风、保温的大棚进行种植,才能保证稳定的产量、品质。

(3) 实用性:采用连体钢管大棚,每棚面积小于45 m×45 m,棚高大于4 m,采用滴灌系统、透光好的无滴膜。

(4) 本土化:可利用当地资源如木材、竹子等搭大棚。

3. 规范栽培管理

注意以下九个环节。

(1) 土壤要求:选择土层深、疏松、排水好、富含有机质、pH为5.5～6.8的土壤,碱性可用石膏改良,酸性可用石灰改良。

(2) 定植时间:春季3—5月,秋季9—10月。最好用嫁接苗,苗期遮阴60%,冬季保温。

(3) 种植密度:株距30～35 cm,一畦种植2行,2000～2500株/667米^2。

(4) 水分要求:浇水掌握“见干见湿,浇则浇透”原则,最好用滴灌。

(5) 肥料管理:基肥一般每年冬季施1次有机肥,亩施500 kg,在2行之间开沟施肥,覆土、浇透水。不同时期追肥要点如下。①苗期:每10天用15～20 kg/667米^{2}的氮肥催苗。②营养生长期:每周施尿

素 20 kg/667 米^2，每月加施一次 40 kg/667 米^{2}的有机肥。③发芽阶段：可用 30 kg/667 米^{2}的复合肥催芽。④开花期：增施磷、钾肥，减少氮肥。⑤产花期：用 0.1% KH_2PO_4喷施可提升花色。

（6）光照要求：每天需有 5～8 h 的光照，才能保证生长良好，因为月季喜欢向阳、背风、空气流通的环境。

（7）温度要求：控制夜温 16～17 ℃，日温 23～25 ℃，地温 13～25 ℃。注意冬季保温、夏季降温。

（8）根际培土：冬季或早春对基部进行培土 1 次，厚度 4～8 cm。

（9）松土除草：幼苗期松土要浅不伤根；生长期每年松土 4～5 遍，深度 10～15 cm，经常除草保持田间无杂草。

4. 掌握修剪要领

修剪目的主要是养壮植株、培养株型、更新主枝、调控花期。修剪原则要掌握"四个及时"：①及时除去开花枝上侧芽与侧蕾；②及时除去砧木发出的芽；③及时除去弱枝的花蕾，保留其叶片；④及时清除销毁病枝、病叶。月季的修剪主要分苗期修剪、生长期修剪、开花母枝的更新修剪、调节花期修剪。

（1）苗期修剪：其核心就是保留足够的叶片，抽出粗壮脚芽，主要工作内容为摘蕾、抹除砧木新芽、折枝。当株高达 30 cm 时，进行折枝，将枝条折低于植株基部，折枝叶片不能重叠，以能将畦面铺满为度（图 2-3）。折枝技术要掌握三个要点：①折枝要折而不断，保留足够的叶片数；②折枝前要集中防治病虫害；③折枝前半个月应减少浇水。

新种植的小苗　　苗高30 cm时折枝

进行折枝处理　　折枝后情况

图 2-3　月季的苗期折枝

（2）生长期修剪：①摘侧芽，当开花枝上的侧芽长出 1～2 cm 及时摘除；②折枝，将花枝长不足 40 cm 的细弱枝进行折枝，并摘除花蕾；③修剪，修剪掉向内侧生长的中部枝条芽，或与花枝相干扰的分枝芽，只留外向芽。

（3）开花母枝的更新修剪：采收 1 年以上，每年进行 1 次更新修剪，在 3 月或 7 月进行，留粗壮枝条 3～5 枝，每枝留 20～25 cm，其余剪除，保证优质高产。

（4）调节花期修剪：因品种、季节不同，从修剪到产花时间为 35～60 天，须错开修剪时间。例如"红衣主教"要想在国庆节上市，必须在 8 月 25 日左右修剪。

NOTE

5. 及时防治病虫

月季病虫害的防治原则是“养壮植株，预防为主”。常见病虫害为“六害四虫”，六害为白粉病、黑斑病、疫病、炭疽病、根瘤病、灰霉病；四虫为蚜虫、红蜘蛛、介壳虫、斜纹夜蛾。一些病虫害的具体防治方法见表 2-7。

6. 及时采收切花

注意适时采收，当花瓣松展时采收，太早易弯颈，太迟会缩短瓶插时间。采后及时插入水中，分级，每扎 20 枝，包装好上市。同时结合切花保鲜技术，月季切花贮藏在 1～3 ℃、相对湿度 85%～90%下，可贮藏 2～3 周，用保鲜液处理可延长瓶插寿命 5～10 天。

三、香石竹(carnation)

香石竹又名麝香石竹、康乃馨。花色娇艳，且具芳香，单朵花花期长，是国际上五大鲜切花之一。香石竹原产于南欧，地中海北岸的法国到希腊一带。现在世界主要产区在意大利、荷兰、波兰、以色列、哥伦比亚、美国等。20 世纪初传入我国，目前主要在昆明、上海、广州等地区生产，尤以昆明为主。1994 年以来，香石竹生产面积增长迅速，表现出极强的经济生命力，已成为我国花卉生产中最主要的品种，花卉园艺中创汇的新兴产业，倍受花农青睐。截至 2018 年年底，云南香石竹切花占据全国 70%以上的市场份额。香石竹切花在日常生活中应用普遍，从家庭瓶插装饰到生日、母亲节、婚宴等庆贺活动，都广泛使用香石竹作插花花材，做成花束、花篮、花环、胸花、襟花等，装饰效果好，深受广大消费者喜爱。

康乃馨(图 2-4)是著名的“母亲节”之花，代表慈祥、温馨、真挚、不求代价的母爱。欧洲一些人士认为它代表“永不褪色和永不变迁的爱”，是“穷人的玫瑰”。它还是“五月生辰花”，其茎叶上的白粉，象征母爱保护着年轻的下一代。

扫码看
彩图 2-4

图 2-4 不同花色的康乃馨品种

(一) 生物学特性与环境

1. 生物学特性

香石竹为石竹科石竹属多年生草本植物。茎直立，多分枝，株高 70～100 cm，基部半木质化。整个

NOTE

植株被有白粉，呈灰绿色，茎秆硬而脆，节膨大。叶线状披针形，全缘，叶质较厚，上半部向外弯曲，对生，基部抱茎。花通常单生或2～3朵呈聚伞状排列，花蕾橡子状，花冠石竹形，花萼长筒形，萼端5裂，裂片剪纸状；花瓣扇形，花朵内瓣多呈皱缩状，数多，具爪；有粉红、大红、鹅黄、白、深红、紫红、牙黄色，还有玛瑙等复色及镶边等，有香气。

2. 品种与种类

香石竹品种甚多，有的耐寒力较强，适宜于露地栽培，在长江流域以北、黄河以南可以露地越冬，常作二年生花卉栽培；有的耐寒力较弱，须温室栽培，略呈灌木状，可以四季开花，适宜于保护地作切花栽培。按花茎上花朵大小与数目，分为以下两类。

(1) 大花香石竹　即现代香石竹的栽培品种。花朵大，每茎上1朵花。栽培品种极多，按花色分为红色系、黄色系、粉红色系、桃红色系、紫色系、橙黄(红)色系、白色系、斑驳花边等。夏季型有“坦加”(Tanga)、“埃丝帕纳”(Espana)、“托纳多”(Tornado)、“海利丝”(Helles)、“罗马”(Roma)、“洛查”(Roza)、“尼基塔”(Nikita)等，冬季型有“诺拉”(Nora)、“白西姆”(Whitesim)、“莱纳”(Lena)、“康廉西姆”(Williansim)、“卡利”(Kaly)、“科莱普索”(Colypso)等。近年来，研究者主要致力于抗病品种的选育。

(2) 散枝香石竹　即在主花枝上有小花数朵的品种群。散枝香石竹是当前国际市场尤其欧洲市场上畅销的品类，占香石竹产量50%以上。散枝香石竹具品种多、色系全、花形优雅、生长势强、投产早、高产优质、易栽培等优势，但在我国市场仅占约10%。主要品种有“红戴安娜”(Red Diana)、“粉戴安娜”(Pink Diana)、“桑塔娜”(Santana)、“火山”(Vulcano)、“黄狮”(Tgr. Lion)等。

(3) 习性与环境

①土壤：喜保肥、通气和排水性能好、腐殖质丰富的黏壤土。最好掺有占土壤体积30%～40%的粗有机物，也可用泥炭加珍珠岩。最适宜的土壤pH为6～6.5。土壤宜保持湿润状态，切忌连作，忌低洼、水涝湿地。

②温度与湿度：喜冷凉气候，但不耐寒。最适宜的生长温度为白天18～24 ℃，夜间12～18 ℃；对白天25 ℃以上的高温适应力弱。适宜比较干燥的空气环境，理想的栽培场地应该是夏季凉爽、湿度低，冬季温暖而又通风良好的环境。忌高温、高湿环境。栽培上要避免昼夜温差波动大，以降低裂萼花率。

③光照：香石竹是中日性花卉，需阳光充足才能生长良好。

④花芽分化与开花习性：在适宜条件下，其花芽分化进程为未分化期、分化初期、萼片形成期、花瓣形成期、雌雄形成期、胚珠花粉形成期，6个时期大约需30天；随后萼片和花瓣继续生长；萼片停止生长后，花瓣仍继续生长至盛开。香石竹苗生长至7对叶后，开始花芽分化；春夏季4～7天、秋冬季7～10天长出1对新叶；15～18对新叶时普遍形成花蕾。7对叶后，由于花芽已开始分化，对幼苗进行24～25天的5 ℃低温处理，可使开花期提早。香石竹花期长，每朵花开放的时间也长，通常在15～25天。露地栽培的主要花期在5—6月和9—10月。温室或保护地栽培的，低温时通过保温加温，维持适宜的温度；高温时，保持冷凉干燥，尽量提供适合香石竹生长发育的环境条件，则可能达到全年有花开。

(二) 栽培品种的选择

香石竹花枝的质量、产量在一定程度上受品种本身遗传性的支配。而遗传性的表现，在很大程度上与环境条件有密切关系。生产栽培区要结合本地区的主要气候环境因子，选择适宜于当地生长的品种。以上海为例，上海具有晚冬、早春寒冷和夏末秋初燥热的特点，选择的标准如下：①生长快、抗病性强、耐寒、产量高的冬季开花型品种；②在高温与长日照条件下表现抗病性强、分枝性好、裂苞少、茎秆挺直高产的夏季开花品种群；③在生产中，结合市场消费的需要，按适当比例搭配花色，如红、白、粉3色各占30%，黄、橙与斑杂色共占10%，由于白色易于染色，亦可将白花品种提高到50%，以便达到能周年供应香石竹鲜切花的目的。

(三) 繁殖

NOTE

香石竹切花生产用苗的繁殖，用扦插与组织培养的方法进行，常规繁殖以扦插法为主。优质的种苗通常由专门机构进行繁殖。切花生产者一般购买扦插苗，而不自己繁殖，因此，种苗费是生产费用中的一项主要开支。为提高生产效益，一般一年更换一次种苗。

1. 扦插繁殖

(1) 建立母本圃(采穗圃) 幼苗质量的好坏直接关系到定植后植株的生长、花期以及切花的产量和质量。因此，要建立优良的采穗圃，才能充分发挥优良品种的特性，保证苗壮、整齐，生产出优质、高产的切花花枝。可通过品种栽培试验，从鉴定植株中，选择出优良的一些单株作为繁殖母株，定植在母本圃中，按品种习性，实施科学管理，培养健壮的母株。

(2) 繁殖母株栽培管理 ①栽培地应用蒸汽消毒的介质做成高种植床，有充足的有机质与优良肥水供应，能保持植株健康生长。②用滴灌方式进行灌溉，避免弄湿叶面。③定期喷洒药剂，防止病害发生。④繁殖母株定植后 15～20 天，苗高 40 cm 时摘梢，留下 10 cm(4～5 芽)植株，让其以后由侧枝生长，长成的植株控制在 20～30 cm 高。⑤母本植株定植后 15 天内，管理以水为主，无须人工补肥。第二次摘心前，株体小，需肥少，仅 7～10 天追施 1 次营养液，即每 100 m^2施用尿素 150 g、硝酸钾 500 g、硝酸钙 400 g，结合灌溉一起均匀施入，开始取芽后，用量增至尿素 200 g、硝酸钾 550 g、硝酸钙 480 g，每周施 1 次。

(3) 采穗 当母株的主侧茎长至 5～6 节后，结合摘心进行采穗。采穗前 1～2 天，先将母株喷洒 800 倍液的百菌清、克菌丹等杀菌剂，防止从母株带入病原菌，采穗应在连续有 2～3 个晴天的傍晚进行，保留下部 2～3 节。在母株上每周掰 1 次壮芽作插穗用，同时去除弱芽。具体操作是左手握住母株，右手抽侧芽中部弯曲侧芽，侧芽与母株茎对生叶形成直角，使侧芽弯曲而脱下。

(4) 插穗规格 ①插穗长 12～14 cm，重约 10 g，具有健全的 4～5 对叶片与完整的茎尖。无病虫，长势健壮，茎粗，节间紧密，叶厚，坚挺，色泽浓绿，叶面蜡质，保护组织形成良好。②茎叶健壮，对低温、病害等抗性强，生理旺盛。③插条基部应略带主干皮层，但又不损伤母株。避免用刀造成伤口带菌。④保留插穗顶端叶片 4～5 片，其余全部摘除。整理好的插穗按每 20 枝或 30 枝一把，浸入清水中 30 min，使插穗吸足水分后再扦插。

(5) 插穗的贮藏 如果插穗不能立即扦插，需要贮藏，需将插穗放在 1 ℃的冰箱内，用湿布覆盖，防止失水，可维持 2～3 个月活力。这种贮藏方法，可以保证将不同时间从有限的母株上分别采取的插条集中扦插繁殖，使插穗同时开始生长，以便同步管理。

(6) 扦插介质 用 1/2 泥炭加 1/2 珍珠岩，或用焦糠，以碳酸钙将 pH 调到 7，气温维持在 13 ℃。插床应有底温装置，在 15 ℃地温介质中，21 天生根，若将底温提高到 21 ℃，15 天就可生根。

(7) 生根激素 用 0.2%吲哚丁酸(IBA)溶液浸泡基部，或将基部 1 cm 蘸 0.5%IBA 粉衣，再插入基质 3 cm 左右。

(8) 扦插管理 先用与插条同等粗细的竹签在扦插基质上打洞，然后将插穗垂直插入，深度为插穗长的 1/3。插后立即浇水，使插穗下部与土壤密接。插穗的株行距为 2 cm×3.5 cm。插床必须有间歇喷雾的设备，喷雾量控制在使叶片刚好湿润的程度。通常在天气温暖、阳光充足时，每 5 min 喷雾 5 s，寒冷阴暗的雨天每 10 min 喷雾 3～4 s 就足够了。若无喷雾设施，则必须在插床上覆盖保湿纸或塑料薄膜，防止叶片水分蒸腾与土壤水分丧失。1 周后可改换苇帘遮挡，要注意不要遮光过多，以防插条软弱徒长。

(9) 移栽 插条根长约 1 cm 时移栽，如必须在苗床上留较长时间，可用完全肥料按每 8 L 水加 30 g 肥料作追肥。已生根的扦插苗，也可与未生根的插穗一样，在冰箱内贮藏几周。严格控制温度在 1 ℃的条件下，时间不能超过 8 周。

(10) 繁殖时期与假植 主要根据种植期而定，并保证幼苗有足够的生长总时数与优良的管理措施。通常 12 月至翌年 1 月扦插，2 月定植，幼苗约有 1 个月的生长时间，此段时间应将幼苗假植。假植床的用土应施用腐熟堆肥与发酵分解后的饼粕细粉等农家肥，使假植苗在起苗时根部易于带土又不遭受损伤。假植床务必日照充足，既能保温又便于通风，为培养健壮的定植苗创造良好的环境条件。假植间距为 4 cm。

2. 组织培养繁殖

近年来，香石竹病毒病日益严重，用组织培养法培养香石竹的茎尖，可以得到去毒苗。

（1）方法

①接种：按常规操作将外植体消毒后，切下 0.2～0.5 mm 的茎尖，接种到附加 0.2 mg/L 萘乙酸(NAA)和 0.5 mg/L 6-苄基腺嘌呤(6-BA)的 MS 培养基上，3 天后颜色转绿，3～4 周茎尖伸长，7 周后可形成丛生苗。

②丛生苗继代：将丛生苗分割转移到新鲜培养基上，继续培养。

③生根：待苗高 2～3 cm 时，可转移到大量元素减半的 MS 培养基上，培养 20 天左右可以发根。

④移栽：新发根长 0.5～1 cm 时可出瓶移栽。移栽后，培养温度控制在 18～20 ℃，空气湿度保持 90%以上，才能安全成活。这样培养成活的去毒苗，通过检测，确定其无毒，并保持其原有的优良品质后，可作为母本。

（2）插穗母本区的建立　为生产上提供插穗的母株在隔离网纱罩下、阳光充足处培养，防止重新感染。通过扦插繁殖母本，其数量为必要苗株的 1/25 至 1/20，1 株母本可采穗 20～25 个，再从母本上采取大量扦插材料，作为生产用插穗。移栽成活的试管苗，10 天左右长至 4～5 cm 高时，即可摘心扦插。摘心后，用大量营养元素配制成 10 倍 MS 培养基母液，加水稀释至 7 倍，并加腐熟的稀麻饼肥水，经高压灭菌后，施入母本种植圃地，使其生长迅速、苗壮，15 天后又可进行摘心扦插。1 株母本可摘心 5～6 次，一直到翌年 5 月份。摘下的嫩芽 3～4 cm 高，扦插在消毒过基质的间歇喷雾床上，温度维持在 14～25 ℃，10 天可发根，15 天根长 0.5～1 cm，可假植、移苗，成活率达到 80%～90%。生产中，一般 3 年更换 1 次母本，采用新脱毒组培苗作母本繁殖插穗，以保证种苗的质量。

（四）栽培技术

1. 定植

（1）栽植地的选择与土壤准备　栽植香石竹的土壤要求表土层(30 cm 以内)能很好地排水通气，保护地栽培土若不符合要求应全部更换。若通气排水条件差，应在种植床中央表土层下铺设排水瓦管，或做台式植床。定植地应有避免雨水、冰雹的袭击和灼热阳光直射的棚、膜与遮阳防护。必须大量施用农家肥，使土壤疏松肥沃，达到一定的孔隙度，然后将土地整平，筑畦，以备定植。有线虫、杂草及病菌的土壤，在种植前必须进行消毒。

（2）施肥　基肥应在栽种香石竹前几周内均匀施入。基肥用量按养分吸收量的 2 倍计算，香石竹养分吸收总趋势是钾、氮、钙、磷、镁依次递减。每 100 m^2 施用基肥量可参考：菜籽饼 30 kg(或豆饼 20 kg、麻酱渣 20 kg)、鸡粪 60 kg、圈肥 500 kg、过磷酸钙 19 kg、草木灰 50 kg(或骨粉 10 kg)。农家肥料必须经腐熟粉碎，其主要作用是对土壤起到改良物理性状的作用。若用肥沃优质基质等作栽培土，可全部用无机液肥，温室每 330 m^2 每次施肥量为硝酸钾 1.2 kg、硝酸钙 0.75 kg、硝酸铵 0.75 kg。秋季每隔 5 天、冬季每隔 10 天、春初每隔 7 天施 1 次，全年近 50 次。无土栽培的香石竹，每天需要灌溉 3 次营养液。若前作施肥充足，则后作香石竹定植一周后，新梢开始生长时，随灌溉水增加氯化钾液肥，钙、镁、磷也可用灌溉补充。某些地区水中含有一定量的钙和镁，碱性重，这种水会使施用的磷肥沉淀，使滴灌系统细孔堵塞，用 75%磷酸可酸化消除灌溉中的钙、镁沉淀，防止细孔喷嘴堵塞。在生长旺盛期大量施用氮肥与钾肥，会出现缺钙症状，用 0.3%氯化钙叶面喷施或与根部同施均可。

（3）定植时间及方法　香石竹定植后到开花所需时间，会因光强、温度与光期长短而变化，最短 100～110 天，最长约 150 天。根据市场需求，可以适当调节定植的时间。一般 3 月移植的苗，5 月定植到大田，9 月中下旬开花；5 月份移植的苗，最迟 6 月定植，12 月开花。

由于品种习性、摘心次数等不同，在香石竹的生产实践中有多种不同的定植方式，大多数种植床宽 1 m，走道 60 cm，实际种植面积约 65%。栽植株行距有 15 cm×20 cm、15 cm×18 cm、15 cm×15 cm、10 cm×20 cm 等，即每平方米种植株数在 33～50 株，180 m^2 (6 m×30 m)大棚用苗数为 3300～5000 株。

NOTE

一般栽植时土壤要湿润，尽可能浅栽，保持苗直立，栽植位置整齐，栽植穴挖大，不要弄掉幼苗所带的根土，轻轻栽入然后按压根蔸；较大的苗栽于床中，较小的苗栽于床边；防止茎部受伤，可减少茎腐病的发生。栽植结束后，用手指在行间土表划浅沟，沟内浇入适量水。定植后避免向叶上淋水（易倒伏）和从根蔸浇水（易引起茎腐病）。栽植尽量避开晴天，避免其由于移植损伤而停止生长，诱发茎腐病。夏天种植后7～10天，土不可灌透，只在植株四周浇水，要在行间保持一些干燥的土面，直到植株明显长出新梢为止。这种少量浇水，在冬季种植时，需持续30天以上。栽植时，用防治立枯病、茎腐病等真菌病害的药剂淋施。

2. 栽植后的管理

（1）张网　定植后，幼苗易倒伏，而且侧枝开始生长后，整个株丛就会展开，因而要尽早张网，使茎能正常伸直发育。一般采用尼龙绳编织的网格，网格大小与栽植苗的株行距相等，使每一根植株在合适的网格内，这样植株就不会倒伏。第一层网格距地面约15 cm，随着植株的生长，网格要逐渐升高并经常把茎拢到网格中，一般可增加到4～5层，层间距约20 cm，保持茎的伸直生长。

（2）肥水管理

①苗期注意栽培基质的干湿交替，定植浇水、中耕缓苗后，要进行2～3次适度"蹲苗"，促使植株根系向土壤下层发展，形成强壮的根系。夏季浇水宜在清晨或夜间地温下降后进行。

②冬季保护地栽植，在温度适合时，其养分需要量为夏季的2～3倍。常用参考追肥量：100 L水溶液中所用化学肥料为硝酸钾411 g、硝酸钙245 g、硝酸铵82 g、硫酸镁164 g、磷酸82 g、硼砂41 g。施肥时间为每2～3周施1次。

③定期对香石竹叶片进行营养分析，调整追肥中各项元素的比例。

④栽培中容易缺硼，表现症状是节间短，花茎末端稍微有点变粗，刺激上部花茎分枝，出现畸形花朵，严重时，大多数花瓣消失，花朵严重残缺，与受煤气毒害相似。

⑤在冬季温度低或夏季高温酷暑又无增温、降温设备的条件下，生长缓慢或停滞，此时应停止追肥，水的供应也要节制。若有滴灌设施可将滴灌系统与追肥操作结合使用，能更有效地提高追肥利用率。

⑥保护地栽培由于覆盖物的遮挡，导致土中残留各种盐类，当保护地内温度上升、地表蒸发量增大，水分由下向上移动，使土壤表层盐的浓度增高，香石竹受害。主要表现为随种植年限增长，香石竹植株叶幅由宽逐渐变窄，叶表面白粉由多变少至逐渐消失，严重时中午叶呈萎蔫状，晚上又恢复；根由白色变为褐色。解决香石竹连作及盐害的有效措施：土壤灭菌；施用优质有机肥，培育有益微生物种群；制定适宜施肥量与方法，选择利用率高、残留量少的化肥，如硝酸钾、硝酸钙等；生产后期减少施肥量，减少该茬栽培所积聚的盐类；灌水淋洗除盐；深翻除盐。或采用换土从根本上解决其矛盾。

（3）温度、光照和水分管理

①温度：最佳的日夜温度控制为春、秋季，白天19 ℃，夜间13 ℃；夏季，白天22 ℃，夜间12～16 ℃；冬季，白天16 ℃，夜间10～11 ℃。白天温度过高，香石竹出现叶窄、花小、分枝不良等现象；夜间温度太高，则会出现茎弱、花小、花色好的异常反应。香石竹适宜生长在温度缓和变化的环境下，昼夜温差应保持在10 ℃以内。冬季寒冷是香石竹产量低、质量差的主要原因，夏季高温季节又不利于香石竹切花栽培。夏季中午温度不太高的地方，可考虑用蒸发降温系统，或用遮阳纱遮阴，避免阳光灼射，有条件的结合喷雾，减少叶面失水，为香石竹提供良好的人工小气候，但必须加强通风。冬季通风应避免冷空气突然进入保护地，引起发育花芽花瓣增加，造成畸形大头花或裂萼。

②光照：香石竹对光照强度的要求是植物中最高的一种（适合香石竹光合作用的最低自然光强度为2.15×10^4～4×10^4 lx，温度为15～20 ℃，光强度增加有利于花芽分化，但5×10^4 lx为光饱和点）。世界许多地区，光强度最高可达1.5×10^5 lx。年光能的分配随地区不同而异，以北京地区而言，在产花季节，阳光直射，塑料膜下花朵花瓣褪色发焦，影响花的质量。特别是大红色品种，即使在国庆节前后仍需部分遮阴。10月4日上午9时光强为1×10^4～1.2×10^4 lx，中午光强为2×10^4～3×10^4 lx，这种光强为不遮阴的露地光强的36%～42%，仍适合香石竹健壮生长。过度遮阴，光强仅2000～4000 lx会引发生长缓慢、茎秆软弱等致命性缺点。高光强时会产生过热，但因热能伴随太阳光而来，故夏季遮阴也只能是轻度的，否则对植株生长不利。保护地栽培要尽可能降低周边墙的高度，以减少光的遮挡。白天加

NOTE

长光照到16 h或晚上10时到凌晨2时用光照来间断黑夜，或通夜用低光强度光照，都会对香石竹产生较好的效果。在指定的加光期间内，通夜照明处理的植株应该是6～7对展开叶的植株，而且是用作单枝花形成的切花，效果更明显。光照期间会抑制新的侧芽发生，使花茎节间增长，提高秋冬切花等级。有关加光时间与主要收获切花的时间关系可参考表2-8。若夜间温度最高也达不到10～12 ℃，加光则无明显效果。

表2-8　加光时间与主要收获切花期的关系

加光时间	主要收获切花时间
8月15日	11月15日至12月25日
10月1日	1月5日至2月10日
11月15日	2月15日至3月15日
1月1日	4月10日至5月10日

③水分：定植前2～3天土壤浇透水；定植后需及时浇定根水，在缓苗期要保持土壤湿润。苗期7～10天保持土壤含水量60%～70%；生长期需要保持土壤含水量40%～80%；采花期需保持土壤含水量40%～50%。灌水方式以滴灌最佳，该方法不仅节水，还可以保持相对较低的行间空气湿度，不利于病害蔓延。

(4) 摘心(打尖)　摘心是栽培香石竹的基本技术措施。不同摘心方法对花产量、质量及开花时间有不同的影响。通常在定植后20～30天进行摘心，采用一次摘心法，留5～6节，摘去茎尖，摘心时，主茎上的小芽清楚可见。一些非西姆系品种，不必摘心，侧芽就能正常发育。生产中采用以下4种摘心方式。

①单摘心：仅摘去原栽植株的茎顶尖，可使4～5个营养枝延长生长、开花，从种植到开花的时间最短。

②半单摘心：原主茎单摘心后，侧枝延长到足够长时，每株上有一半侧枝再摘心，即后期每株上有2～3个侧枝摘心。这种方式使第1次收花数减少，但产花量稳定，避免出现采花的高峰与低谷问题。

③双摘心：主茎摘心后，当侧枝生长到足够长时，对全部侧枝(3～4个)再摘心。双摘心造成同一时间内形成较多数量的花枝(6～8个)，初次收花数量集中，易使下次花的花茎变弱。在实践中应少采用。

④单摘心加打梢：开始是正常的单摘心，当侧枝长到长于该正常摘心时，进行打梢(即去除较长的枝梢)。在长达2个月的时间内要经常进行枝条的打梢工作。这样减少了大批早茬花，使之在1年内能保持不断有花。此方式像双摘心一样能大大提高花的产量。在实践中，只在高光气候条件下才采用。有些品种只有去除初生茎顶花芽，留下较多的叶片，才会促进侧枝生长。为了达到周年均衡供花，除了控制定植时期外，还须配合摘心处理，调节香石竹开花高峰。

(5) 修剪(整枝)　修剪是对植株第二年生长的更新，修剪时间应不晚于6月下旬。1年苗龄的植株在地表上25～30 cm处剪除，剪除前1周停止灌溉(停止灌溉的时间为3～4周)，直待修剪过的植株出现新梢时，才可以进行灌溉。生产中2年苗龄的植株就很少修剪，而要换茬。若需修剪，则应在距地表45 cm处剪去，剪下的植株残体应及时从植床上清除，保持环境的清洁。

(6) 疏芽和花萼带箍

①疏芽：大花栽培品种只留中间1个花蕾，在顶花芽下到基部约6节之间的侧芽都应去掉(基部侧枝供下茬花生产用)；疏芽在顶芽径约15 mm时，其下的第1个芽大到足以用手掰掉时进行。操作方法：用指尖向下作环形移动而掰除，不可向下劈，否则损伤茎或叶，造成花朵"弯脖"。小型多花香石竹则需要去掉顶花芽或中心花芽，使侧花芽均衡发育。疏芽是一项连续性的操作，7～10天就要进行2次，在香石竹栽培中也是最费力的操作。

②裂萼原因与克服：裂萼使商品价值降低，甚至成为废品。裂萼原因有环境因素，也与品种有关。用花瓣数不超过80枚的品种可以大大减少裂萼。引起裂萼的环境因素主要是花蕾发育期温度偏低或日夜温差过大(超过8 ℃)、氮肥过多、不均衡浇灌施肥，或光照充足而温度过低。在低于10 ℃冷凉温度

NOTE

下形成的花蕾出现超轮花瓣的肥胖花蕾——“大头蕾”，这种蕾极易形成裂萼花。冷凉天气中还容易形成花冠不整齐的侧斜花，花蕾不能均衡一致地绽开，致使花瓣向一侧突出。在加温保护地栽培，只要温度不过低，冬季管理中适当控制施肥浇水、增加照明、补充日照、防止低温等措施，都有利于克服这类现象。

③花萼带箍：生产中可用 6 mm 宽塑料带圈箍在花蕾的最肥大部位。套箍时期以花蕾的花瓣尖端已完全露出萼筒时为最合适。

(五) 花枝的采收与处理

3 月下旬定植的植株，2 次摘心，主要收花期为 8—11 月；6 月定植，10 月中旬到翌年 5 月采花。

1. 采收时期

当外层花瓣已打开与花茎近成直角时为适采期。由于花枝不一定立刻进入商品市场，其间往往需贮藏、中转、处理等，因此，较适宜的采收时期是花朵花瓣呈较紧裹状态，花瓣的露色部位长 1.2～2.5 cm 时，这个阶段的香石竹花蕾在常温下 2～4 天后开放。花苞比花朵耐贮藏，在贮运中耐压。多头型香石竹的花枝，宜当 2 朵花开放，其他花蕾现色时采收。

2. 采收方法

用尖锐刀或小修枝剪剪下花枝，剪口部位既要考虑到切花花枝的长度，又要考虑下一茬花枝有足够的发枝部位，保证下茬 2～3 个侧花枝长成品质好的花枝。通常剪口下留 1～2 对叶，剪口呈斜马蹄形。剪取下的花枝应立即插入清水中，放入冷库 0～2 ℃贮藏 1～1.5 h。如果打算 7 月换茬，那么 1 月份后，尽可能按需要长度来剪取花茎。

3. 分级

科学的收获与分级包装处理，约占上市前整个生产费用的 30%。好的分级与绑束可比质量相同但分级绑束差的花枝价格高，但分级不可能提高劣质产品的质量。花卉分级的基本要求：无病虫害、花叶上无污点、花朵有光泽、茎秆挺直、蕾发育正常、花瓣无褪色现象。这些标准由人来掌握，机械分级仅仅能控制花茎的长度。

4. 绑束

每级花枝分别按 25 枝绑成 1 束，基本上有下列 3 种方式(图 2-5)：第一种，扇形；第二种，圆形，花朵均在同一平面上；第三种为每行 5 枝，分列 2 层，下层 3 行，上层 2 行，这种绑扎方法费工较多，但适合装纸箱运输。

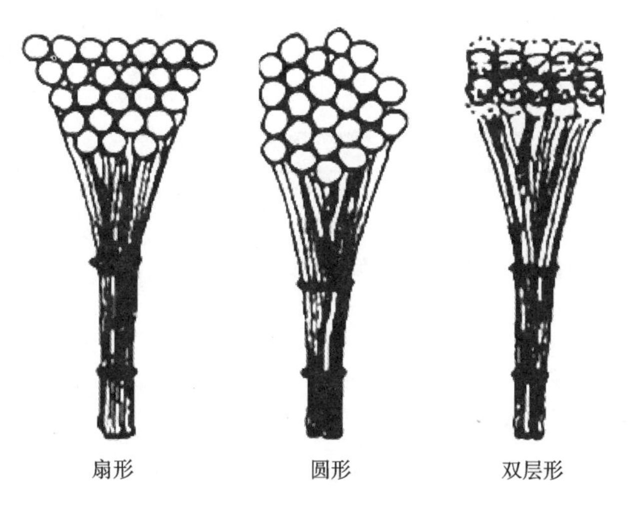

图 2-5　25 枝香石竹花束的 3 种绑扎方式

5. 花束的处理

花枝收获后，花朵寿命受收获后的环境条件与处理方法影响，变化很大。在大多数地区，冬、夏季花朵寿命只有春、秋季的一半。在花枝绑束后，由于条件可得到控制，有利于花枝寿命的延长。主要操作程序如下。

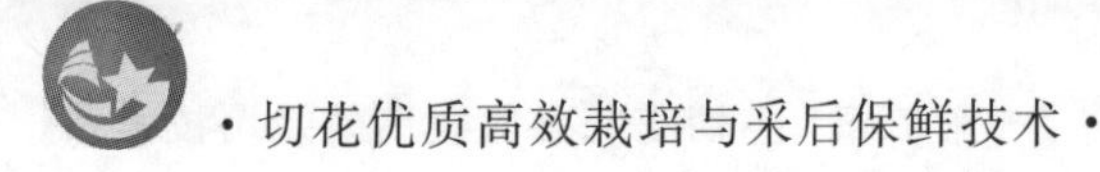

(1) 绑束后将花茎末端剪齐(齐茎)。

(2) 修剪后立即将茎端放入盛有 37 ℃保存液的塑料桶中 2～4 h,室温 21 ℃,最低光强度 1.08×10^4 lx。

(3) 从上述处理后的花枝转移到 0～2 ℃的冷冻室中 12～24 h,然后准备上市。

(4) 上市前将花枝浸入 10%的糖液中 12～18 h,使花枝增加营养,保持挺直,提高销售质量。

(5) 自然界中还没有的香石竹色,可用染料染色,如绿、蓝、棕黑等。主要利用白色品种花枝染色,染色的花朵在花瓣边缘出现诱人的浅色镶边。将少量专门用于花朵染色的染料溶于 37 ℃的纯净水中,并添加少量吸湿剂,增加染液在茎内的移动速度。略萎蔫的花枝更易吸收染液。因此,染色的花枝在染色前几个小时要从水中取出。在花枝插入盛有 8～10 cm 染液的塑料桶内前,花茎末端再重剪 1 次,在染液中维持 20～40 min 即可。染色程度受花枝在染液中维持时间、染液浓度的控制,染过色的花枝可以保存在常规保存液中,并冷藏待用。

(6) 为调节市场用花,优质花枝开放的花朵收获后至上市前可以贮藏 2～4 周。应在上市前 24 h 从贮藏室取出,做处理分级与绑束等工作。有的品种不适于贮藏。少许花瓣现色的"紧蕾",需要 4～5 天才可以开放;从花萼中完全伸出花瓣,需要 2 天才开放。花蕾状态特别好的花枝,用保鲜剂预处理后,放在聚乙烯袋内冷藏,可以贮藏 8～10 周。通常维持 4～5 周,到需要开花时,再插入保鲜液内,加温至 23～26 ℃,加光 2000 lx,每天 16 h,相对湿度 90%以上,催花。冷藏条件:保持温度 0 ℃,均匀一致,相对湿度 90%～95%,通气良好,与外界蒸汽、不良烟雾严格隔离。乙烯能使香石竹迅速衰老,乙烯主要由贮藏中的水果、蔬菜和染病(腐败)有机物产生,在贮藏中要特别注意隔绝。

(7) 准备上市的花束,用充气纸板箱包装。纸箱须先预冷。装箱前内垫聚乙烯膜垫衬,花朵头平放在箱两头,箱中间有两个横模,固定在箱底,可防止花头移动。装好花枝后,将垫膜松松地折到上部,再盖上盖。纸板箱规格:高 30 cm,宽 50 cm,长 122 cm,每箱装 800 枝花。装箱后,暂存贮藏时,为保证空气流通,纸板箱垛间应用板条隔开,箱垛与贮藏室的墙保持一定距离。花枝若放在不经预冷的纸板箱中,只要几分钟就会发热,在运输过程中散发出大量的热就像在蒸花枝。如果运输途中与其他非冷冻货物在一起,必须很好地隔离。纸箱预冷温度为 0 ℃,相对湿度不小于 95%。

(六) 香石竹的主要病虫害及其防治

1. 病害

香石竹的细菌性病害有枯萎病、斑点病、带叶病、丘疹病、冠瘿病等,真菌性病害有萎蔫病、镰刀菌枯萎病、茎腐病、叶斑病、花斑点病、腻斑病、锈病、芽腐病、枝腐病、花药黑腐病、贮藏腐烂病、根腐萎蔫病,病毒病有条纹病、花叶病、斑驳病、环斑病等。主要病害及其防治见表 2-9。

表 2-9　香石竹主要病害及其防治

种类	病名	病因及特征	诱发条件	防治方法
细菌性病害	斑点病	假单孢杆菌,长条形病斑,周围浅灰色,后期变褐色	病毒通过水滴飞溅到叶片上,经气孔侵入植株体	温室保持叶片干燥,喷布硫磺粉
	丘疹病	黄单孢杆菌,叶片、茎上产生 1 mm 大小丘疹状斑点		化学杀菌剂或抗生素,清除销毁病株残体
真菌性病害	镰刀菌枯萎病	尖镰孢菌经伤口侵入,新枝发育迟缓,叶片浅黄,茎变软,病处呈褐色条纹或环带,轮廓明显	土壤污染,伤口侵入	土壤消毒,防止植株受伤,克菌丹 5000 倍液喷布
	萎蔫病	瓶霉菌侵入导管,阻碍水分输送,全株枯死	经伤口、根毛、小根尖侵入组织变为褐色,连作	参见镰刀菌枯萎病的防治

NOTE

续表

种类	病名	病因及特征	诱发条件	防治方法
真菌性病害	叶斑病	石竹壳针孢菌，茎、叶（下部叶）上圆形，淡褐色近圆形病斑，带浅紫褐色边缘，叶尖枯死，病斑上产生黑色小粒点	灌溉水、雨水传播	保持叶片干燥，摘除病叶并销毁，喷福美双、波尔多液，增强植株抗病力
	花斑点病	灰葡萄孢菌，花瓣有褐斑，花器腐烂	冷凉环境	控制适温、低湿，空气流通，干燥，阳光充足
	锈病	石竹单孢锈菌，叶两面、茎、花芽上有褐色粉状孢子堆，植株矮化，叶片向上卷曲	不通风，阴天浇水	加强通风，控制温度 10～15 ℃，晴天阳光充足浇水时，喷代森锌、克菌丹保护，喷氧化萎锈灵、粉锈宁，清除病残体，用抗锈品种
	枝腐病	链格孢菌，由下部叶开始，茎和花蕾、叶初呈浅绿色水渍状圆斑，扩大为圆形或椭圆形褐色斑点，病部产生黑色霉层、扭曲，叶片干枯下垂，不脱落	温度 26 ℃，孢子借水、风力传播，由伤口、气孔或直接侵入，暴风雨后或梅雨季节流行，老叶易发病	销毁病株，防止植株着水，喷克菌丹、代森锌保护
病毒病类	条纹病	叶片上呈现黄色或红色斑点并发生与叶脉平行条纹	绿色桃蚜传播	销毁病株，防治介体昆虫，用马拉松、西维因等杀虫剂
	花叶病	叶片上呈淡绿色斑驳，不规则长形斑块，花瓣褪色		
	斑驳病	叶片微弱斑驳	根部接触传染	防止过密栽植，减少接触传染
	环斑病	叶片呈不规则灰色或黄色斑点，叶缘波纹状	通过刀具传染或绿色桃蚜传播	采用脱毒组织培养繁殖

2. 虫害

香石竹主要虫害有红蜘蛛、蚜虫、蓟马、蝼蛄等。

（1）红蜘蛛：高温干燥条件多发生，蔓延极快，要注意观察及早喷杀。主要用药为 40%三氯杀螨醇 1000 倍液，这是高效低毒的专用杀虫剂，也可用 40%氧化乐果 1000 倍液，该药有内吸传导作用，能兼治其他刺吸式害虫。

（2）蚜虫：多发生在高温、通风差的时候，繁殖迅速。防治方法：①利用天敌防治；②药剂防治，选对天敌无大害的内吸传导药物，如 3%的天然除虫菊酯，25%鱼藤精，40%硫酸烟精 800～1200 倍液及氧化乐果均可。

（3）蓟马：虫体细小，活动隐蔽，为害初期不易发现，吸茎叶汁液，常传播病毒性病害。用 50%杀螟硫磷等内吸剂 1000 倍液，50%乙酸甲胺磷、25%西维因、水（1：2：1000）混合液喷杀。

（4）蝼蛄：土壤根部害虫。用 50%辛硫磷乳油 1000 倍液泼浇根际土面有特效。

（七）香石竹优质高效栽培技术要点

1. 品种的选择

（1）根据供花季节选择适宜的品种。一般应选择生长快、抗病性强、耐寒、产量高、茎秆粗壮的品种作为冬季开花型品种，一般常见的香石竹冬季型栽培品种有白西姆（白色）、卡利（纯白）、莱纳（粉色）、诺拉（浅粉）、威廉西姆（大红）、科莱普索（粉红）、海贝（绿色花）等。夏季开优质花的香石竹，一般需要选用耐高温，分枝习性好，裂苞少，茎秆粗壮、挺直，抗病能力强的香石竹品种。常见的夏季型栽培香石竹品

种有坦加(鲜红色)、托纳多(红色)、海利丝(白红复色)、糖果(黄色)、洛查(浅红色)、科索(深粉)、尼基塔(黄红复色)、范尼莎(紫色)等。

(2) 单花型香石竹与多花型合理搭配。单花型香石竹也称为标准型香石竹,一茎一花,是香石竹生产的主要类型,如粉佳人、卡曼、白雪公主、红色恋人、马斯特、达拉斯、黄精灵、绿夫人、芭比、红云、兰贵人等;多花型主茎上有数朵花,为小花型及中花型,栽培品种有粉戴安娜、红艾西、阳光、黄里奥、花玛丽塔等。不管是哪种花型的香石竹,均应该合理安排多种花色,以满足市场需要。

(3) 选用抗性强的品种。

2. 土壤准备

(1) 香石竹习性:喜阳光充足、干燥、通风良好的环境;喜肥,要求富含腐殖质、保肥性强、排水良好,中性或微酸性的黏壤土;喜凉爽,但不耐炎热,可耐一定程度的低温。

(2) 土壤整理:施足基肥,可用农家肥(牛粪+鸡粪)24 m^3/667 m^2,土壤 pH 6.5～7.0;土壤消毒参照百合和菊花。苗床规格为宽 0.9～1.0 m,高 0.2 m,长度视大棚长度而定,畦沟宽 0.5 m,深 0.2 m。

3. 定植

(1) 定植时间及密度:一般 4 月定植,9—10 月初开花,6 月定植,11—12 月开花,9 月定植,2—3 月开花,根据预计的供花时间,合理错峰定植。定植株行距为 15 cm×15 cm,每平方米 45 株,每株产 6～7 枝,亩产 6 万～10 万枝花。

(2) 定植深度及定根水:定植深度 3～5 cm,以香石竹能直立为准,尽可能浅栽,浅栽的幼苗易成活、发根快,而且定植过深容易发生茎腐病。行间划沟,定植后给沟内灌水,使根系与土壤充分接触。定植后 1 周内可拉遮阳网,尽量少浇水或浇少量水,直到明显长出新梢后再恢复正常灌水。

4. 水肥管理

定植 1 周后根系开始生长,保持土壤见干见湿即可。香石竹喜肥,在施足基肥的前提下,生长期间追肥宜"薄肥勤施",前期以氮肥为主,如硝酸铵、硝酸钙等,中后期以磷钾肥为主,可施用磷钾含量高的复合肥,与此同时可叶面喷施磷酸二氢钾,年追肥次数达 12～20 次。硼肥在香石竹优质切花栽培中不可忽视,缺硼元素植株矮小,节间短,茎秆产生裂痕,茎易折断,叶片外卷,叶脉中间紫色,顶芽不形成花蕾;如果在形成花蕾后缺硼,会出现花瓣边缘褐变或花蕾败育。每平方米补硼 0.075～0.75 g,具体硼肥使用量根据土壤硼元素的含量来确定,或者根据往年的栽培过程中是否有缺硼症状出现来确定,如有缺硼症状,按照上限的标准喷施硼肥,以保障切花的品质和产量。

5. 光照、温度管理

(1) 光照管理:香石竹原种是长日性植物,温室栽培香石竹品种多为日中性花卉;香石竹喜日光充足,如果想通过加长日照条件来促进花芽分化,提早开花,务必要保证光照充足,否则会造成减产;另外夏季过强的光照容易灼伤花朵,降低切花品质;切花栽培过程中需注意香石竹这一特性。

(2) 温度管理:香石竹喜凉爽温暖的气候,栽培过程中的温度应控制在 15～25 ℃,冬季夜温控制在 12～18 ℃;不同色系品种对温度的要求也不同,红色花要求 25 ℃及以上,黄色花要求 20～25 ℃,开花期要求 10～20 ℃;白天温度如果高于 25 ℃,生长速度快,茎秆细弱、花小,切花品质变差,低于 14 ℃,温度越低生长越慢,甚至不能开花;此外,日温差要控制在 12 ℃以内,否则容易花萼开裂,使花卉丧失商品价值。

6. 摘心、摘蕾、拉网

(1) 摘心:①一次摘心法:对于大花型品种的短期栽培,特别是早熟品种,有利于第一批花提早上市,花期集中,具体方法为定植后 30 天左右对主茎进行一次摘心,促使植株萌发 3～4 个侧枝。②二次摘心法:第一次摘心后当侧枝长到 5 节时,对全部侧枝进行第二次摘心,单株的花枝数达到 6～8 枝。该方法的特点是第一批花采收集中,第二批花茎长势弱,品质不太好,为避免二次摘心法的弊端,生产上需采取分批摘心的方法,可均衡切花的采收期以保证稳定供应市场。③一次半摘心法:此方法可解决提早采花又均衡供花的矛盾。具体做法:在第二次摘心时留一半侧枝不摘心,促使其提早开花,另一半侧枝进行摘心,使其延缓开花,这样可达到均衡供花的要求,第二次半摘心时,摘心的侧枝数量每株 2 个侧

NOTE

枝,并选上部的侧枝摘心;不可摘心过量,否则会影响整株切花的质量。

(2) 摘蕾:在顶花蕾以外的侧芽很容易发育成侧花蕾或营养枝。为保证顶蕾的正常发育,保证切花质量,一般单花的切花品种,保留最顶端的一个,其余摘除,第七节以下可选留1~2个作为下一批切花花枝培养,其余亦应尽早疏除。多花品种可疏除顶花芽或中心花芽,促进侧花芽均衡发育。疏芽疏蕾,应在发育初期用手指掐住芽与蕾,在基部掰除,不要损伤茎叶。

(3) 拉网:侧枝开始生长后及时立支柱张网,网眼10 cm×10 cm,第一层网距地面15 cm左右,以上每层网间隔20 cm,共设置2~3层网。

7. 病虫害防治

香石竹主要病害有枯萎病、灰霉病、病毒病等,主要虫害有蝼蛄、蚜虫、烟蓟马等。

(1) 枯萎病:受害植株通常表现为一侧枯萎,另一侧正常生长,茎内维管束变褐。防治方法:①选用抗病性强的品种;②扦插繁殖种苗时,选用无病枝条,栽培过程中发现病株及时清理干净;③加强栽培管理,适时播种,避开暑期高温,控制适宜的温湿度,杜绝枯萎病大发生的环境条件。

(2) 灰霉病:温室、大棚切花香石竹栽培的一种常见病害。花瓣边缘出现褐色水渍状,环境潮湿花瓣腐烂,有灰色霉状物,也可危害花蕾,症状同花瓣。防治方法:①熏蒸剂防治,每亩可用10%速克灵烟剂200~250 g或45%百菌清烟剂250 g,熏3~4 h;②水剂喷雾防治:可用50%速克灵水剂2000倍液、50%甲基托布津500倍液,每隔一周喷1次,或2.5%敌力脱乳油4000倍液,每隔20天喷1次,连续3次。

(3) 病毒病:一般引起花叶、花瓣上有碎色杂纹,对大红色品种的危害尤其明显。防治方法:①加强检疫,杜绝输入性病原;②茎尖微繁生产脱毒苗;③注意田间管理,对所用工具及双手可用3%~5%磷酸三钠进行消毒处理;④用杀虫剂杀灭传播病毒的昆虫;⑤发现病株及时拔除并彻底销毁。

(4) 蝼蛄:咬食香石竹根、茎,4—5月危害最严重。防治方法:①毒饵诱杀,可用90%敌百虫10倍液拌炒麦麸、谷壳或豆饼50 g,傍晚撒到苗床上;②5%锐劲特悬浮剂1500倍液或90%敌百虫800倍液浇灌苗床。

(5) 蚜虫:危害后的叶片出现灰白色条纹或斑块,致使卷叶或叶枯死。①利用天敌如瓢虫、草蛉、食蚜蝇等防治蚜虫危害;②化学药剂防治:3%莫比朗乳油2000倍液,2.5%蚜虱灭乳油1500~2000倍液;③粘虫板诱杀蚜虫。

(6) 烟蓟马:①利用天敌如赤眼蜂、花蝽、草蛉等防治;②化学药剂防治:40%七星宝乳油800倍液,40%氧化乐果1000~1500倍液,25%西维因400倍液或2.5%鱼藤精500~800倍液。

8. 采收

(1) 采收时间:大花型香石竹在花朵初开时采收,判断标准为外轮花瓣开展到与花梗垂直时;小花型香石竹在3朵小花开放时采收;需要远距离运输的切花应在花瓣显色后即花瓣长1~2 cm时采收。采收的时间以早晨或傍晚为宜,此时温度不太高,采收后花枝本身蓄积的碳水化合物损耗较小,品质更好。

(2) 采收的部位:注意采收切口以下留的侧芽数量,留叶或芽太少影响下一茬花的品质和产量,留叶过多会影响采收切花的花枝长度,一般切口位于第4~5节位(由下向上数)为宜。因此,合适的采收部位是切花采收时务必要注意的一个重要环节。

(3) 采收后处理及运输条件:①花枝采收后先用保鲜液做预处理(生产上常用1~4 μmol/L的STS溶液在20 ℃条件下脉冲处理20 min抑制乙烯的产生),并做预冷处理(0~1 ℃),减少运输过程中花枝的营养损耗;贮运后再做催化处理,为延长香石竹切花的观赏期,研制低成本而且对消费者安全的保鲜液也是大势所趋;赵敏等人的研究表明,3%蔗糖+250 mg·L^{-1}柠檬酸+200 mg·L^{-1} 8-HQ+10 mg·L^{-1} 6-BA+150 mg·L^{-1} $Al_2(SO_4)_3$对香石竹的保鲜效果最好,瓶插寿命达25天。②同一品种每10枝一扎,同一级别的花茎长度的差别控制在3 cm以内。③切口以上10 cm长度内的叶片全去掉,每扎需套袋或用纸张包扎保护。

NOTE

四、唐菖蒲(sword lily)

唐菖蒲(图 2-6)又名“剑兰”(广东)、“菖兰”(上海),鸢尾科鸢尾属多年生球茎类花卉,是世界主要切花之一,其切花产量和销量位于月季、菊花、香石竹之后,占第四位。主要用于瓶插或制作花束花篮,也可以用于盆栽、布置花坛或者园林花境等。唐菖蒲由于其花色多样艳丽,颇受人们欢迎。由于交通方便,上市新鲜,花期较长,成本较低,仅港澳地区年销售量就达 1500 多万枝,其中 60%～70%产自广州、深圳。

扫码看
彩图 2-6

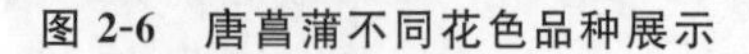

图 2-6 唐菖蒲不同花色品种展示

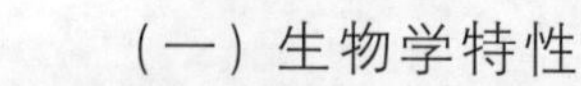

(一) 生物学特性

NOTE

唐菖蒲原产南非、亚洲中东地区和欧洲地中海北岸,茎呈扁圆形球状生长在地下,其周径长 10～14

cm。球茎分节环状，分布有 5～6 个芽眼，萌发和生新芽分化子代植株。球茎外表形成褐色皮膜，实质是叶基部分，主梢缩节变态膨大，为球茎部分，是一种特殊生长器官，以此休眠度过非生长季节，保存自身生命力。

由于原产地是干旱环境，每年生长前期，将养分贮存在地下茎中，供春季雨水到来时萌发新芽消耗。一般只有顶部 1～2 芽萌发，生长成植株，直立无分枝，高 100～120 cm。叶片呈"剑形"，长 60～70 cm，宽 3～4 cm。全生育期的总叶数因品种不同而异，有的 5～6 片，有的 8～9 片。

花芽的形成是商品花卉生产的重要阶段，其决定开花数与花的质量，也就直接关系到花的价值和经济效益。因此，了解花芽的特点和调控措施尤为关键，要尽力创造有利花芽分化和发育的条件，促使花质优及花期稳，迎合市场需求。

叶片是光合作用的场所，也是唐菖蒲生长发育的营养来源和生命基础。在 1～2 片真叶形成后，就有花芽分化。当真叶全部长齐抽出后，产生穗状花序。花序的总长为 35～40 cm，一般有 12～15 朵花依次开放，自下而上。如果花序不健壮，能够成花的仅 7～8 朵，花序中部以上的小花难开放或很少开放，且无观赏价值，这与栽培管理水平有直接关系。当瓶插时，唐菖蒲花数受季节（或气候）影响，在广州冬季每天开 1 朵花，夏季可开 2 朵花。唐菖蒲每朵小花结构都有一对花鞘，呈"绿色"，内隐藏子房，每一子房又分 3 室。它的花瓣和萼片均为 3 片，花色、花瓣大小，都是选择或销售选购的标准和基本参数。它的花形美观，花瓣如同丝绢，鲜艳夺目，引人喜爱和珍惜。

（二）品种特性

栽培用唐菖蒲常用无性繁殖，很少进行有性繁殖，除非在原产地进行人工选种及后代选育。一般使用子球无性繁殖种苗，现代农业生产用组织培养技术快速脱毒繁殖。

在长期进化过程中，唐菖蒲有野生种 250 多种，栽培种类来源十分复杂。目前，切花唐菖蒲血缘关系复杂，为多种源世代杂交种。按照开花习性分为春、夏型及终年开花型品种；按照花期迟早分为早花（50～70 天）、中花（70～90 天）、晚花（90～120 天）三类品种；按照花形划分为巨型花、大花、中花、小花品种；按照花色分为红、黄、粉、橙、白、紫和复色（杂色）种。仅中国农业科学院特产研究所收集的唐菖蒲就有 100 多种，武汉市东湖风景区花卉盆景研究所培育的品种也有 60 多种。其中，许多品种尚未大面积推广。

广东省以及港澳市场销售的品种，大多来自荷兰，全靠进口种球繁殖生产。大面积栽培种有红、黄、粉系列，例如青骨红、新大红、发霉红、钻石红及马加互品种等，因为中国人多喜欢红色、黄色。然而，外国人以白为贵，年轻人喜欢紫色。随着时代变迁，欣赏标准出现差异，引导市场在不断变化。由于唐菖蒲有"休眠"特性，所以出现了"促成栽培"和"控制栽培"生产，即冷藏打破休眠，短期内促进生长发育开花。选冷凉地区种植，称为"促成栽培"。球根的贮藏期长，则消耗养分多，影响植株的健壮生长，需要人为控制，讲究科学种植方法，称为"控制栽培"。实质上，为了便于温度的利用与调节，就需要有温室或大棚保护，其设备及费用较高。上海郊区唐菖蒲基地化、产业化生产，三年前已超过 150 hm^2。国内常见生产品种以及引进品种很多（表 2-10）。

表 2-10　唐菖蒲品种特性

花 色 系	品种	来　源	品 种 特 性
红色系	青骨红（Tradehorm）	荷兰	偏早，不易退化
	欢呼（Hunting Song）	荷兰	偏早，淡红色，整体
	金红（Saxong）	荷兰	偏迟，金红色，黄心
	圆舞曲（Toundela）	荷兰	红色，黄心
	飞红（Amer Kana）	荷兰	鲜红色
粉红系	粉友谊（Friendship）	荷兰	偏早
	夏威夷（Applanse）	荷兰	浅粉色，抗病差
	伊丽莎白皇后（Queen Eilzabeth）	荷兰	

(三) 繁殖技术、栽培管理与采收

唐菖蒲主要依靠种球繁殖，一个大种球开花后，再生 2 个以上新的子球，作为下年繁殖的母体球茎使用。这样一代代地繁殖、生产，尽力满足市场的需求。然而，其中许多重要环节必须认真把握，不同品种、不同地区的气候、土壤质量、肥力以及各种环境条件，都影响着种球繁殖。

1. 种球分级

由于生产上依靠种球来繁殖，种苗就不可避免地受种球质量的影响。如果球茎营养丰富，健康无病，种苗也就可生长健壮，生命力强，开出艳丽花枝。因此，优质球茎的选择尤为重要。一般新球茎附生有小子球，少则几十个，多则上百个。小子球种植 2～3 年之后，才可以作为生产开花球茎，球茎的大小，成为归类分级的质量标准之一，通常按大小划分等级(表 2-11)。

表 2-11　唐菖蒲球茎分级的质量标准

级　别	球茎直径/cm
Ⅰ	＞6.0
Ⅱ	4.0 左右
Ⅲ	2.5 左右
Ⅳ	＜1.0

2. 休眠处理

唐菖蒲的生物学特性决定了其必须经过一段休眠时期，否则不会开花。在种植球茎前，将泥土去除干净，分装在尼龙网袋内，再浸入 50～55 ℃热的杀菌液(苯菌灵：福美双：水＝1：1.8：1.0 或其他杀菌剂)，泡 30 min 后，提出用自来水冲洗干净，防止残留药物抑制萌芽或发生药害。在 24～32 ℃下，存放4～6 周，再转入 2～5 ℃下贮存，3 个月后，下种栽培。这样，人工打破了休眠期，种球不被真菌侵染，确保了种球质量，种球生命力强，能生产出开花的种苗。

3. 种植技术

由于种球等级不同，在栽培管理上有不同要求，特别是夏季高温的威胁。必须在选地上进行认真考虑，并非任何地都可以种植，特别是新从事切花生产的人，应熟悉了解其特性，从而创造唐菖蒲生长发育的基本条件。

(1) 垄栽　在南方播种，小子球应采用垄栽，施足肥 3.0～3.5 t/667 m^2(1 亩)，然后浇透水一次，以利出苗整齐。北方高山冷凉地区，3 月下种，以便安全越夏，叶不枯黄。兰州、沈阳等地适宜子球繁殖，11—12 月采收，一年就长成为可开花的大球。然后，运至南方作生产切花用，种球少时，可一分为二繁殖。

(2) 生长期管理　在繁殖期间，每 2 周施肥一次。为了使子球有充足的营养，一旦发现有花芽分化，长出可当年开花的花茎时，应及时切除掉。经过 2 年繁殖，球茎长到 3.0～5.0 cm，达到可开花球茎的标准。

(3) 切花唐菖蒲的栽培

①选地：切花唐菖蒲的栽培选地应四周空旷、无障碍物。因为唐菖蒲喜光，属于“长日照植物”，要求温暖、潮湿气候，但唐菖蒲不耐寒、不耐涝、不耐高温炎热，要求通风好，还需无氧无氯污染环境，要求地势高的田块。否则，会造成“盲蕾”、叶产生锈斑等生理病害。若多雨积水，会引起烂球死苗。

②整地：深翻土地 30～40 cm，依南北土层不同而异，土壤消毒用福尔马林。唐菖蒲对肥力要求不高，前期依赖于球茎贮存的营养，肥地可以不用基肥，贫瘠地施充分腐熟农家肥。为防病虫害，需倒茬，不宜连作，以减少病原菌量和虫口基数。以保干燥不积水。一般 2～4 行，畦宽 0.5～1.0 m，高 10～20 cm，沟宽 35～45 cm。种植密度为株行距(10～20)cm×(30～40)cm，以标准大棚面积计，可种植 3500～5500 个种球。种植深度因地而异，干旱区或冬春深种(10～12 cm)，夏秋多浅种(5～7 cm)。为防倒伏，切花生产时，需拉网护理。普通土壤肥力条件下，每 667 m^2 施 700～1400 kg 腐熟堆肥，200 kg 饼肥，800

NOTE

kg 过磷酸钙和草木灰。其标准比例为每 100 m^2 施氮 1.5 kg、磷 2.0 kg、钾 2.0 kg，基肥氮、钾占 70%，磷为 100%。若是水田可减少用量 10%～20%。

③肥水管理：浇水以保持湿润为原则，过多水或干旱都不利于唐菖蒲生长。在 30 ℃以上高温时，避免浇灌，浇灌易损伤根系，使叶片干枯，浇水以白天上午 10—11 时，下午 4—6 时为宜，植株 3～4 叶期，即花芽分化时适当控水，追肥依苗情而定，一般分 3 次。2 叶期第一次追肥，促茎叶生长；在 3～4 叶期，第二次追肥，以提高用量，以便茎伸长，花芽分化孕育花蕾，促进二层根生长；花期施液体肥，促进新球发育生长。

④冬季花期的管理：主要控制好光照与温度，以免产生"盲花"，引起花芽停止发育。地膜可以保温，白天温度保持 25 ℃左右，促成栽培，夜间温度保持 15 ℃左右。为保持光线适当要摘除多余芽体，使主枝健壮生长。

⑤除草防病虫：杂草是病虫滋生或中间寄生的场所，可增加病虫基数，提高其繁衍指数。同时杂草直接与唐菖蒲竞争肥水，影响生长发育。除草在 4 叶前完成，因为此时根系下扎，4 叶后则横向四周辐射状生长，除草会无意中伤害根系。结合除草人工培土，促进球茎发育，可以防止倒伏，使之挺直健壮有力。

唐菖蒲虫害主要有线虫，还有红棕灰夜蛾、尺蠖、蛴象、叶蝉及蚜虫，病害有镰刀菌根腐病、花腐和叶斑病等。唐菖蒲对氟化氢特别敏感，需远离闹市或工业区，以防止空气污染等造成的伤害。当空气中氟化氢达到十亿分之一时，叶尖先受害，叶缘出现褪绿斑，并向中、基部扩展，严重时呈黄化石灰白色，叶片枯死。

4. 脱毒快繁技术

根据茎尖分生组织不带病毒的原理，利用离体培养技术以及人工培养技术，可快速繁殖无毒种球。这已经成为现代农业技术之一，在商品花卉生产中尤为重要。具体做法如下：取茎尖分生组织，经过表面消毒处理后，用 0.1%升汞浸泡 5～8 min。然后，经无菌水洗涤 3～4 次。在无菌工作室(超净工作台)切取茎尖分生组织(0.2 mm)，转入培养基上。若用花瓣也可以诱导分化，培养完整小植株。培养室温度 25～28 ℃，光照 2000～3500 lx(日光灯提供)。

先形成愈伤组织，1 个月后，再诱导分化不定芽，转芽入生根培养基，就可以生长成试管小苗。经过继代培养，在试管内可以形成微球茎，待生长成熟后，移出试管，进行苗床种植。这样，就不存在自然环境各种因素的干扰，可人为创造最佳条件(湿度、温度、光照)。更重要的是可以无限生长、高指数分化、去除病毒感染、快速繁殖，实现工厂化生产，满足市场的需要。

5. 采收切花与保鲜

唐菖蒲切花采收，销售是最终目的。长江流域是保护地与露地相结合栽培，6—11 月供花。采收以最低一朵小花初放时为宜，从茎部 3 片叶上位剪下。保留基叶是为球茎发育着想，以促其生长成熟，扩大再繁殖。通常下午剪花，插入容器使其吸水充足，按品种归类，12 枝为一束，用纸包裹，装箱，待运出销售。

切花等级按花枝长度、花朵数量确定，花枝长、花朵多者为佳。为批发方便，每 20 束扎成一捆，次日凌晨出售，广东省当晚可运往香港，凌晨进行市场批发。如果切花量大，一时不能批发出售，可以经过保鲜处理，在 3～5 ℃冷库存放，15 天后仍保持较好质量，不影响售价和外观。保鲜剂成分含有糖、营养矿质元素及防腐剂等，具体方法需各自实践，效果有一定差异，有些乡土办法也是很理想的，其作用相同。

当切花上市时，会因销售不及时需贮存。在此期间，花束应直立放置，若横排摆放则顶部向上弯曲，影响花形与美观。唐菖蒲有较强的"趋光性"，贮存时间不宜太久，超过 2 周花会出现萎蔫，花色变淡，叶开始褪绿，商品价值下降。

6. 切花市场供应

为了周年供应市场，在栽培中除品种特性外，人工调节生长发育期，可以控制开花和供应期。一般从栽植到开花需 3 个月左右，按需要选择栽植期、栽培管理、药物调节，以满足市场需求。

(1)"有效积温"栽培　在日本，有专家通过对 15 个品种计算"有效积温"(即温度逐日累计到开花时的总和)来控制花期，掌握供应期标准。结果认为：4—5 月栽培"有效积温"达到 1600 ℃可以开花，6—7 月栽培"有效积温"需达到 1500 ℃左右，7 月 25 日栽培"有效积温"需达到 1200 ℃左右。生长期温

度高，生育期缩短，反之亦然。日平均温度与生育期也存在相关性，成反比，表 2-12 仅供参考。

表 2-12　唐菖蒲日平均温度与生育期关系

日平均温度/℃	生育期/天
12	110～120
15	90～100
20	70～80
25	60～70

(2) 加温与补光　为保障市场供应，在上海等地需采用加温补光措施，才可使切花按要求开花。因为唐菖蒲最佳温度为白天 25～27 ℃，夜间 12～15 ℃。最低不得低于 10 ℃，若在 5 ℃左右，就会产生“盲蕾”。所以，只有利用温室或大棚人工加温进行生产，如地热线，或通过管道引入工厂排气或余热。光照强度不够，也会产生“盲蕾”现象。

同样，“有效积日照”需达到 1000 J/(m^2·d)。若达不到此标准，就很难开花。补光可用 100 W 白炽灯，每 4～6 m^2一盏，阴雨天需补 8 h，光源距植株高度 60～80 cm，以保证光照强度。白天通风散热，以免冬春棚内闷热，发生病虫害。并且应防温度突升猛降，造成叶片“烧尖”现象。浇水也不能波动太大，以滴灌或喷花为佳。土壤结构良好，不板结，使得强日光照下升温缓慢。大水灌会引起花穗“弯头”。

（四）唐菖蒲优质高效栽培技术

1. 品种的选择

(1) 唐菖蒲品种概述　我国引进的唐菖蒲品种有 30 多个，其中生长良好的主要栽培品种如下：①马斯卡尼，花红色，生长健壮，对光敏感性不强，春季露地栽培，花期在 6 月上旬，花质优；②青骨红，花红色，抗病性比马斯卡尼差；③猎歌，花红色，花期早，但抗病性差，易退化；④欧洲之梦，花红色，对光敏感性不强，可早春栽培；⑤欢呼，花玫瑰红色，生长健壮，但花茎较细；⑥无上玫瑰，花粉红色，花质优，生长强健，退化程度轻；⑦金色田野，花金黄色，皱边，内瓣基部有红点，花质优，花期较晚；⑧新星，生长健壮，花期集中，成花率高，籽球着生多；⑨白花女神，花白色，皱边，花质优，花期较晚；⑩忠诚，花紫色，生长健壮，花期晚。

(2) 合理安排早、中、晚花品种，均衡供应市场　晚花品种的生育期最长约 100 天，如白花女神、忠诚等；早花品种生育期最短约 70 天；中花类品种一般定植后 80～90 天开花。栽培上根据市场需求合理搭配早、中、晚花品种，而且同一品种可间隔 7～15 天定植，通过调配种植时间保障切花的连续均衡供应。此外，充分利用不同品种的对光敏感性，科学安排定植时间，早春栽培可选择对光不敏感的品种如“欧洲之梦”“白友谊”“马斯卡尼”等。

(3) 尽量选用抗病性强的品种　比如红花品种“马斯卡尼”比“青骨红”“猎歌”抗病性强。

2. 土壤准备

(1) 选址　栽培唐菖蒲应选地势高燥、阳光充足、通风良好、土壤耕作层深厚、排水良好的微酸性土壤(pH 6～6.8)，切忌低洼、阴冷的环境。

(2) 土壤处理　pH 低于 5 时，为避免氟危害，需加石灰调整；pH 高于 7.5 容易因缺铁而引发生黄叶病。唐菖蒲对土壤盐含量很敏感，使用自来水灌溉要注意含氯量。避免连作，种植过唐菖蒲、鸢尾、小苍兰等鸢尾科植物的土地，要实行 2 年以上的轮作，或进行土壤消毒，用溴甲烷、福尔马林(36%～40%的甲醛溶液)等蒸汽消毒土壤，100～120 ℃下，持续 40～60 min；还需用除草剂对苗床的土壤或基质中的杂草种子进行彻底消杀。

3. 唐菖蒲定植

(1) 种球消毒处理　在播种前，先将种球在清水内浸 15 min 后再消毒。常用的消毒方法：1%～2%福尔马林溶液浸种 20～60 min；0.1%浓度的苯菌灵加氯硝胺或苯菌灵加百菌清，在 50 ℃左右温水中浸泡 30 min；也可用多菌灵、托布津、0.1%～0.2%硫酸铜、0.05%～0.1%高锰酸钾、硼酸、萘乙酸、赤霉素、2,4-D 等药剂进行浸种处理，浸种后取出唐菖蒲种球用清水洗净，于通风处晾干后栽植。

NOTE

(2) 播种期的确定　确定露地栽培播种期的依据是地温达到 5 ℃以上。为延长切花的供应期，种球应该错开播种。早花品种与晚花品种同时播种，花期可相隔 20～30 天；周径为 12～14 cm 的大球比 8 cm 左右球可提早 2～3 周开花；栽培温度在 25 ℃条件下经 60～70 天开花的品种，栽培温度降低至 12～15 ℃时，开花周期则要延长到 90～120 天。长江中下游地区露地栽培的播种期，可以从 3 月上旬开始，每隔 10～15 天播种 1 次。利用地膜与小拱棚栽培，播种期还可提前 1 个月左右。5 月后播种的种球因气温升高，球茎应该在通风、干燥环境条件下贮藏，或在 2～5 ℃低温下冷藏。

(3) 种植密度与深度　切花栽培的唐菖蒲可按行距 20 cm、株距 10～15 cm 规格栽植。用周径 14 cm 左右种球，每亩可播种 2 万～2.5 万个。球茎种植深度一般根据土壤类型与播种时期而定，黏重土要比疏松土种浅些；春季栽植要比夏秋栽培种浅些。通常春栽深度掌握在 5～10 cm，夏秋栽植可加深到 10～15 cm。夏秋栽植深，主要是因为较低气温可减轻病害，当然深栽也会推迟花期。不同规格的种球，开花早晚也不同，种植时注意控制种球的规格。栽植后畦面覆盖稻草、麦壳、锯木屑，可以保持土壤湿度，对根的生长、芽的萌发与花的品质都有较好效果。

4. 光照、温度管理

(1) 光照管理　光照不足导致植株营养不足，影响花的发育。唐菖蒲花的形态分化，始于第 2～3 片叶出现时，到第 6～7 片叶出现，花发育才逐渐完成。从第 3 片叶出现到开花期间，光照不足，易发生消蕾；后期光照不足，如在第 5～6 片叶或第 7 片叶抽出时，花序虽可抽出叶丛，但个别小花干枯，花朵数减少。生产上常常在第 2 片叶出现时，采取加光措施改善唐菖蒲栽培的光照时长和光强。在栽培唐菖蒲切花时，考虑到补光的能耗，可选择对光较不敏感的品种。如“欧洲之梦”“彼得的梨”“白友谊”“杰西卡”“马斯卡尼”等。

(2) 温度管理　唐菖蒲在花序发育期间，适宜的温度环境是 20～25 ℃，充足的光照与适宜的温度是花发育的必备条件。低温持续太久，对生长发育不利，平均温度高于 27 ℃也很容易发生消蕾。

5. 水分管理

花芽形态分化期是唐菖蒲对水与光照要求的重要时期，必须保证唐菖蒲这一时期不能缺水，当土壤干燥时需及时补水。当花序抽出，新球开始膨大时，唐菖蒲处于新老根系交替阶段，此时植株蒸腾量大，也要确保充足的灌水。灌水方式最好用滴灌，夏季栽培为提高相对湿度、降低小环境的温度，可适当运用喷灌，喷灌时间一般选在早晨或上午，有利于植株晚间保持干燥，以减少病害发生。通风降温减湿时需注意大棚或温室内的温、湿度波动幅度不能太大，以免影响切花品质。

6. 病虫害防治

唐菖蒲栽培上常见病虫害主要有立枯病、霜霉病、根腐病、蚜虫、红蜘蛛、蓟马等，常用防治药剂见表 2-13。

表 2-13　唐菖蒲主要病虫害及防治药剂

病虫害名称	推荐使用药剂	施 用 方 法
立枯病	80%绿亨 2 号可湿性粉剂 20%甲基立枯磷乳油	喷雾
霜霉病	75%百菌清可湿性粉剂 25%甲霜灵可湿性粉剂 90%三乙磷酸铝可湿性粉剂 45%百菌清烟剂	喷雾 熏蒸
根腐病	70%甲基托布津可湿性粉剂 25%瑞毒霉可湿性粉剂 64%卡霉通可湿性粉剂	喷雾
蚜虫	3%吡虫啉乳油 5%除虫菊素乳油	喷雾

续表

病虫害名称	推荐使用药剂	施用方法
红蜘蛛	20%双甲脒乳油	喷雾
蓟马	10%吡虫啉可湿性粉剂 40%辛硫磷乳油	喷雾

7. 采收与贮藏

唐菖蒲花序第一朵花显色时采收，剪切部位下留4～5片叶；采后用10%STS和杀菌剂水溶液预处理24 h，10枝或12枝一扎，存放于4～6 ℃冷库中临时贮藏，一般不超过24 h；不论是临时贮藏还是运输均需保持唐菖蒲花束直立，以防花枝弯曲而影响品质。

五、非洲菊（*Gerbera jamesonii* Bolus）

非洲菊（图2-7）别名扶郎花、葛白拉，1878年由英国人雷蒙在南非德兰士瓦地区发现。非洲菊的育种工作始于英国人林其，后来法国和意大利亦大量进行非洲菊的杂交育种研究。21世纪开始，育成的优良品种单株年切花已达50枝以上，花盘直径超过12 cm，并育成许多重瓣品种。目前，非洲菊已成为切花中常用的种类，其花朵硕大，花枝挺拔，花色丰富，切花率高，栽培管理省工，在温暖条件下能周年不断地供应鲜切花，因此生产规模越来越大。我国近20年来栽培生产量也明显增长，其中昆明郊区的产量居国内首位。非洲菊四季有花，春秋皆宜，适应性强，被赋予"喜欢追求丰富的人生，不怕艰难困苦，有毅力"的含义。其单瓣品种代表着"温馨"，重瓣品种则代表着"热情可嘉"。

扫码看
彩图2-7

图2-7 非洲菊不同花色品种展示

（一）生物学特性与环境

1. 生物学特性

NOTE

非洲菊属多年生草本植物。株高30～40 cm。叶多数基生，叶柄长10～20 cm，叶片矩圆状匙形，羽状浅裂或深裂，顶端裂片往往最大，裂片缘具有疏齿，圆钝或尖，常反卷或翘起，叶背被白绒毛。头状花序单生，直径 10 cm 左右；花序梗长，高出叶丛。总苞盘状，钟形；苞片数层，线状披针形，尖端具细毛。舌状花 1～2 轮或多轮，位于外层的舌状花呈二唇形，外层舌状伸展，线状披针形，先端具 3 齿裂，内唇细小 2 裂；位于内层的舌状花较短，近管状；通常雌性。管状花亦呈二唇形，外唇 3 裂，内唇 2 裂。冠毛丝状，乳黄色。花朵为橙红、黄红、淡红至黄白等色。盛花期为 5—6 月或 9—10 月，如栽培环境条件适合，全年均有花开。现代栽培品种的株高与花朵直径均有增大。

2. 栽培品种

非洲菊的育种发展极其迅速，通过杂交育种，每年均可获得 100 个以上的新品种。仅荷兰最大的非洲菊育种与育苗生产公司 Florist，2000 年发布的新品种就多达 120 个。其中 4 个品种的基本性状见表 2-14。我国现在市场所售非洲菊切花品种，大多数为荷兰培育的。

表 2-14　荷兰培育的 4 个非洲菊品种的基本性状

品　种	花朵瓶插寿命/天	花梗长度/cm	露地采花枝数/[枝/(米^2・年)]	保护地采花枝数/[枝/(米^2・年)]	花径/cm
卡米拉(Camilla)	16～18	60	160～175	220～240	11～13
火环(Crossfire)	12～14	55	140～155	200～230	10
达努塔(Danuta)	10～12	60	140～160	200～230	10～12
金环(Eclips)	12～14	65	175～195	260～280	10～12

3. 习性与环境

非洲菊原种原产于南非德兰士瓦，当地人称之为“德兰士瓦雏菊”。性喜冬季温暖、夏季凉爽、空气流通、阳光充足的环境；要求疏松肥沃、排水良好、富含腐殖质、土层深厚、微酸性的砂质壤土。对日照长度无明显反应，但在强光下花朵发育最好。略有遮阴，可使花茎较长，取切花更为有利。生长期最适温度为 20～25 ℃；在白天不超过 26 ℃的生长环境，可周年开花。冬季休眠期适温为 12～15 ℃，低于 7 ℃停止生长。耐寒性不强，在华南地区可露地越冬，华东地区若非保护地栽培需覆盖越冬；北方寒冷地区，须在秋季霜降前后，带土球移至保护地越冬。

(二) 繁殖技术

1. 组织培养法

组织培养法是非洲菊切花生产用苗的主要繁殖方法。

(1) 材料准备：由于非洲菊的茎尖数目少，剥取技术较困难，又容易受污染，所以常用花托作为外植体。采取直径 1 cm 左右的花蕾(此时花蕾上的苞片应处于紧包状态，因苞片已张开的花蕾易受污染)，用脱脂棉蘸清水将花蕾洗净后，在超净工作台上用 70%酒精消毒 45 s；然后放在 10%的漂白粉液中 15～20 min，进行表面消毒；消毒完毕再用无菌水冲洗 3 次。用镊子和手术刀剥去苞片，拔去全部小花，留下花托。将花托切成 2～4 块，接种在预先配制好的培养基上。

(2) 分化培养基和培养条件：分化培养基采用 MS+BA 10 mg・L^{-1}+IAA 0.5 mg・L^{-1}，不同品种对培养基中激素的要求有差异。培养温度 25 ℃，光照 16 h/d。

(3) 出芽：在上述条件下培养，逐渐形成愈伤组织，经 1～2 个月由愈伤组织形成芽，但某些黑花心品种与白花品种分化出芽较慢，甚至要半年以上。

(4) 试管增殖：已分化出芽的材料，通过继代培养可大量增殖。继代培养基为 MS+KT 10 mg・L^{-1}(或 BA 10 mg・L^{-1})+IAA 0.5 mg・L^{-1}。每月以 1∶10 的速度增殖，但以加 KT 的培养基所增殖的幼苗最健壮，叶形最正常；而加 BA 的培养基，往往引起叶片呈深缺刻的变异类型。

(5) 生根：当试管苗叶片长达 2 cm 时，便可将其分出转移至生根培养基上。转移时要剔除苗基部的愈伤组织。不足 2 cm 长的小苗，可连同愈伤组织转接到增殖培养基上继续增殖。生根培养基为 1/2 MS+NAA 0.03 mg・L^{-1}或 1/2 MS+IBA 1 mg・L^{-1}。

NOTE

(6) 移栽：移栽基质选用木屑加泥炭(1∶1)或蛭石加珍珠岩(1∶1)均可。栽后要防雨水。在空气

湿度大的地区每天浇(淋)水1次,每周供给1次营养液。2～3周后,可以定植。空气干燥的地区,最好间歇喷雾,以提高移栽成活率。试管繁殖计划,若为大田栽植,在上海以4月份栽植最好,要求愈伤组织分化出芽在10月中旬以前完成。第一次试管增殖在10月中旬至11月中旬,1株分10株;第二次试管增殖在11月中旬至12月中旬,10株分100株;第三次试管增殖在12月中旬至翌年1月中旬,100株分1000株;第四次试管增殖在1月中旬至2月中旬,1000株分10000株。试管苗长根在2月下旬,为期2周。试管苗苗床移栽在3—4月,养护1个月,以便4月初移栽大田。温度在20℃以上,定植后5～6个月可开花。如需获取更多的非洲菊苗,可增加接种材料数或提早增殖时期、增加继代培养次数。用加有KT 100 $mg \cdot L^{-1}$和IAA 0.5 $mg \cdot L^{-1}$的MS培养基增殖,分生的植株能保持原品种的特性,从而达到大量、快速繁殖良种的目的。

2. 扦插繁殖法

(1) 繁殖母株的准备与养护:将优选的健壮母株挖起,除去根部泥块,截取根部的粗大部分,去除叶片,切去生长点,保留根颈部,将其栽植在种植箱内培养。种植箱放在温度22～24℃,空气相对湿度70%～80%的条件下。以后,根颈部会陆续长出叶腋芽和不定芽,形成扦插用插条。

(2) 插条的剪取和扦插:芽条在具4～5片叶后剪下,扦插在土壤基质中,基质表面盖1～2 cm厚的珍珠岩。扦插室温控制在25℃,相对湿度保持80%～90%。1株母株上可剪取插条3～4次,共可取10～20条。插条培养3～4周生根,生根后即行移栽。

(3) 扦插时间:最好在3—4月,这个时节培育的新株当年就能开花;如在夏季扦插,则新株要等到翌年才能开花。在四季温暖的地区,则不受季节的限制。

(4) 激素处理:对不易生根的品种,如宽花瓣类型,可用6-苄基嘌呤(6-BA),促使插条生根。具体方法如下:用70%的酒精将6-BA溶解后,再用蒸馏水稀释至100 $mg \cdot L^{-1}$,浸泡插条基部12～24 h。去除非洲菊植株生长点后,对根颈部喷浓度为100 $mg \cdot L^{-1}$的6-BA溶液,一般在12 m^2的面积上(200～250株)喷液2 L;喷液处理最好在阴天进行,可促进芽的萌发生长。喷液12～14天后,如芽条生长良好,便可剪下做插穗。以后还可继续喷洒6-BA溶液,再剪取插条;如此反复进行3～4次。6-BA能促使非洲菊的腋芽和根颈部休眠芽活跃,从而使母株形成的芽条数目增加,增产率可达30%～50%。用生根粉处理插条,用萘乙酸(NAA)0.03%～0.05%或者萘乙酸0.05%+激动素(KT)0.005%+吲哚乙酸(IAA)0.05%+吲哚丁酸(IBA)0.03%均可。上述任何一种方法处理,对加速生根均有利。具体方法如下:先将配制好的生长素溶液倒在滑石粉中,加入维生素C 50～100 $mg \cdot L^{-1}$或维生素B_1 5～10 $mg \cdot L^{-1}$,效果会更好。必须充分混合搅拌,研磨均匀后,才可使用。处理插条时,把插条基部放在0.01%高锰酸钾溶液中浸湿,抖去水滴,蘸取配好的生根粉后再扦插,扦插时要注意勿使蘸的生根粉脱落。

3. 分株繁殖法

4—5月间,将在温室(保护地)促成栽培春季盛花后的老株掘起,每丛分切4～5株;每株须带4～5片叶,另行栽植即可。

4. 播种繁殖法

非洲菊有些品种亦可用种子繁殖。其种子千粒重411～418 g。在21～24℃条件下10天可发芽。最适宜的播种时间为1月,在温室播种。若温室面积周转困难,亦可3月后露地育苗,秋季移入温室栽培。一些盆栽矮生观赏品种可用此法繁殖。

(三) 栽培设施

我国大部分地区都须进行保护地栽培。冬季若能加温至12～15℃,并于植床地下20 cm以下埋电热线加温,则冬季可开花不断。保护地设施栽培中最严重的问题是土壤的盐渍化,可使非洲菊生长不良。用栽培槽离地基质栽培是解决此问题较好的办法,荷兰Florist公司即采用基质栽培和滴灌设施灌溉。也可建宽1.0～1.2 m,高0.4～0.6 m的槽,底部通热水管,上面铺基质进行栽培。基质栽培效果好,但成本较高。

NOTE

（四）土壤准备

非洲菊忌连作，否则病害严重。对于连作的土壤，必须进行消毒，国外多用蒸汽消毒；也可使用30倍工业用甲醛（浓度约1%）浇灌，药液量10～15 kg/m^2，浇后用塑料薄膜覆盖，2周后揭开，使气味充分散发，再用清水冲洗几次（总水量不少于100 L/m^2），隔2周后方可使用。基质栽培可选用珍珠岩＋蛭石（1∶1）或珍珠岩＋泥炭（1∶1）作为基质，在换茬时更换新基质。安徽农业大学通过试验获得较好的非洲菊培养基质：①0.75 m^3炉渣＋0.25 m^3香菇渣；②0.15 m^3炉渣＋0.38 m^3香菇渣＋0.31 m^3锯末＋0.15 m^3泥炭；①和②中皆需加入5 kg消毒鸡粪、1 kg复合肥。香菇渣为培养食用菌后的废料，炉渣过孔径1.5 cm的筛，锯末须经发酵后使用。配好的基质仍需用甲醛消毒后方可使用。

（五）栽培管理

1. 植床准备

非洲菊根系发达，植床至少需25 cm厚度的土壤，且为疏松肥沃、富含有机质的砂质壤土，最好呈微酸性。栽植地必须排水良好。多雨水地区，在栽植地四周应挖深度不小于70 cm的排水沟。定植前应施足基肥（参阅香石竹的用肥量）。施入的基肥与植床土壤充分混匀耕翻，做成一垄一沟形式，垄宽40 cm，沟宽30 cm。

2. 定植

植株定植于垄上，双行交错栽植。栽植密度因种植年限而异，1年生的每平方米栽8～9株，2、3年生的栽5～6株；宜用营养钵育苗。栽植时注意将根颈部略露出土表，栽完后只能在沟内灌水，以免造成根颈腐烂。夏季定植，由于气温较高，长势弱，生长缓慢，需适当遮阴，适度浇水降温；秋季定植易成活；采用设施栽培的，温度适宜，春节可开花。

3. 定植后的管理

（1）小苗管理　栽后当天1次透水，随后2周内注意保湿保温，及早检查根颈部被土埋压情况。通常4周可长出新叶，即可追施浓度为正常营养液1/4的稀薄液肥。

（2）温度　植株生长期最适宜的温度为20～25 ℃。土表温度宜略低，根部温度维持在16～19 ℃。冬季若能维持在15 ℃以上，夏季不超过26 ℃，可以终年开花。

（3）光照　冬季应有强光照，夏季则应适当遮阴，并加强通风，降低温度，防止高温引起休眠。

（4）灌溉　露地栽培苗要注意防涝。生长旺盛期应供水充足。小苗期宜适当湿润与蹲苗，促使根系良好发育，迅速成苗。花期浇水时要注意勿使叶丛中心沾水，否则易引起花芽腐烂。

（5）追肥　非洲菊为喜肥宿根花卉，特别是切花品种花头大，重瓣度高，要求肥料量大，其N、P、K比例为15∶8∶25。追肥时要特别注意钾肥的补充。在每100 m^2种植面积上每次施用硝酸钾0.4 kg，硝酸铵（或磷酸铵）0.2 kg。春秋季每5～6天追肥1次，冬夏季每10天1次。若高温或偏低温引起植株半休眠，则应停止施肥。亦可施用非洲菊专用营养液，其A液成分为$Ca(NO_3)_2$ 63.4 g、EDTA-Fe 3.3 g、NH_4NO_3 4.0 g、水1 L；B液成分为KH_2PO_4 20.4 g、KNO_3 40.4 g、$MgSO_4$ 24.6 g、$MnSO_4$ 100 mg、$ZnSO_4$ 87 mg、H_3BO_3 240 mg、$CuSO_4$ 18 mg、$NaMoO_4$ 12 mg、水1 L。A液和B液事先配好保存，使用时将A液和B液混合，加水稀释100倍即可。

（6）非洲菊缺素症状

①缺氮：植株营养生长受到抑制，生长发育加快，开花快，花小、质量差，叶色黄。

②缺磷：叶片发蓝、发紫，紫色由边缘逐渐向叶面扩展；花茎短，花序小。

③缺钾：老叶顶端开始发黄、枯死，后蔓延至叶缘及叶脉，出现“灼伤斑”；花梗变软。

④缺钙：幼叶出现淡绿色斑点，严重时幼叶及生长点枯死；花梗常不能自立。

⑤缺镁：叶片变脆、弯曲，甚至发红；新叶少而小，叶柄细长，幼叶叶脉突出；花序形成慢，花梗细，花朵小。

⑥缺铁：叶片色淡，近发白，生长停止。

⑦缺硼：小叶片弯曲、变厚、变脆，严重时生长点死亡，花序畸形，不育。

⑧缺铜：幼叶弯折，植株从顶端开始干枯，继而整株死亡。

⑨缺钼：叶片卷起，叶缘和叶基部发生干枯。

(7) 清除残叶　非洲菊基生叶丛下部叶片易枯黄衰老，应及时清除，既有利于新叶与新花芽的萌生，又有利于通风，增强植株生长势。保持一株丛中每一分株留 3～4 片功能叶，摘叶时注意不要伤及功能叶与小花蕾。

(8) 采花　非洲菊切花花枝最适宜采收的时间为最外轮花平展、花粉开始散发时，采切花的植株应维持最旺盛的长势，植株挺拔，花茎直立，花朵开展。切忌在植株萎蔫或夜间花朵半闭合状态时剪取，花枝应从花梗基部与植株短缩茎处折断，采后立即将花枝下端插入保鲜液中吸收水分。切花质量的优劣极大地影响着切花的瓶插寿命，国产非洲菊花的瓶插寿命一般为 3～8 天。

(9) 采后处理　非洲菊花盘大，花枝长，采后处理若不当，舌状花瓣易受损伤，为此，需准备支撑花枝的硬纸板，纸板长约 60 cm，宽约 40 cm，上有 5 排圆形孔眼，每排 10 个，共 50 个孔眼，孔眼直径约 2 cm。切下的花枝按花茎长短分级后，每 50 枝 1 板，每枝花茎分别插入一孔眼中，使花盘固定在纸板的孔眼处，而花茎在纸板下垂直悬挂，一板插满(50 枝)后，随即将纸板平端起移到浸有保鲜液的水槽上，将花茎基部浸入保鲜液中，保鲜处理后装盒上市。通常每盒中装 100 枝花，即将 2 张纸板对放于盒中，花盘朝下，纸板下的花茎整齐地向盒中间倾斜，然后盖上盒盖。运输温度 2～8 ℃，空气相对湿度 85%～95%；贮藏不超过 5 天，湿藏在保鲜液中，温度 2～5 ℃。

(六) 主要病虫害及其防治

1. 病害

土壤所带的病原菌对非洲菊生产威胁最大，主要病原菌有腐霉菌、疫霉菌、丝核菌、葡萄孢菌等。

防治方法：①轮作；②土壤消毒；③防止定植苗栽植过深；④7～10 天喷 1 次 500 倍液杀菌剂，如 75%百菌清、50%克菌丹等；⑤选择抗病品种；⑥加强栽培管理，保持植株生长健壮。

2. 虫害

为害非洲菊的主要害虫有白粉虱、蚜虫、叶蝉、潜叶蛾、叶螨、刺蛾等。

防治方法：①定期喷杀虫剂，可用 2.5%溴氰菊酯、10%二氯苯醚菊酯或 40%氧化乐果 1000～1500 倍液，8～9 天喷 1 次，连续喷 3 次，但因对花朵色彩有不利影响，故花期不宜采用；②喷 40%三氯杀螨醇 1000 倍液治叶螨；③用黄色塑料板涂重油，诱粘白粉虱成虫、蚜虫等。

(七) 非洲菊优质高产栽培技术要点

非洲菊是世界主要切花种类之一，市场需求量大，而且产花率高，经济价值可观。现将非洲菊优质高产栽培技术要点总结如下。

1. 选择合适的品种

非洲菊品种丰富，杂交品种也不断推陈出新。切花栽培应根据当地主要人群的消费喜好选择合适的品种，常见栽培品种特性及特点详见表 2-15。

表 2-15　非洲菊常见栽培品种特性及特点一览表

色　系	品 种 名	品种特性	特　点
红色系	特拉维萨	单瓣，大花	产量极高
	上海	红花黑心，大花	高产
	特拉马西马	红色，大花	切花寿命长
	桑格瑞拉	重瓣大花	高产
	卡莫多迪	大花深红	高产
	弗格	红花，黑心，花瓣反面黄色	高产，苗期易感病
粉色系	特拉克温	重瓣，大花，主栽品种	花柄长，高产
	艾斯特利	黑心，大花	高产
	普罗波拉	重瓣，大花	高产
	特伯姆巴	重瓣，大花，黑心	花柄长，高产

NOTE

续表

色 系	品 种 名	品 种 特 性	特 点
黄色系	特拉费姆	单瓣，大花，鹅黄色	高产
	米瑞高德	重瓣，大花，黑心	高产
	黄点	重瓣，大花	高产
橙色系	特拉考姆比	重瓣，大花，主栽品种	极高产
	加利福尼亚	重瓣，大花	高产
	杰芳	重瓣，花瓣多，瓶插期长	高产
	卡利马特尼	深橙色，花心黄绿	中产
白色系	特拉明特	重瓣，大花	中产
	奥西维娅	重瓣，大花	高产
Samba		半重瓣，除了金黄色还有 4 种颜色	高产
Festival		黄、粉、玫瑰红、鲜红、橙红、白、橙黄等 16 个花色，花心黑色	商业价值高
Robust Giant		红、黄、粉、橙、双色等	高产
我国选育	金太阳	重瓣，黑心，舌状花 3～4 轮，半舌状花 4～5 轮，茎秆粗壮	花径 9～11 cm，高 48～52 cm，保鲜 20 天
	金韵	重瓣，黑心，舌状花 3 轮，半舌状花多轮	花径 10～12 cm，高 50～55 cm
我国选育	申黄	深黄半重瓣黑心，大花，花梗空心	花径 13～15 cm，高 50～60 cm，保鲜 15 天
	金背红	半重瓣，黑心，花瓣正面砖红色、背面亮黄，花梗实心	茎秆粗壮，花径 9～11 cm，高 54～59 cm，保鲜14～18 天

2. 土壤整理

（1）选址：非洲菊根系发达，栽植床土层厚度至少 25 cm，其他要求同香石竹。

（2）整地：施足基肥，有机肥可用腐熟厩肥 3000～3500 kg · 667 m^{-2}，撒入 50%多菌灵或 65%代森锰锌粉剂，与土壤拌匀后，盖上棚膜闷 3～5 天，之后土壤深耕精细整地，可做高畦或宽垄，畦宽 1.0～1.2 m，垄宽 40 cm，畦或垄高 25 cm，要求畦面平整、土壤疏松。

3. 定植

（1）种植密度：每畦 2～3 行，株行距为（30～35） cm×40 cm；垄作，双行交错定植，株距 25 cm 左右。定植时间除了炎热夏季，其余时间均可。

（2）定植深度：以浅栽为指导原则。非洲菊根系有收缩老根的特点，即在生长过程中，有把植株下拉的能力。定植时，要求根颈露于土表面 1.0～1.5 cm，用手将根部压实。第 1 次浇水有倒伏现象发生，可在倒后 3～4 天扶正，不影响正常生长。如栽种时根颈埋到土下，随着不断生长向下沉，植株生长点被埋入土中，花蕾长出地面的阻力也很大，影响开花。非洲菊产花能力在新苗栽后的第 2 年最强，质量也好，以后逐渐衰退，最好在栽培 3 年后更新种苗。

4. 肥水管理

非洲菊切花栽培推荐使用滴灌。非洲菊在生长期因需水量大，务必保障水分供应。必须注意非洲菊叶丛中不能积水，如果沟灌的话，要求行间开浅沟侧方给水，使株心保持干燥。非洲菊为喜肥花卉，除了要求肥料量大，氮磷钾比例为 2：1：3，因此应特别注意加施钾肥（硝酸钾），生长季应 5～7 天施 1 次

肥，温度低时应减少施肥。

5. 光照管理

非洲菊喜充足的阳光照射，但又忌夏季强光，因而栽培过程中冬季要有充足日光照射，而在夏季要适当遮阴，并加强通风降温。

6. 疏叶

非洲菊栽培过程中为保障切花的品质，需要调控营养生长与生殖生长的平衡，当叶片生长过旺时，花枝会减少，花梗会变短，栽培上常对植株适当剥叶，先剥病残叶，剥叶时应各枝均匀剥，每枝留 3～4 片功能叶。叶片过多密集生长时，应从中去除小叶，使花蕾暴露出来。在幼苗生长初期，必须尽早摘除花蕾，以免影响营养体的建成。在开花时期，疏去过多花蕾，一般不能让 3 个花蕾同时发育，需要疏去 1～2 个。一般每年单株在盛花期有健康叶 15～20 片，可月产 5～6 朵花。

7. 病虫害防治

(1) 非洲菊的常发病害主要有茎腐病和病毒病。①茎腐病是非洲菊易感的主要病害之一，主要是在小苗定植过晚、浇水漫灌、低温多湿的情况下容易发生。可通过调控小环境温、湿度和喷洒药剂来进行防治，栽培中应注意调控棚内温度，降低空气湿度，加强通风透光，增强植株的抗病能力；发病时可喷洒 70%的托布津可湿性粉剂 800 倍液，每星期 1 次，连续 3 次。②病毒病防治：第一是选用无病毒组培苗；第二是杀灭蚜虫等传播病毒的媒介；第三是发现病株及时销毁。

(2) 非洲菊的常发虫害主要有红蜘蛛、白粉虱、蚜虫。红蜘蛛多发生于春夏高温季节，尤其是高温干燥小环境条件发病最严重，可用克螨特 1000～1500 倍液或 5%索尼朗乳油 1500 倍液或其他杀螨虫的药剂。白粉虱是非洲菊的易发虫害，在栽培中要及时防治，可喷洒 1.8%阿维菌素 2000～3000 倍液或 10%扑虱灵 1000～1500 倍液，或 20%速灭杀丁乳油 3000～4000 倍液，每 10 天 1 次，连喷 3 次。蚜虫可用蚜虱净(5%吡虫啉)、一遍净(10%吡虫啉)或抗蚜威、杀螟松、马拉硫磷等；平时在大棚畦面立柱上悬挂黄板粘附蚜虫(图 2-8)，效果也不错。

图 2-8　非洲菊切花栽培中利用黄色粘蚜板防治蚜虫

8. 采收保鲜

非洲菊采收的适宜时期为花梗挺直、外围花瓣展平、中部花心外围的管状花有 2～3 轮开放、雄蕊出现花粉时。采收通常在清晨或傍晚，此时植株挺拔，花茎直立，含水量高，保鲜时间长。用手就可折断花茎基部，分级包装前再切去下部切口 1～2 cm，浸入水中吸足水分及保鲜液。长途运输时用特制包装盒，各株单孔插放，并用胶带固定，在 2～4 ℃条件下保存，注意保湿。非洲菊的采收和包装过程见图 2-9。

NOTE

图 2-9 非洲菊的采收及包装

六、百合(lily)

(一) 形态特征

百合为百合科百合属多年生草本。地下部分具卵球形鳞茎,外无皮膜,由多数肥厚肉质鳞片抱合而成,内部中央有芽。茎不分枝,高 50～150 cm。叶互生或轮生,线形、披针形或阔披针形,平行脉,无叶柄或具短柄。有些百合品种在叶腋部位着生有珠芽。花开于茎顶,单生、簇生或呈总状花序;花大型,花被 6 枚分内外两层,均呈花瓣状,平展或反卷,花朵呈漏斗状、喇叭状或杯状,横向、直立或下垂着生。花色有白、粉、红、紫、黄、橙、淡绿及复色。东方杂种及麝香杂种常具芳香。蒴果 3 室,种子扁平具翅。自然花期为 5—8 月。

(二) 生态习性及生长发育特性

1. 生态习性

百合喜凉爽湿润的栽培环境,能耐寒而怕酷暑,喜阳光,稍耐荫。生长适温为 15～25 ℃,通常 10 ℃以下停止生长,温度低于 5 ℃、高于 28 ℃均对其生长不利。温室栽培在生长前期(发根期),宜控制在 12～13 ℃,以使基生根发育良好,生长期适宜温度为 15 ℃左右,白天温度允许上升到 25 ℃。开花后地上部分逐渐枯萎,地下鳞茎进入自然休眠期,通过 2～10 ℃的低温处理可以解除休眠。

百合为长日照植物,光照时间过短,会影响开花。其对光照强度要求不十分严格。一般夏季生长要求光照强度为自然光照的 50%～70%。百合要求土壤疏松透气、排水性能好,喜微酸性的沙质壤土。对土壤含盐量敏感,一般要求土壤氯离子含量不超过 1.5 $mmol \cdot L^{-1}$。

2. 物候期

百合在长江流域地区,通常于 9—10 月露地栽培,年前发生基生根,鳞茎在土中可耐 -6 ℃低温。初春气温上升到 15 ℃左右时顶芽出土。5 月孕蕾,6—7 月开花,花后地下鳞茎迅速膨大,自 8 月起地上部分逐渐枯萎。由于切花百合杂交原种来源复杂,因此,物候期会有较大差异,一般麝香百合在年前顶芽能出土,但不耐霜冻。早花品种自播种到开花的生长周期约为 2.5 个月,晚花种为 5 个月。

3. 花芽分化

百合花芽分化多在鳞茎萌芽之后,生长到有一定营养面积时进行,具体分化的时间因种与品种不同

NOTE

而异。大多数亚洲百合在地上茎长 10～20 cm、具 50 枚左右叶片后花芽才开始分化。麝香百合花芽分化稍晚一些，有 80 枚左右叶片时花芽才开始分化。花芽分化的最适温度是 15～20 ℃。在 10～30 ℃范围内，温度越高，花芽分化越早。但在 25 ℃以上，花芽在未完成发育前就会出现枯萎现象。在10～13 ℃时花芽分化缓慢，但花量可以增加。

(三) 栽培类型及品种

百合属植物在世界上有 100 余种，我国产有 43 种以上，分布全国，是百合属植物自然分布中心。其鳞茎可食用，国内过去主要作蔬菜与药用植物栽培。19 世纪中国百合原种传入欧洲，经杂交育种，在 20 世纪中叶出现了许多重要的观赏品种，并在鲜切花领域中成为备受青睐的高档花卉，这类百合统称为现代百合，生产则以观花为主，作鲜切花栽培全年可供花。在北美、新西兰、英国、澳大利亚都建有百合协会。我国在上海、深圳、昆明已形成三大百合切花生产基地，近年市场销售量呈上升趋势。目前主要栽培品种来源于荷兰。国内自 20 世纪 80 年代开始了百合的种间杂交工作。

1. 栽培类型

现代百合的栽培种都是园艺杂种(图 2-10)。根据各栽培品种的原始亲本与杂交遗传的衍生关系，

扫码看
彩图 2-10

图 2-10　不同花色的盆栽百合品种

NOTE

国际上将现代百合划分为 9 个类型。这些类型多数都由中国百合作为杂交育种的亲本。目前作为观赏百合商品栽培的类型主要有亚洲百合杂种系、东方百合杂种系与麝香百合杂种系 3 类，其中又根据各类品种的生长习性各分为切花与盆栽两个栽培型。

（1）亚洲百合杂种系（Asiatic hybrids）：目前我国切花市场主要的栽培品种群。杂交亲本有我国的卷丹、川百合、山丹、毛百合等。从定植到切花采收的生长周期为 9～21 周，多数为 12～16 周。大都可作冬春的鳞茎球，一季切花生产。一个周径为 10～12 cm 的鳞茎球，自然花期为 6—7 月，冬季栽培时对弱光的敏感性强，需要补光。

（2）东方百合杂种系（Oriental hybrids）：具有我国原产的湖北百合血缘，是百合杂种系中花朵最大最美丽的品种群，花径可达 30 cm。生长周期为 12～20 周，多数为 14～18 周，一般花期比亚洲杂种晚，花具浓郁香味，花序松散，开花种球要求鳞茎周径在 12～14 cm 及以上，12 cm 以下种球很少开花。东方百合对光的敏感性不强，但对温度的要求比亚洲百合高。

（3）麝香百合杂种系（Longiflorum hybrids）：麝香百合杂种系百合又名铁炮百合、复活节百合，是由原产我国的台湾百合与麝香百合衍生出的杂种或品种。花朵呈喇叭形，平伸或稍下垂，花筒长度为花朵长的 2/3，花有香气，多数为白色品种。近期有麝香百合与东方百合的杂交种，花色出现粉红、橘红等色。麝香百合的生长期一般为 14～18 周。一个周径为 10～12 cm 的鳞茎通常开花 1～3 朵。

2. 主要栽培品种介绍

亚洲百合杂交种品种介绍见表 2-16，东方百合杂交种品种介绍见表 2-17，麝香百合杂交种品种介绍见表 2-18。

表 2-16　亚洲百合杂交种品种介绍

品种名称	中文译名	花色	株高/cm	生长周期/周	不同鳞茎大小着花数/个		对缺光敏感性	栽培适期
					10～12 cm	12～14 cm		
Adelina	阿德林娜	鲜黄	100	16	5～8	8～10	一般	全年
Alaska	阿拉斯加	白	100	12	5～7	6～9	一般	春、早夏、秋、冬春
Aristo	阿里斯多	浅橘	70	10	2～4	4～6	最小	春、冬春
Avignon	俄维农	橘红	105	14	2～3	3～5	一般	春、早夏、秋、冬
Connecticut King	康州王	黄	90	15	5～7	7～10	高	春、早夏、冬春
Dreamland	大地之梦	深黄	110	15	5～7	6～8	高	春、早夏、冬春
Elite	精英	橘	125	11	5～7	7～11	高	春、早夏、冬春
Enchantment	迷幻	橘红	115	14	4～8	7～10	高	春、早夏、夏、冬
Geneve	日内瓦	白/粉红	100	15	3～5	5～7	最小	春、早夏、冬春
Her Grace	怡情	黄	100	15	4～6	5～7	最小	全年
Jassica	杰西卡	深橘	125	11	4～6	6～8	一般	全年
London	伦敦	黄	130	14	5～7	6～9	一般	全年
Massa	玛莎	红	120	14		4～6	稍高	春、早夏、夏、冬
Monte Negro	红山	深红	100	12	3～5	4～6	一般	春、早夏、秋、冬
Montreux	蒙特鲁	粉红	120	15	3～5	4～7	最小	全年
Nove Cento	新中心	黄	120	14	3～5	4～6	最小	春、早夏、冬春
Prominence	精粹	红	80	13	4～6	5～9	最小	春、秋、冬春
Variant	奇异	明黄	130	14	4～6	5～8	一般	全年

注：①株高指生长平均温度为 14～16 ℃时，从植株地面到花序顶部的高度；②生长周期指生长平均温度为 14～16 ℃时，从播种到采收时的生长周数。

NOTE

表 2-17　东方百合杂交种品种介绍

品种名称	中文译名	花色	株高/cm	生长周期/周	不同鳞茎大小着花数/个 10～12 cm	不同鳞茎大小着花数/个 12～14 cm	对缺光敏感性	栽培适期
Acapulco	阿卡普科	樱草红	100	16	3～4	4～6	最小	全年
Apropos	适宜粉	浅粉	100	17	3～5	4～7	最小	全年
Berganmo	柏加摩	粉/黄/粉	125	16	3～5	5～8	一般	全年
Casa Blanca	卡萨布兰卡	白	120	20	—	2～3	最小	春、早夏、秋
Dolca Vita	多尔西	粉红/红	80	14	2～4	4～6	最小	春、早夏、冬春
Mediterannee	地中海	粉红	120	14	4～5	4～8	稍高	春、早夏、夏、秋
Olympie Star	奥运之星	红/白	120	16	2～4	4～6	最小	春、夏、秋、冬春
Siberia	西伯利亚	白	110	16	2～3	3～5	最小	全年
Star Gazer	望星星	红/白	100	16	2～3	3～5	最小	春、早夏、秋、冬春
Wisdom	贤士	白/黄	120	16	2～3	3～5	最小	全年

表 2-18　麝香百合杂交种品种介绍

品种名称	中文译名	花色	株高/cm	生长周期/周	不同鳞茎大小着花数/个 10～12 cm	不同鳞茎大小着花数/个 12～14 cm	对缺光敏感性	栽培适期
Avita	阿维塔	白	120	16	1～3	2～5	一般	全年
Gelria	杰里阿	白	105	16	1～2	2～4	稍高	春、早夏、秋
Snow Queen	雪皇后	白	115	17	1～2	2～4	一般	全年
White Europe	白欧洲	白	95	16	1～2	1～3	一般	春、秋
White Satin	白缎	白	130	14	1～3	2～3	一般	全年

(四) 繁殖与栽培管理

1. 种球自繁

国内目前百合种球供应网络尚未健全，切花生产者主要依靠种球供应商从国外引进种球，在品种选择与种球质量方面难以满足生产要求。因而想通过自繁种球，生产适合本地与适应相关栽培季节的品种，这在小规模生产的情况下可以实现。但在切花生产发展到相当规模时，种球生产与切花生产应分为两个不同的产业组织生产。

百合种球繁殖有播种、茎生小鳞茎繁殖、鳞片繁殖、叶片扦插、珠芽繁殖与组织培养等多种方法。一般常用的为大鳞茎分球、茎生小鳞茎繁殖与鳞片繁殖三种，而大规模的种球生产应以鳞片繁殖为主。

(1) 大鳞茎分球：切花栽培 2 年以上的地下鳞茎，一般都有 2～4 个分瓣，可以在 7—8 月挖起掰分后分级处理留作种用，但这种方式的扩繁数量不多，且东方百合的分球很少，种球又易带病原菌与病毒，栽植后的植株病害与退化现象较严重。

(2) 茎生小鳞茎繁殖：茎生小鳞茎主要发生在直立茎地下部分的茎节上，一般每株可着生 3～10 个，小鳞茎的着生多少与母球栽植深度及品种性状有关，母球深栽可获得较多的小鳞茎。东方百合小鳞茎的萌生率较少。通常一年生小鳞茎的周径可达到 4 cm 左右。7 月地上部分未枯萎前挖掘母球并采摘茎生鳞茎，收获过晚小鳞茎会散落土中难以收集。采集到的小鳞茎要保湿贮藏，于 10 月前后播种，翌年发叶生长，部分植株还会开花，需摘除花蕾，加强营养管理。夏季小鳞茎一般不休眠，适当遮阴降温避强光，于 11 月霜前收获。若管理良好，栽培 1 年，部分种球就可达到商品种球标准。

（3）鳞片繁殖：利用鳞茎上的成熟鳞片，剥离后，保湿催芽，促进伤口愈合并催发不定芽萌发。一般每片鳞片可有2～4个芽。鳞茎的外层鳞片不定芽的发生率比内层鳞片高。每个不定芽都能形成一个直径为2～4 mm的小鳞茎。然后再用这批小鳞茎播种培育1～2年形成商品种球。鳞片繁殖种球，不仅可以大幅度地扩大繁殖系数，而且有利百合种群的复壮。

（4）商品种球的分级：百合切花生产的商品种球在国际上一般根据鳞茎周径大小分级（图2-11）。亚洲百合根据鳞茎周径大小分为9～10 cm、10～12 cm、12～14 cm、14～16 cm、16～18 cm、18～20 cm六个等级，多数使用10～12 cm、12～14 cm、14～16 cm三个等级的种球。9～10 cm周径以下的种球许多品种还难开花，9 cm以下种球不能达到商品要求。东方百合根据鳞茎周径大小分为10～12 cm、12～14 cm、14～16 cm、16～18 cm、18～20 cm、20～22 cm六个等级，常用的是12～14 cm、14～16 cm、16～18 cm三个等级，大型花展切花要用20～22 cm等级以上的大球。麝香百合根据鳞茎周径大小分为9～10 cm、10～12 cm、12～14 cm、14～16 cm、16～18 cm五个等级。一般情况下，鳞茎越大，开花的数量越多。东方百合使用的种球规格一般要比亚洲百合、麝香百合高一个级别。

图2-11　荷兰百合种球分级

2. 种球选择

百合切花生产选择种球，应从品种定位与种球自身质量两个方面考虑。百合栽培类型与品种众多，性状差异很大，首先要根据市场价格规律与不同种植时期对环境的适应性选择品种。通常市场销售东方杂交种价格优于亚洲百合与麝香百合，红色花优于黄色花与白色花。花色常受流行色影响。全年中6—7月露地栽培切花大量上市，是百合价格最低期。9月底到10月中旬价格最高，此期因播种时处于高温期，栽培困难，市场供花量较少。以后价格一般还比6—7月高出7倍以上，高价格可维持到4—5月，在元旦到春季前后还有一个小高峰。对不同的栽培季节，品种选择要从花色、植株高度、生长周期、鳞茎大小与花苞形成数的关系、茎的直立性及坚硬度、叶片枯焦病发生程度，对病虫害抗性，对光的敏感性，对温室或大棚栽培的适应性等多方面因素考虑。荷兰经销的百合切花商品品种中亚洲杂种约160个，东方杂种约90个，麝香百合杂种约12个。国内部分麝香百合栽培种也从日本引进。种球除应选生长健壮、无病虫害外，还应选择通过小鳞茎复壮的1～2年生新球。种球大小一般为亚洲百合周径12～14 cm，东方百合周径14～16 cm，麝香百合周径12～14 cm或14～16 cm。新收获的种球播种前需要经过6～8周的低温处理，才能帮助其度过自然休眠。

3. 百合切花的露地栽培

（1）土壤准备：百合的根系发育要求栽培土层深厚、肥沃、疏松、微酸性，既能保蓄水分又排水良好。土壤的耕作层希望达到30 cm以上，并严格要求轮作。对于土壤的酸碱度，亚洲百合与麝香百合要求pH在6～7，东方百合则要求pH在5.5～6.5。土壤pH对百合根的发育与矿质营养的吸收十分重要。土壤pH过低会导致其过多吸收土壤中的锰、硫、铁。pH过高又会使磷、锰、铁吸收不足，出现缺铁症状。所以在pH高于6.5的情况下，种植前土壤内应增施螯合态铁，一般每平方米的用量为2～3 g。调

NOTE

低土壤 pH 可施用泥炭、尿素与铵态氮等，施用石灰化合物与含镁化合物可增高 pH(施用石灰，至少在1周后才能种植)。

土壤翻耕时可施入充分腐熟的厩肥，每公顷用量为 15～30 t。新鲜的有机肥含有过高的盐分，会引起百合烧根。百合生长初期不需要很高的营养水平。对营养短缺的土壤，为增加百合生长中后期的养分供给，种植前土壤内可增施不含氟的无机磷肥与钾肥。含氟量高的过磷酸盐、磷酸盐、过磷酸钙和多种化合物会导致百合叶片焦枯，因而不用。

(2) 栽植：百合露地栽植的季节通常在 9—10 月，越冬前应使百合的基生根充分生长发育好。栽植前的百合种球，不能长时期暴露在干燥空气中，以防止失水，影响正常发育。如离栽植期有一段较长的时间，种球可用沙或草质泥炭、木屑等分层堆积，低温保湿贮藏。国外进口的百合切花冷冻球，到货后应在 10～15 ℃温度下缓慢解冻后栽植。百合定植的密度因品种与鳞茎大小而异。通常亚洲百合栽植较密，麝香百合次之，东方百合稍稀。一般栽植的行距为 20～25 cm，株距为 8～15 cm。各类型百合切花的栽植密度如表 2-19。准备连续露地栽培 3～4 年采收切花的，栽植密度可降低 15%～20%。百合由于地下的茎生根发育受土层深度的影响，因此种球种植不宜过浅。覆土深度以 8 cm 左右为宜。

表 2-19　不同类型百合的栽植密度(个/m^2)

类　　型	周径 12～14 cm	周径 14～16 cm	周径 16～18 cm	周径大于 18 cm
亚洲百合杂种系	55～65	50～60	40～50	
东方百合杂种系	40～55	35～50	30～50	25～35
麝香百合杂种系	45～55	40～50	35～45	

(3) 肥水管理：生长期要经常保持土壤湿润，特别在花芽分化期与现蕾期不可缺水。百合喜肥，生长期可追施人粪尿或化肥，忌用含氟肥与碱性肥，这些肥料易引发烧叶。在出苗 3 周后，即可追施尿素、硝酸铵等，每公顷用量 90～150 kg。从花芽分化到现蕾开花，除追施氮肥外，还要重视磷、钾肥补充，可10～15 天追肥 1 次，也可每隔 7～10 天用 0.2%的磷酸二氢钾溶液或 0.1%硝酸钾，或者 0.55%硫酸铵加 0.1%硝酸钾进行根外追肥，对增加花朵的分化量有利。采收切花后，为促进鳞茎的发育可追施速效磷钾肥。若土壤缺铁，应调整土壤酸碱度，并及时喷洒 0.2%～0.3%的硫酸亚铁溶液。

(4) 支架拉网：百合植株高 60 cm 时应设立支架或张网以扶持茎的直立生长。

4. 箱式栽培

目前国外正在扩大利用栽植箱(木箱或塑料箱框)进行百合切花生产，这种生产方式的最大优点是利用栽植箱能任意移动的特点，在不同季节可以给予百合生长的各生理阶段最适宜的环境条件，从而获得优质的切花。夏季可以在百合种植期与生长前期，将栽植箱搬进冷藏室促进生根，以满足百合遗传生理的环境要求。秋冬栽培亦能移动栽植箱，更合理地利用温室。这种生产方式由于栽培基质的更新，避免了地面栽培的轮作，对病害能得到有效控制，但生产费用会有所增加。箱式栽培的一些具体做法简述如下。

(1) 栽植箱的内径高度应不低于 14 cm。栽植箱的长、宽尺寸，以其容积与栽培后的箱重能便于搬运为原则。

(2) 箱内栽植基质应疏松、保湿。常用材料为泥炭与园土加珍珠岩或稻谷壳、木屑等，基质 pH 为6～7，在栽植前要进行消毒。

(3) 栽植时，在箱底铺置基质的厚度至少为 1 cm，球根种植后覆土厚度不应少于 8 cm。栽植密度与地栽相似。

(4) 栽植后，可在生根室控制温度 12～13 ℃，促进生根。这段时间应保持 3～4 周。促进生根期幼芽萌发的长度一般不宜超过 10 cm。发根后栽植箱移入栽培室。

(5) 箱栽百合的土壤易于干燥，需经常检查予以补充水分。

(五) 病虫害防治

百合常见病虫害有鳞茎青霉病、茎腐病、病毒病、蛴螬、地老虎、金针虫等。

1. 鳞茎青霉病

百合鳞茎青霉病在鳞茎贮藏期发生。病原菌分布于土壤与空气中，附着于鳞茎表面后，遇高温高湿的环境就会大量繁殖，通过鳞茎的伤口侵入。因此，在挖掘、运输鳞茎的过程中要尽量减少伤口，鳞茎采收后可先在 25～30 ℃的条件下促进伤口愈合。贮藏期温度保持在 0～5 ℃，并经常检查及时剔除病球。鳞茎贮藏前用药物消毒能控制病害，如用苯菌灵 500 倍液在 27～29 ℃下浸种 15～30 min，晾干贮藏，用 2%的高锰酸钾溶液或 1%～2%的硫酸铵溶液，或 0.3%～0.4%的硫酸铜溶液处理等。

2. 茎腐病

百合茎腐病发生于鳞茎或植株基部，由带病鳞茎与带菌土壤传染。应重视种球与土壤的消毒，并尽量降低栽植前期的土壤温度。

3. 病毒病

百合病毒病由多种病毒引发，常见的有花叶病、簇生病。一般东方杂种受害较重。栽培上要重视轮作，宜选择没有百合与郁金香感病的地区生产，并重视蚜虫等病虫害防治。

4. 虫害

百合生长前期易受蛴螬、地老虎、金针虫等幼虫危害，可使用毒土与毒饵诱杀。生长期还会有多种蚜虫、蓟马、螨以及线虫危害。线虫也会引发植株矮化枯梢，叶转黄变褐而坏死。麝香百合受根结线虫危害较严重，故种植前除对土壤做消毒处理外，种球在种植前 3～5 天用水温为 45 ℃的 200 倍福尔马林(30%～40%的甲醛)溶液浸泡 1 h 做消毒处理。

（六）切花采收、贮藏与保鲜

1. 采收

百合切花采收以花蕾着色为标准。一般每茎具 5 个以下花蕾的至少有 1 个花蕾着色后才能采收，具5～10 个花蕾须有 2 个花蕾着色，具 10 个以上花蕾应有 3 个花蕾着色。采收过早，花会显得苍白，并有一些花蕾不能开放。采收过晚，早期花蕾开放，呼吸作用产生的乙烯影响切花贮藏寿命与质量，花粉撒落也极易污染其他花枝，影响商品品质，因而在切花剪切时应剪除已开的花朵。

切花剪切最好在上午 10 时前，以减少花枝脱水。温室内切花剪切后，在室内干贮的时长不宜超过 30 min。剪切后将切枝下端 10 cm 叶片剥除，并进行分级。每 10 枝扎成一束，整个加工过程要求在 1 h 内完成，如不能及时分级处理，最好立即将切花浸入清洁的水中，先放进冷藏室。对于需要保留鳞茎继续培育的植株，切花剪切时地面茎秆应留 20 cm 以上。温室栽培的切花，花枝剪切后加强管理，能在翌年 5—6 月再次开花，可二次收获切花。

2. 分级

百合切花的分级目前国内尚未制订统一标准，一般应按每枝花茎的花蕾数，茎的长度与坚硬度等分级。上市切花通常要求花枝长(包括花蕾)60 cm 以上。

(1) 一级花：粗壮挺直、具韧性，长度 75 cm 以上，茎粗 0.9 cm 以上，可正常开放的花苞 6 朵以上。

(2) 二级花：长度 60 cm 以上，茎粗 0.7 cm 以上，花苞 5 朵以上。

(3) 三级花：茎粗壮，略有弯曲，长度 50 cm 以上，花苞 4 朵以上。

(4) 四级花：茎稍弯曲，长度 40 cm 以上，花苞 3 朵以上。

3. 贮藏保鲜与运输

分级捆扎后的花枝，为保持切花品质与防止花蕾过早开放，应先将切花浸入水温为 2～3 ℃的清水中，使花枝充分吸水。处理时间不能少于 4 h。亚洲百合的水溶液中需加硫代硫酸银与赤霉素，硫代硫酸银对其他类型的百合有害，可直接浸入清水中，或加适量杀菌剂。花枝吸水后即进入 2～3 ℃的冷藏室干藏或湿藏。

东方百合的贮藏温度可稍高，维持在 2～4 ℃。贮藏室相对湿度需 80%～95%，贮存期不超过 4 周。干贮或运输时使用包装盒必须打孔，通常使用纸箱的尺寸为 80 cm×40 cm×30 cm，每箱 30 扎。箱内花朵分层反向交互排列，并捆绑固定。运输时多数品种适宜 2～4 ℃的低温与 85%～90%的相对湿度，温度要求不高于 8 ℃，以阻止花蕾生长开花，减少乙烯的毒害作用。

NOTE

(七) 百合优质高产栽培技术要点

1. 百合切花品种选择

百合切花栽培迄今为止，仍是以单瓣品种为主，复瓣品种栽培很少，品种的选择对切花生产效益有着重要的影响。常见百合品种见图 2-12。

扫码看
彩图 2-12

图 2-12 百合品种展示(图中品种依次为伊莎贝拉、伊琳娜、曼尼莎、阿瑙斯卡、莫瑞娃、法拉利)

(1) 根据具体的生产条件选择合适的百合品种。如果没有补光系统，不能选择对光照敏感且要求严格的亚洲系百合的品种如珍珠、偶像、宝石、橙色年代等，可以选择东方百合系品种如星光、威龙、索蚌、元帅、卡特马科以及重瓣品种伊莎贝拉。

(2) 根据主要销售地区的消费喜好选择对应的品种。如浙江人更喜欢白百合，江苏人喜欢粉色百合，广东人喜欢大红色百合等。

2. 土壤准备

百合喜弱酸性疏松土壤，pH 在 5.5～7.0(东方百合适宜用 pH 5.5～6.5 的土壤；亚洲百合适宜用 pH 6～7 的土壤)，酸性低的土壤应用生石灰改良，这样既可改良土壤又可杀死一些土壤中的病原菌及地下害虫。碱性较重的土壤用磷酸加入泥炭改良，用量视具体情况而定。对于较黏重的土壤，可加入稻壳、松叶及草炭混合以改良结构，栽前土壤最好深翻一次，太阳暴晒半月，然后耙碎土壤。

NOTE

土壤消毒：用 40%福尔马林配成 1∶50 倍药液泼洒土壤后用塑料薄膜覆盖 5～7 天，之后揭开膜 10～

15 天待农药气味散尽后才可种植。也可用五氯硝基苯 500 倍液浇施，或用专用土壤杀菌剂如多菌灵、敌克松等拌匀即可，用时遵照用量说明及注意事项。

种植前施肥：每公顷施复合肥 375～600 kg、有机肥 30000 kg(浓度为 10%左右)，或其他腐熟有机肥，底肥施用后均匀混合于表土。每畦宽 1.0～1.2 m，长 20～40 m 或与大棚或温室的长度相当，畦与畦之间的沟要深一点，30～40 cm 深，以利于排水，两畦之间距离为 30 cm 左右。

3. 种球处理

购买的种球应在阴凉处，温度为 5～15 ℃的条件下缓慢解冻。解冻后的种球必须进行表面消毒才能种植，预防病害发生；种球消毒分为浸种及拌种两种方式，浸种用广谱杀菌剂加内吸性杀菌剂处理，用多菌灵 500 倍液＋恶霉灵 500 倍液消毒 20～30 min，或用多菌灵＋代森锌 500 倍液浸泡 20～30 min。种球浸种消毒之后，将其放在阴凉通风处晾干后才能种植到土壤或基质中。对于未出芽种球还可用 0.5%的五氯硝基苯拌种，对于下种时已出芽的种球应选择芽长尽可能一致的栽在同一块地里，以利于苗期管理。

4. 栽植

种植密度(表 2-20)根据品种特性、规格大小、季节因素确定，一般冬密，夏稀；种球大稀，种球小密；枝软的稀，枝硬的密。株行距一般为(15～20)cm ×(15～18)cm。依种植密度在畦面横向开沟种植。种球正向上摆种，芽尖与水平线呈 90°角(芽尖向上)下种时的深度一般为种球高度的 3～5 倍为宜。浇水后盖土表高度为冬天 6～8 cm，夏天 8～10 cm，大规格种球需适当加厚，在原有基础上加厚 2～3 cm。在种植后的三周内，百合主要靠种球提供营养，当茎长出土壤后，这些茎根是百合的主要根系。因此，为了有利于种球发根，浇水后应在畦面用谷壳或锯末做地表覆盖，厚 0.5～1 cm，均匀厚薄。在夏天可隔热保湿，冬天则保温保湿，同时还可防止土壤干燥和结构变差。

表 2-20 百合不同品系和不同鳞茎规格种植密度(个/m^2)

百合品系类型	种球规格/cm			
	10～12	12～14	14～16	16～18
亚洲百合系	60～70	55～65	50～60	40～50
麝香百合系	40～50	35～45	30～40	25～35
东方百合系	55～65	45～55	40～50	35～45

5. 水分及空气湿度管理

种植后应立即浇水，保证全部基质浇透，使种球与基质充分接触，浇水要均匀。生长中期土壤水分保持在 50%～60%，即保持土壤润而不湿。根据基质水分状况浇水，适当保证基质一定的干湿交替，以利于基质保持通气状况，检测方式以表面基质手握紧不成团即为干，应浇水。一般土壤含水要求：手捏紧成团，松手散开。须注意边角通风处经常补水。浇水时间最好是上午，以免表土过湿发生病害。

土壤湿度保持在 80%～85%，最简易的判断方法是用手捏住一团土，可渗出少量水即可。表层覆盖物保持湿润。对边角及基质干燥的部位应补水。补水时间选择上午 10 时以前。合适的相对湿度是 80%～85%，避免相对湿度变化太大，引起叶烧，从而导致产品质量下降。前期结合遮阴，增加湿度，适当增施氮肥以促进根系生长和增加植株高度。

生长后期原则上不喷雾，但可选择性地于温度不太高时(20 ℃±2 ℃)进行喷雾，每周进行 2 次，每次 1～2 min，清洗叶面尘埃，空气湿度尽可能通过洒水保持 50%以上。气温要求：白天 20～25 ℃，夜晚 15～20 ℃，冬季加温保证 10 ℃以上。加强通风，促进棚内外空气交换，冬天采取选择性间断通风。夏季通过通风、喷雾、遮阴等方式降温，冬季则注意加温保温。春夏秋三季节午间气温较高，可于上午开棚膜及顶开窗通风，在温度稍低的环境下调节湿度，避免高温阶段发生湿度巨变；冬季气温低，应采取保温措施，换气须在中午外界气温高时换气降温，控制时间约 30 min，间断地进行通风换气。

6. 温度管理

控制地温是前期管理的关键。百合生长期最适宜的土壤温度是 12～13 ℃，如果超过 15 ℃或低于

NOTE

10 ℃则对根系发育不利，头三周内或至少在茎生根长出之前，初始生根的温度应低，最适在 12～15 ℃。当温度高于 15 ℃会导致生根质量下降，尤其在夏季，保持或促使土温凉爽是不可缺少的。白天温度保持在 20～25 ℃，夜晚温度保持在 15～18 ℃，白天温度过高会降低植株的高度，减少每枝花的花蕾数，并产生盲花。夜晚低于 15 ℃会导致落蕾，叶片黄化，降低观赏价值。

7. 肥料管理

百合不需要很高的营养水平，特别是在栽培的头三周内的种球，一般不施肥。这期间保证根系发育良好是最重要的。对于偏小的种球，在生长前期苗高在 10～30 cm 时，可喷施含有腐殖酸的肥料及一些微量元素，以增加抗逆性和促进发根。在苗高 30 cm 以前，茎生根长度未达到 5 cm 时不进行土壤追肥。茎生根长出后可施一次硝酸钙 75 $kg \cdot hm^{-2}$，或施一次复合肥 150 $kg \cdot hm^{-2}$，还可以喷施叶面追肥及 20～30 $mg \cdot L^{-1}$的生长素。若生长期间氮肥不足导致植株生长不够粗壮，则可追施速效氮肥 120～150 $kg \cdot hm^{-2}$。土壤追肥以 2～3 次为宜，叶面追肥可以一周 1 次。追肥以后用清水喷洒一次植株，以防叶烧。土壤追肥与叶面追肥的具体方法如下。

(1) 土壤追肥：以复合肥、尿素、钾肥、磷肥配合做土壤追肥，一般每次每公顷用肥 150～225 kg，共追肥 3～4 次，土壤追肥可用液体或固体，固体肥施后立即浇水稀释。为了获得理想的栽培效果一般在生长中应按时追肥。

(2) 叶面追肥：为了减少土壤盐分积累，可以采用叶面追肥，0.15％的尿素＋0.2％磷酸二氢钾＋0.2％硫酸亚铁，每周喷 1 次，共喷施 5～8 次。在花芽分化期还可以喷 1 次腐殖酸肥或 0.1％硝酸钾＋0.05％硫酸铵＋0.1％硝酸钾 2 次；现蕾期到采收前可喷 2 次腐殖酸肥。

总之，百合应按照薄肥勤施、土壤追肥与叶面追肥相结合、大量元素与微量元素相结合的原则进行施肥。

8. 光照调控

百合是长日照花卉，尤其亚洲百合对光照比较敏感，光照的调控对繁殖百合落蕾、盲花以及促成栽培十分重要。光照不足，不利于花芽的形成，光照过强，也会影响切花的质量。生长前期（营养生长期）遮阴有利于提高植株高度，为保证合适温度环境应进行遮光控制，尤其是夏季，种植到苗高 40 cm 左右，大棚内外及四周应采用遮阳网。花蕾分化期（手摸可感到有花蕾，但外观不能见花苞）至花苞长出时是叶烧病敏感期，注意光照和湿度变化不能过大。株高 20 cm 至现蕾，根据不同的品种选择不同的遮光处理，光照很强时，12—14 时必须遮阴，以免使棚内温度过高，影响切花品质。当花苞 1～3 cm 长时增加光照，以利花苞生长和成花物质的积累，在阴天或太阳不太强时尽可能加强光照，防止阳光烧伤，当花苞长至 4～6 cm 时又要加大遮阴，避免强光照射出现早熟现象，促使花苞正常发育。一般 10—16 时遮阴，同时增加叶面追肥，以 P、K、Fe 为主。采花前一周适当遮阴，促进花苞生长，特别是采花期前后，光照的调节应以品种特性为依据。

9. 病虫害管理

百合主要病害有炭疽病、灰霉病、枯萎病、褐斑病、叶斑病（真菌性病害）、种球腐烂病或软腐病、立枯病（细菌性病害）；百合病毒性病害主要有花叶病、百合丝状病毒、百合环斑病等。

(1) 灰霉病：病原是椭圆葡萄孢，其主要危害症状是叶斑呈椭圆形至梭形，由叶缘或叶间向下侵染，浅褐色，边缘紫红，其防治药剂可选用 75％百菌清 500 倍液＋50％多菌灵 500 倍液喷施叶片。

(2) 百合疫病：病原是恶疫霉，主要危害百合茎、叶、花和球根，是百合栽培中普遍发生的病害之一。危害症状：茎部水浸状病斑，褐色，后期病斑逐渐向上向下蔓延；叶部病斑为灰绿色至暗绿色大斑，潮湿环境下危害部位有白色绵状菌丝；危害严重会导致植株倒伏。防治措施如下。①由于该病害的发病条件是潮湿或多雨，故应该注意加强设施内通风，保持适当的温湿度，清理病残体及病原，减少其对健康植株的危害，如果是露地栽培，雨后必须及时排水，避免雨水在田间滞留。②通过施用腐熟的有机肥，科学水肥管理，由于百合怕积水，要求高垄或高畦栽培，增强植株的抵抗力，还需避免植株伤口发生，不给病原菌侵染创造条件。③化学药剂防治：除了种植前苗床杀菌外，发病初期喷洒绿亨飓风（70％烯酰嘧菌酯）或 58％甲霜灵锰锌可湿性粉剂 500 倍液，控制病害蔓延。

NOTE

(3) 软腐病：危害鳞茎，有恶臭味。该病害的防治除了种植前种球表面消毒外，大田发病时，用5000倍农用链霉素或新植霉素水溶液，或5000倍硫酸链霉素水溶液灌根和喷洒叶面，每周喷1次，直到控制住病情。

(4) 叶烧病：一种生理性病害，一般是由于根系生长不良或土壤盐分过高、空气过于干燥或气温变化太大、光照过强所致。预防措施：适当深耕，根据气温和光照变化的具体情况灵活采用遮阴、喷水、通风等措施。

10. 拉网

支撑网一般在定植后出苗前铺设，支撑网要松紧适中，并且在百合的生长过程中，支撑网应随着百合同步增高；后期根据植株长势，还应增加支撑杆，防倒伏。

11. 采收及采后管理

百合花蕾应在充分成熟未开放前采收。对于10个或10个以上花蕾的百合要让其至少有3个花蕾充分着色后且未开裂前采收。对于5～10个花蕾的百合要在至少2个花蕾着色后采收。切忌采收未发育成熟的百合，这样的百合切花品质差，颜色淡，花较小；也不要采收成熟度过高的百合，过熟的百合花苞开裂，在运输途中易产生较多的乙烯，花粉会污染花朵，而且开裂的花苞更易在运输途中受到挤压和碰撞。

百合采收要在清晨温度低时进行。切取高度要根据切花百合要求高度和对地下鳞茎的再利用处理方式而定，如果想生产二茬花，应尽量保留较多的叶片。百合花枝具体的采取长度应根据切花百合分级标准来执行，一级花的商品价值最高，四级花最低。切取下来的花应在30 min内送入2～3 ℃的冷库里进行降温处理，待百合花枝冷却至2～3 ℃时，将经过预冷处理的百合基部10 cm左右的叶片摘除，然后再按照花蕾数、长度、花苞品质、损伤程度进行分级包装，每5枝或10枝捆成一扎，每一扎外边套上定制的塑料保护筒，然后装箱。百合切花的采收及包装见图2-13。

图2-13 百合切花采收及包装

第二节 鲜切花生产的设施及条件

一、切花设施栽培的作用

生产高品质的产品是鲜切花商品生产的最终目的。为了满足不同品种的切花植物在不同发育阶段对环境的要求，设施栽培技术被贯穿使用于切花植物发育的各个阶段，而且在花卉产业的蓬勃发展中，温室设施栽培的面积越来越大，在保证花卉产品的质量，做到周年供应，提高市场竞争力方面发挥了重

要作用。

目前，只有少量的鲜切花生产为露地进行，且时间短、季节性很强。现代鲜切花生产绝大多数是在保护地进行的，因为保护地生产采用的一些设施，在一定程度上控制了栽培环境的各种因子，如温度、水分、光照、空气和营养元素等，为鲜切花生产提供了一个良好的生态环境，以满足市场常年对鲜切花的需求。

利用一些设施条件克服和防御鲜切花栽培中不良的环境条件和自然灾害的影响，如北方寒冷季节的加温设施、江南夏雨季节的降温设施，以及防雨、补光和防御风沙、虫鸟等设施。鲜切花栽培的设施主要有温室、塑料大棚、双层膜拱棚、温床、冷床、荫棚、花网、地膜和风障等。这些设施也常用于其他花卉生产和果树蔬菜生产，统称为“园艺设施栽培”。

二、鲜切花生产基地的选择与经营规模的确定

1. 生产基地的选择

商品性鲜切花生产绝大多数都需要在有保护设施的条件下进行，有时为了降低生产成本也可以在露地进行，但一般都是季节性生产。因此，在鲜切花生产开始之前，要慎重选择生产基地，以免给生产者带来较大的损失。选择鲜切花生产基地要考虑以下几个方面的条件。

第一，交通便利。生产鲜切花的地点应靠近城市或在近郊地区，一方面有利于鲜切花的就近销售，减少损耗；另一方面也有利于生产资料的购进，即便需要长距离运输，也很容易将鲜切花运至机场、车站或码头。

第二，自然环境条件优越。鲜切花生产地点要选择地势平坦开阔、土壤疏松通气、富含有机质、排水良好的地段，并要求水源充足，地下水位适中（沙土地 1～1.5 m，沙壤土地 2.5 m 左右，黏壤土地 4 m 左右），pH 呈中性或弱酸性。

第三，基地周围无污染源，病虫害少。这里讲的污染源主要是指工矿企业排放的有害气体和烟尘，如二氧化硫、硫化氢、氯气、一氧化碳、氟和粉尘等。

第四，在一定区域范围内要形成规模。可以是一个企业自身有相当规模的生产能力，也可以是多个农户或企业共同形成规模化生产，这样有利于鲜切花产品的集散和销售。

2. 经营规模的确定

鲜切花生产要获取较好的经济效益主要靠规模化生产。因此，生产规模的确定对鲜切花生产者来讲，至关重要。根据经验，鲜切花生产企业经营面积一般不少于 60 亩，有些企业高达数百亩。根据我国农村目前实际，农户在经营鲜切花时，要考虑是否能与其他农户共同形成规模。而花卉企业的经营规模要依市场的需求量而定。市场需求量小，外销量少，生产经营规模就要小；市场需求量大，外销多，生产经营规模就可以大一些。

三、鲜切花生产设施与设备

（一）温室(greenhouse)

温室是鲜切花栽培的重要保护设施。由于可以对温度等环境因子进行有效控制，温室广泛用于热带、亚热带原产花木的栽培、切花生产以及促成栽培。温室栽培花卉在国内发展很快，并且向大型规模化、现代科技化、工厂专业化方向发展。百合的温室栽培见图 2-14。

1. 种类与结构

温室的种类繁多，按温度分为高温温室、中温温室、低温温室等；按外形分为单屋面温室、双屋面温室、拱圆温室、连接式温室、多角温室等；按建筑材料分为砖（土）木结构、钢木混合结构、钢材结构、铝合金结构、钢材铝合金混合结构等；按覆盖材料分为透明平板玻璃温室、钢化玻璃温室、吸热玻璃温室、塑料薄膜温室等；按热源分为普通加温温室和日光温室；按位置分为地上式温室、半地上式温室、地下式温室等。此外，还可依照不同用途设计相应的温室。

NOTE

温室的结构除外形采光结构不同外，还有建筑材料及构架上的差异。如砖木结构温室造价低，但使

图 2-14 百合的温室栽培

用几年后密闭性降低，且占地面积大，只能用于小型温室；铝合金结构温室结构轻，强度大，门窗等结合部分密闭性好，是国外现代化大型温室等主要结构类型，但建筑成本较高；钢材铝合金混合结构温室的梁和柱等采用钢制异形管材结构，门窗等部分用铝合金构件，具有钢结构和铝合金结构的优点，结构稳定、密闭性好且建造成本比铝合金结构低，是我国建造现代化大型温室的理想结构。目前生产上常用温室建筑形式有以下几种。

(1) 双屋面窗式玻璃温室：框架结构都由金属（铝合金或钢材铝合金混合）构成，屋顶和四面都以玻璃覆盖，并设有多个通风窗，可通风、降温（图 2-15）。采光面积较大，室内光线和温度分布均匀，但保温性能较差，昼夜温差大，冬季需有足够的加温条件，夏季又要保证通风降温（遮阳网、降温水帘等）。在较大规模切花生产中，可将 2 个及以上双屋面窗式玻璃温室连接成大型的连栋温室，面积可达几百平方米至上万平方米。连栋温室具有采光量大且分布均匀、空间大、温度分布均匀、地温稳定、昼夜温差小、受环境影响较小等特点，有利于花卉高产稳产以及机械化作业，但投资成本和生产（升降温）成本较高。目前国外使用较多的是荷兰文洛型连栋温室，并配有电脑全自动监测调控的升降温、灌溉、通风（图2-16）、保温幕、二氧化碳平衡等设备。

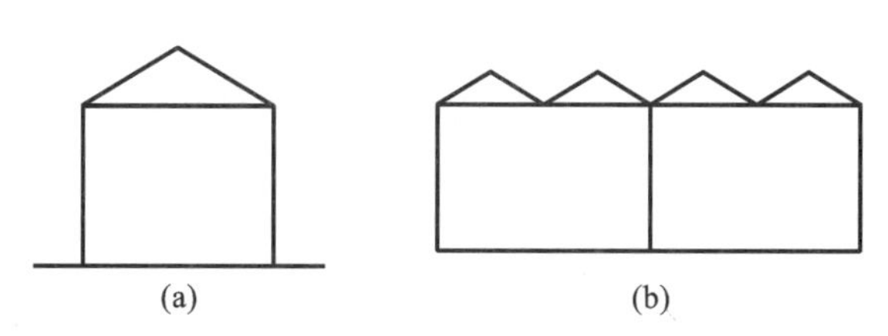

图 2-15 双屋面窗式玻璃温室示意图

(a) 双窗面单窗式温室；(b) 文洛型连栋温室

(2) 单屋面斜式温室：屋顶为向南倾斜的玻璃结构，东、西、北三面砖墙不采光，起保温作用，较牢固（图 2-17）。白天充分利用来自南面的太阳光热，夜晚采用加温设施，并加盖草席保温，冬季保暖和夏季降温效果均比玻璃温室好，是我国北方最常见、最经济且效果较好的一种温室。为了增加光照和提高保温效果，出现一些改进，如屋顶改为三折式、改变角度、用塑料薄膜等。

(3) 日光温室：可分为普通日光温室（图 2-18）和太阳能温室。普通日光温室多为单屋面塑料薄膜覆盖的温室，白天充分利用南面的太阳光热，采光面 25°角有利于提高光线投射率（75%），三面墙体较厚（0.8～1.0 m）有利于保温，跨度大、容量大（大于 466 m^2）相对散热少，北面墙有反射功能，增加反射热

图 2-16　强制通风设备

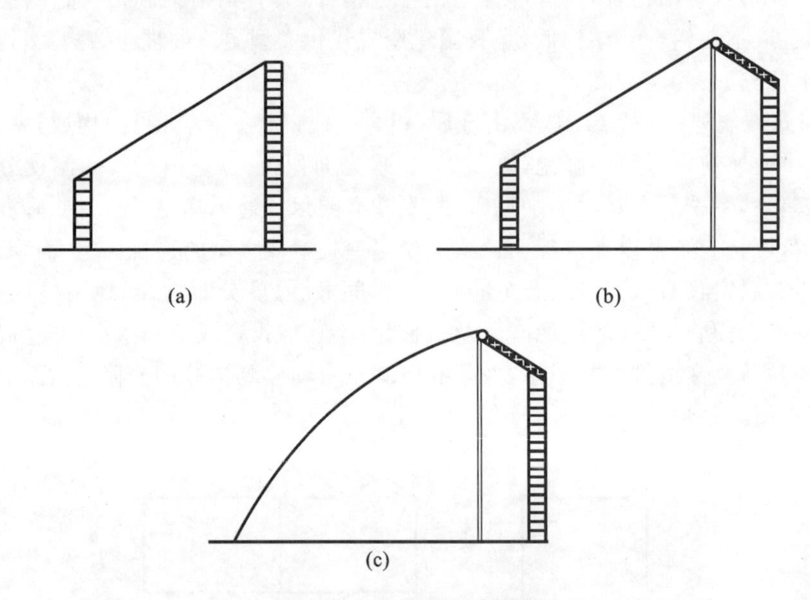

图 2-17　单屋面斜式温室

(a) 全坡式；(b) 非全坡式；(c) 弧形坡式

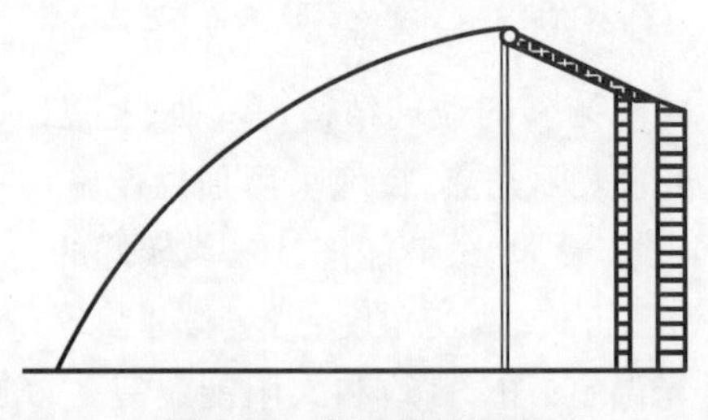

图 2-18　普通日光温室

NOTE

量，提高室温，还配有风障、草席、防寒沟等防寒设施，可广泛用于冬春季节天气晴朗的北方地区的花卉生产。

太阳能温室是以收集、贮存、利用太阳能进行温室的加温。太阳能温室一方面通过集热装置(温室本身收集、室内设施收集、室外设施收集)或蓄热装置(地下石坑、地下水池)将白天的太阳能贮存起来，用于夜晚加热；另一方面通过保温材料和结构的改进，减少夜晚热能的散失。

2. 设计与施工的要求

(1) 温室的大小和性能：作为鲜切花生产的温室大多要具有一定的栽培面积以及满足某一些鲜切花种类生产的环境条件的设备，以满足优质且能周年稳定供应市场的鲜切花生产需求。温室的大小和性能应依据用途而定，可同生产厂家订货或定做；同时要进行建造成本和生产成本与效益的评估。

(2) 地点的选择：温室应设在阳光充足、地形较为平坦开阔、排水良好的地方，且西北面最好有防风屏障(防风林带或建筑物)。大面积温室的建造应考虑邻近公路，便于运输，此外，还应有充足的水源且水质良好。

(3) 结构的选择：应根据温室使用目的以及切花的种类和栽培方式，来设计相应的温室外形结构形式，以使温度、光照、湿度等因子能满足所栽培切花的生态要求。对于单屋面温室，还应考虑避免温室间相互遮阴。通常温室东西走向时，温室间的距离为屋脊高的 2 倍；南北走向时，温室间的距离为屋脊高的 2/3。

(4) 生产性设施的安排：生产鲜切花的温室内应有栽培床(其中填入栽培介质、栽培土、泥炭土等)、水池、加温设备，以及补光、遮光、喷雾、通风等装置。温室外应有冷藏室、组织培养室、荫棚以及工具室等。

(5) 配套设施的布局：大型温室应考虑非生产性建筑物和设备的合理布局，如加温系统、给水系统、电力系统、物质贮运场所、办公生活设施等。若自己设计制作小温室或专用温室，应请建筑工程专家，根据温室的采光、保温及内部设施要求，确定出相应的温室构件的材料、形状和规格，做到使用安全又经济实用。施工中应注意质量，如温室的基础、墙面的密封性和反光性、玻璃屋面及门窗的密闭性等都应符合质量和安全要求。

(二) 塑料大棚(plastic house)

随着人们对高品质生活和宜人居家环境的追求不断增长，我国鲜切花产业持续发展。我国设施农业经过改革开放后 40 年的发展，在规模和质量方面均有很大的提升。塑料大棚(温室)被广泛应用于鲜切花栽培生产。塑料大棚(图 2-19)与玻璃温室相比光照较好，可全天采光，且棚内光照均匀，增温较快，但保温性较差，夜晚散热快。

图 2-19 普通塑料大棚展示

1. 种类与结构

目前塑料大棚种类很多，结构和规格各有不同，有钢架、竹木架之分；棚型有单栋和连栋之分；近年来广泛使用的是钢架结构塑料大棚。

NOTE

(1) 钢架结构:需要有一定的投资,坚固耐用,抗风雪能力强,使用期 10～15 年。现在使用的大多是热浸镀锌钢管装配式圆拱形大棚,简称管棚。其结构简单,装拆方便,防腐防锈。管棚设施经过多年生产应用,不断改进提高。其连接卡具少,安装方便,主要零部件使用寿命长,棚内操作方便,此外,还装有摇膜装置、压膜张紧装置,棚的两端设置了斜拉撑,提高了管棚抗风雪能力。

(2) 竹木结构:投资少,可因地制宜确定温室大小和形状。可就地取材,自行搭建。但其结构牢固性不如钢架结构,且因大棚内高温高湿,竹木构建容易腐烂变质,使用寿命较短,一般为 2～4 年。

(3) 连栋大棚:面积大,温度变化较缓慢,栽培面积较大,可利用一些小型机械。但连栋大棚存在扣棚困难、通风性较差、易滋生病害的问题,同时对风雪等抵抗力较差。

2. 设计要求

(1) 大棚地的选择:应在避风向阳、地势平坦、地下水位低、排灌方便的地方架立大棚。同时应避免大棚附近有高大的建筑物或有空气污染源,以免影响大棚的通风和光照。

(2) 大棚的大小:大棚的长度以 30～50 m 为宜,太长不便管理;宽度的规格有 4 m、5 m、6 m、7.5 m、8 m、10 m、12 m。通常大棚的宽度越小,拱杆越密,抗风雪能力越强。反之,宽度越大,拱杆负载越大,抗风雪能力相对下降。此外,大棚的宽长比(宽度/长度)越大,抗风雪能力也越强。因为宽长比大,周边长度大,固定作用强。在不影响切花生产和便于管理的前提下,大棚的高度低些为好,一般以2.0～2.5 m 为宜。

(3) 大棚的设置:当大棚数量较多时,应对称排列集中管理,两棚相距 1～2 m,棚头与棚头间宜留 3～4 m,作操作道。棚群外围应设置风障,对多风和有大风的地方,大棚的架立应交错排列,以免造成风的通道,加大风的流速。

(三) 温度调节设施

1. 加温

冬季温室大棚进行鲜切花的栽培需要加温,加温方式的选择应考虑:①燃料取材容易,价格便宜;②设备安装容易,使用安全,热效率高;③使用安全,操作简便;④使用成本低,经济效益高。除利用太阳能以外,还可采用燃煤火(烟)道、锅炉供暖、蒸汽、热风、热水、电热、发酵、地热、工厂废热等进行加温。

(1) 热风加温:有热风炉(燃煤、燃油、电热风炉)和蒸汽加热两种。热风炉适用于大棚,蒸汽加温多用于集中加温的温室。热风炉管道短、预热时间短、升温快,热效率高达 70%～80%。国外大棚热风加温(图 2-20)应用广泛,如日本 75%的加温温室是热风加温。普通的热风炉小型,简单,价格较便宜。若热风炉安装在大棚温室内,应注意补充室内的新鲜空气。但热风炉加温持续时间短,一旦因故障停止加温,会使室内温度急剧下降。

图 2-20　热风加温系统

(2) 热水加温:多用锅炉烧热水,管道送出,循环往复。具有热稳定性好、温度分布均匀、使用安全可靠、供热容量大的特点,常用于大中型温室。最大优点是意外停机时,预热也能维持室温一段时间。热水加温是国际上大棚和温室加温设施中,仅次于热风加温的方式。

(3) 火炉加温:利用地炉或铁炉,燃柴火煤,通过烟道或直接明火加温,具有燃料便宜、设备简单、安

NOTE

装容易等特点。火炉加温主要用于大棚温室的短期加温，但操作较费工，且温度不宜控制，尤其是明火加温还会产生有害气体。

(4) 蒸汽加温：利用锅炉产生蒸汽，用管道送入温室内。其发热量是水暖的 2 倍，常用于较大面积的大棚温室加温，但设备费用较高。

(5) 电热线加温：将专用的电热线铺设在土壤中，使地温提高。具有装拆容易、热效率高的特点。利用控温器可进行较精确的控温，多用于苗床，尤其多见于香石竹等的扦插床。但用电量大，且电热线使用寿命短。电热线的规格较多，常见的为每根长 60～160 m，功率 400～1100 W。电热线的铺设在地面下 10 cm 深处，线间隔 12～18 cm，中间可稀些，边缘应密些。长江以南冬季温室每平方米铺设 80～110 W 的电热线，可使地温提高 15～25 ℃。

(6) 废热和地热加温：废热是指发电厂、炼油厂、化工厂等工矿企业的废热水和废蒸汽。大棚温室用废热加温可节省能源，具有较高的经济效益，应尽可能利用。有地热（温泉）条件的地方，可用地热给大棚温室加温。

此外，还可将厩肥、稻草、枝叶等埋入土中，促使发酵产生热量加温。

2. 保暖

(1) 增加覆盖层数：为了提高大棚的保暖能力，常采用固定或活动的多层覆盖，如大棚内套中小棚。同时可在小棚上加盖草席或保温幕帘。但不是覆膜层数越多越好，2～3 层即可。有试验表明用 0.1 mm 厚的聚氯乙烯薄膜每层间隔 5 cm，盖 4 层或 5 层的保暖效果和盖 3 层的差不多。

(2) 保暖材料：提高保暖效果的材料有固定双层玻璃或薄膜、双层充气薄膜、中空复合板材、泡沫颗粒等隔热材料。此外，提高大棚温室的气密性也能提高保暖效果。

3. 降温

从春末至初秋，大多数大棚温室生产鲜切花需要考虑降温。因此，在大棚温室生产鲜切花时，必须配有降温设施。

(1) 换气降温：主要用换气窗和换气扇，具有降低室温、降低湿度、补充二氧化碳等作用，主要用于温室。换气扇的面积、位置（天窗或地窗）、数量及开启的程度直接决定了换气降温效果。增设换气扇可加快通风换气的速度，效果甚好。目前塑料大棚的换气降温多采用旁侧摇把卷膜通风装置，具有自然换气率高、操作简便、对膜损伤少、密封性好等特点。

(2) 喷雾降温：在大棚温室内的较高处喷以直径小于 0.05 mm 的浮游性迷雾，用强制的通风气流（换气扇）使迷雾蒸发达到均匀降温作用。当外部气温达到 36 ℃以上时，仅用换气降温，室内只能降温 1～2 ℃；若加上喷雾降温装置，可降温 7～9 ℃。

(3) 遮光降温：在强光高温时，遮挡部分光照可降低室温。通常是在温室屋顶外部 30～40 cm 处或在室内挂着光幕（遮阳网等），当遮光 20%～30%时，可相应降温 4～6 ℃。在大棚中也可使用保温幕，兼做遮光幕。

(4) 流水帘降温：一种大棚温室的高效降温设施，通常由进风口（一般为南端）的流水帘和排风口（北端）的开风扇组成。一个流水回流装置不断用水将流水帘（纸垫或鬃毛垫）淋湿，空气经水冷后进入室内，在大棚温室的另一端排风扇将热空气排出降温。

(5) 机械制冷：利用制冷机械可进行温室的降温。通常只在培育经济价值很高的鲜切花的小温室中使用机械制冷。

此外，还有屋面流水降温等。

（四）光照、水分、气体调节及设施

1. 光照

温室大棚的覆盖材料应选择透光率高的材料，同时在使用中尽量保持较好的透光率。在进行光环境的调节时，主要是针对日照长度和光强度。

(1) 补光：在大棚温室内进行的补光主要有长日照处理和补强光两种。长日照处理是为调节切花开花生理而进行的日长补光。在菊花、满天星等鲜切花栽培中广泛应用，秋菊经补光生产出花期延迟至元旦、春节的切花菊，在新加坡等地很普及。在大棚温室内进行的补强光，可提高切花的光合作用和生

长量，意义很大，但费用太高，推广应用受限制。

（2）补光设备：人工补光的光源有白炽灯、日光灯、高压水银灯、高压钠灯等。白炽灯和日光灯发光强度低、寿命短，但价格低、安装容易，国内采用较多；高压水银灯和高压钠灯发光强度大、体积较小，但价格较高，国外常用作温室人工补光光源（图 2-21）。

图 2-21　简易人工补光设备和大型温室人工补光设备

（3）遮阴和遮光：遮阴是在夏季高温季节生产鲜切花，用竹帘或遮阳网（图 2-22）覆盖，起到减弱光强的效果。常用的遮阳网有黄、绿、黑、银灰等颜色，遮光率为 35%～70%。夏季可降温 4～8 ℃，使用年限为 3～5 年。具有轻便、易操作的特点。可根据需要覆盖 1～3 层。遮光是指为达到短日长效果的完全遮光处理，通常是以黑色幕布把温室遮严或利用支架将植株遮光。

图 2-22　遮阳网

NOTE

2. 水分

水分调节包括大棚温室内的空气湿度和土壤水分的调节。空气湿度的调节可采用电动喷雾加湿器

(附加一个传感器),自动喷雾使空气湿度达到60%以上。也可用湿帘或排风换气调节空气湿度。大棚温室以灌溉调节土壤水分的方法较多,主要有以下几种。

(1) 喷灌:在面积较大的大棚温室内常采用全园式喷灌,用 5 $kg \cdot cm^{-2}$ 以上的压力进行迷雾喷灌,综合效果较好。

(2) 滴灌:经过滤、压力、管道系统,水以稳定的流量,经毛管缓慢滴入花卉根系活动区。具有省水、省力,可依花卉需要适时供水等优点,在国外花卉设施栽培中已有广泛采用。但资费较高,且对水质要求很高。

此外,还可采用地下渗灌、软管浇水、喷壶洒水等方法进行灌溉。

3. 气体

(1) 二氧化碳:大棚温室内的气体环境主要是二氧化碳和一些有害气体。在白天不通风的条件下,大棚温室内常出现二氧化碳浓度低于0.03%的情况,影响正常的光合作用。常用的二氧化碳补充方法:①固体二氧化碳(干冰),使用安全,效果好,多在小面积使用;②液体二氧化碳,为化工业的副产品,压缩在钢瓶内,使用方便易控制,肥源较多;③二氧化碳发生器,通过燃烧丙烷或天然气产生二氧化碳,经管道送到大棚温室内,使用时应注意安全;④土壤中多施有机肥,自然产生二氧化碳。

(2) 有害气体:大棚温室内加温可产生的一氧化碳和二氧化硫,以及化肥分解释放出的氨和二氧化氮等有害气体。应强制通风换气,减轻危害。同时,土壤施用石灰能防止二氧化氮气体的产生。

(五) 土壤和肥料

1. 土壤

切花类一般要求排水良好、肥沃疏松的土壤。自然土壤中以砂壤土为切花较理想的栽培土壤,即含60%~70%砂粒和30%~40%粉粒和黏粒,水、肥、气、热较协调。

近年来,切花生产越来越多地使用人工配制培养土(基质),以满足不同切花种类的特殊需要。配制培养土的原料主要有腐叶土、河(塘)泥、堆肥、火山灰土、煤(炉)渣,以及菇土、蔗渣、珍珠岩、椰子棕丝、刨花等。针对性地配制培养土应考虑以下方面:①切花的特殊需要;②原料的属性;③一定的养分及配比;④一定的通透性和持水性;⑤适宜的酸碱度,参见表2-21;⑥材料干净,无病虫草及有害物质,有机物经沤熟方可利用。

表 2-21 常见切花花卉的适宜的土壤 pH

花卉种类	土壤 pH	花卉种类	土壤 pH
菊花	5.5~6.5	马蹄莲	5.5~7.0
非洲菊	5.5~6.5	紫罗兰	6.0~7.5
唐菖蒲	5.5~6.5	香豌豆	6.5~7.5
月季	5.5~6.5	石竹	6.5~7.5
仙客来	5.5~6.5	水仙	6.5~7.5
香石竹	6.0~7.0	百合	7.0~8.0
金鱼草	6.0~7.0	兰科	4.5~5.0
郁金香	5.5~7.0	蕨类植物	4.5~5.5

为了减少病虫草的危害,大棚温室鲜切花种植前要进行土壤消毒。常用的消毒方法有管道蒸汽消毒和化学药剂消毒。熏蒸消毒用的化学药剂有三氯硝基甲烷(氯化苦)、甲基溴化物、福尔马林等。消毒时将药物喷洒在土壤表面,并与表土拌匀,然后用塑料薄膜密封,同时将大棚温室密封,熏蒸24~30 h后解除覆盖,通风换气15~20天后方可种植。土壤消毒也可以用多菌灵、苯莱特等拌土,或用硫磺烟熏蒸。

2. 肥料

矿质元素对鲜切花生长和品质的形成有很大的影响,如氮肥过量会降低切花的品质和瓶插寿命;切花花蕾期适当施用钾肥能提高切花的品质和耐折性;菊花生长期使用硝态氮比氨态氮更能提高品质;缺

NOTE

钾会使月季花头下垂；钙、钾、硼的缺乏和钙的过量都会降低香石竹的瓶插寿命。

目前，鲜切花生产开始重视配方施肥，即根据不同切花种类和生长时期，各种营养元素按一定比例施用。肥料依性质可分为有机肥料和无机肥料；依施用方法可分为土施和叶面喷施（根外追肥）。

（1）有机肥料：具有营养全面、肥效慢而持久等特点，使用前需经腐熟，大多作为基肥。有机肥料包括人粪尿、厩肥、草木灰、堆沤肥、饼肥、绿肥、腐殖酸类肥料、鱼肥、骨粉、城市垃圾、塘泥、屠宰场和水产类的下脚料等。常见有机肥料的主要养分含量见表 2-22。

表 2-22　常见有机肥的主要养分含量

肥料种类	氮(N)/(%)	磷(P_2O_5)/(%)	钾(K_2O)/(%)
人粪	0.08～1.00	0.30～0.40	0.25～0.45
人粪尿	0.50～0.70	0.10～0.30	0.20～0.35
厩肥	0.40～0.60	0.15～0.30	0.40～0.80
猪粪	0.45～0.60	0.20～0.40	0.45～0.60
牛粪	0.30～0.34	0.20～0.25	0.15～0.40
羊粪	0.35～0.50	0.15～0.25	0.15～0.30
鸡粪	1.5～1.7	1.4～1.6	0.80～0.95
鸭粪	1.0～1.1	1.3～1.5	0.60～0.65
马粪	0.45～0.55	0.20～0.40	0.20～0.30
鸽粪	1.5～1.7	1.7～1.8	0.90～1.1
骨粉	0.05～0.07	40.0～42.9	—
鸡毛	14.0～16.0	0.11～0.13	微量
城市垃圾	0.20～0.30	0.30～0.40	0.50～0.70
人发	13.0～15.0	0.07～0.09	0.07～0.10
塘泥	0.40～0.50	0.25～0.30	2.0～2.3
草木灰	—	1.6～2.5	1.6～7.5
谷壳灰	—	0.60～0.80	2.5～2.9
普通堆肥	0.40～0.60	0.20～0.30	0.30～0.60
菜籽饼	4.50～6.20	2.4～2.9	1.4～1.6
花生饼	6.0～7.0	1.0～1.2	1.5～1.9
大豆饼	6.2～7.0	1.2～1.3	1.0～2.0
棉籽饼	3.0～3.6	1.5～1.7	0.90～1.10
茶籽饼	1.1～1.64	0.32～0.37	0.8～1.1
玉米秆	0.50～0.60	0.30～0.40	1.5～1.7
紫穗槐	3.0～3.1	0.60～0.73	1.7～1.8
紫云英	0.41～0.48	0.07～0.09	0.35～0.37
印度豇豆	2.3～2.6	0.40～0.48	2.4～2.6
肥田萝卜	0.25～0.30	0.05～0.09	0.35～0.40
箭舌豌豆	0.60～0.66	0.10～0.12	0.55～0.60
绿豆	0.52～0.56	0.09～0.12	0.70～0.90
木豆	0.60～0.67	0.10～0.13	0.25～0.30

NOTE

续表

肥料种类	氮(N)/(%)	磷(P_2O_5)/(%)	钾(K_2O)/(%)
蚕豆	0.50～0.60	0.10～0.12	0.45～0.50
大豆	0.55～0.60	0.08～0.10	0.60～0.70
花生	0.40～0.50	0.08～0.10	0.35～0.40
苜蓿	0.60～0.70	0.10～0.12	0.30～0.35
苕子	0.50～0.60	0.60～0.70	0.40～0.50

(2) 无机肥料：又称化肥，多为工厂化生产。目前已从单一的化肥向复合肥、复混肥发展。常见化肥的种类和营养成分见表2-23。现代化肥生产可以将多种营养成分按一定比例混匀加工成小颗粒，并用特殊的材料(树脂、塑料等)和包被技术进行包被，使有效成分均匀释放，肥效期可控制。此外，利用工厂化生产的肥料还有有机复合肥、稀土肥料、复合菌肥以及有机腐殖酸活性肥等。

表2-23 常见化肥的主要养分含量

肥料种类	含量/(%)	肥料种类	含量/(%)	肥料种类	氮/(%)	磷(P_2O_5)/(%)	钾(K_2O)/(%)
尿素	氮(N) 46	钙镁磷	磷(P_2O_5) 12	复合肥(1)	20	15	20
硫酸铵	氮(N) 20～21		钙(CaO) 20～30	复合肥(2)	17	17	17
硝酸铵	氮(N) 34～35		镁(MgO) 10～15	复合肥(3)	10	10	10
碳酸氢铵	氮(N) 17	过磷酸钙	磷(P_2O_5) 12	复合肥(4)	15	15	15
氯化铵	氮(N) 16	磷矿粉	磷(P_2O_5) 10～35	复合肥(5)	14	14	14
氨水	氮(N) 17	偏磷酸钙	磷(P_2O_5) 60～70	复合肥(6)	12	12	12
磷酸铵	氮(N) 17	磷酸氢二钾	磷(P_2O_5) 52				
	磷(P_2O_5) 47		钾(K_2O) 35				
钢渣磷肥	磷	氯化钾	钾(K_2O) 58～62				
脱氧磷肥	磷	硫酸钾	钾(K_2O) 50～52				

(六) 其他设施

1. 花网

为了使切花茎秆生长良好和达到一定的高度，许多鲜切花(菊花、香石竹等)在栽培过程中，常架设花网，以使茎秆挺直，防止歪斜或倒伏。生产上常用的花网多为尼龙线制成，宽度和网眼的大小可依需要而定。使用时将花网两端拉直，中间架设若干个支撑架，每隔25～30 cm张拉一层花网，使花卉植株穿网眼和直立向上生长。

2. 温床与冷床

温床与冷床是花卉生产上常用的简易设施，均为用砖或土墙筑成的南低北高的框架结构，上面覆盖玻璃或塑料薄膜，其中加温的为温床，不加温的为冷床。

3. 其他设备

除了以上所述外，鲜切花生产还需贮藏、修剪、病虫防治及检测等设备。

四、鲜切花生产的条件

(一) 栽培床、苗床和种植畦

1. 栽培床

栽培床是指填充有人工基质可用来栽培鲜切花作物的容器。按建造方式的不同，栽培床可分为两

种：一种是在地表面直接用砖或混凝土砌成一长方形的槽，壁高约 30 cm，内宽 80～100 cm，长度不限，通常是沿南北方向延伸；另一种是床底离开地面 50～60 cm，床内深 25～30 cm，侧壁一般是用混凝土建成的，也有用塑料或金属结构的。

2. 苗床

苗床在结构上与栽培床有许多相同之处，只是在高度、宽度和床内所填基质种类以及某些配套设施上有所不同。一般苗床高度为 10～20 cm，床宽为 2 m。苗床主要用来生产种苗。

3. 种植畦

生产鲜切花用的种植畦分为平畦和高畦两种。对于种植一般根系喜湿润或对水分不甚敏感的鲜切花作物和地势较高、排水良好的土地做成平畦即可。当地势低洼、地下水位较高，或者所种植的鲜切花作物不耐湿涝、喜干爽条件时，应做成高畦。平畦表面必须平整，且沿畦长方向有一微小坡度，这样才有利于浇水且易使水分分布均匀。

在现代化鲜切花生产温室中，大多数采用栽培床或苗床。无论何种栽培床或苗床，在建造和安装时，都应在床底部设置排水孔道，并使床底有一定的坡度，以便排水。

（二）栽培基质与无土栽培

鲜切花作物可以直接在土壤中栽培，也可以在基质中栽培，但以无土栽培效果最好。目前较为广泛使用的栽培基质原料主要有草炭、蛭石、珍珠岩、河沙、锯末、砻糠灰、炉渣、椰壳粉碎物等。它们可以单独使用，也可以按一定比例混合使用（表 2-24）。此外，还有岩棉，但它只能单独用作无土栽培基质，且只能用于营养液栽培。

表 2-24　几种无土栽培混合基质的配方

切花种类	基质配比
一般作物	草炭、蛭石 1∶1 或草炭、珍珠岩 1∶1
香石竹	草炭、炉渣 1∶1
月季	草炭、河沙、发酵锯末（阔叶）2∶1∶1
菊花	草炭、河沙 6∶4 或草炭、河沙、发酵锯末 1∶1∶1
百合及郁金香	园土、草炭、珍珠岩 1∶1∶1

下面介绍几种主要的栽培基质。

（1）草炭（peat）：鲜切花生产中应用最广泛的基质，因为它富含腐殖酸和纤维，并含有一些矿质营养元素，通气、透水和持水能力都很强。不同地域的草炭因其形成的生态环境不同而有很大差别。使用者在购买草炭时首先要了解草炭的产地和品位，然后再做决定。

（2）蛭石（vermiculite）：一种常见的栽培基质，它富含钾、钙、镁和锰等多种矿质元素，同时有较强的阳离子交换能力和缓冲能力，通气、透水性能好。蛭石通常按其粒度大小分为 5 个等级，1 级粒度最大，约为香豌豆种子大小；5 级粒度最小，直径约为 1 mm。一般情况下，播种应选用粒度小的蛭石，而配制栽培基质则选用粒度较大的蛭石。蛭石的缺点是使用一段时间以后，便会破碎成较小的颗粒，一般不能重复使用。

（3）锯末和炉渣（sawdust and slag）：它们的使用也越来越多，但应注意，锯末必须经充分腐熟发酵后才可使用，炉渣需经粉碎过筛水洗后使用，否则会对鲜切花作物造成伤害。

无论使用上述哪种基质生产鲜切花，在使用前或使用一段时间后，都要对其进行消毒。比较常用的消毒灭菌方法是蒸汽灭菌法和化学灭菌法。蒸汽灭菌法一般是将土壤或基质用篷布盖严，然后通入蒸汽，使内部温度升至 80～85 ℃，并保持 1.5～2.0 h。化学灭菌法是将药剂撒在土壤或基质表面，然后拌匀，并用塑料膜覆盖，24 h 以后，移去覆盖物，通风晾晒 10～21 天。常用的灭菌药剂有氯化苦、甲基溴化物、福尔马林等。蒸汽灭菌法较化学灭菌法效果好，但成本高。

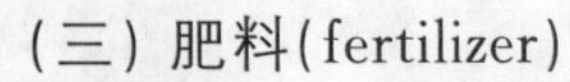

（三）肥料（fertilizer）

鲜切花生产中使用的肥料包括有机肥料和无机肥料两种。有机肥料种类繁多，来源广泛，主要指

人、畜、家禽的粪便,水产类的下脚料以及一些植物性肥料。有机肥料在使用前要经过充分的腐熟和灭菌处理,在鲜切花生产中主要作为基肥使用,有时也可作为追肥。无机肥料是指含有植物生长所需要的营养元素的无机化合物或混合物,按所含营养元素的不同,又分为大量元素肥料和微量元素肥料,或分为单元肥(只含一种营养元素)和多元复合肥(含两种以上营养元素)。无机肥料在鲜切花生产中主要用作追肥。

在施用肥料之前,通常要对土壤或栽培基质的酸碱度(pH)、盐度(EC值)、氮磷钾含量、腐殖质含量等进行测定,然后根据不同鲜切花作物的需肥特性,进行配方施肥。

近年来,在鲜切花生产中,又加入了一种缓释肥料。这种肥料既克服了普通无机肥料溶解过快、持续时间短、易淋失的缺点,又可以通过壳体配方、包壳厚度和层数等因素的改变,调控肥分的释放时间(肥效期)。缓释肥料肥分的释放速率与温度变化有关,而与基质种类无关。使用缓释肥料比使用普通化肥节约40%~50%的用量,今后应在鲜切花生产中大力推广使用。

(四)支撑网

由于鲜切花自身的商品标准要求,绝大多数鲜切花作物在栽培过程中都需要架设支撑网,以保证鲜切花茎秆挺直。目前在鲜切花生产中使用的支撑网有两种:一种支撑网是用塑料绳编织而成的,使用时,在栽培床或种植畦的上方架设,使所有的网眼都充分张开,让每一个花枝都生长在网眼中,这样切花的枝条就不会倒伏、折断或弯曲,随着作物长高,可增加网的层数,或将支撑网不断向上提升;另一种支撑网是用塑料一次性注塑成形的方格网,安装时将网的四周水平拉紧,挂在栽培床或种植畦两端的架子上,一般是在整地后定植种苗前,贴近地面把网拉好,可以是一层,也可以是多层。

第三节　主要鲜切花周年生产技术

一、菊花

菊花是东亚最重要的切花,在欧美国家也是主要三大花卉之一。菊花是日本皇室的象征,日本菊花消费量居世界之首,每年自产自销近20亿枝切花,还从其他国家进口大量的菊花。菊花原产中国,是十大名花之一,在我国已有3000多年的栽培历史,品种丰富,花型花色千变万化,但大多数为传统盆栽秋菊,适用于作切花的菊花品种不多,这和我国人民传统消费菊花的习惯有关。目前国际花卉市场上菊花优良品种多数是由日本培育的,部分由欧美国家选育。我国是从20世纪80年代中期开始切花菊生产,近十几年来发展很迅速。主要生产基地在沿海的一些大城市,每年有一定量优质切花菊出口到日本。

菊花较容易进行产期调节,通过品种选择,调节光照和温度,可达到周年供花的目的。周年生产菊花时要注意市场变化,国内菊花需求量较大的时间是冬春季。总的说来,切花菊生长势强,较易管理,生产成本低,产量高,耐贮藏运输,瓶养时间长,花型圆整,花色鲜艳,深受消费者的欢迎,进行周年优质生产市场前景好。

1. 切花菊品种

切花菊的周年生产与品种关系很大,切花菊品种繁多,分类方法也很多,有根据花序大小分为大菊系、中菊系、小菊系,也有根据瓣形分类,也有根据花期早晚来分类。我国人民对菊花的欣赏以艺菊为主,所以在我国根据艺菊的造型技艺来分类,如独本菊、多本菊、大立菊、塔菊等。这些分类方法都不太适用于切花菊的品种分类。为了更好地指导切花菊的生产,并同国际接轨,切花菊根据不同品种群对日长和温度的反应分为夏菊、夏秋菊、秋菊和寒菊等四大品系。

作为切花用的菊花品种在观赏格调和性状表现上与盆栽菊有较大的差别。切花菊一般选择平瓣内

NOTE

曲、花型丰满的莲座型和半莲座型的大中轮品种，要求茎秆粗壮坚韧、茎长颈短、节间均匀、叶片肉厚平展、鲜绿有光泽、枝秆吸水力强，耐长途运输和贮存。我国自己培育的切花菊品种还不多，主要是从日本、荷兰等国家引进，品种有黄秀芳、红秀芳、日白、日橙、四季之光等，这些品种要周年生产（主要是冬季供花）需要进行设施栽培。我国常见栽培和近年引进的品种见表 2-25。

表 2-25　我国常见栽培和引进的菊花品种

品　　种		花　　色	上　市　期
夏菊	夜樱	小菊红	6 月中旬
	银香	白色	6 月中旬
	森之泉	白色	7 月中旬
	新明光	黄色	6 月中旬
	宝珠	黄色	7 月中旬
	新咪园	桃色	夏季
	面形	白色	夏季
	东亚	黄色	5 月中上旬
	日友	黄色	5 月中旬
	新种意	黄色	4 月下旬
	小白(小菊)	白色	4 月下旬至 5 月中旬
	阳灵	红色	5 月
	杏小桃	红色	5 月中旬至 6 月上旬
	秦淮粉荷	粉色	6—8 月
秋菊	祝	粉色	8 月上旬
	秋晴水	白色	9 月上旬
	秋樱	粉色	9 月中下旬
	都	粉色	9 月中下旬
	花言华	粉色	9 月中下旬
	深志	黄色	9 月中旬
	秋之风	白色	10 月上旬
	红之华	紫红	9 月下旬
	千代姬	紫粉	9 月中下旬
	琴	粉白	10 月下旬
	秋之山	黄色	9 月下旬
	花甬	红色	9 月下旬
	国庆白	白色	9—10 月
	秀风	白色	10—11 月
	巨星	白色	10—11 月
	云仙	白色	10 月
	黄秀莠	黄色	10—11 月
	黄云山	黄色	10 月
	清耕锦	红色	10 月
	大绯玉	绯红	9—10 月
	四季之光	紫红	10 月

NOTE

续表

品种		花色	上市期
寒菊	威廉巴特	桃色	12月
	银御园	白色	12月
	寒白梅	白色	12月
	岩之霜(白)	白色	12月
	薄雪	白色	12月
	霜(黄)	黄色	12月
	印南二号	白色	1—2月
	美雪	白色	1—2月
	银正月	白色	1—2月
	寒小雪	白色	1—2月
	金御园	黄色	1—2月
	岩之	黄色	1—2月
	金太郎(早、晚)	黄色	12月
	印南一号	黄色	1—2月
	春之光	黄色	1—2月
	寒樱	桃红	12月
	寒娘	桃红	12月
	新年樱	桃红	12月
	岛小町	桃红	12月
	早生姬小町	桃红	12月
	姬小町	桃红	1—2月
	春姬	桃红	1—2月
	红正月	桃红	1—2月

2. 菊花品种特性

不同品种的菊花，自然花期不同，对环境的适应性也有些差异，由此适合的栽培类型也不同。菊花在短日条件下只需6～8周就可开花的为早生品种，需9～11周的为中生品种，需12～15周的为晚生品种，一般商业性栽培的以早生品种为主(见表2-26)。

表2-26 菊花品种属性

品种群名		自然开花期	适宜栽培类型	备注
夏菊	早生	4月下旬至5月上旬	用冬芽定植，采用季节性栽培方式或促成栽培	早生品种花芽分化的温度比晚生的品种低
	中生	5月中旬至5月下旬		
	晚生	6月上旬至6月下旬		
夏秋菊	早生	7月	用顶芽扦插，采用季节性栽培，或用电照、遮光栽培(促成、抑制栽培)	高温下较多小花品种花期延迟
	中生	8月		
	晚生	9月		
秋菊	早生	10月上旬至10月中旬	用顶芽扦插，采用季节性栽培，或用电照、遮光栽培(促成、抑制栽培)	
	中生	10月下旬至11月上旬		
	晚生	11月中旬至11月下旬		

NOTE

续表

品种群名		自然开花期	适宜栽培类型	备　注
寒菊	早生 中生 晚生	12月以后	扦插苗定植，季节性栽培	高温下花期显著推迟

3. 花芽分化

菊花要生长到一定的营养体才能进行花芽分化，通常是在展叶10片左右，株高25 cm以上，顶部约有7片尚未展开的叶时进行花芽分化。到开花时株高一般为60 cm以上，有叶15～17片。从花芽开始到完全分化需要10～15天，分化后到开花这一段时间的长短因温度和品种而异，一般为45～60天。但菊花的花芽分化受光照和温度的影响很大，如满足了温度和短日照的要求，即使菊花的叶片只有10片左右，株高10～15 cm，往往也会分化花芽。菊花的四个品种群的花芽分化对光照、温度变化有不同的反应。

菊花花芽分化对日照长度的反应可分为两类，一类属于量的短日性植物，短日照不是决定开花（花芽分化）的必需条件，但短日照可以促进花芽分化的进行，如夏菊和夏秋菊中的部分品种。另一类属于质的短日性植物，只有日照时间短于某一日照长度才能进行花芽分化，如秋菊、寒菊和多数的月开花的临界日照夏秋菊品种，夏秋菊中大多数8—9月开花的品种的临界日照长度为16～17 h。

不同菊花的花芽分化对温度反应不同。①夏菊属于低温开花型品种群，其花芽分化对温度十分敏感，大多数品种在夜温10 ℃左右可很快形成花芽，有些品种甚至在5 ℃或更低的夜温也可形成花芽（早熟品种），在15～20 ℃促进开花。夏季的高温会抑制夏菊的花芽发育，出现柳叶芽等败育现象。②夏秋菊的花芽分化适温比夏菊高，一般在15 ℃以上，如果遇到低温易形成柳叶头。③秋菊花芽分化的界限温度范围较大，最低夜温在15 ℃左右，部分晚熟品种要在10 ℃以下才能进行花芽分化，早熟品种比较耐高温，适合在夏秋季进行遮光促成栽培。④寒菊的花芽分化界限温度和秋菊基本相同。

4. 莲座化现象和幼若性

莲座化是指植物处于一种生长活性低的状态，表现为生长暂时停止或生长量很小。严格来讲，莲座化是菊花的生理原因造成的，此时即使提供适宜的条件也无法马上开始生长。菊花在晚秋或初冬发生的脚芽（近基部抽生的芽）常常出现莲座化，这种芽称为冬芽（伏生芽）。莲座化也会发生在顶芽和侧枝上，植株长出许多不生花的枝条或着花很少的弱小枝条，花序发育不良，开出畸形的“狮子头花”。

在经过夏季长时间高温和长日照后，菊花生长活性下降，在自然低温和短日照下容易诱导莲座化。因此，夏季高温菊花生长活性降低和秋季低温、短日照是菊花形成莲座化的原因。在自然条件下，菊花经过冬季的低温期，在5 ℃低温下经20～30天，就可以解除莲座化。夏菊是在其母株莲座化的状态下接受春化处理，而莲座化解除后，从母株上取下的插条就可用于切花生产。

生长调节剂可对菊花莲座化产生影响，如用浓度在1000 mg/L以上的乙烯或150 mg/L乙烯和50 mg/L GA_3混合处理可诱导莲座化；用250 mg/L BA处理则可打破莲座化；用300 mg/L 6-BA或300 mg/L GA_3处理可防止莲座化。此外，日本还采用插穗冷藏的方法来防止莲座化，在2 ℃下冷藏4周，可以克服莲座化。如富士、太阳、黄秀芳等品种冷藏处理可避免莲座化，同时可促进开花，提高开花率。

菊花的幼若期（也称幼龄期，即使环境适宜也不会分化花芽）为1～2个月。夏秋菊的幼若性较强，而适合进行促成栽培的秋菊品种的幼若性较弱。同时，加温可以解除菊花的幼若性。在菊花解除莲座化后，开始进行保温，这时在较低温度下植株开始缓慢生长，当植株高度已经达到切花要求的足够长度时，再给予适宜花芽分化的温度和光照就可促使植株分化花芽。

5. 柳叶头

柳叶头也叫柳芽或柳蕾，是指菊株顶端长出一丛柳叶状的小叶，不能再进行花芽分化和开花的现象。通常当栽植的品种与季节不相适应，或人工光周期诱导被打断时，就会发生柳叶头现象；“柳叶头”就是园艺上的“盲花”。在栽培中除定植过早、取苗不当会发生柳叶头外，肥水供应过分充足、生长过旺

NOTE

而没有采取摘心换头或摘心过早，以及菊花生长发育与环境条件不协调如无法满足短日照的要求，都容易出现柳叶头。对已发生柳叶头的植株要尽早将其顶端下的1～2片正常叶处剪去，以后叶腋萌发了侧枝再进行花芽分化、孕蕾开花，但容易造成茎秆弯曲、花头不端正、花径小、花期迟的缺陷。

6. 繁殖和育苗

进行切花菊的规模化商品生产，对种苗的质量要求较高。要求种苗优良且生育整齐。切花菊生产上育苗主要采用顶芽扦插繁殖，这种方法操作简便，短时间内可获得较多的种苗，成活率高，不受季节限制，能保持品种的优良的园艺性状。也可以用健壮冬芽(脚芽)直接进行分株栽植。

菊花扦插繁殖选择健壮的植株作为母株，按照1∶(25～30)的比例留足母株。母株取穗3～4次后，插穗质量明显下降，要及时淘汰母株。插条以嫩茎容易生根，当采穗母株顶芽长到15～18 cm时，用手摘取长5～8 cm的顶梢，具有4～6片叶，下部茎粗0.3 cm的插穗，选用手指能轻易折断的，如用手指不易折断则表示插穗已经老化，不是理想的繁殖材料，容易过早出现花蕾而导致开花不整齐。为保持枝条顶梢的柔嫩度，在夏季培育采穗的母株时，最好用50%的遮阳网进行遮阴。一批插穗的长度差异应小于0.5 cm，使插条日后的生长相对一致。

季节性栽培的秋菊在4—6月扦插；晚生秋菊和寒菊的光控栽培在6—7月进行扦插；在元旦春节上市的切花菊7—8月扦插；夏菊在上一年12月至当年1月扦插。适龄插穗要及时采下，若暂时不用，可装入保水通气的塑料袋内，在0～4 ℃条件下保存4周。

为防止病原传染，插穗时最好用手折取，不宜用剪刀。采后去掉基部大叶，置于阴凉处吸水1～2 h后立即扦插。在水中加入生根剂如NAA 20 mg/L或IBA 20 mg/L，可促进不定根的抽生，在生根剂中也可加入杀菌剂，用以抑制菌的蔓延，减少扦插腐烂率。扦插基质用河沙，基质的pH为5.9～6.9。插入基质的深度为2 cm，不宜过深。间距根据插穗的大小而定，一般以3～4 cm为宜，垂直插。现代花卉育苗生产推行穴盘育苗方法，如在菊花的育苗上，采用128格、格大小1～3 cm、孔深4.5～5 cm的穴盘，内填基厨泥炭和珍珠岩的混合物进行扦插，移植时带块状基质。穴盘苗的育苗时间短，生活力比普通沙床育苗强，较耐积水、耐旱、耐肥，对不良环境的抵抗力强，有利于机械化操作和温室育苗。

扦插后应轻压基质，立即浇透水。扦插后的水分管理极为重要，要注意防风遮光保湿，最好用间歇喷雾的方法保持苗床和空气的湿润。在扦插后的3～4天，每3 min喷雾10 s，以后延长间歇时间，每隔8～10 min喷雾10～12 s。这种方法可缩短育苗周期。一般15～20 ℃下，一周后可开始生根，生根后可施稀薄的磷钾肥促进根系发育。在我国北方的11月至翌年4月进行扦插时，温度太低，可通过铺设地热线提高地温，促进生根，多数切花菊品种可在10～20天内生根。当根有6～8条，长2～3 cm时，即可出圃移植，需25～30天。

7. 栽培管理技术

(1) 定植前准备：菊花生长忌湿，要求土壤的排水通气性良好且富含有机质。土壤水分过多，菊株生长不良，遇到积涝会烂根死亡。切花菊忌连作。另外菊花对多种真菌敏感，应在种植前对土壤进行消毒。

菊花生长旺盛、需肥量大，种植前要多施有机肥。一般每667 m^2施腐熟的猪牛栏肥3000 kg作为基肥，并根据土壤情况适当增施一些磷、钾肥，在翻土时均匀地施入畦内。切花菊的栽植采用深沟高畦，畦高30 cm，宽1～1.2 m，畦的长度不宜过长，以便于田间操作。田块四周要开好排水沟，做到雨停水退，防止积水。

(2) 栽植：切花菊的栽培方式有多本和独本两种，多本栽培是一株菊花多枝，即菊株摘心后，促进分枝，留多个枝条，每枝着花一朵，这样一棵菊株可产数朵花，如目前发展潜力很大的多花型的小菊的栽培；独本栽培是一株一枝，不管菊株是否摘心，始终只留一个枝条，一棵菊花只着花一朵。这两种方式相比较，独本栽培的生育期较短，且茎秆粗壮挺拔，不易折断，花径较大，损失较少，易于控制，适合于密植栽培。缺点是用苗多，栽培时间过于集中，育苗和定植的工作量大。要根据市场和管理情况确定栽培方式，大面积栽培切花菊时，不宜只采用一种栽培方式。

切花菊的种植适期因栽培方式、供花时间、品种(群)的不同而有差异。一般多本栽培要比独本栽培

的定植期早，季节性栽培的秋菊，多头栽培的定植适期为5月中下旬，独本栽培的为6月上中旬；12月上市的寒菊6月下旬定植，1月上市的7月上中旬栽植；我国各地气候条件(温度、日照时间)有差异，具体栽植时间略有不同。

不同的花色品种由于生长高度不同，现蕾期和花期也不同，所以要分开种植，以便于管理和保证切花菊的正常生长。菊花栽植的密度可根据每枝花茎要有120～180 cm^2的空间来计算，一般多本栽培的每株留3～4枝，每平方米栽植20株左右，1 m宽的畦栽2行，株距10 cm；独本栽培每平方米约栽植60株，每畦4行，采用宽窄行，窄行距10 cm、宽行距40 cm、株距为5 cm。定植应以浅植，深度以1.3～2 cm为宜。生长一段时间后，当株高30 cm时，用网眼为20～25 cm的尼龙网进行立柱张网，防止倒伏，并可使菊花枝条均匀分布。在畦的四周每隔1 m插1根竿，将花网用铁丝固定其上。随着菊株的长高，尼龙网要逐渐抬高，也可用两层网。夏季光照强，应用30%的遮阳网遮阴，有利于茎的伸长和提高叶与花的品质。

(3) 水肥管理：切花菊的栽培过程中要加强水肥管理。一般土壤水分保持湿润，不要过干或过湿，以迷雾喷灌或滴灌为好，不宜用沟灌或漫灌。

切花菊生长量大且种植密度大，消耗营养多，应重施基肥，勤施追肥。但在高温季节要防止施肥过多造成肥害，引起烧根或营养生长过旺及柳叶芽的发生。生长初期施肥量可小些，随着菊株的长大，需肥量逐渐加大。秋凉后菊株生长迅速，可以适当增加施肥次数，提高浓度和施肥量。菊株开始花芽分化时，可暂停施肥，等到现蕾时再追肥。菊花吸收钾肥量约为氮肥的2倍，在生长期中要多施钾肥。一般在现蕾前，以氮肥为主(N:200～400 kg/hm^2)，适当增施磷钾肥；在孕蕾和开花阶段，以磷钾肥为主(P:150～300 kg/hm^2、K:200～400 kg/hm^2)。追肥时应注意不要使肥液污染叶片，如有沾污要及时用清水淋洗，以免产生肥害。在秋季每周用0.1%～0.2%的尿素和0.2%～0.5%的磷酸二氢钾根外追肥1次，可使叶色浓绿、花色鲜艳而有光泽。

(4) 植株养护：切花菊的植株养护主要有摘心、整枝、抹芽、疏蕾、换头等。摘心与否取决于栽培方式(单枝培养枝数)及采花时间，通常摘心可以培养2～4枝切花，推迟2～3周的采花期。当菊株高10 cm，具有5～6片叶时，多本栽培的菊花应进行摘心，可摘取幼嫩的顶芽，长约1.3 cm，留下部4～5片叶，促进侧枝的萌发。多头栽培的切花菊的摘心时间要适当，通常是在定植后1个月左右，过早或过迟都会对切花质量产生不利影响。

摘心后腋芽会很快萌发，形成多个分枝，这时要及时整枝。选留生长健壮、分布均匀的3～4个侧枝，其余的分枝全部除去。分枝上的腋芽和所有的侧蕾应及时抹去，以保证每枝切花的质量。剥蕾最好等顶蕾长至0.6～0.9 cm(即主蕾开始变圆)时进行，在上午10点以前进行，注意不要碰伤主蕾。

栽培过程中如果出现柳叶头现象，要及早摘心换头进行补救。具体方法是将枝条顶梢的柳叶部分，连同1～2片正常的叶一起剪去，待其下部萌发的侧芽长成枝条后扶正，代替原主茎继续生长，以后在短日照条件下，花芽分化孕蕾开花。

8. 周年生产花期控制

(1) 季节性栽培：菊花有四个品种群，有众多的品种，它们的自然花期不同，可在4月下旬到12月下旬自然开花。在不同地区选择适宜栽培的品种，适时种植，可以满足大部分时间的切花菊供应。对短日照要求不严的品种可自然花期生产；对短日照要求严的品种利用设施进行花期调节，达到周年生产。

夏菊的露地栽培主要在黄河以南的温暖地区，进行露地栽培的夏菊品种要选择耐涝、抗干旱高温、抗白锈病的品种，夏菊切花栽培特别要重视保证幼苗的质量，夏菊的育苗因栽培类型不同而异，较多采用脚芽分株繁殖。在4月下旬至5月上旬开花，选夏菊早生品种，如“小白”“新种黄”，在11月中旬定植，栽培中温度要控制在2～10 ℃，初期水肥要少，到翌年春季温度回升后再给予充足水分和养分。在北方利用冷室栽培，白天温度高时要开窗透气，夜晚温度低于0 ℃时要加盖蒲席。若将夏菊栽于温室可缩短生长期，3月下旬即可采收第一批切花。要在5月中下旬上市，用夏菊中生品种，如“东亚”“阳炎”在12月定植。6—7月上市的夏菊，在温暖地区12月下旬至1月下旬定植，用晚生品种，如“银香”“新明光”“常夏”等，栽培过程中要注意防治白锈病，在低温期用代森锌和代森锰水合剂，在花蕾肥大期喷氧化

NOTE

萎锈灵、退菌特或代森锌等进行防治。夏菊多数品种要经过 4～7 ℃的低温处理 3 周后，茎才会伸长开花，在苗期用赤霉素 2～10 mg/L 处理，代替部分低温。

自然花期在 7—9 月的切花菊(夏秋菊)品种较少，从其生育的温度要求来看，夏秋菊比较适合在冷凉地区进行季节性栽培。在温暖地区栽培，最好选择耐高温性的品种，如“精云”。7 月中旬上市的菊花用夏秋菊早生种，在 4 月中旬定植；5 月上中旬栽植夏秋菊中生种，可在 8 月上中旬采收；9 月上市的在 5 月下旬定植，用晚生种。这段时期栽培的菊花容易提前形成花蕾，使植株矮小，切花质量下降，可采用电照处理，一般在摘心后的第 2 周开始，处理约 50 天。电照的方法是用 100 W 的白炽灯，每 10 m^2 设 1 盏，吊在植株茎顶 1.5 m 处。夏秋菊的花颈易伸长，可用丁酰肼(B_9)预防，当花蕾长到 0.5 cm 时，用 500～2500 mg/L 的 B_9 喷施菊花顶部，或用毛笔涂抹花蕾，对于茎秆细弱、叶片较软的品种效果较好。

秋菊的品种丰富，进行人为调节花期较容易，采用季节性栽培和电照或遮光栽培就可以实现周年供花。秋菊的自然花期为 9—11 月中旬，季节性栽培采用扦插苗。在 5 月中旬定植，9 月上市，选耐高温品种，如“天寿”“祝”“秋水”“秋樱”等；在 6 月中旬定植，10 月采收的品种，如“秋之风”；在 6 月下旬至 7 月上旬定植，11 月上市的秋菊品种，如“黄秀芳”“秀风”等；独本栽培的可适当推迟栽植时间，但最终定植期不宜迟于 8 月底。栽培中要防止夏季高温，为了提高切花质量，可以从 8 月下旬开始大棚覆盖栽培，在北方地区可以起到防止开花期遭受霜害或冻害的作用，在温暖地区起到防雨的作用。在预定开花期前 90 天进行摘心，缓苗后采用浅摘心。

12 月至 2 月上市的切花菊，如采用季节性栽培，选寒菊品种，以中、小型花品种为多。12 月上市的在 6 月下旬定植，如“银御园”“岩之霜”等；1—2 月上市，在 7 月上中旬栽培，如“印南 1 号”“寒小雪”等。寒菊主要适合于在年均温为 15 ℃以上的南方温暖地区栽培，如昆明、广州，其花芽分化适温为 6～12 ℃，品种间差异较大，多数品种在低温下能正常开花，遇到高温几乎全部形成柳芽，所以寒菊栽培要注意温度管理。生长初期要预防高温和多雨，在 9 月中旬至 10 月上旬花芽分化。为了提高切花质量，在高纬度地区还需要采用电照抑制栽培，在苗期要加强中耕锄草。12 月后应注意防霜。

(2) 促成和抑制栽培：冬春季是鲜花供应淡季和需求旺季，这段时期的切花菊价格较高，季节性栽培比较困难，主要通过人工延长光照推迟花期，使菊花在 12 月至翌年 2 月上市。用于电照栽培的切花菊要求通过电灯补光稳定调节花芽分化和开花，且在低温条件能很好地进行花芽分化和发育，如适合密植高产的“秀芳”“乙女樱”“天家原”等品种。

抑制栽培的切花菊采用扦插繁殖，在 7 月中下旬进行，8 月上中旬定植，多本栽培的要适时摘心，早期扦插的摘心 2 次，定植前 25～30 天扦插的摘心 1 次。独本菊不摘心，可以适当推迟定植期。为防止菊花提早花芽分化，应及早进行电照处理，在菊株摘心后 10～15 天，侧芽长到 10～12 cm，尚未花芽分化时补光。

补光的方法多采用暗期间断法(人工光照中断黑夜)，即在每天 23 时到次日 2 时补光 2～3 h，此法一样具有长日照的效果，而且节省能源。也可采用循环照光法，即把整个暗间断时期以 30 min 为一周期，分为若干个周期，在每个周期内只需照光 20%的时间，即 6 min，其余 24 min 为暗期。例如，需要暗间断 4 h，则将这 4 h 分为 8 个周期，每个周期内先开灯 6 min 后关闭，过 24 min 后再照 6 min，如此总计开灯 48 min 就可达到光照 4 h 的效果。这种方法更能有效节约电耗，可用定时器来控制，要注意光照强度不能小于 55 lx。人工光照系统的安装和使用同夏秋菊一样。在条件适宜的情况下，停止补光后，在自然短日照下 10～15 天开始花芽分化，从花芽分化到开花共需 50～55 天，共计 60～70 天，在较寒冷的年份，可能要延迟至 75 天才开花，因此补光的结束期应掌握在开花前 60～75 天。在栽培过程中特别是花芽分化后，要注意温度的管理，保持昼温为 20 ℃，夜温在 13～15 ℃，根据花蕾发育的快慢适当调整温度的高低。

夏季切花菊上市的也较少。除了夏秋菊的季节性栽培外，也可用遮光处理进行秋菊的促成栽培，提早开花。应选较耐高温、对短日照处理表现敏感、遮阴后花色更为鲜艳而不变坏、枝条花茎挺直不易变软的秋菊品种。在预定开花期向前推算 50 天为开始遮光处理的日期，一直处理到花蕾开始显色为止。具体方法如下：每天遮光 14～15 h。一般在下午 5 时开始遮光，第二天早上 8 时至 9 时打开黑幕。遮光

要十分严密，防止微弱的光照破坏遮光效果，国际上主要采用特制的黑塑料薄膜作为遮光材料，具有重量轻、遮光效果好、透气性好的优点，通常整室安装成易启闭的窗帘式，用电脑控制定时启闭。我国传统使用的黑塑料膜，透气性不好，往往使棚内产生高温，通风不良，极易诱发白锈病，并使切花质量低劣，甚至不开花，所以在遮光过程中要常用外部喷冷水的方法来降低棚内的温度。同时要加强环境通风，喷洒农药防止病虫害发生。

二、香石竹

香石竹原产于南欧、地中海北岸的法国到希腊一带。在2000多年以前，欧洲已有人工栽培，在700多年前，就已培育出重瓣品种，现代人工栽培的香石竹均为经过多代杂交，培育成园艺品种。现在世界各地多有栽培，主要产区在意大利、荷兰、以色列、哥伦比亚、美国等，近年我国在上海、昆明等地亦有广泛栽培。

香石竹为中日性花卉植物，但对光强要求较高，其光合作用最低自然光强度约为2.15×10^4 lx，因此需阳光充足才能生长良好。土壤以排水透气良好、富含腐殖质的微酸性黏壤土为佳，pH为6～6.5，耕作方式以水旱轮作最为理想。香石竹花期长，每朵花开放的时间长达15～25天。露地栽培的主要花期为5—6月和9—10月。温室或保护地栽培的，可做到周年生产。为了满足市场的需求，实现香石竹周年均衡供花，生产上除品种选择、定植模式确定、摘心等措施外，主要采取设施栽培，人工模拟香石竹生育环境，取得良好效果。

(一) 品种选择

香石竹栽培品种很多，有的耐寒力较强，适宜露地栽培，在长江流域以北、黄河以南可以露地越冬，常作二年生栽培，有的耐寒力较弱，须温室栽培，略呈亚灌木状，可四季开花，适宜保护地切花栽培。其品种大致可分为夏季型和冬季型两大类型，自然花期为5—6月和9—10月。

生产上必须按照目标花期、颜色要求、定植时间来选用适宜品种。一般要求元旦、春节鲜花上市的，而定植茬口在5—6月的，选用生长快、生育期短、抗病性强、耐寒、冬季产量高的“冬季型”品种，以特来西尔、白西姆、凯丽帕索、波尔姆、威尔赛姆、西姆等为代表。若茬口衔接较为宽松，在3月前定植的，则可选用“夏季型”品种。特别是要求在夏季生产优质花的，则应选用耐高温、分枝习性好、裂苞少、茎秆粗壮挺直的“夏季型”品种，以肯迪、罗马、坦加、帕来丝为代表。注重品种的选择，从根本上克服了传统栽培中对“种”的忽视，避免了“有种就繁，有苗即用”，以达到颜色、品种特性、生产时间与环境条件的统一。

(二) 定植时间与模式

香石竹定植后到开花所需时间，会因光强、温度与光周期长短而变化，最短只需100～110天，最长约需150天。根据市场供花需求情况，可以适当调节定植时间。一般3月移植的苗，5月定植在大田，9月中下旬开花；5月份移苗，最迟6月定植，12月开花。定植模式和相应的开花期控制直接关系到香石竹的经济效益。以上海为生产中心的南方地区可参考采用下述几种定植模式。

(1) 1—2月定植：种植密度为30株/米^2，进行一次摘心，可于6—7月始花。8—9月为第一批花上市高峰。第二批花在元旦、春节上市。次年5—6月第三批花上市，并可延至7月初。

(2) 2—3月定植：选择品种多为赫来丝、罗马、帕来丝、坦加等夏季型品种，种植密度为24～30株/米^2，不进行摘心，6月始花，1个月内采收结束。在第一次切花后，常要对其进行“回剪”处理，回剪到植株距地面约25 cm，仅保留5～6片健壮的功能叶。第二批花在国庆节期间上市。次年3—4月第三批花上市。

(3) 4—5月定植：这是江南地区生产上普遍采用的定植模式，具有种苗来源丰富，成本投入低，管理方便等特点。种植密度为30～36株/米^2，以一次半摘心为好。8月上旬始花，为一级分枝开的花；10—11月为二级分枝形成的花。如此循环，注意冬季管理，就能保持一定的产花量。若进行二次摘心，则种植密度为25～30株/米^2，第一批花集中在10—11月上市，并可延续到元旦；次年4—5月又有一个产花高峰，此时花的产量很好，花期可延续至母亲节前后。

NOTE

(4) 6—7月定植：此模式主要目标是为元旦、圣诞节、春节供花，其特点是时间短，效益较高，但风险也大。因为此期白天温度已高达 30 ℃以上，严重影响定植的成活率。因此在定植前种苗宜进行假植、蹲苗、遮阴等处理，定植密度为 36 株/米^2，定植后进行二次摘心，或提高种植密度，进行一次摘心，以保证单位面积产量，入冬后加强温度管理，元旦期间即可有大量鲜花上市，并可延至春节。第二批又可在母亲节期间形成产花高峰。

(5) 9—10 月定植：此类型对于一些具有玻璃温室的切花基地具有实际意义。把 6 月出圃的小苗先假植于营养钵内，并置于塑料大棚或露地培养，以避开此期玻璃温室内的高温，并可腾出时间进行温室消毒、淋洗。9 月定植后进行一次摘心，10 月初进行第二次摘心，使单株分枝数达 5～6 枝。定植时若选择高为 20～25 cm 植株，定植后不进行摘心，元旦即可有第一批花上市。若定植苗不是大苗，而在一般大棚中栽培，则应选择夏季型品种，种植密度为 30 株/米^2，经一次摘心，次年 4—5 月为产花高峰，供母亲节用花。因所选品种具有耐高温性状，故在 7—8 月仍有优质花供应。若于花后 6 月中旬进行修剪处理，11 月到春节前后便可出现第二次盛花期。

(6) 11—12 月定植。此时正值秋末冬初，气候凉爽，小苗定植成活率可高达 95%～100%，15～20 天后便可进行第一次摘心，当年单株的分枝数可达 3～5 枝。次年 1 月初进行第二次摘心，每株的分枝数严格控制在 4～5 枝，多余的侧枝从基部切除，1 月中旬便可盛花，但必须在 1 月结束摘心，否则盛花期将推移，内销难度增加，影响经济效益。5 月中旬至 6 月中旬剪花后，对植株进行回剪处理，回剪到植株离地面的 25 cm 处，保留 5～6 片功能叶，11 月又可出现第二次盛花期，并可延续到春节前后。

（三）温光调节

(1) 温度：香石竹喜温暖凉爽气候，忌严寒酷暑。夏季高温、生长不良、冬季寒冷是香石竹产量低、质量差的主要原因。因此冬季保温与夏季降温在其周年生产中尤为重要。设施栽培中，冬季控制日温 16 ℃、夜温 10～11 ℃为宜，夏季则以日温 22 ℃、夜温 10～16 ℃为佳，使昼夜温差保持在 10 ℃以内。

为达到适宜的温度，夏季中午温度不太高的地方，可考虑采用蒸发降温系统，或用遮阳纱遮阴，避免阳光灼射，可结合喷雾，减少叶面失水，为香石竹提供良好的人工小气候，但必须加强通风。冬季通风是控制温湿度的另一方面，但大量冷空气突然进入保护地，会引起发育花芽花瓣增加，造成畸形大头花或裂萼。香石竹适合生长在温度变化缓和的环境下，可以考虑塑料对流管和排气扇结合使用，缓慢引入外面的冷空气，防止裂萼和畸形花。具体做法：在山墙上设 1 个或多个排气扇与新鲜空气的进口，管子从进口延伸到整个温室。管子用金属丝吊在屋脊或远离于植株的上方，沿着管长，开有等距离小孔。在长度短的温室中远端封闭；长度超过 45m 的，管子两头均连接山墙进气孔。此系统容易自动调节理想的温度。电扇可使室内气温微降，室外空气进入使管膨胀。空气通过小孔进入温室，在每一局部达到所需要的温度时关闭。管子扁了，通气停止。这种装置，还可以使温室内空气流通，避免温差变化与相对湿度过高，有利于控制病害，使叶片接触更多的二氧化碳。

(2) 光强：香石竹是已知植物中对光的要求最高的一种(适合于香石竹光合作用最低自然光强度约为 21.5 lx)。世界许多地区，光强度最高可达 150 lx。年光强度的分配，随地区不同而异，就北京地区而言，在产花季节阳光直射，塑料膜下花瓣褪色发焦，影响花的质量，特别是大红色品种，即使在国庆节前后仍需部分遮阴。用光度计测出 10 月 4 日上午 9 时，光强 1000～12000 lx，中午 20000～30000 lx。这种光强约为不遮阴的露地光强的 36%～42%，适合香石竹健壮生长。过度遮阴，光强仅 2000～4000 lx 则会引起生长缓慢、茎秆软弱等致命性缺点。因热能伴随太阳而来，高光强时会产生过热，特别在夏季是个问题，因此夏季遮阴也只能是轻度的，否则对植株生长不利。

(3) 光照长度：香石竹虽为中日照植物，但白天加长光照到 16 h，或晚上 10 时到凌晨 2 时用照光来间断黑夜，或全夜用低光强度光照，都会对香石竹产生较好的效果。随着光照时间与强度的增加，光合作用加强，有利于加速营养生长，促进花芽分化，提早开花期，提高产花量。具体做法：CEPS-30 白炽灯，在土面之上 2.5 m 和 4 m 高处进行光照或以 60～80 lx 光强处理即可。在指定的加光期间，通夜照明处理的植株应该是有 6～7 对展开叶的植株。光照期间抑制新的侧芽发生，使花茎节间增长，提高秋冬切花等级。

(4) 摘心：摘心是香石竹切花生产中常用的技术措施之一。通常在幼苗长到一定高度时，于基部向

NOTE

上第六节处用手摘去茎尖，生产上常用的摘心方法有 4 种，不同摘心方法对开花时间及切花产量、质量均有不同的影响。①单摘心，仅摘去植株的茎顶尖，可使 4～5 个营养枝延长、开花，从种植到开花的时间最短。②半单摘心，即原主茎单摘心后，侧枝延长到足够长时，每株上有一半侧枝再摘心，这种方式使第一次收花数减少，但产花量稳定，避免了采花的高峰与低潮。③双摘心，即主茎摘心后，当侧枝生长到足够长时，对全部侧枝再摘心。双摘心造成同一时间内形成较多数量的花枝，初次收花数量集中，易使下次花的花茎变弱。④单摘心加打梢，开始是正常的单摘心，当侧枝长到长于正常摘心长度时，进行打梢(即去除较长的枝梢)。这样减少了大批早茬花，而在一年多的时间内能保持不断有花。此方法像双摘心一样能大大提高花的产量。

香石竹的开花期通常从下列几个方面进行测算。

①4—6 月停止摘心，盛花期在最后一次摘心后 80～95 天出现。

②7 月中旬停止摘心，盛花期约在最后一次摘心后 120 天出现。

③8 月中旬停止摘心，盛花期约在最后一次摘心后 180 天出现。

事实上，影响开花期的还有其他一些重要因素，其中温度最为敏感。在自然温度条件下，人们只从摘心日期来控制并推算盛花期还不够全面，主要是因为温度还未能受到人为的控制。另外，若偏施氮肥，会导致开花期推迟；单株分枝数偏高会推迟开花。所有这些人为的、自然的因素均应加以充分考虑，这样才能使花期预测得更准确些。

三、月季

月季原产我国，适应性广，我国南北均可种植，世界各国也都有人工栽培。切花月季喜温暖、阳光充足的环境，但不耐高温，喜疏松、肥沃和排水良好的土壤。土壤 pH 在 6.5～7.5 均能正常生长。每天需至少 5 h 的直射光。生育适温白天为 20～25 ℃，夜间为 13～15 ℃；5 ℃左右也能继续生长但影响开花；−5 ℃以下则发生冻害；30 ℃以上高温加上多湿，易发生病害，相对湿度以 75%～80%为宜，过干则植株易休眠、落叶和不开花。

切花月季的花芽分化属于多次分化型。一年中多次抽梢，每次梢顶部均能形成花芽并开花，需日照变化和低温处理。花芽分化时间，因种而异。大多数品种是在新芽长至 4～5 cm 时花芽开始分化。切花月季的开花时间，以长江流域为例，自然条件下，2 月下旬绽出新芽，从萌芽到开花需 50～70 天，5 月上旬为第一次开花高峰，如管理得当，可反复开花到 7 月初；7～8 月为高温盛暑期，月季处于半休眠状态，9 月温度下降，月季再次形成大量的花蕾，10 月上旬出现第二次开花高峰，花期可持续至初霜。12 月份温度下降到 5 ℃以下，月季进入半休眠状态。

现代月季(图 2-23)不但花色、花形丰富，香味浓，而且周年开花，已成为商品化生产的主要种类之一。现代月季大致可分为杂种香水月季、丰花月季、壮花月季、微型月季、藤本月季和灌木月季六大类。现在用于切花栽培的都是四季开花的丛生月季。

(一) 品种选择

目前，市场销售的现代月季有 8000 多个品种，通过品种搭配能周年供应市场。作为切花栽培的月季品种，要求花型优美，高心卷边或高心翘角；花瓣质地硬，花朵耐插，外层花瓣整齐；花色鲜艳，明快、纯正，最好带有绒毛；花枝硬挺，少刺，花梗较长，支撑力强；叶片大小适中，叶面平整，富光泽；产花量高，耐修剪，花期长；冬季供花的品种，要有适应较低温度能正常开花的能力，夏秋切花型品种要有适应光热气候条件的能力；温室栽培品种要有较强的抗白粉病的能力；露地栽培品种则要有较强的抗黑斑病的能力。

目前我南方普遍种植的主要品种如下：①露地品种，采用适应南方夏季长、气温高的“萨曼莎”“红成功”“红胜利”“外交家”“金奖章”“金徽章”“坦尼克”等耐热品种；②大棚品种，江南冬季生产多用靠阳光加温的塑料大棚，因此，选用“大丰收”“王权”“卡拉米亚”“贵族”“婚礼白”等产花积温相对较低的品种；③温室品种，由于温室基本满足其生长适温要求，多选择栽培“红丝绒”“一等红”“达拉斯”“宝石”“杜卡”等花形好、花枝长且产量高的品种。

NOTE

扫码看
彩图 2-23

图 2-23　绚丽多彩的月季品种

（二）整形修剪

整形修剪是切花月季栽培管理中十分重要的一环，合理修剪和养护是调节花期、延长植株产花年限的主要措施。采用修剪措施可以延长开花期。花谢后将花枝进行剪短，可促使抽生新花枝，重新开花。需要根据不同的季节和不同的目的来确定修剪方法。修剪可以对月季产花日期、单枝的出花数量和出花等级产生重大影响。一般 HT 系品种的产花数量全年应控制在 18～25 枝/株。由于品种不同，产花量差异很大，大红花每平方米产花 120 枝左右，白色、橘红、粉红类品种每平方米产花 170 枝左右，黄花品种产花数差异很大。

月季从发育到开花的物候期时间虽然是相对稳定的，但通过调整修剪时间、修剪部位，在一定程度上可调整花期。修剪时间主要根据各品种的有效积温和特性，并参照设施栽培的保温能力来推算。以上海地区"唐娜小姐"和"红成功"为例，"唐娜小姐"开花所要求有效积温为 768 ℃，如要求五一节开花，以 2 月 12 日修剪为宜；建党节开花可在 5 月 25 日左右修剪；国庆节开花，在 8 月 25 日左右修剪；元旦、春节开花，在 10 月 20 日左右修剪，采用两层薄膜覆盖保持一定夜温，促使花蕾在 11 月上中旬形成。当花蕾形成后，可采取大棚保温调节花期。"红成功"开花，要求有效积温为 965 ℃，五一节开花，在 1 月 20 日左右修剪（注意夜间保温）；建党节开花，在 5 月 10 日左右修剪；元旦、春节开花，在 10 月 10 日左右修剪。

NOTE

根据上海地区的气候，一年之中切花月季获得较好经济效益的修剪规律：1—2月份整枝后，在3月中下旬出现早春花；8月整枝后，在9—10月份出现秋花；10月整枝后，翌年元月后出现冬花。

冬季切花的经济效益最高，是切花月季的主攻目标，因而秋剪显得更重要。秋季气温有前高后低中间稳的特点，以8月30日为界限，越往前气温越高，若修剪过早，花枝发育的时间短，花蕾持续时间也短，2～3天就凋谢。反之，若修剪过迟，从修剪到开花时间就越长。一般迟1天修剪，开花要延迟2～3天。

修剪部位的高低对开花早晚也有一定的影响。一般枝条的生理活动机能上部较下部活泼，若在枝条中下部修剪，一般要比中上部推迟3～5天开花。因此，根据有效积温推算开花日期进行修剪时要注意这一点，在枝条中上部修剪，推算时间要扣紧；反之，应酌情放宽。

（三）花期调控

月季的花期可通过控制温度来调控，如在休眠后期增温促花，在炎夏降温促花。为使开花提前，可于10月下旬将植株移入低温温室内，使室温保持在0 ℃左右，进行低温处理。经30～40天后，再移入温室进行增温培育。增温培育时，室温宜逐步增高，当增高到12～14 ℃时，保持恒温。一般每株月季留4～7个芽为宜，多余的芽抹去。显蕾时，将室温增高至18～19 ℃，并结合精细的管理，待花蕾显色后，移至气温为12～15 ℃的露地环境，在3—4月就可开花。若将上述经低温处理后的植株，移入温室进行增温培育时，室温控制在26 ℃以内，则可加速成花、开花过程，能分批、分期于1月及2月开花。如果将植株由露地移入温室进行增温培育的日期分批推迟，就可以在3月及4月分期开花。采用降温的方法可延长花期。如在炎夏将植株移入20～25 ℃的冷室，植株便能正常成花与不断开花。

要使月季在冬季吐艳喷香，就必须保持温度在10 ℃以上，可放入温室，或在南墙、阳台上搭一简易塑料棚，无须加温就可以保证生长。除此还应选择耐寒性强的“鸡白红”“黄宜春”“爱娜”“法国姑娘”等品种，这样就完全有可能在春季开花，给节日增添欢乐。

四、唐菖蒲

唐菖蒲，又称剑兰、十样锦、流戟花，属鸢尾科唐菖蒲属多年生草本花卉，与菊花、月季、香石竹并列为四大切花。唐菖蒲原产于非洲和地中海沿岸，好望角是自然分布种类最多的地区。于18世纪中叶传入中欧，我国近代方有引种，在云南等地发展很快。唐菖蒲为典型的喜光性长日照花卉，长日照有利于花芽分化，光照不足会减少开花数，栽培地要求阳光充足，在冬季促成栽培或早春延期栽培中，对光照条件要求更严格。但在花芽分化后，短日照则能促进花芽的生长和提早开花。

（一）品种选择

常见切花品种如下：①红色系，代表品种有“青骨红”“节日红”“圆舞曲”“飞红”等；②桃色系，代表品种有“伊丽莎白皇后”“粉友谊”等；③黄色系，代表品种有“阳光”“小丑”“新星”“迟暮”等；④白色系，代表品种有“友谊”“雪花”“白花女神”；⑤紫色系，代表品种有“紫黑玉”“忠诚”等。这些品种就其开花习性而言，基本上可分为春花种与夏花种两类。春花种在温暖地区是秋季栽种，翌春开花；夏花种则是春季种植，夏秋开花。夏花种因其生育期长短不同，又可分为早花类(50～70天开花)、中花类(70～90天开花)和晚花类(90～120天开花)。唐菖蒲的花期与栽培品种密切相关，春季供花的有春花种，夏秋供花的有夏花种。唐菖蒲品种极多，通过选择不同的品种进行分期播种，生育期长短可以相差很大。如早花品种，60～70天开花，晚花品种约需120日开花。对于同一品种，早春播种者，需100天以上开花；7月播种者，只需70～80天开花。因此，各地应根据当地的气候特点、栽培方式、生产目的来选择适宜的品种，进行分期播种，花期可从6月延至11月初。我国东北三省以及甘肃、陕西等地，在唐菖蒲品种引进、选育、繁育方面做了大量的工作，并且每年生产大量种球，供应国内切花生产基地。

（二）种球处理

唐菖蒲的花期除与品种有关外，还与栽种时间、种球大小等因素有关。为了均衡持续地向市场供销鲜切花，栽种可分批分期进行，也可用种球大小来调节花期。一般情况下，相同品种大球开花早，小球开

NOTE

花晚。因此，事先对种球进行分级等处理尤其重要。生产上以球茎直径大小分级：一级大球（直径大于6 cm）；二级中球（4 cm）；三级小球（2.5 cm）；四级子球（小于1 cm）。小球、子球留作繁殖材料，经2～3年栽培后，球茎膨大成为开花种球。

种球收获后需在2～4 ℃下冷藏3～4个月，以打破休眠。为实现切花唐菖蒲的周年生产，可用人工措施打破休眠，代替时间较长的低温过程，主要措施如下。①将其球茎浸泡在39 ℃高温水中2周，能解除休眠。经处理后的球茎，能提早萌发抽生，栽植后能较一般栽植提早开花。②将球茎悬挂于温室内约1个月，以后在27～30 ℃的温水中浸泡12 h左右，然后种植。③低温处理亦可打破休眠，即采用5 ℃的温度冷藏球茎3周，可以提前萌芽抽生，或者于秋后贮藏期的中途，取鳞茎置于户外2～3 ℃的低温下经过24 h，再移入温室，也能加速其发芽。④变温处理。将种球挖出清洗晾干后，在1～2 ℃条件下冷藏20天，接着将种球置于35 ℃高温下15天或置于38 ℃下10天，即可打破休眠，栽植。⑤药剂处理。用硫化氢等熏蒸或将大蒜糊与球茎放在一起密封24 h，在一定程度上能打破休眠。杜风文用3%氯乙醇处理2 h，再密封24 h，然后栽植，打破休眠效果较好；或用50～100 mg/L的6-苄基腺嘌呤(6-BA)浸泡12～18 h后栽种，1周后可出苗。

此外，也可延长球根休眠期，使其开花推迟。唐菖蒲球茎如一直保持在低温、干燥环境下，球茎便能继续维持休眠状态，不会萌发生长，而在需开花前，提供适宜萌发的条件，使其结束休眠、萌发抽芽，花期就可以推迟。

（三）花期调控

1. 促成栽培

9月采收的商品种球，先用35 ℃高温处理20天，期间要保持干燥。10月上旬至11月将经处理种球定植于温室，控制夜间温度不低于10 ℃，并于2～3叶期开始补光，这样翌年1—2月便可开花。12月定植，次年3—5月开花。唐菖蒲生长的最适温度为白天25～27 ℃，夜晚12～15 ℃，最低不得低于10 ℃。若夜温低于10 ℃而接近5 ℃，则会出现较多的“盲蕾”。加温方式依栽植地条件而定，可用地热线加温，也可利用工厂余热、废气通过管道加温，主要在夜间加温。白天应注意通风透气，但通风不可造成温室大棚内温、湿度变化波动太大。露地的促成栽培只限于极温暖地区或无霜地区，一般温暖地区则进行温室栽培。露地促成栽培，往往于春季种植极小球，采用所谓早掘球，即将7月下旬开花的植株于9月上旬掘起培养，用5～8 ℃的低温贮藏6周以上。另外，在切花栽培方面，保留从下部1～3片叶采花的植株或者从不开花的植株收刈后留下的球，于9月前掘起也需低温处理6周以上，移到20 ℃左右，促进根的形成和芽的生长，然后种植。若采用子球培育的球根作为培养球在温室进行促成栽培时，应尽量提早栽植，尽量维持高温而促进发芽，提早开花。因故推迟种植需早花的，则将球根置于20 ℃左右干燥贮藏3～4周，让其提早发芽。或者将球根浸渍于消毒液后，用15～20 ℃保持湿润，待芽和根开始膨大后栽植即可。若是温室促成栽培，则在种植初到2叶期，或者在5～6叶期，应注意夜间保温。

人工延长光照时数，使唐菖蒲在冬季开花。唐菖蒲成花需长日照条件，花期在夏、秋。如秋、冬移入温室，进行增温培育，同时给予人工补充光照时数14 h以上，可以冬令开花不息。补光处理分作增加白天的光强和加长日照长度。增加光强是为了克服冬季生产时因光强不够而产生“盲蕾”现象，简易补光可按每4～6 m安装一盏100 W的白炽灯，阴雨天时每天补8 h。加长日照长度，可采用白炽灯或荧光灯。每平方米加100 W灯泡1只，光源距植株60～80 cm，夜间10时至翌日凌晨2时加光，每天补光4～5 h。

应用生长调节物质可促使开花期提前。在栽培时用CCC水溶液浇灌唐菖蒲球茎3次，可使其开花数量增多。第1次浇灌是在种球种植后立即进行，第2次浇灌在种植后的第四周进行，第3次浇灌在开花前25天进行。

2. 抑制栽培

经过冬季自然常规贮藏的种球，于2、3月贮藏于3～5 ℃干燥冷藏库中，以抑制发芽生根，在霜降前90～110天随时取出种植，使之在霜降前开花。在夏末到秋季栽植的抑制栽培方面，必须通过子夜4 h左右的电光照明中断处理，或者自然光延长使之有16 h的长日照。在冬季利用温室的抑制栽培要尽可

能最低保持 3 ℃,有必要预备简易温室,并选择光照良好的温室进行种植,6 叶期以后,用新的塑料薄膜进行覆盖。

3. 春季开花调节

春季开花的唐菖蒲品系有科尔比尼系、拉莫沙斯系、纳奈斯系、丘格尔格里系和先驱系五个系品,它们具有可高温打破休眠、可低温和长日照处理促进开花的特性。为使它们在春季开花,一般说来,丘格尔格里系和先驱系的品种要尽量早栽植,或者用程度较轻的低温处理 4 周以后于 8 月下旬定植,11 月起用薄膜覆盖,以后于温室栽培,则可于 1—2 月开花。若将无处理球于 8 月下旬种植,则可于来年 3—4 月开花。其他三个品系,将已打破休眠的种球从 7 月下旬起低温处理 6 周,于 9 月中旬定植,并于温室栽培进行长日照处理,则可以提早到 2—3 月开花。

五、百合

百合又称百合蒜、强瞿、摩罗、中逢花、蒜脑薯,为百合科百合属多种花卉的通称。百合属多年生草本,其地下茎为鳞茎,外无皮膜,由多数肥厚肉质的鳞片抱合而成。茎高 50～90 cm。多互生或轮生,披针形或线形,个别为心形叶,叶色浓绿至淡绿,光滑。花单生、簇生或成总状花序着生于茎顶,花朵呈喇叭形、漏斗形、长筒形、钟形或卷瓣垂花形等。花有白、绿、黄、粉、红、橙、紫等色。多数具有褐色或紫色斑点,具清香。百合花大色艳,姿态独特,给人以潇洒端庄、富丽繁荣、百事合心之感。百合为世界著名切花,也是重要的盆花,广泛应用于居室美化、环境装饰、人际交往等方面。

百合在我国栽培历史悠久,分布区域广泛,主要集中在云南、辽宁、广东、福建、浙江、江苏。2016 年云南百合种植面积达到 2340 hm^2,产值达 6.4 亿元;目前我国百合切花和种球主要来源于进口,滇中地区作为云南百合的主产区,虽然近年来引进了较多切花百合品种,但是缺少对其物候期特征和表型性状等的系统研究,其主要栽培品种相对单一;钱遵姚、吴超、杨立晨、张芳明和丁晓瑜等相继开展了百合的区域性引种试验研究,这些研究成果将为当地百合切花生产提供理论依据和技术参考。

百合为长日照植物,长日照能促进分化,虽然在短日照条件下也能开花,但光照长度过短会影响开花质量。所以生长季节要求光照充足,但幼苗期需适当遮阴。百合花蕾的多少与开花质量,除受温度、光照和品种固有特性影响外,更重要的是受鳞茎大小影响,而鳞茎大小又与各种球培养的环境及种球处理技术密切相关。当外界环境条件适合、百合地上茎健壮生长时,其地下短缩茎盘呈横向生长,鳞片数目不断增加,鳞茎不断肥大。经一段生长后,其地上部开始萎缩枯黄,鳞茎也暂时停止生长。此时只要有一段时间的低温,就可打破其休眠状态,促使短缩茎转为纵向生长,向上抽出花茎,在遇到合适温度时,茎顶就开始分化出花芽。

露地栽培的百合一般在 9—11 月种植,翌年 4 月下旬至 6 月中、下旬开花,要使周年供花,可在温室栽培的条件下,根据不同品种的开花习性,调整定植期,改变温度、光照等条件,达到调节花期的目的,具体措施如下。

(一) 品种选择

百合品种较多,且各品种的生长周期和开花习性不同。切花栽培的百合以亚洲百合杂种系和东方百合杂种系的品种为主,其次为麝香百合杂种系品种。亚洲百合品种从栽植到开花所需时间差异较大,短的只需 9 周,长的需 21 周;杨立晨等对 22 种百合品系或杂交种引种适应性研究发现:亚洲百合杂种系、麝香百合杂种系、麝香百合和亚洲百合杂种系间的杂种平均单花期分别为 9.25 天、12.43 天、14.43 天,而且不同品系的盛花期早晚不同,如"小黄龙"的盛花期在 5 月 26 日—5 月 30 日,"特里昂菲特"的盛花期在 6 月 27 日—6 月 30 日,不同品种乃至不同品系的品种错开种植日期可以保证稳定的市场供应。东方百合从种植到开花所需时间为 14～18 周,适合四季栽培的品种有 20 多个,如"Amand"(白)、"Apropas"(浅粉红)和"Wisdom"(白/黄)等;麝香百合仅少数品种可作四季栽培,目前推出的多为白色品种,如"白冠军""白宝石""巴赫白"等。用经过低温处理的鳞茎,分批分期种植,可实现周年供花。

NOTE

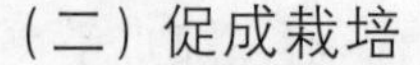

(二) 促成栽培

百合切花的高经济效益,主要体现在 10 月至次年 4—5 月的生产上。种植者若购买已经过低温处理的鳞茎，则只需按所要求的开花期推算出合适的定植时间即可，推算的主要依据是所购品种的生长周期。如果生产者自己繁殖种球并生产切花，则需对种球进行人工温度处理，然后栽植，这就是人们常讲的促成栽培。

一般百合鳞茎从田间收获后，经低温处理即可打破休眠，处理时间长短依品种及栽培目的而定，亚洲百合鳞茎的休眠期为 2～3 个月，大多数品种在 5 ℃条件下冷藏，经过 4～6 周处理后即可解除休眠。若欲长期冷藏时，则以在 −2 ℃下效果较好。东方百合如"斯坦加塞尔"(Stargazer)、"卡萨布兰卡"(Casablanca)等品种一般为长需冷性，至少需处理 10 周。麝香百合处理 8～10 周即可，同一品种百合，低温处理时间越久，从定植到开花所需时间越短。如"Prominence"品种，处理 3 周，开花所需时间为 127 天，处理 4 周为 109 天，5 周为 91 天，6 周为 88 天，依此可确定开花期，同时决定百合定植期。此外，经冷藏后定植的球茎，会有茎秆不易伸长的现象，若给以长光照的条件，可获得满意的效果。

麝香百合为高温性，生长适温白天为 25～28 ℃，夜间为 18～20 ℃，12 ℃以下生长差，并产生盲花。自然花期为 6—7 月，但进行促成栽培可周年开花。具体做法：鳞茎一般在 7～18 ℃条件下贮藏 45～55 天，未发芽的鳞茎，在 18～23 ℃的室内铺上 3 cm 厚湿锯末，将种球摆到上面，再覆上 3 cm 厚湿锯末催芽，保持凉爽，4～5 天后即出白芽，然后进行定植。对于在 4—5 月开花的百合，新的鳞茎在地下生长阶段(6—7 月)已经受了自然高温，所以挖出后，直接放入低温环境处理一段时间，便可栽种。例如，6 月下旬挖出种球，经挑选后，直接放入冷藏室，在5～10 ℃低温下贮藏，8 月下旬至 9 月上旬取出种球，栽于通风降温条件较好的温室内，11 月下旬至 1 月上旬即可正常产切花。此时百合切花已进入价格较高的时期。如欲在 11 月至次年 4 月连续生产百合，可将种球一直贮存于低温环境里，陆续取出，陆续定植。只要定植时间不超过 1 月份，就可以正常开花。对于未经高温休眠处理的百合鳞茎，种植者只需将种球堆放在温室内，并用塑料膜覆盖，便可得到所需要的高温处理鳞茎。

这里须指出，对于成熟百合球的正常开花，高温休眠和低温打破休眠同样是必要条件，二者缺一不可。这是由百合的生长遗传特性决定的，种植者不可忽视其中任一环节。否则，就无法使百合在理想的时间开花和开出有价值的花，有时甚至出苗都很困难。

(三) 二次切花栽培技术

通过 8—9 月预先栽植低温处理的球根可以在 10—12 月开花。使促成栽培后的球根再次发芽而获得切花即二次切花栽培。此时，为了让促成栽培后的新球成熟，需要经历 20 ℃以上的高温，并于以后感受 15 ℃以下的低温，才可发芽、抽薹。因而，在 11 月前采摘切花的植株，其球根发芽好；在 12 月采摘切花的植株，其栽培温度高则发芽好，温度低则发芽差；1 月以后采摘切花的植株，其球根发芽率极低。为了提高二次切花栽培的发芽率，一般要扒开覆土，让球根见光。

(四) 抑制栽培球根的长期贮藏法

为了延缓麝香百合栽植时期而进行抑制栽培时，必须抑制球根发芽。低温抑制发芽是将球根填充干锯木屑并在 0～1 ℃下贮藏。预冷开始时期在 7—9 月，在 1 ℃湿润条件下预冷 4 周后，移到 −2 ℃的地方贮藏，取出后尽量置于凉爽之处，待解冻后，3 月中旬到 5 月中旬顺延栽植，则可在 6 月到 7 月中旬获得切花。

第四节 高效优质切花栽培的研究现状、发展趋势

切花品质是当下及将来追求的主要目标之一。切花品质取决于品种自身的遗传特性和环境条件，其中环境条件是优质高效切花生产研究的主要内容。在多年的切花设施栽培实践中，对温、光、水、肥、气体等环境因素已经积累了一些行之有效的经验技术，但是对根系生长的土壤环境及土壤生态系统的重视程度不够。在温、光、水、肥环境因素的增产潜力遇到瓶颈期后，人们开始把关注的焦点转向智慧农业和土壤微生态系统，旨在突破切花品质栽培的瓶颈，提升到一个更高的水平。

一、优质高效切花栽培的研究现状

(一) 智慧农业与优质高效的切花栽培

智慧农业是一种依赖于多种新型现代科学技术,通过最新的信息技术组件实现智能传感、自动控制,以进行农业经济活动的综合管理和科学决策体系。它可被广泛应用于多个领域,如应用红外传感等多种传感器对农业环境的温度、湿度、光照等信息进行实时采集,同时利用视频监测获取植物生长的各种信息,如植株高度、长势、病虫害情况等,同时将收集的信息上传到网络终端进行分析,以帮助用户决策。对农业的产品进行原产地追溯,通过使用RFID(radio frequency identification)电子标签,使农业产品自原产品的生产起,在加工、处理、运输、销售等各个流程均实现各环节追踪及透明化管理,以实现农产品各个流程的安全化和规范化。

1. 智慧农业平台组成及主要技术问题

智慧农业平台由硬件和软件两部分组成,硬件由各种传感器和大棚组成,主要检测大棚内的各种农业生产数据,如温度、湿度等。软件主要负责处理各种生产数据,反馈和控制传感器的动作,同时为农户提供生产信息提示、生产操作记录以及即时通信功能,系统框架如图2-24(a)所示。黄超琼等人设计的智慧农业系统客户端框架如图2-24(b)所示,主要包含以下功能模块:气象信息、生产线、实时监控、专家咨询、农业讨论、用户信息以及系统设置。

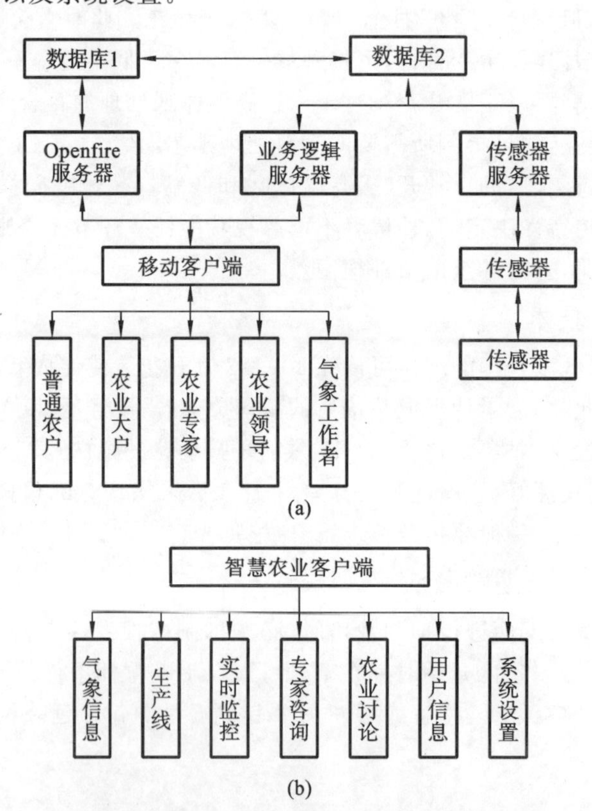

图2-24　基于安卓系统的智慧农业App开发

(a) 智慧农业平台系统框架;(b) 智慧农业系统客户端

智慧农业在切花栽培中应用的主要技术如下。第一,表型监测技术。表型监测系统一般主要包括数据采集、网络传输、数据分析三个部分;应用RGB成像传感器、红外RGB传感器、高光谱成像传感器等多种传感器作为数据采集模块以采集应用对象(农作物、花卉等植物)的基本生理参数。上述几种传感器在植物栽培上的阶段性研究表明:高光谱成像传感器可用于杂草生长情况和病虫害生长情况的检测,通过对高光谱图像相关颜色指数进行分析可以有效区分正常植株与患病植株以及杂草,也可用于棉花杂质的识别,还可以在棉花纤维的识别中提供更为精确的空间和光谱信息,从而可以准确、快速地区分棉花纤维和其他杂质。第二,人工智能技术。人工智能在实现自身智能的同时,可以在一定程度上代

NOTE

替人类解决各种实际问题;现阶段人工智能在植物种植中的应用主要是通过机器视觉技术采集图像信息,通过人工神经网络技术分析问题、做出评估,尝试给出可行化的处理意见并加以处理;机器视觉系统主要包括传感器或数码相机、图像采集装置、转化装置、分析装置、执行机构这几个部分;次丹妮对人工智能应用于兰花病害的诊断进行了研究,采用中值滤波法对兰花叶部图像进行滤波、降噪,获得质量较好的兰花叶部病害图像,在Lab彩色空间模型的α分量上采用最大类间方差阈值分割法对病害图像进行分割并有效地分离病斑,明确了病害识别的形状特征参数,采用SVM分类模型并获得了最优的SVM参数。第三,大数据技术。大数据的运作包括云计算、GIS(geographic information system,地理信息系统)、ES(expert system,专家系统)等一系列系统。云计算可以通过调用数据库以及数据共享,以处理大量的田间数据及棉花生长信息,从而做出相应的应对手段。GIS主要用于调用地理信息库,获取环境温度、降水量、光照等天气信息,从而判断分析棉花可能的长势、遭受病虫害的可能性以及预测棉花可能的产量。ES基于机械化智能项目,系统中存储大量棉花种植专业知识,遇到特定的复杂问题时,可以予以解决。第四,物联网(internet of things)技术是基于RFID、GPS(globe positioning system,全球定位系统)等多种技术,形成的完善的信息处理体系;该技术可以在植物生长的各个阶段进行检测记录,并达到实时监测、全程追踪的效果,全程不需要人工干预,直至植物终产品进入市场;该技术应用于花卉栽培领域,可以做到各个环节的可追溯性,从而在源头上保证了花卉的正常生长,由于与互联网连接,可以远程遥控花卉生长环境中的传感器、自动灌溉系统,实现花卉种植的自动化;物联网技术的代表性技术是无线射频识别技术(RFID)。

2. 智慧农业的优势及挑战

随着物联网、大数据等新兴技术大幅崛起,人工智能、大数据、深度学习等新兴概念已逐步渗透到生活的各个领域。农业作为关系民生的传统行业,正处于重大改变的节点。在未来,智慧农业将是花卉行业乃至整个农业行业发展的必然趋势。因此,大力发展智慧农业,是花卉产业走向新生的必要因素。现阶段我们可以通过收集花卉栽培各方面的数据,同时与花卉优质栽培相关专业知识、数据资料相结合,并辅以神经网络、大数据技术进行分析,建立具体切花类别的大数据库及相关数学模型,从而提高智慧农业决策能力,有效解决切花生产管理中存在的相关问题,但目前智慧农业在花卉栽培管理中仍存在一定的局限性。首先,传感器以及神经网络等人工智能技术应用于花卉栽培领域仍待开发,花卉的生长状态检测领域仍主要立足于花卉数字图像监测,提取相关颜色信息及图像信息进行花卉生长环境的温度、湿度、光照、营养元素检测,对花卉的生长状况进行实时评估,通过人工智能型实现花卉的高效优质栽培目标。未来对于人工智能技术应用的图像信息进行分析,需要结合多种复合传感器,对花卉的各个生理指标进行检测,结合大数据技术综合对花卉的生长发育状况及健康信息进行诊断,从而获得全面、准确的结果。目前的部分传感器在精度和准确性方面仍然没有达到精准农业所需的要求,且现有的传感器产能低、成本高、检测范围小,只能在小面积的试验地和温室大棚内使用,还比较适合切花栽培的生产模式。目前并没有针对花卉的专业传感器,而且切花种类较多,需要研发针对几大主流切花的传感器。

综上所述,人工智能在切花栽培中推广应用,可以减少人工的劳动量,克服传统人工监测各项指标的主观影响,更有利于高标准切花栽培的实施和智能调控。虽然目前针对切花生产的人工智能硬件软件不完善,但智慧农业在花卉产业中的应用是今后的必然趋势。

(二) 根际有益微生物与优质高效的花卉栽培

1. 大棚或温室栽培切花的特点

大棚或温室栽培切花的特点:①相对密闭性,温差小、光照及通风较差,花卉生长快但是不够健壮,抗逆性下降,容易滋生病虫害;②单位面积产量高,周年供应,土壤状况不佳。虽然可以通过培育适应设施栽培的切花品种,但是育种周期较长。切花栽培上更重要的还是对栽培环境包括地上和地下微环境的调控。之前较长一段时期的花卉栽培更多关注的是花卉地上性状的观测及温、光、水、肥、气的调节,今后对土壤微环境的研究将越来越重要。

2. 土壤根际微生物概况

土壤微生物是土壤结构、营养和肥力的最重要与最活跃的生物因素,通过土壤微生态的影响改变土

壤的肥力水平，一直以来是土壤可持续利用研究的热点。根际微生物主要有细菌、真菌和放线菌，根际是植物-土壤生态系统物质交换比较活跃的界面；根际土壤中微生物多样性比较丰富，研究表明土壤细菌数量在离根表1～2 mm可达每1 cm^3 10^9个，相当于非根际土的10～100倍；五年生人参根际真菌数量大致在(0.15～6.52)$\times10^4$(cfu/g干土)。根际微生物代谢能力强、数量多、繁殖速度快，对土壤有机质分解、氮的固定、保持土壤肥力都具有非常重要的作用；此外，根际微生物在栽培植物品质和产量方面可以产生有益的影响。因此，近年来，越来越多的学者致力于根际微生物与花卉产量、品质、对逆境的适应性等方面的研究。

3. 丛枝菌根真菌在花卉栽培上的研究概况

丛枝菌根真菌(arbuscular mycorrhizal fungi，AMF)是一类典型的内生真菌，能与80%以上的寄主植物根系形成一种互惠共生体。丛枝菌根真菌能够提高根系活力，改善根际微环境，改善植株矿质营养，调节生理代谢，促进生长发育，提高产量和品质，并能提高多种抗逆、抗病虫害能力。目前，丛枝菌根真菌在蔬菜、果树、小麦、玉米等作物上均得到广泛应用，但在花卉上应用较少，仅有零星报道。因此，将丛枝菌根真菌应用到切花栽培生产，以期作为一个提高切花产量与品质的手段，这是一个值得探索的方向。

丛枝菌根真菌可以促进切花生长。孔佩佩等对切花月季“卡罗拉”接种了*G. diuphauam*、*G. eteunicatum*、*G. intraradices*、*G. mosseae*和*G. versiforme* 5种AMF，试验结果表明上述5种菌种均可以侵染“卡罗拉”根系，对营养起到一定的促进作用，而且*G. diuphauam*和*G. etunicatum*的生长促进效果最好。AMF种类较多，其对花卉生长的促进效应因不同的AMF种类和不同宿主类别而异，一般情况下，不同的宿主都有最适合的AMF，而且混合菌种的接种效果优于单一菌种。刘兆娜、孙龙燕分别以百合和郁金香为试材，证实了混合接种AMF的效果显著优于单接种。针对具体的切花种类和不同的地域条件，需展开更有针对性的研究试验，筛选效果更优的AMF，以便应用于切花栽培生产。

丛枝菌根真菌促进花卉根系对矿质营养的吸收利用。孔佩佩等以切花菊“神马”为试材，研究了不同AMF对“神马”矿质营养和抗氧化酶的影响，研究表明*G. intraradices*是改善切花菊矿质营养效果最好的菌种。

丛枝菌根真菌可以延长切花花卉的观赏期。切花花卉的瓶插期或观赏期是衡量观赏品质的重要参考依据之一，尤其是对于花瓣易脱落的花卉，如百合、郁金香。李文彬等的研究表明，接种AMF可以有效延长郁金香切花的瓶插寿命、最佳观赏期和花期。2019年李文彬等人发表了AMF在切花百合栽培上的研究成果：共同接种摩西斗管囊霉(*F. mosseae*)和变形球囊霉(*G. versiforme*)的百合地上部和地下部干重均显著高于不接种对照，其他生长指标也明显优于对照；切花瓶插期间，接种AMF的百合切花水分平衡值和鲜重变化率、抗氧化物酶活性、可溶性糖、可溶性蛋白含量均比对照高，而且矿物质含量也高于对照(Mn和Cr除外)；此外，其瓶插最佳观赏时间比对照延长了2天。由此可以看出，接种*F. mosseae*和*G. versiforme*延长切花百合观赏期的生理作用机制是通过改善切花花枝的水分平衡、营养状况与生理代谢，控制衰老相关激素的合成。

丛枝菌根真菌可以增强切花花卉对温度及其他逆境的耐受性。AMF在切花月季和菊花的接种试验表明：AMF通过增加渗透条件物质和N、P、K含量，降低膜透性和MDA含量，增强抗氧化物酶活性和促进抗坏血酸-谷胱甘肽系统(AsA/GSH)循环，进而促进渗透调节，改善矿质营养，增强抗氧化系统清除活性氧的能力，从而增强切花月季和菊花对温度胁迫的耐受能力。

二、发展趋势

1. 建立良好的土壤微生态环境

土壤中原本有很多微生物，由于现代化肥料、化学农药、除草剂的大量使用，土壤微生物的生态环境受到严重干扰和一定程度的破坏；此外，同一地块高强度连续栽培同一种花卉，导致土壤中的营养物质失调，土壤理化性状变差，甚至还有根系的一些分泌物留存在土壤当中。这些均不利于栽培植物的正常生长发育。植物常年扎根于土壤中，土壤的状况直接影响其品质和产量，由此可见，土壤质量是高品质

NOTE

花卉的生产决定性因素之一。

AMF 与宿主共生，可改善土壤的理化性状，促进根系对土壤营养物质的吸收、减少化学肥料的渗漏损失，提高利用效率，尤其是磷肥。AMF 共生的核心特征是营养物质交换；AMF 依赖于宿主植物转运而来的脂肪酸，最新的发现强调植物和真菌基因型对共生结果的重要性。有人把 AMF 和植物的共生关系比作“爱情故事”，在栽培上应用 AMF 前需要开展有针对性的研究，不同的花卉有其最适合的 AMF 菌株。AMF 和植物共生属于互惠互利型的关系，这种关系的建立有助于生态型绿色无公害农业的发展。

2. 低能耗低环境压力的花卉栽培

鲜切花生产的高效优质在于切花自身的观赏期延长、其他观赏性状有所改善或提高，消耗的生产原料（肥料、农药、灌溉用水等）比传统的栽培方式有明显减少，而且花卉的生产不对周围环境排放潜在的有害污染。由此可见，高效优质的切花生产本身就需要全方位去改变目前的状况。因此，低能耗低环境压力是符合国家的低碳环保理念的一种全新的切花栽培模式。

3. 人工智能在切花栽培中的应用

以物联网技术为基础的人工智能今后将在切花栽培中广泛应用。高品质的切花需要格外重视栽培过程中各个环节的精细、高度一致化的管理和控制。品质的高度一致化要求人工智能大力推广应用，充分发挥智慧农业的优势。人工智能在切花栽培中的推广应用还需要注重以下三个方面的建设。

(1) 开发花卉栽培管理的数据包：需要前期收集相应的花卉不同生长发育时期的数据信息；基于前期对根际微生物针对性研究积累基础上，优化接种的微生物菌群，明确可以反映良好根际微生态环境的检测指标；开发主栽切花常见病虫害识别人工智能软件，完善专家系统所需的数据。

(2) 市场供求信息的过滤和网络安全方面的建设和维护：当下是大数据时代，网络信息安全关系到发展智慧农业大数据利用的成败。一方面要促进农业的大数据发展；另一方面要从宏观调控角度制定出配套的法规政策，或者利用相关法律进行监督管理。农业的大数据产业的稳步发展需要相关部门机构为农业的发展提供优良环境，形成人才、技术等条件的复合保障体系，为智慧农业的发展提供更为优质的网络资源与信息服务。

(3) 智慧农业从业人员的培养：培养专业人才要面向未来、面向市场，要坚持目前与未来、实践与理论相结合。首先，政府可以开设一些关于智慧农业的培训课程，先行培育出一批能够熟练运用人工智能开展智慧农业进行生产的实用人才。然后，与初高中职业教育进行结合，开展关于智慧农业的专业、智慧农业相关设备应用的专业和物联网调控的专业等。培养专业的人才要以学校为主，这样能够长远地培养关于智慧农业的技术型人才，还能够增加就业。此外，政府可以组织当地农业生产大户进行智慧农业的培训，在培训的过程中，注意培训内容应当尽量符合受众的实际特点，防止出现不相符的情况，影响培训效果。

NOTE

第三章　切花采后的生理生化变化

鲜切花一经离开母体，就断绝了水分与养分的供给，却仍要不断地消耗养分，从自然规律上讲，必然要走向衰老与生命的终结。但不同的鲜切花这一进程的快慢具有很大的差别，因此它们的采后观赏寿命表现得长短不同。究其原因，切花产品保持正常生命力的能力取决于其耐贮运性、抗病性的强弱，并受到品种自身特点、环境条件等各种因素的影响。花卉采后生理(post-harvest physiology)正是研究切花产品采后生理代谢规律及其影响因素的一门科学，它将为我们有效制订延长切花寿命的措施提供有力的依据。

第一节　水分的变化

离体切花与在体花枝的衰老现象有所不同。在体花枝的寿命是以花色变化、花朵闭合、花瓣萎蔫或花瓣脱落等自然衰老而结束。当花枝一旦从母体采切下来，置入水中时，通常观察不到上述自然衰老特征，取而代之的往往是水分胁迫的症状，比如花朵和叶片的未熟萎蔫。容易出现这一症状的较典型的花卉有月季、落新妇、满天星、金合欢等，而其他花卉如郁金香、小苍兰、鸢尾等并不表现类似的早期水分胁迫症状。

一、水分吸收与水分平衡

1. 水分吸收速率

切花的水分吸收(water absorption)通常用水分吸收速率(water absorption rate)来衡量。切花由初开、盛开、盛末到衰败的过程中，水分吸收速率由低到高，达到最大值后逐渐降低。切花因种类不同，开花和衰老过程中水分吸收速率变化类型有所不同，主要分为两种变化类型。其中第一种类型也是最常见的类型：刚刚采切的切花水势低，水分吸收速率高，并且吸收速率大于蒸腾速率；然后水分吸收速率与蒸腾速率逐渐达到一致，即达到一个稳定的状态；随后吸收速率迅速降低，并且小于蒸腾速率。属于这种类型的有月季、落新妇、菊花、晚香玉、马蹄莲、红毛菜属、银桦属、薄子木属等。切花采收后水分吸收的另一种类型是其水分吸收速率在整个开花衰老进程中变化不剧烈，即水分吸收增加和降低的变化都很平缓，如蝎尾蕉植物。

2. 影响水分吸收的因子

影响切花水分吸收的外界因子包括蒸腾拉力、温度、瓶插液中的离子组成等。温度影响溶质黏性，提高水温可以增加切花干藏后的茎秆的水合作用。但处理时间过长，如用 40 ℃以上的温水处理数小时，会导致切花瓶插寿命的缩短。硬水往往降低切花茎秆水分吸收速率，去除硬水中的离子可以改善月季切花的水分吸收，延缓萎蔫进程。瓶插液中的离子组成也影响切花的水分吸收，如 0.1%～0.2%的硝酸钙溶液可以延长月季切花的瓶插寿命，降低溶液 pH 会明显促进花枝吸水。瓶插液中加入表面活性剂可以促进花枝吸水。

NOTE

3. 水分平衡

切花的水分平衡(water balance)是指切花的水分吸收、运输以及蒸腾之间保持良好的状态。植物从花芽发育到盛开，必须保持高水平的紧张度，而花朵的紧张度取决于吸水速度和水分散失间的平衡，鲜度只有在吸水速率大于蒸腾速率时才能获得。大多数切花的含水量为70%～80%。切花采收后，切断了来自母体根系的水分供应，切花叶面蒸腾量大于基部吸水量，造成水分亏缺。故切花采收后，采取适当措施使其保持一定的含水量对于切花保鲜是极为重要的。

切花因种类和品种不同，采收时花朵的开放程度也不同。以月季为例，按照商业标准采收后瓶插时，都要经历蕾期、初开、盛开和衰老的过程。在这期间，花枝鲜重先是逐渐增加，达到最大值之后又逐渐减低。这是因为在正常情况下，切花从瓶插至盛开期间，花枝吸水速率大于失水速率，保持着较高的膨压，花朵正常开放，花瓣鲜重增加明显。但如果水分供应不足，花朵就无法正常开放，出现僵蕾、僵花等现象。研究表明，月季切花瓶插过程中，吸水总量与瓶插寿命没有相关性，其寿命的长短只取决于吸水与失水之间的平衡关系。当切花吸水量大于失水量时，其鲜度增加，花色鲜艳，茎秆挺拔，代谢正常；而当吸水量小于失水量时，则切花品质变差。

4. 渗透调节(osmotic regulation)

对一般植物细胞来讲，当发生水分胁迫时，能够增加单位细胞的溶质浓度，进行渗透调节，以此来部分或完全防止膨压降低。这些分子包括无机和有机离子、可溶性碳水化合物、氨基酸等。切花的渗透调节，分为以下三种情况。

(1) 没有渗透调节，如以色列露地栽培的完整的唐菖蒲，植株叶片水分含量在降低时，其渗透压与水分损失成比例地降低。

(2) 水分胁迫增加了细胞的弹性模量，如生长在温室内的月季植物，当进行缓慢的水分胁迫时，叶片没有观察到渗透调节现象。

(3) 叶片与花瓣之间的调节，如一些菊花品种花瓣的渗透势低于叶片，因此当切花遭到中度水分胁迫时，叶片出现萎蔫，花瓣则不出现相应的症状。而用蔗糖喂饲切花茎秆基部，叶片的渗透势降低速度要慢于花瓣。

二、切花体内水分运输

水分主要靠渗透作用进入切花茎基部，顺着水势梯度向上运行。切花花枝没有根压，水分向上运输的动力主要是叶面和花朵的蒸腾拉力。水分在切花花枝内的运输与普通植物一样，都有质外体和共质体途径。

三、切花蒸腾

根据蒸腾部位和性质切花蒸腾(transpiration)可以划分为气孔蒸腾(stomatal transpiration)和表皮蒸腾(epidermal transpiration)。其中，前者是蒸腾失水的主要方式。但切花种类不同，蒸腾部位和方式差别很大，有的种类后者成为主要方式。

(一) 切花蒸腾与气孔开放

1. 切花蒸腾与气孔分布

气孔蒸腾通常是切花蒸腾的主要方式。气孔通常存在于所有的绿色表皮组织，例如叶片，有时也存在于非绿色组织的表皮，比如花瓣。一些商业切花种类花瓣上气孔的存在和分布情况见表3-1。

表3-1 大宗切花花瓣气孔分布

种　　类	品　　种	气孔数量
兰属(*Cymbidium*)	Alexalban	无
	Sirius	无
	Tapestry	无
	King Arthor	远轴处有少量分布

续表

种　类	品　种	气孔数量
菊属(*Dendranthema*)	Reagan, Cassa	约 20 个/厘米^2(近主叶脉处)
石竹属(*Dianthus*)	White Sim	无
	Scania	无
扶郎花属(*Gerbera*)	Mickey	无
	Liesbeth	无
	Tamara	无
百合属(*Lilium*)	Enchantment	10 个/厘米^2(近主叶脉处)
蔷薇属(*Rosa*)	Lady Stoon	无
	Golden Wave	无
	Sonia	无
	Madelon	无
	Ilona	无
	Motrea	无
	Frisco	无
郁金香属(*Tulipa*)	Apeldoorn	存在于内层和外层花瓣

需要指出的是花瓣上的气孔通常被认为缺乏生理功能或者根本没有生理功能。不过关于切花花瓣上气孔的作用是否与叶片上的相同,还有待进一步研究。此外,Esau 发现切花雄蕊和雌蕊上也有气孔存在,在蜜腺上的气孔并没有发现有气体交换的功能。

叶片上的气孔(图 3-1)通常对光照、水势、激素平衡以及 CO_2 浓度等都有反应,并且在一些植物中对空气的相对湿度也有反应。关于气孔开放规律,生长在光照条件下的植物气孔通常在早晨开放;中午之前由于蒸腾失水使水势降低,气孔有时部分关闭;下午仍然关闭或再度开放。月季切花采切后直接放置在水中,叶片气孔开闭的昼夜节律与采前相同,并且这一节律性变化即使在黑暗条件下也能持续数日。

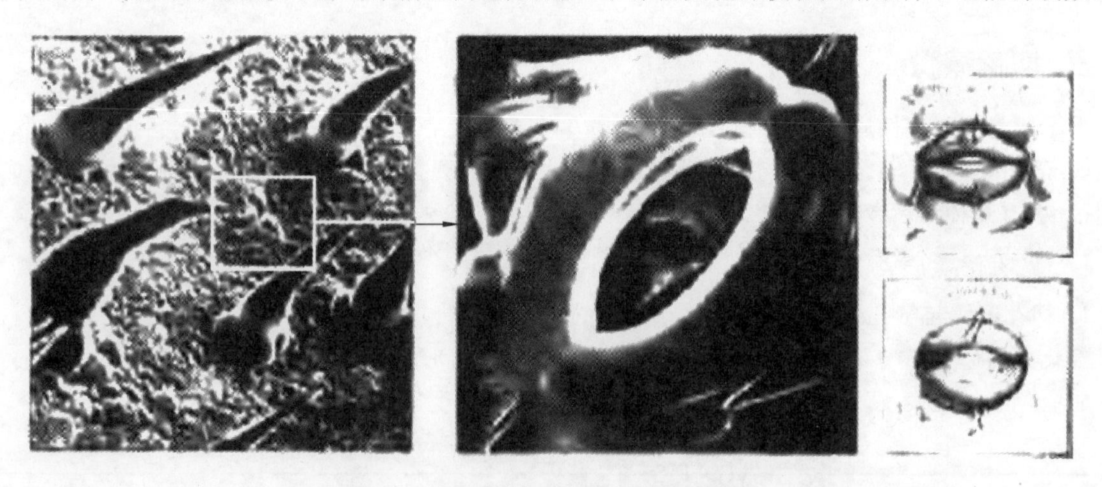

图 3-1　植物叶片气孔结构与功能示意图

研究表明,不同类型切花叶片下表皮的气孔密度和大小存在显著差异。黄政敏研究发现,在香石竹、百合、月季和非洲菊四种切花中,气孔密度最大的是非洲菊,其次为月季,香石竹次之;百合最小,其气孔密度不足非洲菊叶片的 16%。另外,四种切花叶片的气孔大小也存在一定的差异。百合的气孔最大,其次为香石竹,月季再次之,最小的为非洲菊,其气孔的长度、宽度和面积分别为百合气孔的25.1%、

NOTE

33.1%和6.6%(表3-2)。

表3-2 香石竹、百合、月季和非洲菊切花叶片下表皮的气孔密度和大小

材料	气孔密度/(个/mm^2)	气孔大小/μm		气孔面积/μm^2	宽长比
		长	宽		
香石竹	88.9±4.1c	44.0±0.8b	37.4±0.7c	1296.7±39.6b	0.85
百合	40.7±2.3 d	110.7±1.4a	58.0±0.6a	5047.6±97.6a	0.52
月季	122.2±7.6b	23.3±0.4 d	36.1±0.5b	660.4±16.9c	0.65
非洲菊	260.0±12.5a	27.8±0.6c	19.2±0.6 d	418.5±9.8 d	0.69

不同类型的切花叶片气孔类型和形态也不同，黄政敏的研究结果表明，百合气孔类型为无副卫细胞包围型，香石竹气孔类型为横列细胞型，非洲菊和月季的气孔类型为平列细胞型。另外，根据气孔的宽长比来划分，香石竹气孔属于近圆形（宽长比>0.75），百合气孔属于长椭圆形（宽长比<0.63），月季和非洲菊的气孔属于介于二者之间的椭圆形（图3-2）。

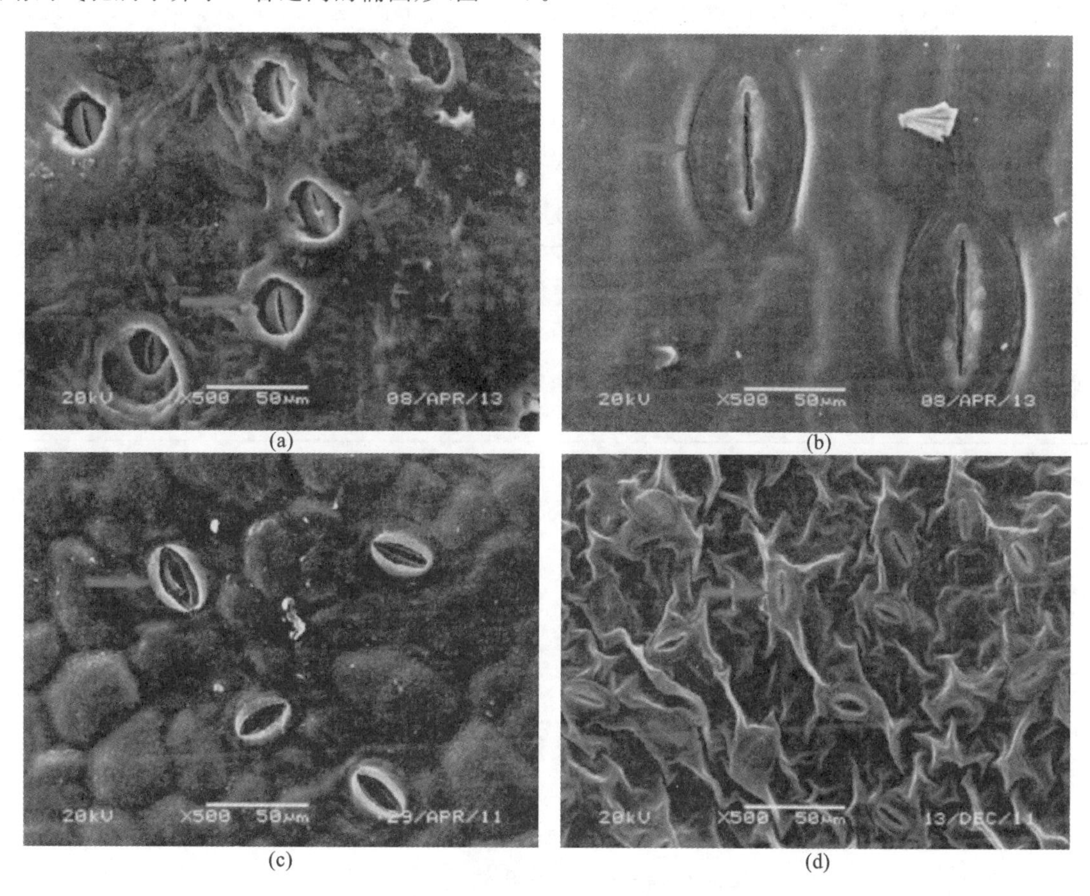

扫码看彩图3-2

图3-2 四种切花叶片的气孔形态

(a) 香石竹;(b) 百合;(c) 月季;(d) 非洲菊，标尺为50 μm

2. 气孔调节

完整植株的气孔开放通常因水分胁迫而延迟，这一现象在切花中也能看到。将切花月季Frisco和Sonia两品种，采切后干置于实验桌上3 h，然后插入水中，气孔再次开放；而将花枝持续干置24 h，然后放入水中，在以后的2天没有观察到气孔的再度开放。有人指出植物受到水分胁迫而使气孔快速闭合是因为积累了脱落酸(ABA)及其衍生物的缘故，而水分胁迫后气孔的再度缓慢开放可能是因为ABA的缓慢降解，不过有关这一假设的证据目前还不充分。

外源细胞分裂素能够诱导气孔开放，促进切花萎蔫。也有例外，如将带有叶片的月季切花茎秆插入含有细胞分裂素的瓶插液中，促进蒸腾速率和气孔开放。但是，细胞分裂素却延迟了带有叶片的和不带

NOTE

有叶片的花朵的萎蔫。

Halevy 和 Mayak 在 1981 年的研究表明，月季切花在全光或光暗 12 h 交替下的蒸腾失水量为全暗时的 5 倍，而水分吸收保持相对恒定。Uda 等研究发现，光照处理和温度升高均可促进月季"Rote"切花失水，加快花枝萎蔫。研究表明，不同品种月季切花之间瓶插寿命的差异与其气孔的关闭效率密切相关。Mayak 等用赤霉素和细胞分裂素处理抑制马蹄莲和玉簪切花的气孔开放，可减少水分散失和延长两种切花的瓶插寿命。

3. 影响气孔蒸腾的环境因素

(1) 界面层：植物表面静止空气层（即界面层）的厚度伴随着风速的增加而减少，但是风的影响往往因表皮毛的存在而减弱。当切花进行强风预冷时，往往引起水分的较多损失，但是在家内即使空气流动速度快，插入水中的切花也不会有强烈的水分损失。Noble 指出当气孔完全开放时，界面层的阻力可以成为蒸腾速率的限制因子。

(2) 保鲜液浓度：蒸腾速率依赖于所处的空气水势与茎秆基部溶液水势之间的水势梯度。通常空气中的水势在温度为 20 ℃，相对湿度为 50%时约为－100 MPa，而去离子水的水势为零，两者的差值是 100 MPa。保鲜液中含 200 mg/L 的蔗糖溶液时，在 20 ℃条件下，水势为－1.55 MPa。这与通常空气水势（100 MPa）相比实在微不足道。可见，由于溶质浓度变化而引起切花器官水势的变化是很难影响到与空气之间的水势梯度，也很难影响到器官表面水分蒸腾。

(3) 保鲜液中主要溶质。

①碳水化合物：常用的是蔗糖，有时用白砂糖代替。糖对气孔蒸腾的影响，主要通过增大溶液黏度来发挥作用。例如，20%的蔗糖溶液所具有的黏度是纯净水的 2 倍。糖的添加虽然能够降低蒸腾，但是其副作用是导致细菌的生长，有时引起气孔关闭。不过后者不是普遍现象。降低切花糖蒸腾速率的有效糖浓度一般为 3%～6%（表 3-3）。一般认为主要是减少水分吸收，这一点比对气孔的影响还重要。Durkin 报道，在一个完全排除细菌干扰的情况下，40 g·L^{-1} 的蔗糖溶液能够使月季切花茎秆水分流动速率降低到对照的 1/3。

表 3-3 各种切花降低蒸腾速率的有效糖浓度

切花名称	糖质量分数/(%)
金鱼草(*Antirrhinum majus*)	0.7
菊花(*Chrysanthemum*)	2
大花天人菊(*Gaillardia grandiflora*)	1
黑种草(*Nigella damascena*)	4～6
香豌豆(*Lathyrus odoratus*)	4～6
碧冬茄属(*Petunia*)	4～6
月季(*Rosa chinensis*)	3～4

②羟基喹啉化合物：常用的杀菌剂，还可以引起气孔的关闭。

③铝化合物：通常加在水溶液中阻止细菌生长，并降低切花的蒸腾速率。Schnabl 和 Ziegler 把带有表皮的一段枝条浸在含有 1 mmol/L 的铝盐溶液中，导致气孔关闭。铝盐通过降低气孔的导度而降低蒸腾速率。

④外源激素：ABA 能有效减缓气孔的开放。将月季切花插入 1 mg/L ABA 水溶液中，或插入 10 mg/L ABA 水溶液中 1 天可以延缓其萎蔫。ABA 通过维持较高的水分蒸发来延长切花的寿命。

(二) 表皮蒸腾

表皮蒸腾(epidermal transpiration)是指植物表面除气孔以外的整个外表的蒸腾作用，主要包括以下几种。

(1) 皮孔蒸腾：通过皮孔进行的水分蒸腾称为皮孔蒸腾(lenticular transpiration)，木本类切花多具有这种现象。但是皮孔蒸腾的量非常小，只占全部蒸腾的 0.1%，所以植物的蒸腾作用绝大部分是在叶

NOTE

片上进行的。

(2) 表皮蒸腾：一些切花即使气孔关闭水分损失依然很快，并且水分损失主要通过花朵。例如，落新妇有很多小花，其叶片和茎秆的水分损失只占失水总量约40%。这是因为表皮细胞通常向外隆起，使得花瓣的下部分表皮往往很光滑，而上部分表皮却很粗糙，进一步增加了表面积。具有这种特征的花卉种类还有三色堇、豆瓣菜属、月季、香雪球、草莓属。

(3) 角质层蒸腾：植物器官表皮角质层发达，成为限制水分蒸腾的一个重要屏障。Blanke发现草莓花瓣表面缺乏角质层。另有报道，月季切花花瓣有像是花瓣彩虹的角质层。角质层的水分蒸腾系数一般很低，其大小与聚丙烯塑料相近。对于特定切花的角质层来说蒸腾速率与厚度有关；但是不同种类之间，并不依赖于厚度，而是与化学组成、孔和洞的存在、表皮蜡质以及表皮结构有关。

蒸腾作用是切花失水的主要方式，蒸腾作用脱水过多，造成组织皱缩，失去光泽和新鲜状态，切花的品质下降。蒸腾作用的强弱与切花的品种相关。有报道说八仙花保鲜性差，就是因为其小花瓣多，蒸腾作用加快的缘故；而火鹤花表皮角质层较厚，失水速度缓慢，瓶插寿命较一般切花长。与其他花卉相比，香石竹的功能气孔主要集中在茎部，去叶仅使香石竹的失水量减少60%。另外，蒸腾作用的强弱还与周围空气湿度、温度和光照等有关，月季在12 h光照、12 h黑暗的条件下，比完全黑暗中的切花失水多5倍。因此，保持切花周围空气的高湿度，降低温度和空气流速等，都能减少切花的失水量。用叠氮化钠处理，可抑制香石竹的蒸腾作用，使花期延长3天以上。

四、切花水分胁迫

(一) 水分胁迫的概念及其衡量指标

1. 水分胁迫的概念

水分胁迫(water stress)是指植物体失水大于吸水，引起体内水分亏缺，并进而对植物体正常生理功能产生干扰。切花在从采收、集货、分级包装、预冷、贮藏、运输、批发、销售等各个环节中，都不可避免地要遭受水分胁迫。水分胁迫往往影响到切花的流通质量和瓶插品质。

2. 水分胁迫程度的衡量指标

衡量水分胁迫程度的指标主要包括鲜重损失率、器官水势、切花的瓶插寿命缩短百分率等。鲜重损失率(fresh weigh loss)是指胁迫前后的鲜重之差与胁迫前鲜重的比值，常用百分比表示。通常切花流通中的鲜重损失率在5%～10%。器官水势(water potential of organs)是反映花卉器官水分饱满状况的指标，数值为负值，绝对值越大，表示花朵失水越多，水分亏缺程度越高。

切花的瓶插寿命(vase life)是指花朵从瓶插之日起到失去观赏价值前一天的瓶插天数。瓶插寿命缩短百分率(decreased percentage of vase life)是指切花在一定条件下失水胁迫引起的瓶插寿命的减少值与对照的比值，是衡量花朵水分胁迫程度的内在指标。一般来说，瓶插寿命缩短百分率小于10%为轻度胁迫，大于50%为重度胁迫，介于两者之间的为中度胁迫。

(二) 水分胁迫引起的生理反应

1. 对花枝水分状况的影响

花枝水分状况通常用水分平衡值(water balance point)来表示。水分平衡值是花枝的吸水量与失水量之差，水分胁迫直接影响切花的水分平衡值，当这一指标为正值时表明吸水大于失水，并且数值越大表明花枝持水状况越好。一般花枝从蕾期到盛开期，水分平衡值为正值；盛开期以后转为负值。当切花遭到水分胁迫时，随着胁迫程度的加大，花枝水分平衡值逐渐减小，花枝的瓶插寿命亦缩短。

2. 对叶片气孔阻力的影响

切花叶片气孔是水分散失的门户，对水分、空气具有很好的调控能力。当植物遭受水分胁迫时，会引起气孔的收缩，气孔阻力(stomatal resistance)加大。并且随着水分胁迫程度的加大，花枝叶片气孔阻力也逐渐增大，即通过叶片气孔散失的水分减少。但是如果水分胁迫程度超过某一极限时，气孔阻力反而减小，甚至完全消失，气孔也就失去了对水分的调节能力。在花卉的生产流通实践中，一定要设法减轻水分胁迫，以确保花卉的商品质量。

NOTE

3. 对花朵和叶片的相对电导率的影响

花朵和叶片的相对电导率(conductivity)是细胞膜通透性大小的指标,同时也是膜完整性的指标。电导率越大,表明细胞膜的通透性越大,细胞内含物质的渗漏也越多。花朵和叶片细胞的电导率随水分胁迫的增强而增大。轻度水分胁迫对花朵和叶片的相对电导率影响不大;中度水分胁迫使相对电导率的增大幅度较小;重度水分胁迫使细胞膜遭受不可修复的损伤,相对电导率急速增加。

4. 对酶的影响

(1) 与细胞膜氧化有关的酶类。植物在正常的生长条件下,本身存在着自由基的产生和清除的平衡系统。切花在受到失水胁迫时,植物细胞产生并积累 O_2^-、OH^-、H_2O_2 等自由基,同时细胞相应的保护酶系统也得到加强,避免剧烈膜脂过氧化作用对切花品质的破坏。植物体内分解和降低活性氧的保护酶系统包括过氧化物歧化酶(superoxide dismutase,SOD)、过氧化氢酶(catalase,CAT)和过氧化物酶(peroxidase,POD)。其中 POD 和 CAT 主要清除 H_2O_2,SOD 主要是清除 O_2^-,酶活性和活性氧的含量密切相关。在相同失水胁迫强度下,不同失水胁迫耐性的切花膜脂过氧化保护酶活性不同。如耐失水胁迫月季品种“萨曼莎”和不耐失水胁迫品种“加布里拉”经过 24 h 水分胁迫处理后,花瓣和叶片中 SOD 和 POD 活性均高于对照,但“萨曼莎”比“加布里拉”增加的幅度大。当切花萎蔫衰老时,保护酶系统遭到破坏,花朵和叶片 SOD、CAT、POD 活性都下降。

(2) 与蛋白质水解有关的酶类。内肽酶(endopeptidase)是生物体内分解内部肽键的酶类,又称蛋白酶。切花在遭受失水胁迫促进衰老时,内肽酶活性增加,导致切花体内大分子蛋白的水解和可溶性蛋白含量及游离氨基酸的增加。根据内肽酶活性中心的催化机理分为丝氨酸蛋白酶(serine protease)、巯基蛋白酶(thiol-protease)、天冬氨酸蛋白酶(aspartic protease)、金属蛋白酶(metallo-protease)以及类型未确定的蛋白酶(unclassified protease)等。不同切花在特定时期起主导作用的内肽酶种类和活性不同。如在 37 ℃下用专一抑制剂法鉴别出,切花月季“萨曼莎”和“贝拉米”花瓣中至少存在两类三种内肽酶,在 pH 为 6.0 的条件下活性较高的是巯基蛋白酶类和丝氨酸蛋白酶类,在 pH 为 10.0 的条件下活性较高的是丝氨酸蛋白酶类。

5. 对激素的影响

(1) 乙烯:切花根据花朵开放和衰老进程中乙烯的代谢类型,可以划分为乙烯跃变型和非乙烯跃变型两大类。其中前者在遭到水分胁迫时,往往促进花朵的乙烯生成,进而促进整个花朵的开放和衰老进程。并且这一进程是不可逆的。后者虽然通常只生成微量乙烯,但是在水分胁迫达到一定程度时,也能诱发产生大量乙烯,并对开花衰老产生影响。如月季切花进行水分胁迫处理时,发现“萨曼莎”和“加布里拉”乙烯生成量明显高于对照,并随着胁迫程度的增强而增加,见表 3-4。

表 3-4 水分胁迫处理对“萨曼莎”和“加布里拉”花朵乙烯生成量的影响

品种	胁迫处理时间/h	乙烯生成量/[nL/(g·h)]			
		瓶插后天数/天			
		0	1	3	5
萨曼莎	0	0.25	0.13	0.15	0.46
	24	0.35	0.16	0.30	0.41
	36	0.43	0.50	0.51	0.31
	48	0.45	0.60	0.66	0.35
加布里拉	0	0.22	0.31	0.23	0.75
	12	0.44	0.22	0.54	0.83
	24	0.53	0.70	0.59	1.01
	36	0.88	0.77	0.99	0.53

(2) 脱落酸:水分胁迫往往引起切花 ABA 含量的增加。如切花月季“superstar”品种,干藏处理 4 h 引起 ABA 水平的提高。这时如果切花转入水中,18 h 后 ABA 水平恢复正常。但是,这期间如果继续

NOTE

干藏处理，ABA 水平将提高 3 倍。

(3) 细胞激动素：水分胁迫通常引起细胞激动素含量下降。如月季切花在瓶插期间花瓣细胞激动素含量逐渐下降。

（三）切花水分胁迫的原因

1. 茎秆基部吸水阻塞(water absorption block)

切割引起伤流反应，包括一系列自我防御机制反应，形成木栓质、单宁等，堵塞伤口，这是许多切花吸水能力下降、萎蔫的主要原因。Doorn 等证实了酚类物质在月季微管中沉积，夹竹桃科、百合科、罂粟科、大戟科等植物切割后分泌白色乳汁，裸子植物中的南洋杉科、柏科以及被子植物中的蔷薇科、漆树科等植物茎秆切割面分泌松脂，锦葵科、椴树科以及一些单子叶植物中的蝎尾蕉属、美人蕉属等分泌黏液，这些分泌物或者带有沉淀，或者易于固化(如松脂)，都造成茎秆基部堵塞，影响吸水。

2. 木质部内部阻塞(block of vessel)

切花输水管中的活细胞分泌物质沉积在管腔中引起阻塞，如锦葵科、山龙眼科、芸香科、紫菀属；金合欢等豆科植物分泌胶质软糖(gum)，沉积在木质部管腔中；木兰科、木樨科、玄参科和桉属、李属等茎秆导管腔中形成侵填体，有时还伴随着分泌黏液，使这些植物切花的木质部导管阻塞，在瓶插过程中逐渐水分收支失衡而萎蔫。

3. 导管空腔化(cavitation)

切花采切后暴露于空气中，切口最初很快吸收空气。即使在水中新剪的切口，茎秆也会在以后的吸水过程中被带入气泡。堵塞的导管中，由于被堵段空气气压正常，水充满段导管为低压，气泡很容易向导管通畅方向移动集结而成大气泡，造成导管中水柱阻断，吸水困难。

4. 微生物侵染(infection)

切花瓶插期间，瓶插液被细菌、酵母、霉菌等感染，微生物产生分泌物，堵塞茎秆端口，影响水分吸收。

5. 蒸腾(transpiration)

瓶插后期切花吸水能力已明显下降，但蒸腾依然进行，自然引起失水大于吸水，从而导致萎蔫。

（四）延缓水分胁迫的措施

1. 选择适宜品种

不同种类的切花水分平衡维持能力不同，如鹤望兰在温室的瓶插寿命长达 14～30 天，而非洲菊仅为 3～8 天。Evan 等认为切花再水合(rehydration)能力亦因品种而异，如适度失水的“Sonca”月季水下剪切时，即使处于逆境下花枝仍能再水合，而“Caramia”月季则不能。唐雪梅等发现 “Samantha”月季保水能力强，而且叶片、花朵中 SOD 活性较高，具有较强的水分耐胁迫性。不同品种切花瓶插寿命的差异见表 3-5。

表 3-5 某些切花品种瓶插寿命的差异

种类(拉丁学名)	品种名	瓶插寿命/天
六出花(*Alstroemeria*)	Rosario	17.0
火鹤花(*Anthurium*)	Pink Panther	8.0
石竹(*Dianthus*)	Poolster	30.0
非洲菊(*Gerbera jamesonii* Bolus)	Nova-Aurora	15.0
月季(*Rosa*)	Pink Polka	16.0
百合(*Lilium*)	Rolesta	7.5

2. 应用生长调节物质

细胞分裂素类物质总的作用是促进花朵开放、防止茎叶黄化、促进花材吸水、改善切花水分平衡，其中 6-BA 最为常用，一般用量为 20～50 mg/L。

3. 应用抗蒸腾剂

壳聚糖、淀粉等高分子成膜剂，与可促进花材吸水的表面活性物质配成液态膜，采用浸蘸或喷涂法对花材表面涂上一层均匀、完整的薄膜，可以有效地减少鲜切花瓶插期间的失水，该法在菊花、月季上取得成功，但由于鲜花是不同于果品、蔬菜的园艺产品，十分娇柔、鲜嫩，表面喷涂任何溶液都有可能引起失鲜、变形等不良结果，因此实践中慎用。于瓶插液中添加5%左右的甘油，以内吸法增强花材的保水力，克服了上述缺点，是简便、易行的措施。

4. 杀菌剂的使用

常用8-羟基喹啉硫酸盐(8-HQS)、8-羟基喹啉柠檬酸盐(8-HQC)或二者共用作为杀菌剂，这两种盐可降低水的pH，延迟花材的降酸进程和衰老，抑制细菌增殖，促进气孔关闭，从而减少蒸腾，使用浓度为200～600 mg/L。

五、其他

水分对切花衰老的影响还与水的pH有关。一般而言，低pH可以改善植物体内的水分平衡。当水的pH为4或小于4时，可以抑制细菌繁殖，降低酶的活性，减轻对导管的堵塞，对切花起到延长寿命的作用。另有研究表明，瓶插水质也影响切花寿命。月季在自来水中保持4.2天，而在蒸馏水中则可保持9.8天。水中的钠离子、氟离子对切花都有害。

第二节 呼吸作用变化

呼吸作用(respiration)是切花采后最主要的代谢过程，其对切花采后的品质和其他生理生化过程都有很大的影响。

一、切花的呼吸过程

切花采后的呼吸作用主要可分为有氧呼吸和无氧呼吸两种类型。

1. 有氧呼吸(aerobic respiration)

有氧呼吸为切花提供其所需的大量能量。有氧呼吸就是切花的细胞组织从周围空气中吸收O_2，氧化分解有机物质，释放能量，最后生成CO_2和水，呼吸的正常基质是葡萄糖。有氧呼吸过程中，葡萄糖彻底氧化分解，1 mol的葡萄糖在彻底氧分解以后，共释放出2870 kJ的能量，其中有1161 kJ的能量储存在ATP中，1709 kJ以热能形式散失，利用率为40.45%。其反应式如下：

$$C_6H_{12}O_6+O_2 \longrightarrow 6CO_2+6H_2O+\text{能量}$$

2. 无氧呼吸(anaerobic respiration)

无氧呼吸过程不需要空气中的游离态氧参加，呼吸底物只是部分氧化，单位呼吸底物在无氧呼吸中所释放的能量比有氧呼吸要少得多。切花中无氧呼吸最常见的是酒精发酵，其最终产物是乙醇和水，并释放出少量能量。其反应式如下：

$$C_6H_{12}O_6+O_2 \longrightarrow 2C_2H_5OH+2CO_2+\text{能量}$$

切花通过无氧呼吸所获得的能量比通过有氧呼吸得到的少得多，同时无氧呼吸的最终产物乙醇和中间产物乙醛在切花细胞中积累过多，就会导致生理失调。切花呼吸过程除了以葡萄糖、果糖等糖为底物外，脂类、蛋白质和其他有机酸也可作为呼吸底物。

3. 抗氰呼吸途径

抗氰呼吸(cyanide-resistant respiration, CRR)是植物呼吸电子传递链的一条支路。在呼吸电子传递的主路——细胞色素途径中，细胞色素氧化酶可以被KCN、NaN_3、CO等强烈抑制，使电子传递切断，

NOTE

抑制呼吸，但对有些植物的呼吸不起抑制作用，甚至有时起促进作用。后来发现在这种情况下，电子传递不经过细胞色素氧化酶，而是通过对氰化物不敏感的交替氧化酶直接传递给氧分子，这条电子传递途径称为抗氰呼吸途径或交替途径(alternative pathway，AP)，发生呼吸的过程称为抗氰呼吸。通过细胞色素氧化途径，一分子的底物可产生1～3个ATP分子(P/O=1～3)，而通过抗氰支路，则只产生0～1个ATP分子(P/O=0～1)。如果各种代谢途径中还原力的产生与呼吸链中电子传递相偶联的ATP的产生变得不平衡时，抗氰呼吸可能就是消耗过剩还原力的一个合理的机理。Palmer把这一机理称为“溢流”。Lamber用实验支持了这一看法。

因此，在开花或果实完熟期间，可利用的呼吸底物较为丰富，抗氰呼吸就变得旺盛。在衰老的叶片中观察到，电子传递和氧化磷酸化的解偶联降低了ATP的生产，植物为适应部分能量的短缺，可以活化另一种补给或交叉途径(抗氰呼吸)。如同叶片和果实那样，在花瓣衰老过程中也早已观察到抗氰呼吸的转换。天南星科佛焰花序萎蔫前，会暴发性地出现抗氰呼吸是一个有力的实证。图3-3显示了抗氰呼吸电子传递链(支路)与细胞色素体系电子传递途径(主路)之间的关系。糖酵解或磷酸己糖途径的产物将氢交给细胞液中的NAD(外源)，然后可通过两条途径继续氧化。一条是通过内膜外侧的NAD脱氢酶，再经Q，到达主路或支路；一条是通过外膜上的脱氢酶，经Cyt・b内膜空间的Cyt・c(不产生ATP)，参与到内膜的细胞色素主路。图中的Ⅰ、Ⅱ、Ⅲ是三个磷酸化位点。位点Ⅰ是主路和支路共有的，而位点Ⅱ和Ⅲ都在支路上，分岔点以后的支路中没有磷酸化位点。因此抗氰途径又称为非磷酸化途径。当呼吸作用一旦进入抗氰支路，磷酸化效率就明显降低。从图3-3可以看出，细胞抗氰呼吸消耗底物较快而产生ATP较少，甚至不产生，必然导致释放较多的呼吸热，从而使组织和器官升温。除此之外，抗氰呼吸途径还有另一个消极效应，就是产生大量自由基和活性氧，加速细胞的衰老和死亡。

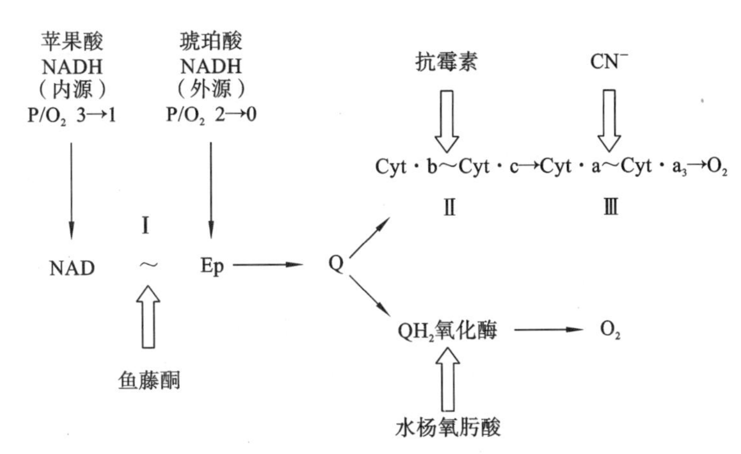

图3-3 植物线粒体中电子传递途径简图

NAD—辅酶Ⅰ；Eq—核黄素；Q—泛醌；Cyt—细胞色素

二、呼吸变化趋势

花枝、叶片等切离母体后，它们的呼吸强度变化趋势分两大类：一是随着花朵开放进程逐渐上升，呼吸增强，在盛开前达到高峰，然后伴随着花朵的衰老逐渐下降，称为呼吸跃变型，这类切花有香石竹、唐菖蒲、月季、芍药、满天星、香豌豆、补血草、风铃草、紫罗兰、金鱼草、仙人球等；另一类是呼吸强度在开花和凋萎过程中无显著变化，称为非呼吸跃变型，这类切花有菊花、花烛、石刁柏、千日红等。

许多切花在呼吸跃变时有两个峰，第一次高峰出现在花初放时，随着花的成熟，呼吸强度逐渐下降，短时间后又上升。第二次高峰的出现意味着花最终衰老。最后呼吸下降可能是由于呼吸底物(糖分)耗尽。然而，有些花(如香石竹和月季)在衰老和萎蔫时仍含有相当数量的糖，说明碳水化合物丧失并不是呼吸下降和花瓣衰老的唯一或初始原因。用某些激素(如6-BA、IAA)或一些无机盐处理切花，可使呼吸的第二次高峰延缓出现，同时使花瓣寿命延长。

NOTE

三、影响呼吸作用的因素

（一）内在因素

1. 种类品种

种类品种不同，呼吸强度及其特性有不同程度的差异。一般情况下，观花、观叶类切花较观茎类切花的呼吸强度大；阔叶类较针叶类的呼吸强度大；花期短的较花期长的呼吸强度大；生长旺盛的种类较生长缓慢的种类呼吸强度大。

2. 成熟程度

切花的发育及成熟度与呼吸强度有密切联系。幼龄阶段呼吸强度较大，随着器官的发育和成熟，呼吸强度逐渐下降。月季采后瓶插时呼吸强度较低，随着瓶插时间的延长，呼吸强度有一跃变高峰，进入衰老期后，呼吸强度则明显下降。香石竹的呼吸强度变化趋势与月季切花基本相同。

（二）外界环境因素

1. 温度

温度是影响呼吸作用的重要环境因素之一。切花的呼吸强度随温度的上升而增大。在 5～35 ℃，温度每上升 10 ℃植物的呼吸强度增大的倍数称为温度系数（temperature coefficient）。切花的温度系数一般为 1～1.5，但种类之间有很大的差别。

在低温条件下，切花的呼吸强度降低，相应的一些生理生化反应速率亦会下降，其衰老进程受到抑制，寿命延长。因此，低温冷藏是切花保鲜的主要措施之一。

切花采后所处的环境温度除受自然温度的制约外，切花自身的呼吸作用过程也将产生大量的呼吸热而使周围局部环境的温度上升。因此，在低温冷藏过程中，应高度重视并及时排出呼吸热。温度过低，则会对切花造成冷害或冻害。

2. 气体成分

采后切花所处环境中的气体成分对呼吸作用亦有重要影响。影响呼吸作用的主要气体成分是氧气和二氧化碳，许多毒性气体如一氧化碳、二氧化硫、氰化物、氟化物、叠氮化物等，会抑制呼吸酶的活性而抑制呼吸作用，但多数将对切花材料产生毒害，或对环境造成污染。因此，在切花保鲜过程中，氧气和二氧化碳的作用更加受到重视。

氧气是切花进行呼吸作用的重要条件。大气中氧气的含量约为 21%，能保证切花材料正常的呼吸作用对氧气的需求。当环境中氧气含量下降时，切花的呼吸作用下降，二氧化碳释放量随之减少；当氧气含量低于 5%时，呼吸作用受到明显抑制。但不同切花种类的呼吸作用与氧气含量的关系有一定程度的差异。氧气过少，会产生无氧呼吸，长时间的无氧呼吸会导致切花发生生理性病害，如酒精中毒等，造成切花腐烂衰败。

环境中的二氧化碳浓度对切花的呼吸作用也有直接影响。一般情况下，1%～5%的二氧化碳浓度比较适合于植物正常的呼吸作用。在一定的范围内，提高空气中二氧化碳的浓度，能抑制切花的呼吸作用，使氧气的吸收量和二氧化碳的释放量都受影响，但主要是减少二氧化碳的释放量。

二氧化碳的浓度过高，会抑制呼吸酶活性，从而引起代谢失调，对切花造成毒害，即二氧化碳中毒，它对切花的伤害往往比由缺氧所造成的伤害更为严重。不过，因二氧化碳浓度过高所造成的伤害可通过提高氧气的浓度减轻；然而，即使在较高氧气浓度和较高二氧化碳浓度的环境中，切花的呼吸作用仍然受到明显的抑制。由于空气中氧气和二氧化碳浓度都与切花的呼吸作用有密切关系，而且氧气与二氧化碳之间存在拮抗作用，在切花保鲜过程中，根据种类品种特性调节空气的气体成分和浓度，进行所谓的气调贮藏，是切花保鲜的有效途径。

3. 空气湿度

新鲜的切花组织中含有大量的水分，若环境中湿度过低，会使切花过度失水，而组织内水解酶活性则会提高，促使一些复杂的碳水化合物等被水解成糖，为呼吸作用提供更多的底物，导致呼吸强度上升。但是，湿度过高也会因增强呼吸酶的活性而促进呼吸作用。

NOTE

4. 机械损伤和病虫害

切花在采收、运输、贮藏、销售等过程中，常常会因挤压、割裂、剪切等遭受机械损伤，或因病虫危害造成结构或组织的伤害。当切花遭受伤害后，能自行进行愈伤过程，以恢复组织结构的完整性。在此过程中，首先是受伤部位周围组织的细胞内氧化酶的活性提高，呼吸作用加强，产生所谓的“伤呼吸”。伤呼吸在接近创伤的部位强度最高，它能使受伤组织得以“修复”，或形成新的保护性结构，或抑制和分解病原物分泌的毒素，以保护自身正常的生理功能。

切花的呼吸保护性反应在种类品种间有很大的差异。抗病耐贮的品种，反应迅速而强烈；反之，则反应迟缓甚至不发生明显的反应。同时，呼吸保护性反应的速度和强度与环境因素有密切关系。在适宜的温度、湿度和氧气浓度的环境中，受伤部位能迅速形成良好的周皮组织和木栓层，若温度或氧气不足，必要的呼吸作用不能正常进行，愈伤速度缓慢或者不能完全愈合。

所以，减少机械损伤和病虫危害，能减轻切花的呼吸强度，延长切花保鲜期。

5. 其他因子

影响切花呼吸作用的外界环境因子还有很多，如光照与呼吸作用密切相关。一方面，光照的强弱会影响碳水化合物生产量而引起呼吸作用发生变化，即通过光合作用增加呼吸底物而提高呼吸强度；另一方面，光照的变化能导致环境温度的变化，因此也可影响呼吸作用。

植物激素或植物生长调节剂对呼吸作用亦有影响。植物激素是植物在新陈代谢过程中的产物，在植物体内含量极少但生理活性很高，对植物的生长发育起重要的调节作用。植物生长调节剂则是人工合成的、在功能与性质上与植物激素相似的化学物质。萘乙酸是一种植物生长素，在一定浓度范围内对植物生长有促进作用，但超过一定的浓度后，就会对植物生长起抑制作用，甚至造成植物死亡。在切花贮藏保鲜过程中，用一定浓度的萘乙酸处理，可减弱呼吸强度。细胞分裂素有抑制呼吸作用的功能，因而具有保鲜的效应。乙烯对呼吸有促进作用，因而被常用作果品和蔬菜的催熟剂，许多研究表明，乙烯与切花的呼吸作用密切相关，因而可影响切花的保鲜。

此外，某些金属盐类也可以引起切花的呼吸作用强度发生变化。

第三节　大分子物质的代谢变化

切花的采后衰老过程中，除了水分、呼吸作用等的变化外，还有许多内含物质发生变化。花瓣衰老伴随着干物质的减少，这是由于一些大分子物质如糖、淀粉、蛋白质和核酸等的重新分配。其中有些变化是切花衰老的前提，控制这些变化过程就能控制衰老的进程；而有些变化则是切花衰老的代谢产物，可作为切花衰老进程的指标，在研究和生产中加以利用。

一、碳水化合物的变化

碳水化合物(carbohydrate)是切花中的一类重要的营养物质，为切花的生命活动提供能量。碳水化合物多以水溶性的单糖或双糖形式存在，有时以淀粉形式存在于细胞中。在开花大量消耗糖分时，淀粉可转化为糖。

糖是重要的呼吸基质，用于切花维持生命活动能量的需要，也是合成多种有机酸的基质，有保护细胞结构的功能。从切花角度看，糖含量和切花的品质密切相关，含糖量高的切花通常有着较高的观赏性与耐插性。唐菖蒲采收时含糖量越高，贮藏后或瓶插时观赏品质越好。瓶插前用蔗糖处理，其小花开放率和观赏品质与净吸糖率呈正相关。所以在切花保鲜过程中，常用外源糖补给切花，糖沿着维管束进入到花中，增加花的渗透浓度，改善吸水能力，使花瓣保持膨胀。同时维持细胞膜的半透性，推迟离子与水的渗漏，有利于延长寿命，保持花瓣色泽。糖作为蛋白质合成的基质，可延缓蛋白质的分解。糖还能影响水分的平衡，使气孔关闭，减少水分丧失。研究发现，唐菖蒲贮藏后品质下降的主要原因是其自身含

糖量的减少。用外源糖预处理切花菊花,可延缓其自身糖分的消耗,使切花菊花在整个贮藏过程中都有较高的含糖量,从而提高其贮后的观赏质量。用蔗糖处理红衣主教月季切花,可以改善贮藏品质,延长瓶插寿命,增大花朵直径,降低失水速率和细胞膜透性。

切花采后碳水化合物总的呈现出下降的变化趋势。组织内糖分的含量急剧减少,是鲜切花衰老过程中的重要生理现象。切花菊在贮藏过程中,含糖量则一直呈下降趋势。香石竹花瓣衰老过程中蔗糖吸收减少,糖分的减少主要与呼吸作用有关。在无外源碳供给时,采后切花淀粉在最初 1～10 h 内迅速分解,之后则维持较稳定水平。如月季切花花瓣中的淀粉在采后 1～2 天内迅速分解,之后维持较稳定的水平。可溶性糖含量于采后逐渐降低,还原糖在瓶插前期稍有增加,之后也下降,主要因为前期多糖分解,使还原糖总量增加量大于呼吸消耗量。花序中不同发育程度的小花之间存在着对碳水化合物的竞争,其含糖量变化规律不一致。如唐菖蒲基部旺盛生长的小花能从周围组织吸收糖分,使邻近小花因糖分短缺而发育缓慢,当基部衰老时,养分才向上运输促使上部小花生长。姜花和补血草小花间存在类似的营养分配。

蔗糖作为切花的营养物质、呼吸基质,能保护线粒体的结构和功能,对延长切花寿命有一定作用。供给外源糖,则可被切花吸收转化,延缓衰老。切花采后呼吸消耗成为主要的代谢活动,可溶性糖之所以前期稍有增加,是由于淀粉降解所致。一般淀粉与可溶性糖之比可用于鉴定切花贮藏寿命,淀粉含量高的切花耐贮性好。

糖不仅作为呼吸底物为植物的生长和发育提供能量和代谢中间产物,而且具有信号的功能,从而调控植物的生长、发育、成熟和衰老等,糖可调控植物的花转变,并且对植物花转变的调控具有多重效应,这依赖于糖的浓度、植物的营养生长阶段和遗传背景。Smeekens 及 Sheen 等对植物糖信号转导分子机制的研究表明,己糖激酶(hexokinase,HXK)在糖信号转导中起着重要的作用。HXK 是一个双功能的酶,即具催化功能和调节功能,且这两种功能是非偶联的。HXK 可作为葡萄糖感受器使细胞间糖信号被感知,从而触发糖信号传递,其糖信号转导途径通过正向和反向调节开花基因的表达,从而调控着植物的开花过程,表现为高糖延迟开花。HXK 的糖信号转导途径调控衰老的可能分子机制是模仿 ABA 和乙烯的方式,转导糖信号活化磷脂酶 D(PLD)等基因的表达从而促进衰老。因此,HXK 在糖信号转导中起着重要的作用,但其在糖感受和信号转导中的调控机制非常复杂,有待深入研究。

二、蛋白质及游离氨基酸的变化

蛋白质(protein)既是细胞的结构成分,也是各种酶的组成部分。这些酶催化各种生理生化反应,使切花维持正常的生命活动。蛋白质、氨基酸的含量变化与切花的衰老关系密切。在花衰败过程中,常伴随着蛋白质含量的减少,这是因为蛋白质分解加速,而合成减少。蛋白质是植物生命活动的物质基础,它的分解标志着生命活动的减弱。在可溶性蛋白质中,有相当部分是维持生命活动所需的酶类,如切花采后蛋白质酶、核酸酶、过氧化物酶等活性的提高,往往导致切花品质的降低。长寿花在衰老期间比短寿花含有更高水平的蛋白质,长寿花的可溶性蛋白质水解速率慢。月季采后花瓣中总游离氨基酸和游离碱性氨基酸含量上升,游离酸性氨基酸在瓶插前期变化波动不定,但当花瓣衰老时急剧增加。月季花瓣中丝氨酸含量最高,衰老时急剧增加,因此推测月季花瓣衰老时蛋白质降解,使丝氨酸增加,而丝氨酸增加,促进了蛋白酶的合成,进一步加速了蛋白质的水解。

Borochov 的研究表明,鲜切花的衰老明显伴随着蛋白质质与量的变化;蛋白质不断降解,游离氨基酸的含量不断提高。某些氨基酸是激素合成的前体,现知乙烯是促进花衰老的重要因子,而甲硫氨酸是乙烯合成的前体。蛋白质分解的氨基酸常改变细胞的酸碱度,碱性氨基酸的增加,常使花朵变蓝紫,且变暗淡。

高勇的研究表明,随着花瓣的衰老,不同氨基酸的含量变化较大,有的持续增加,有的转而下降,有的波动不定。花瓣的色彩与组织中的 pH 有关。组氨酸、精氨酸和赖氨酸 3 种碱性氨基酸,在瓶插的前 3 天略有增加,3 天后急剧增加。组织中的 pH 急剧上升,这时,花瓣出现变蓝现象。月季花瓣衰老时,

蛋白质降解，丝氨酸增加，而丝氨酸增加促进了蛋白酶的合成，进一步加速蛋白质的水解。在这期间，甲硫氨酸（Met）含量也不断增加，而甲硫氨酸是乙烯合成的前体。随着花冠的逐渐衰老、花冠中蛋白质的不断减少及降解物的不断外运，氨基酸的含量也逐渐呈下降趋势，这时花朵凋萎、脱落。长寿花比短寿花和中寿花含有更高水平的蛋白质，且水解速率较低。

研究认为，切花采后蛋白质的变化动态和切花采收时的发育程度有关，若采收的切花完全开放，已经成熟，则瓶插时主要发生蛋白质的分解。若在蕾期或初开期采收，花朵尚未发育成熟，采后初期随着发育程度的加深，蛋白质合成作用是主要的，在以后的衰老过程中蛋白质才开始大量分解，含量下降。

用乙烯处理诱导香石竹花瓣卷曲，发生不可逆衰老，但可溶性氨及游离氨基酸含量基本不变，表明蛋白质降解并不是乙烯诱导的衰老过程的启动因子。

种球休眠期内也进行着核酸和蛋白质的合成，但合成速度明显下降。如处于休眠期的秋海棠，当用核酸和蛋白质合成抑制剂处理时不出现休眠现象，而块茎萌发率提高。这表明诱导休眠的环境信号可能影响着核酸控制的某些蛋白质的合成，而这些蛋白质又能引发休眠过程。

三、核酸和游离核苷酸的变化

在切花衰老过程中，核酸（RNA）有明显的降解现象。李宪章等的研究表明，RNA 含量在花开放至脱落过程中有显著的变化。随着花器的衰败，RNA 急剧降解，这种降解和 RNAase 活性的明显增加有关。在 RNA 降解过程中，游离核苷酸有增加趋势，同时还认为，花的衰败过程中核酸的变化随花卉种类而异。通常认为 RNA 水平的降低由两方面因素引起：一是可能因 RNAase 活性的增加；二是可能因 DNA-RNA 聚合酶活性降低。

四、酶活性的变化

切花的衰老过程是一个复杂的生理和生物化学过程，必须有酶的参与。因此，酶活性的变化在切花衰老进程中起着极为重要的作用。随着花器或其他器官的衰老，多种水解酶、过氧化物酶的活性增强，转化酶活性下降，蛋白酶的活性有所增加。如月季花采收后蛋白酶的活性增强，香石竹等切花在衰老过程中 ATPase 的活性降低，切花菊在贮藏过程中过氧化物酶活性稳定上升，紫茉莉花在衰老过程中核酸酶的活性提高等。酶活性的改变可以影响各种理化变化，如纤维素酶、淀粉酶等水解酶的活性增强，可破坏细胞壁的正常结构，或增加呼吸基质；过氧化物酶的活性提高则能使生长素丧失功能而破坏切花的激素平衡。

1. 活性氧的概念

活性氧（reactive oxygen species，ROS）是指分子氧部分还原后形成的一系列比分子氧具有更活泼化学反应性质（如还原性、高能、不稳定性等）的氧的某些代谢产物及其衍生物，包括超氧阴离子（$O_2^{\cdot -}$）、过氧化氢（H_2O_2）、过氧化自由基（ROO·）和活性很强的羟基自由基（OH·）等。这些粒子相当微小，由于存在未配对的自由电子而具有很强的化学反应活性。ROS 是正常氧代谢的副产物，并且在细胞信号传导和保持机体恒常性方面起着重要作用。

2. 活性氧产生的场所

在植物细胞正常代谢过程中，活性氧可由多种途径产生。叶绿体、线粒体和细胞质膜上的电子传递至分子氧的过程伴随产生活跃的、具有毒性的活性氧。另外，当植物受到环境影响，如衰老、创伤、外源物质侵入、辐射光线、冷热、病原菌、生物体毒素、干旱、重金属、空气污染（臭氧、二氧化硫）和激素等胁迫条件，诱导了植物体内各种相关氧化胁迫反应，体内活性氧的产生将远远超出抗氧化系统的清除能力，在细胞内造成严重的氧化胁迫，引起细胞损伤，从不同方面影响破坏细胞的新陈代谢。Shigeoka 等的研究表明，生物和非生物胁迫的介入会使电子传递链和酶代谢紊乱，活性氧水平随之升高。

3. 活性氧的毒害作用及积极作用

当处于失水胁迫等逆境条件下时，植物体内活性氧大量积累，活性氧的代谢平衡被打破，对植物细胞造成多种伤害。活性氧自由基会攻击各种蛋白质上的氨基酸残基，使其金属结合位点被优先氧化，组

NOTE

氨酸、脯氨酸、精氨酸和赖氨酸残基是氧化作用的主要靶点。在活性氧的作用下，DNA 可能发生断裂，会使编码蛋白的结构和功能发生改变。活性氧中的 $O_2^{\cdot-}$ 对细胞有很强的毒害作用，可启动膜脂中不饱和脂肪酸的过氧化作用，而过氧化作用过程中又产生 $O_2^{\cdot-}$。如此反复，使细胞质膜受到严重的伤害。活性氧中的 OH· 能直接启动膜脂过氧化的自由基链式反应，其产生的脂质过氧化物继续分解形成低级氧化产物如丙二醛(MDA)等。MDA 对细胞质膜和细胞中的许多生物功能分子均有很强的破坏作用，它能与膜上的蛋白质氨基酸残基或核酸反应生成 Schiff 碱，降低膜的稳定性，提高膜通透性，促进膜的渗漏，严重时导致植物细胞死亡。因此 MDA 的增加既是细胞质膜受损的结果，也是伤害的原因之一。另外，干旱时活性氧自由基还会使膜脂发生脱脂化作用，使不饱和脂肪酸含量减少，导致膜功能丧失。

此外，活性氧的形成在植物体内也具有如下积极作用。①参与细胞间的某些代谢过程。植物体内的大多数代谢过程中，一般是以自由基的形式作为电子转移的中间产物。②参与乙烯的合成。研究发现乙烯的生物合成需要氧自由基的参与。③参与植物细胞的抗病反应。活性氧具有强的氧化作用，可以直接杀死病原菌，防止病原菌的侵害。在植物细胞内，活性氧可以通过调控与抗病有关的蛋白质的合成和表达达到抗病效果。

4. 活性氧清除系统

植物存在着内源抗氧化系统以保护自身免受活性氧的伤害(图 3-4)，这一系统包括抗氧化酶类和非酶抗氧化剂。抗氧化酶主要有超氧化物歧化酶(superoxide dismutase，SOD)、抗坏血酸氧化酶(ascorbate peroxidase，APX)、过氧化氢酶(catalase，CAT)、过氧化物酶(peroxidase，POD)、谷胱甘肽还原酶(glutathione reductase，GR)、谷胱甘肽过氧化物酶(glutathione peroxidase，GPX)等。非酶抗氧化剂主要包括维生素 C、维生素 E、谷胱甘肽(glutathione，GSH)、褪黑素、类黄酮、甘露醇等。其中，氧化还原态抗坏血酸(Ascorbate，AsA)和谷胱甘肽在植物体内处于高速的平衡转化过程，这在 ROS 的清除上必不可少。在这个过程中，还原态的抗氧化剂以 NADPH 作为还原力，通过谷胱甘肽还原酶(GR)、单脱氢抗坏血酸还原酶(MDAR)和脱氢抗坏血酸还原酶(DHAR)来维持平衡；对不同的氧化胁迫环境敏感的突变体，其胞内抗坏血酸盐浓度和谷胱甘肽含量都会发生改变，平衡被打破。与其他细胞间质相比，叶绿体中含有较高浓度的抗坏血酸和谷胱甘肽，这可能与植物受到氧化胁迫后，细胞内光合作用受到严重影响相关；当叶绿体受到氧化胁迫危害时，可能是由于细胞内叶绿体氧化还原态发生改变，谷胱甘肽的生物合成明显增加，造成了细胞内的氧化损伤；还原型抗坏血酸的存在能有效缓解细胞内 MDAR 含量的增加，可以有效降低氧化胁迫带来的细胞代谢损伤。

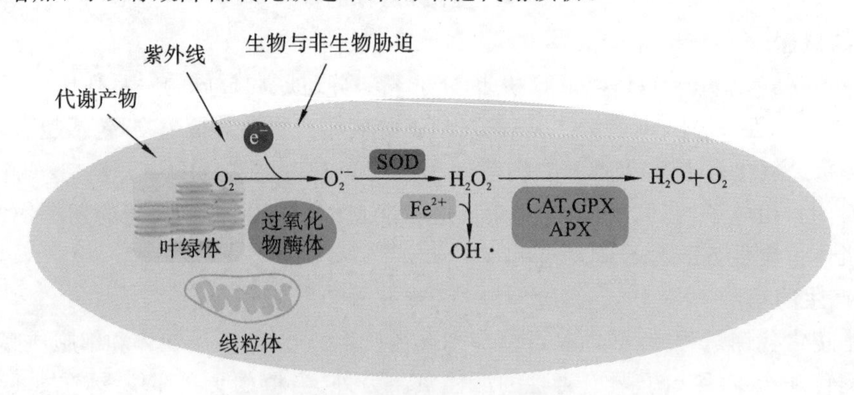

图 3-4 活性氧的产生及清除

研究表明，切花花瓣衰老与活性氧水平的升高密切相关，而活性氧的产生也伴随着抗氧化防御能力的增强。活性氧代谢以及抗氧化反应在不同的切花中存在不同的变化，切花菊衰老过程中 $O_2^{\cdot-}$ 产生速率和 H_2O_2 含量上升，同时伴随着膜脂过氧化加剧。对郁金香切花衰老过程的研究发现，H_2O_2 含量呈现双峰变化，切花衰老与 H_2O_2 第二个峰值的出现有关，当 H_2O_2 含量的第二个峰值出现时，APX 和 CAT 活性下降，花瓣中 DNA 降解酶活性上升，导致花瓣衰老。在对鸢尾花衰老过程的研究中也发现 CAT、APX 等抗氧化酶的降低与衰老密切相关。唐菖蒲花瓣衰老过程中各个抗氧化酶的变化呈现不同模式，

NOTE

推测 APX 活性下降导致 H_2O_2积累，而积累的 H_2O_2可以发挥信号作用，诱导 SOD 基因表达以及 SOD 酶活性提高。这些研究表明，活性氧清除系统在切花开放和衰老进程中起着重要作用。

5. 细胞保护酶系统

(1) SOD 目前已有不同类型的 SOD 在多种组织器官中得到分离鉴定。其活性位点包括 Cu、Zn、Mn、Fe 和 Ni。大多数生物体的细胞成分中仅仅含有其中一种类型的 SOD，但是植物中每个类型都有多种编码形式。叶绿体中有 4 种形式的 SOD，一种 Cu-Zn SOD 和三种 Fe-SOD。SOD 作为 ROS(防御系统的第一条防线，将超氧化物歧化为 H_2O_2，APX、GPX 和 CAT 接着清除 H_2O_2)。研究表明，失水胁迫 36 h 后，耐失水的月季切花品种“萨曼莎”的花瓣、叶片中的 SOD 活性仍高于对照，而不耐失水的品种“加布里拉”的花瓣、叶片中的 SOD 活性均下降，且低于对照。

(2) POD POD 主要是起酶促降解 H_2O_2的作用，避免因 H_2O_2的过量积累导致毒性更大的 OH·含量增加而对细胞膜产生伤害。SOD 在清除氧自由基时也会产生对植物体不利的 H_2O_2，而 POD、CAT 等酶能将过量的 H_2O_2及时清除。研究表明，POD 的活性在鲜花衰老过程中一直呈上升趋势；但郑芳等在探索两种杜鹃花切花开放和衰老过程中活性氧代谢及其清除系统变化的研究中，发现 POD 活性在两种杜鹃切花中均呈起伏变化，在衰老过程中活性差异也不显著，说明 POD 在杜鹃切花开放和衰老过程中并未发挥重要作用。POD 的作用和机理还不清楚，可能的原因：一是 POD 利用 SOD 消除自由基时产生的H_2O_2，进行与衰老有关的氧化反应；二是 POD 与乙烯的自身催化合成有关，并且和衰老细胞的活性有关。

(3) APX 在叶绿体中至少含有 3 种类型的抗坏血酸过氧化物酶同工酶：一种定位于类囊体上；一种在腔内；一种在基质中。另外，Davletova 等也发现基质抗坏血酸过氧化物酶既定位在基质中又定位于线粒体中。这些参与抗坏血酸-谷胱甘肽循环的过氧化物酶能够还原氧化态的抗坏血酸和谷胱甘肽，以达到活性氧的代谢平衡。AsA-GSH 循环在清除活性氧中发挥重要作用。周媛研究发现，SOD 与 APX 活性变化趋势与 MDA 及 $O_2^{\cdot -}$含量变化呈一定的负相关性，都是在盛花期之前稳定上升，之后开始下降。这表明 SOD 与 APX 在抑制膜脂过氧化进而延缓桂花花瓣衰老上起一定作用。而作为 APX 底物的 AsA(同样也是一种抗氧化剂)的含量变化表明 APX 在盛花期前活性增加导致 AsA 的利用加大，后期随着 APX 的活性降低而导致 AsA 含量增加。郑芳等研究发现两种杜鹃切花中 AsA 和 GSH 含量变化随杜鹃切花衰老而上升，说明衰老时这两种物质发挥了作用。在衰老过程中“锦绣杜鹃”中的 GR 和 APX 活性下降，而“红珊瑚”中这两种酶仍有上升趋势，说明“红珊瑚”此时的抗氧化能力要强于“锦绣杜鹃”。从 AsA-GSH 循环中可以看出“红珊瑚”切花的抗氧化能力要强于“锦绣杜鹃”切花。

(4) CAT CAT 是 Thenard 于 1811 年在植物和动物组织中首先发现的。线粒体在呼吸过程产生 H_2O_2，由 CAT 来降解。叶组织中的过氧化物酶体含有抗坏血酸氧化酶的同工酶，结合在过氧化物酶体的外膜，还含有其他参与抗坏血酸-谷胱甘肽循环的酶。在 SOD 的作用下 $O_2^{\cdot -}$歧化为 H_2O_2，引起更高毒性的 OH·。而 CAT 随之将 H_2O_2降解为 O_2和 H_2O。CAT 主要定位于过氧化物酶体上，对 H_2O_2表现出强吸附性的 CAT，在 H_2O_2扩散到其他细胞中时对清除 ROS 起着重要作用。细胞中氧化胁迫的程度由超氧化物、H_2O_2和羟基等的含量所决定，因此，SOD、APX 和 CAT 的活性平衡对抑制细胞中的毒性 ROS 起着至关重要的作用。ROS 清除酶的平衡改变后将诱导补偿机制，例如，当 CAT 活性在植物中降低，APX 和 GSH 等清除酶活性则上调。在叶绿体内的光合作用电子转运过程中，H_2O_2不断地产生，同时在扩散出叶绿体的过程中又不断地被清除，使得整个系统的 H_2O_2浓度达到平衡状态。在该过程中存在有三种与光合作用相关的 H_2O_2清除过程：①Rubisco 氧化反应；②PSⅠ电子转运的分子氧还原过程；③呼吸作用。

大量研究表明，切花衰老与 CAT 活性下降密切相关。薛梅和李晓英在研究化学保鲜剂对马蹄莲切花抗氧化酶活性的影响中发现，马蹄莲切花在瓶插过程中，不同处理的 CAT 活性均呈现先上升后下降的趋势，说明在切花脱离母体的初期，切花苞片的细胞产生了较多的 $O_2^{\cdot -}$，诱导了 CAT 活性的增加，提高了自身清除 $O_2^{\cdot -}$的能力。但在切花瓶插后期，植物体内活性氧积累超过植物的耐受极限，因而 CAT 的活性不断下降。

NOTE

五、脂类物质的变化

脂类物质(lipid)主要包括膜脂、不挥发的油脂和蜡质。膜脂和不挥发的油脂是维持细胞结构和功能的重要成分。在切花衰老过程中,膜中磷脂含量减少,不饱和脂肪酸与饱和脂肪酸的比例降低,导致膜流动性降低,相变温度升高,使得膜黏性增加,与膜结合的酶活性下降,致使细胞吸收溶质的能力减弱,膜固化透性增加,最终导致细胞解体死亡、花瓣凋萎。部分切花叶片表面有蜡质层,能减少切花水分因蒸腾作用而散失,较长时间维持切花品质。李宪章等的研究结果表明,在鲜切花花瓣衰老过程中,膜磷脂水解增强,同时合成减少,导致膜磷脂含量降低。膜磷脂含量降低,导致固醇与磷脂的比例相对提高,从而降低了膜流动性,与膜结合的酶活性也相应降低,细胞吸收溶质的能力减弱,同时膜固化透性增加后胞内容物急剧外渗。这一系列变化最终会导致植物细胞死亡,从而使得鲜切花逐渐凋谢。

第四节　内源激素的变化

植物激素(plant hormone)是控制器官衰老的主要因素之一,现有研究表明,植物切花中含有 IAA(生长素)、CTK(细胞分裂素)、GA(赤霉素)、ABA(脱落酸)和乙烯等植物激素,它们的含量及变化与切花的衰老过程有着极为密切的关系。一般来说,乙烯和 ABA 促进花瓣衰老,CTK 和 GA 延迟花瓣衰老,而 IAA 具有促进衰老和延迟衰老的双重作用。其中乙烯促进衰老的作用最为关键。

一、乙烯

(一) 乙烯的作用及生物合成

1. 乙烯的作用

乙烯(ethylene)是一种植物激素,其化学结构式为 $H_2C{=}CH_2$,呈气态,具有很强的生理活性。切花的衰老与组织中乙烯的大量生成有关。同许多跃变型的果实一样,月季、香石竹等许多切花种类在衰老过程中,呼吸强度呈典型的跃变上升。根据衰老进程中乙烯的大量生成与否,可将切花分成跃变型和非跃变型两大类。跃变型的切花种类有香石竹、满天星、唐菖蒲、月季、蝴蝶兰、紫罗兰、香豌豆、补血草、风铃草、金鱼草等,这类切花的衰老与乙烯的代谢密切相关。非跃变型的切花种类有菊花、千日红、石刁柏等,这类切花通常对乙烯不敏感。根据已有的研究结果将常见切花对乙烯的敏感性列入表 3-6。

表 3-6　常见切花种类对乙烯的敏感性

种类名称	敏感性
香石竹	++++
满天星	++++
卡特兰	++++
石斛兰	++++
蝴蝶兰	++++
大花飞燕草	++++
乌头	++++
天蓝绣球	++++
香豌豆	++++
金鱼草	+++

NOTE

续表

种类名称	敏感性
紫罗兰	+++
风铃草	+++
月季	++
榆叶梅	+++
文竹	+
百合	+++
郁金香	++
小苍兰	++
唐菖蒲	++
千日红	+
西洋丁香	+
非洲菊	+
菊花	□～+
灯台花	□～+
欧洲荚蒾	□

注："□"表示不敏感，"+"表示敏感；"+"越多，敏感性越强。

对乙烯敏感的切花，用外源乙烯处理能加速其衰老进程。香石竹花朵用0.5 $mg \cdot L^{-1}$的乙烯处理，12 h以内就由开放转向完全关闭状态，而且不能再度开放。因此，了解乙烯的生物合成过程，控制切花保鲜过程中乙烯的产生，及时清除贮藏环境中的乙烯，对于切花保鲜有重要意义。

2. 乙烯的生物合成

植物组织中乙烯的生物合成是一个复杂的代谢过程，首先需有诱导因子（如切花衰老或果实成熟等）启动。外界的刺激常常可以成为诱导因子。

切花组织中的乙烯与其他高等植物一样，可根据生成量及性质而分成系统Ⅰ乙烯（微量乙烯）和系统Ⅱ乙烯（大量乙烯）。当系统Ⅰ乙烯达到一定浓度便会诱导生成系统Ⅱ乙烯，进而启动跃变型切花的整个衰老进程。

系统Ⅱ乙烯（大量乙烯）的生物合成过程已被全部证实，其前体是蛋氨酸，具体过程如图3-5所示，此途径简称ACC→乙烯途径。

在ACC→乙烯途径中，催化各步骤的酶分别是硫腺苷蛋氨酸合成酶、ACC合成酶以及ACC氧化酶（过去称为乙烯形成酶）。ACC氧化酶催化的反应，除由ACC生成乙烯外，还生成甲硫腺苷（MTA）。MTA经过改造的蛋氨酸循环又用于新的蛋氨酸合成。研究人员在香石竹花瓣衰老过程中发现，ACC含量的增加发生在乙烯生成之前。乙烯生物合成抑制剂如AVG、AOA、SA和Co等，都是通过抑制乙烯生物合成过程中的有关酶的活性起到抑制作用的。

系统Ⅰ乙烯（微量乙烯）包括跃变型花卉在跃变前期生成的微量乙烯和非跃变型花卉所生成的微量乙烯。已有试验结果表明，大部分系统Ⅰ乙烯同样由ACC→乙烯途径合成。但关于乙烯生物合成的其他途径，目前仍然处于探索之中。

在切花衰老过程中，跃变型切花的乙烯大部分来自花朵，而叶片生成的乙烯只占很少的比例。花器官的不同部位合成乙烯的量有明显差异。香石竹花朵生成的乙烯有80%来自花瓣，但若按单位鲜重所生成的乙烯量计算，雌蕊的乙烯生成量大于花瓣，且生成时间早于花瓣。香石竹花瓣衰老过程中，雌蕊群和花托的乙烯生成与跃变曲线相一致，而乙烯生成量与组织中ACC含量相一致。ACC在雌蕊群中

NOTE

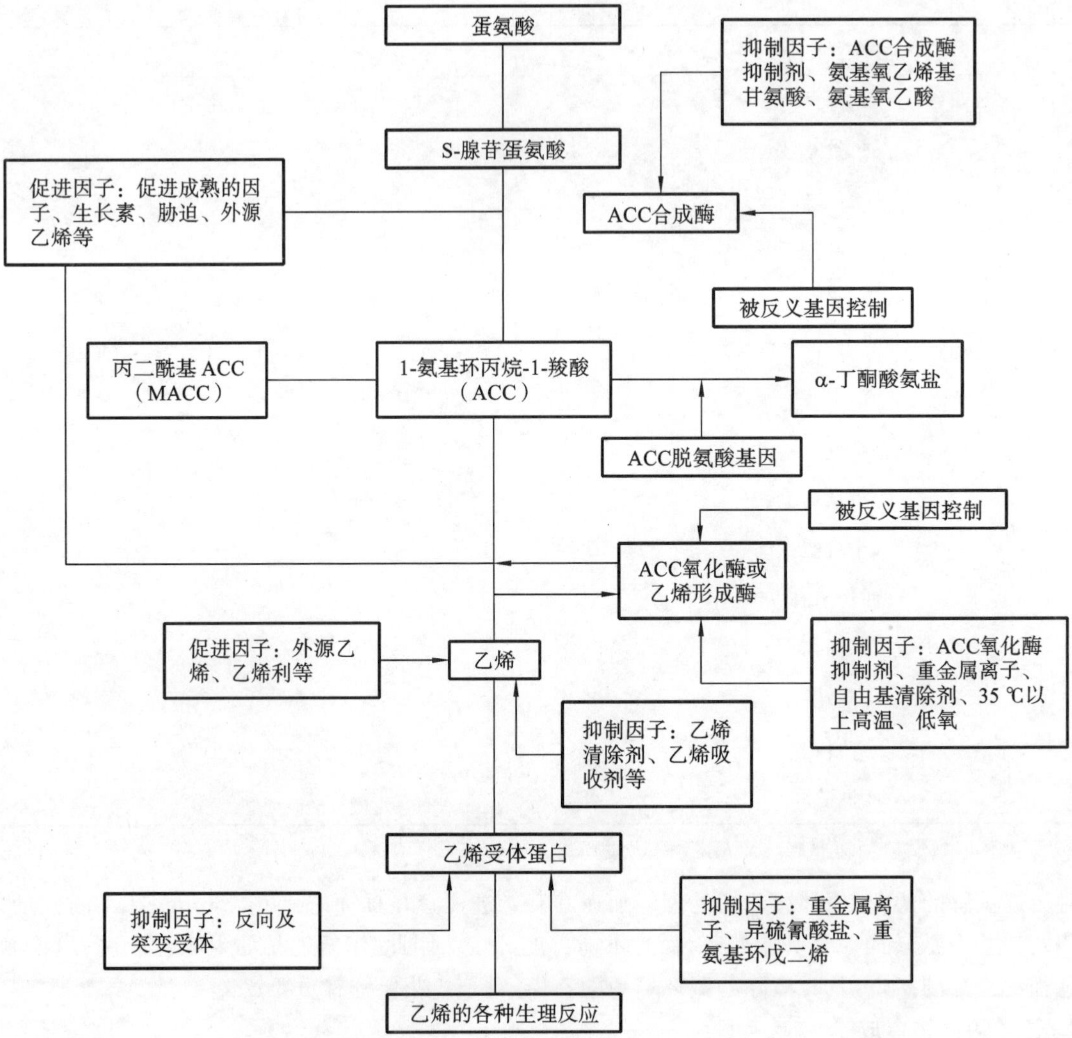

蛋氨酸

抑制因子：ACC合成酶抑制剂、氨基氧乙烯基甘氨酸、氨基氧乙酸

S-腺苷蛋氨酸

促进因子：促进成熟的因子、生长素、胁迫、外源乙烯等

ACC合成酶

被反义基因控制

丙二酰基ACC（MACC）

1-氨基环丙烷-1-羧酸（ACC）

α-丁酮酸氨盐

ACC脱氨酸基因

被反义基因控制

ACC氧化酶或乙烯形成酶

促进因子：外源乙烯、乙烯利等

乙烯

抑制因子：ACC氧化酶抑制剂、重金属离子、自由基清除剂、35 ℃以上高温、低氧

抑制因子：乙烯清除剂、乙烯吸收剂等

乙烯受体蛋白

抑制因子：反向及突变受体

抑制因子：重金属离子、异硫氰酸盐、重氮基环戊二烯

乙烯的各种生理反应

图 3-5　乙烯生物合成途径及相关调节因子

合成，通过花托转移到花瓣，然后在花瓣中生成乙烯，促进花器衰老。

（二）切花乙烯跃变类型的划分

Halevey 建议根据在开花和衰老进程中花瓣乙烯的大量生成与否，将花卉植物划分为跃变型和非跃变型两大类，后来又发现切花乙烯生成存在第三种类型。

1. 乙烯跃变型切花（简称跃变型切花）

切花在开花和衰老进程中乙烯生成量有突然升高的现象，切花的开花和衰老能够由超过阈值的微量乙烯启动，并且二者起伏一致；诱导切花开花和衰老的阈值因切花的种类等略有差异，大多为 0.1～0.3 mg·L^{-1}。在跃变前期除去切花环境中的微量乙烯则能够延缓切花的开花和衰老进程。迄今为止已报道的跃变型切花有香石竹、满天星、香豌豆、金鱼草、唐菖蒲、补血草、风铃草、蝴蝶兰、紫罗兰等。这类植物的开花和衰老与乙烯关系密切。

2. 非乙烯跃变型切花（简称非跃变型切花）

这种类型的切花的开花和衰老进程与乙烯没有直接关联，在健全状态下切花的开花和衰老进程中并不生成具有生理意义的乙烯。但在遭到各种胁迫时会产生乙烯，并进而对切花的开花和衰老产生影响。非跃变型切花有菊花、石刁柏、千日红等，这类花卉的开花和衰老通常对乙烯不敏感。

3. 乙烯末期上升型切花（简称末期上升型切花）

NOTE

末期上升型的切花乙烯生成量随着开花和衰老的进程逐渐升高。代表种类如月季品种“黄金时代”，高俊平等通过对 50 多个国内外商业用切花月季品种不同开花级数花朵乙烯的产生量的测定，明确了不同品种的月季切花可以分为三种类型：类似乙烯跃变型、类似非乙烯跃变型和类似乙烯末期上升型（表 3-7）。

表 3-7　14 个切花月季品种不同开花级数乙烯生成量($\mu L \cdot g^{-1} \cdot h^{-1}$)

类　型	品　种	开花级数					
		0	1	2	3	4	5
类似乙烯跃变型	萨曼莎(Samantha)	4.42	4.89	5.47	6.29	6.50	2.07
	天使(Angelique)	6.30	5.93	5.09	7.31	9.42	3.14
	墨哥德斯(Mrtrfrd)	2.47	2.62	2.43	2.42	6.31	4.83
	加布里拉(Gabriella)	3.09	2.69	2.76	2.65	5.10	4.03
	雅典娜(Athena)	2.99	2.65	2.58	2.44	16.33	8.07
类似非乙烯跃变型	唐娜小姐(Prima Donna)	2.47	2.22	2.38	2.68	2.20	2.50
类似乙烯末期上升型	坦尼克(Tineke)	2.21	1.41	1.46	6.24	7.06	7.16
	黄金时代(Golden Times)	2.73	2.70	3.11	3.84	11.10	79.78
	金徽章(Golden Emblem)	1.80	1.75	1.42	1.64	5.30	22.36
	金牌(Golden Medaillon)	5.06	5.66	5.29	6.29	18.34	21.45
	火鹤(Flamingo)	1.53	0.98	1.45	1.72	9.46	10.08
	红衣主教(Karolinal)	2.63	2.23	2.18	2.08	4.07	6.44
	红成功(Red Success)	6.07	2.80	1.59	3.77	6.34	6.63
	玛丽娜(Marina)	4.87	4.92	4.70	4.76	4.71	8.75

(三) 切花对乙烯的敏感性

乙烯对不同种类的切花作用不同。Funakoshi 根据切花对乙烯的敏感性将切花进行了归纳，结果见表 3-8。由表 3-8 可以看出，多数跃变型切花对乙烯敏感性较强，而非跃变型切花多对乙烯敏感性弱。但同一科或同一种植物的不同品种也存在敏感性上的差异。对乙烯高度敏感的切花暴露于 1～3 $mg \cdot L^{-1}$的乙烯大气中 24 h 就会受到伤害。对乙烯不太敏感的切花(如火鹤花、天门冬等)可以抵抗 10～100 $mg \cdot L^{-1}$以上的乙烯。乙烯毒害较轻时表现为花朵老化稍加快(如菊花、非洲菊等)或者花朵变蓝或变红(如玫瑰、天竺葵和麝香石竹等)；毒害严重时表现为花蕾不开放，花瓣畸形或枯萎，甚至落花落叶。

表 3-8　各种切花对乙烯的敏感性

种类(拉丁学名)	敏　感　性
香石竹(*Dianthus caryophyllus*)	• • •
瞿麦(*Dianthus superbus*)	• • •
高雪轮(*Silene armeria*)	• • •
满天星(*Gypsophila*)	• • •
卡特兰(*Cattleya hybrida*)	• • •
石斛兰(*Dendrobium*)	• • •
春兰(*Cymbidium goeringii*)	• • •
兜兰(*Paphio pedilum*)	• • •
蝴蝶兰(*Phalaenopsis* spp.)	• • •
乌头(*Aconitum*)	• • •
天蓝绣球(*Phlox paniculata*)	• • •
香豌豆(*Lathyrus odoratus*)	• • •

NOTE

续表

种类(拉丁学名)	敏感性
金鱼草(*Antirrhinum majus*)	· · ·
紫罗兰(*Matthiola incana*)	· · ·
风铃草(*Campanula medium*)	· · ·
补血草(*Limonium sinuatum*)	· · ·
月季(*Rosa*)	0～· · ·
榆叶梅(*Amygdalus triloba*)	· · ·
水仙(*Narcissus*)	· · ·
六出花(*Alstroemeria*)	0～· · ·
百合(*Lilium*)	· · ～· · ·
郁金香(*Tulipa gesneriana*)	0～· · ·
夏风信子(*Galtonia*)	· · ·
小苍兰(*Freesia refracta*)	· ·
唐菖蒲(*Gladiolus hybridus*)	· ·
菊花(*Dendranthema morifolium*)	0

注:"0"表示乙烯气体处理和对照(0 mg/L)之间没有差异;"·"表示乙烯气体处理产生不明显的伤害,瓶插寿命比对照缩短 10%;"· ·"表示乙烯气体处理产生伤害,瓶插寿命比对照缩短 20%～50%;"· · ·"表示乙烯气体处理对花材伤害明显。

(四) 切花呼吸跃变与乙烯跃变之间的关系

多数情况下切花呼吸跃变与乙烯跃变是一致的,少数情况不一致。月季切花的不同品种分别属于乙烯生物合成的三种类型,但呼吸速率的变化均为跃变型,而且呼吸高峰在乙烯高峰之前。蝴蝶兰与蕙兰瓶插后出现两次呼吸高峰,乙烯高峰出现在两个呼吸高峰之间。乙烯对切花衰老的作用机制比果实更加复杂,尚需做大量的研究。

(五) 乙烯的调控

1. 外源乙烯的催化作用

外源乙烯以及活性类似的丙烯等物质,对切花组织内的乙烯合成有诱导作用,这是跃变型切花衰老的重要特征。用乙烯处理香石竹花瓣,ACC 合成酶的活性增加了 90～100 倍;用丙烯处理香石竹,乙烯生成量明显增加。由于花瓣衰老过程中,不论组织中或环境中的微量乙烯都会诱导切花乙烯生物合成的跃变上升,在切花保鲜的各个环节及时设法去除乙烯,将外界及系统Ⅰ乙烯的浓度降到不足以诱导系统Ⅱ乙烯生成的水平,是跃变型切花延缓衰老的重要措施。

2. 乙烯生物合成抑制剂和乙烯作用抑制剂的应用

乙烯的生物合成过程中 ACC 合成酶和 ACC 氧化酶是两个很关键的酶,而乙烯的生理作用的发挥必须有乙烯受体蛋白,它们都可通过一定的抑制因子加以控制。如 ACC 氧化酶的活性能被 Co^{2+}、SH^{-} 试剂、自由基清除剂、EDTA 以及 1,2-二羟萘等物质所抑制。用硫代硫酸银(STS)、降冰片二烯(NBD)、重氮基环戊二烯(DACP)及丙烯基磷酸(PPOH)等处理香石竹、满天星、香豌豆、唐菖蒲、补血草、金鱼草、热带兰、月季等跃变型或对乙烯敏感的花,可抑制乙烯合成或拮抗乙烯的生理作用,延缓切花衰老的进程。

3. 控制氧气浓度

无氧条件能抑制植物组织中乙烯的合成,这是因为乙烯生物合成的最后步骤——ACC→乙烯是一个氧化过程,低浓度的氧直接抑制了这一步骤的生物反应。而且,低氧还通过抑制呼吸作用而间接地影响乙烯的生成。但有试验结果表明,当环境中氧浓度下降到一定程度后,植物组织中乙烯的生成量虽然显著减少,可一旦从低氧环境返回到空气中时,乙烯生成量会突然成倍增加,远远高于降氧处理之前的乙烯含量。

NOTE

4. 二氧化碳浓度的调节作用

二氧化碳浓度与切花乙烯生成的关系，在不同种类的切花上有很大的差异。用60%的二氧化碳短时间处理香石竹，不仅能抑制乙烯生成、延缓衰老，而且还有杀虫效果。低氧和高二氧化碳浓度能抑制月季采后乙烯的合成和呼吸强度，从而提高保鲜的效果。

但是，有些植物种类的乙烯合成对高二氧化碳浓度有相反的反应。几乎不能生成乙烯的黄瓜，用40%以上的二氧化碳处理12 h以上，可诱导ACC合成酶和ACC氧化酶的活性，促进ACC的积累及乙烯的生成。所以，二氧化碳浓度对乙烯生成的调节因切花种类而不同。

在生产实践中，目前人们仍普遍将乙烯抑制剂或拮抗剂作为切花保鲜液的主要成分之一，生产上主要有Ag^-、STS(硫代硫酸根)、Co^{2+}(钴)、乙醇等乙烯抑制剂。此外，在切花贮藏和运输过程中，人们通常使用低氧高二氧化碳气调法或低温冷藏等方法抑制乙烯的生成而减少对切花的伤害。

二、脱落酸

除乙烯外，脱落酸(abscisic acid，ABA)也是促进切花衰老的重要激素。无论内源或外源，ABA都有促进切花衰老的作用。ABA处理能够促进花瓣衰老和乙烯跃变。月季和香石竹伴随着花瓣衰老，ABA含量增加。ABA的主要作用机制是诱导ACC合成酶和ACC氧化酶的活性。Cooper等的研究表明，ABA不需诱导生成乙烯即可单独调节紫苏叶柄脱落。Sacher等的研究表明，ABA对衰老的作用超过乙烯。1991年和1994年张威等对月季、玫瑰、兰花等花卉的试验证实了ABA有促进切花衰老的作用。同时，ABA的催衰作用与CTK/ABA值有关：比值高，切花的瓶插保鲜期较长；比值低，则较短。张威等的试验发现，CTK/ABA值大于1.7的切花的保鲜期比CTK/ABA值小于1.1的切花的保鲜期长。

三、细胞分裂素

细胞分裂素(cytokinin，CTK)通常被当做延缓衰老的激素。CTK能促进水分的吸收，防止蛋白质降解，维持切花一定的饱满度和鲜度。在花瓣衰老过程中，其含量逐渐降低。外源CTK能延缓乙烯跃变。分离的香心竹花瓣用BA处理，抑制了ACC转化成乙烯。类似的结果在整个花器中也能观察到。在香石竹中，CTK抑制ACC合成酶和ACC氧化酶的活性；也有人认为，CTK并不直接抑制酶活性，而是抑制酶的合成，或者降低了花瓣对乙烯的敏感性。研究表明，短寿花比长寿花内源细胞分裂素含量低，细胞分裂素通过阻塞乙烯的生物合成以延迟花的衰老，同时可延缓外源ACC转化为乙烯和清除自由基。6-苄基腺嘌呤和激动素均能改善香石竹和唐菖蒲切花体内的水分平衡，延长切花瓶插寿命。郭维民等的研究表明，瓶插过程中，6-BA可促进叶绿素及可溶性蛋白质合成并延缓其瓶插后期的降解，明显延缓叶片衰老，避免叶片因叶绿素降解加剧而出现褪绿、褐斑甚至部分黄化现象；可提高叶片品质，同时也可提高切花的观赏品质，如使花径扩大、花型更饱满、花色更鲜艳等。

四、赤霉素

赤霉素(gibberellin，GA)是重要的植物激素之一，对植物种子的萌发、茎的伸长、花的诱导、果实和种子的发育具有重要作用。在采后保鲜领域，赤霉素作为一种有效的保绿物质被广泛应用。在百合切花保鲜的研究中，大量资料表明，赤霉素可以显著延缓百合叶片黄化的发生。东方百合"Siberia"经普洛马林处理后与其他处理相比延长了瓶插寿命。100 $mg \cdot L^{-1}$的赤霉素处理增加了切花寿命，减少了叶片萎黄病的发生。赤霉素与细胞分裂素的作用相似，与乙烯作用相反。赤霉素的作用是促进原叶绿素形成并延迟叶绿素分解，使有色体重新变成叶绿素；同时延迟果实软化与胡萝卜素的积累，抑制乙烯的发生与作用。但在呼吸跃变之后，就失去了抑制乙烯的作用。但是也有人证实GA仅仅延迟果实由绿变红，对其他成熟过程没有影响。用含赤霉素的保鲜剂处理香石竹和百合切花，均能增加花枝鲜重，保护酶活性，维持膜结构的相对稳定性，延长其瓶插寿命。张微等研究发现长寿花具有高水平的赤霉素，短寿花则缺少赤霉素。

NOTE

五、生长素

生长素(auxin,IAA)具有促进衰老和延迟衰老的双重作用。一品红花瓣内源生长素的水平伴随花瓣衰老而减少。低浓度的2,4-D(4～20 mg·L^{-1})促进香石竹花瓣中乙烯的生成,加快衰老进程;高浓度的2,4-D(500 mg·L^{-1})并不促进香石竹中乙烯的生成,相反有延缓衰老效果。促进乙烯生成原因已经明确,即生长素诱导ACC合成酶的生物合成,但抑制乙烯生成机制尚不明确。

第五节　有关基因及其表达的变化

随着园艺产品采后生物技术研究的深入,越来越发现参与采后生理的酶是基因表达的结果,园艺产品的成熟衰老过程受基因的调控。Rattanapanone等于1978年最先从番茄果实中分离提取poly(A)RNA,正式果实成熟过程中mRNA发生变化。Grierson等于1986年从成熟的果实中提取mRNA反转录建立得到了相应的cDNA,转入细菌质粒pAT153然后转化*E. coli* C600建立了基因库,并利用分子杂交技术筛选、分离、鉴定了146个与果实成熟有关的克隆基因。近年来,随着生物技术的飞速发展,在鲜切花保鲜基因工程,特别是在乙烯生物合成等领域,取得了可喜的研究成果。

香石竹是典型的乙烯致衰植物,也是研究乙烯代谢的模式花卉之一。不同目的基因导入香石竹的表达情况见表3-9。

表3-9　不同目的基因导入香石竹一览表

转化受体	品　种	转化方法	转化基因	表达效果
茎段	Scania和White Sim	农杆菌介导	反义ACO	瓶插寿命延长
叶片	Nora	农杆菌介导	正义ACO	瓶插寿命延长
叶片	Lena	农杆菌介导	Etrl-1	瓶插寿命延长
叶片	Master和Mabel	农杆菌介导	正义、反义和重复ACO	瓶插寿命延长
叶片	White Sim	农杆菌介导	CHS	花色变浅
茎段	Eilat、Coket和Desio	基因枪	F3H	花色由白变红
叶片	White Sim	农杆菌介导	F3′5′H	花色变浅
叶片	Master	农杆菌介导	Cl/Lc和Bar	花色由白变红抗除草剂

一、乙烯合成相关酶基因

过去对乙烯生成的调控主要是物理性和化学性的,近年来分子生物学研究为乙烯合成的控制提供了新途径,采用基因工程手段控制乙烯生成已取得了显著的效果(图3-6),如导入反义ACC合成酶基因、导入反义ACC氧化酶基因、导入正义细菌ACC脱氨酶基因、导入正义噬菌体SAM水解酶基因。

1. ACC合成酶

ACC合成酶(ACC synthase,ACS)是乙烯生物合成的关键酶,由一个多基因家族编码,同时,ACC合成酶有许多同工酶,酶活性和生物合成受多种因素调控,如果实发育、施加外源生长素、遭受逆境和伤害、用金属离子(如铬离子、锂离子)处理等。此酶在植物组织中的含量很低,在成熟的番茄果皮中,ACC的含量不到可溶性总蛋白的0.0001%。

目前,已经从番茄、苹果、康乃馨、绿豆、夏南瓜、笋瓜等植物中得到了ACC合成酶基因。研究表明,在番茄中至少存在2个ACC合成酶的同工酶,称为ACC合成酶1和ACC合成酶2,两者的cDNA编码区同源性为75%,氨基酸同源性为68%。用特异性探针检测基因的表达,发现两种同工酶的mRNA都在果实成熟过程中出现,机械损伤能极大地提高ACC合成酶1的转录活性,但对ACC合成酶2的转

NOTE

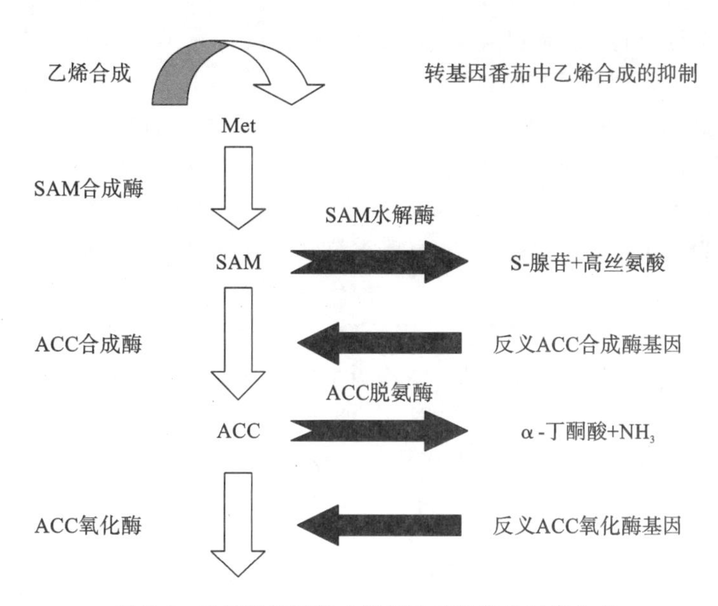

图 3-6 利用转基因技术抑制番茄果实的乙烯合成

录却没有影响。这两种酶的 mRNA 长度也不一样，分别为 2.1 kb 和 1.9 kb。

国内外有多个实验室成功地将反义 ACC 合成酶基因导入番茄，使 ACC 合成酶的 mRNA 的转录大大降低。1991 年，Oeller 等获得了反义 ACC 合成酶 cDNA 转基因番茄植株(图 3-7)。他们发现，在反义 RNA 转基因番茄的纯合子后代果实中，99.5%的乙烯合成被抑制了，其乙烯水平在 0.1 nL/(g·h)以下，果实不能正常成熟，不出现呼吸高峰，叶绿素的降解和番茄红素的合成受阻，在室温放置90～120天也不变红、不变软，只要用外源乙烯或丙烯处理可诱导果实出现呼吸高峰和正常成熟，果实在质地、颜色、风味和耐压性等方面与正常番茄没有差异。汤福强等人于 1993 年获得了转基因植株，1995 年罗云波、生吉萍等人在国内首次培育出转反义 ACS 的转基因番茄果实，该果实在植株上表现出明显的延迟成熟性状，采收以后在室温下放置 15 天果实仍为黄绿色，用 20 μL/L 的乙烯处理 12 h 后果实开始成熟，5 天后果实出现正常的成熟性状，其风味、颜色和营养素含量与对照没有明显差异。培育得到的转基因番茄纯合体，其乙烯的生物合成被抑制 99%以上，果实可在室温下贮藏 3 个月而仍具有商品价值。鉴于反义 ACS 基因番茄具有明显的经济价值，美国农业部已经许可在 22 种蔬菜、果树和 7 种花卉上使用这一基因。

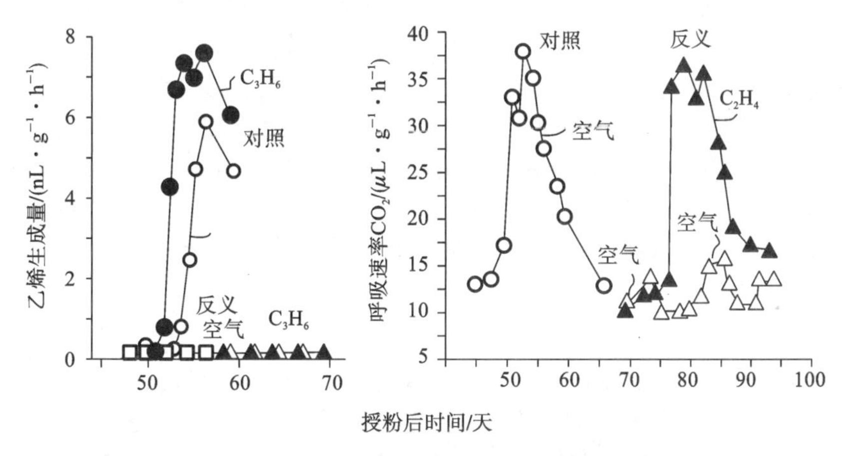

图 3-7 转 ACC 合成酶反义基因番茄果实的乙烯生成和呼吸强度变化

孙雷心于 1996 年报道，转化 ACC 合成酶基因的香石竹已经在澳大利亚获准上市。

2. ACC 氧化酶

ACC 氧化酶(ACC oxygenase，ACO)又叫乙烯形成酶(ethylene-forming enzyme，EFE)，也是乙烯生物合成路径中的关键酶。ACC 氧化酶是一种与膜结合的酶，在细胞中的含量比 ACC 合成酶还少，并

NOTE

且仍是由一个多基因家族编码。目前已经从番茄、甜瓜、苹果、鳄梨、猕猴桃以及衰老的香石竹、豌豆、甜瓜等植物中分离出ACC氧化酶基因,并进行了鉴定分析。

番茄的ACC氧化酶cDNA首先由Holdsworth等人从成熟特异性的cDNA库中筛选得到,取名为pTOM13,杂交试验表明,与pTOM13同源的mRNA能在番茄成熟过程中或者在受伤组织(如叶子或不成熟的果实)中表达,此cDNA编码一个33.5 ku的蛋白质。Hamilton等人从番茄中分离出另一个cDNA,两者相比,核苷酸同源性为88%,两个cDNA分别在酵母和蛙卵中表达出正常的ACC氧化酶活性和催化的立体专一性。

Hamilton等将pTOM13 cDNA以反义基因的形式转入番茄,获得的转基因植株中乙烯的生物合成受到严重抑制,在受伤的叶子和成熟的果实中乙烯生成量分别降低了68%和87%,通过自交所得的子代纯合体果实,乙烯生物合成被抑制97%(图3-8)。果实成熟的启动不延迟,但成熟过程变慢,果实变红程度降低,并且在贮藏过程中耐受"过度成熟"能力和抗皱缩能力增强,加工特性改善,具有一定的商业价值。

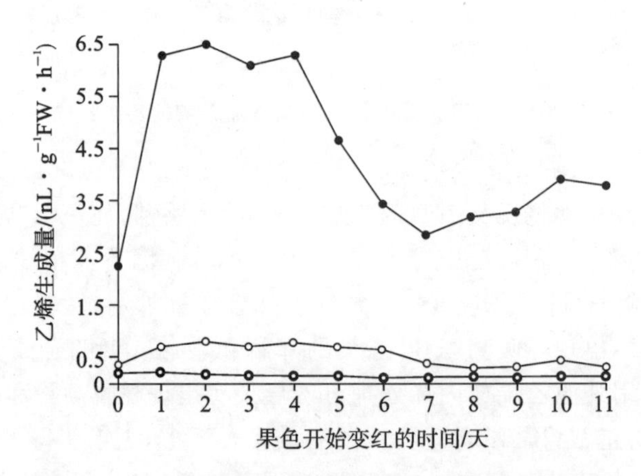

图3-8　转ACC氧化酶反义基因番茄果实的乙烯生成

香石竹是典型的乙烯致衰植物,ACC氧化酶(ACO)是植物乙烯合成途径中的关键酶,催化ACC生成乙烯,因此应用ACC氧化酶基因的反义RNA技术和共抑制效应,可望有效抑制乙烯生物合成,从而延长切花植物的瓶插寿命。1995年澳大利亚花卉基因有限公司将香石竹ACO基因反义cDNA导入香石竹后,使香石竹花瓣衰老明显延迟。ACO基因的克隆已在番茄、桃、苹果、短牵牛、香石竹等植物上有报道,不同植物ACO基因的产物同源性在70%左右。转基因沉默理论认为,转基因与内源基因较高的同源性,以及重复基因的导入均可加强内源基因的沉默。Angel和Hamilton等的研究表明,重复DNA片段能够引起内源基因近100%的转录后沉默。这为转基因沉默内源基因提供了更加高效的方法。余义勋等的研究表明,香石竹ACC氧化酶基因从核DNA中克隆之后,将其首先构建成正义及反义的单拷贝植物表达载体,在此基础上又同向插入一个ACO基因片段,从而获得ACO的正义重复基因和反义重复基因植物表达载体,所得载体通过了酶切分析和PCR鉴定。将该表达载体导入根癌农杆菌LBA4404菌株,并转化香石竹品种Master、爱卡迪幼叶,经PCR检测和Southern杂交鉴定,获得了8株转化植株。

3. ACC脱氨酶基因

在过熟和腐烂的果实中,乙烯的生物合成停止,ACC的含量相对较高,而ACC脱氨酶能把ACC降解为α-酮基丁酸和氨,其中,α-酮基丁酸是植物体内正常代谢产物,也是乙酰乳酸合成酶的底物。

Klee等人从一种以ACC为唯一碳源的具有ACC脱氨酶的土壤细菌中,克隆到编码ACC脱氨酶的基因,并将正义基因转入番茄(图3-9)。在转基因番茄果实中,ACC脱氨酶基因的表达量与乙烯合成的受阻程度及成熟过程的延迟呈平行关系,成熟过程乙烯被抑制90%~97%,叶片内乙烯的合成也大大降低。ACC脱氨酶的表达量最多可占总蛋白的0.5%,占果实鲜重的0.002%~0.005%。转基因番茄的种子发育正常,开花和果实成熟过程的启动不延迟,成熟进展要慢得多。试验表明,转基因番茄在室温下贮藏,4个月后仍然不软化,而对照只能存放2周;用外源乙烯处理果实,其成熟过程恢复正常。

NOTE

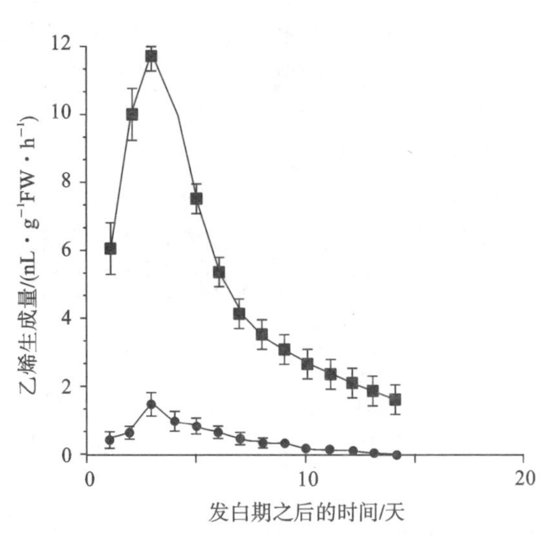

图 3-9 转 ACC 脱氨酶基因番茄果实成熟过程的乙烯生成

Lei 于 1996 年将 ACC 脱氨酶基因导入矮牵牛并获得转基因植株。ACC 脱氨酶基因可使任何一种植物体内的乙烯合成能力降低，这对缺乏控制乙烯合成突变体的植物尤为适宜，可作为一种广谱耐贮藏基因应用于不同植物。因此，可以利用 ACC 脱氨酶基因研究乙烯在抗病性、环境胁迫、发育调控等方面的作用。

4. ACC 丙二酰转移酶基因

植物体内的 ACC 含量可以通过 ACC 丙二酰转移酶基因的表达来调节。ACC 丙二酰转移酶基因能将 ACC 转变为 ACC 丙二酰(MACC)。MACC 参与乙烯生物合成的调控。目前，已经从绿豆下胚轴分离了 ACC 丙二酰转移酶，并对该酶进行了纯化，得到分子量为 55 ku 的多肽。

5. *S*-甲硫氨酸水解酶基因

S-腺苷甲硫氨酸(SAM)是 ACC 的直接前体，*S*-腺苷甲硫氨酸水解酶(SAMase)能将 SAM 水解为 5′-甲硫腺苷(MTA)和高丝氨酸。利用番茄 E4 或 E8 基因启动子调控 SAMase 基因的表达，可使果实中乙烯的合成能力显著下降(下降 80%～90%)，番茄红素的合成减少，硬度高于对照 2 倍，果实的风味、维生素和番茄碱含量不低于对照果实。

近些年来，通过抑制乙烯合成途径相关酶(如 ACC 合成酶和腺苷甲硫氨酸合成酶等)以及降低对乙烯的敏感性来延长保鲜期等方面已取得较大研究进展。但是目前已转化的品种仍然太少，如果利用基因工程方法使大多数市场主流品种的瓶插寿命得以延长，将对推动香石竹产业的进一步发展具有重要意义。

二、脂氧合酶基因

脂氧合酶(LOX)在植物中普遍存在，近 30 年来发现，它是与植物成熟衰老和防御过程有关的一种酶。LOX 形成活性氧，刺激膜脂过氧化物，导致膜衰老。LOX 促进衰老的可能机理如下：①启动膜脂过氧化作用，破坏细胞膜；②LOX 的膜脂过氧化作用进一步生成茉莉酸(JA)和脱落酸。LOX 和乙烯生成之间可能存在着复杂的关系。Depooter 和 Schamp 认为，LOX 参与系统Ⅰ乙烯生成，进而导致系统Ⅱ乙烯生成的代谢过程。生吉萍等认为 LOX 与 EFE 可能是生物体内存在的两个平行的酶系，二者均有合成乙烯的能力。对 LOX 的分子生物学研究已取得了可喜的结果，迄今已从猕猴桃、番茄、兵豆、黄瓜、豌豆、土豆、水稻、大豆、小麦、玉米、烟草、大麦、拟南芥等作物中克隆到了 LOX 基因。

从番茄中克隆到的 4 种不同 LOX 基因，即从果实中得到的 tomLoxA 和 tomLoxB，以及从叶片中得到的 tomLoxC 和 tomLoxD，在不同的组织或同一组织的不同发育阶段，有不同的表达类型。研究发现，tomLoxA 在种子和成熟果实中表达，而 tomLoxB 只在果实中表达；tomLoxC 在成熟果实的转色期和红熟期有表达信号，而在绿熟果中无表达信号，该基因不在叶片和花器中表达，且不被伤害所诱导；与 tomLoxC 相反，tomLoxD 主要在叶片、萼片、花瓣和花的雌性器官中表达，同时其表达可被伤害所诱导，

在绿熟果和转色果中也有微弱的信号。tomLoxB 和 tomLoxC 为两种不同的番茄果实成熟特异基因。

植物 LOX 主要位于原生质体、液泡和细胞质中。反义 LOX 基因在兵豆原生质体中的表达，抑制了 70％LOX 活性，而基因的正义表达则增加了 20％LOX 活性；在拟南芥中，转反义 LOX-2 基因植株的 LOX 基因表达受到抑制，但一部分表达正义基因植株的 LOX 基因表达信号得到加强，而另一部分转正义基因桓株的 LOX 基因表达被抑制。对其中两例转正义基因植株的 mRNA 和蛋白质水平进行分析，Northern 杂交表明，与对照相比，LOX 基因在叶片和花序中表达被强烈抑制，Western 杂交显示原生质体中的 LOX-2 蛋白质不及对照的 1/15，虽然在转基因植株的叶片和花序中 LOX 表达受到严重抑制，JA 的积累也受阻，但植株生长发育与对照无差异。番茄成熟过程中，JA 在乙烯的生物合成中起重要作用，而 LOX 只有通过 JA 才能对乙烯的生物合成起作用。

大量研究表明，衰老的花瓣 LOX 活性升高。LOX 及自由基介导的膜渗漏参与了乙烯敏感类型切花的衰老调控。Ronet-Mayer 等从香石竹花瓣微粒体膜中分离得到了生物膜结合态 LOX 和可溶性 LOX，两种 LOX 均在香石竹花瓣萎蔫期出现活性高峰。Fobel 等研究发现人为抑制 LOX 活性，微粒体膜流动性仍可保持不变，而 LOX 被激活时，膜流动性则相应降低，证明 LOX 参与了膜降解过程。在切花菊、郁金香和芍药等非乙烯敏感切花的瓶插衰老过程中，丙二醛含量的增加和细胞膜透性的增高表明此类切花衰老也涉及 LOX 催化的脂质过氧化作用。

三、色素合成相关基因

从成熟番茄 cDNA 文库中筛选得到一个克隆 pTOM5，其核苷酸序列与细菌来源的八氢番茄红素焦磷酸合成酶基因具有同源性。该酶催化八氢番茄红素的合成，而八氢番茄红素是类胡萝卜素合成途径中的一个中间产物。在转反义 pTOM5 的番茄中，基因代谢产物参与了果实成熟时类胡萝卜素的合成，果实 PG mRNA 的水平与对照没有差异，但果实中检测不到番茄红素的合成，成熟果实的颜色发黄，花色也变为淡黄色。转基因番茄的这一特点恰好是黄肉番茄突变体的特征。研究还发现，番茄的黄肉基因位于第 3 条染色体上，而 pTOM5 位于第 2 或第 3 条染色体上。用一系列的基因工程方法使黄肉番茄突变体过量表达 pTOM5 基因，发现类胡萝卜素和番茄红素的合成能力得到恢复，从而证明黄肉突变体中缺少八氢番茄红素合成酶。

改变花卉的颜色、延缓花卉的衰老以及提高其观赏价值，是具有重要意义的工作。花冠的颜色是由花冠中的色素组成决定的，其中大多数是黄酮类物质，苯基苯乙烯酮合成酶(CHS)是黄酮类色素物质合成途径中的关键酶。在矮牵牛属植物中，已经成功利用反义基因技术抑制 CHS 基因的表达，使花卉的颜色从野生型的紫色转变为白色，并且因对 CHS 基因表达的抑制程度的差异而出现了一系列的中间类型花色。Lu 等采用反义技术将 ACC 氧化酶基因导入香石竹植株，其乙烯生成量降低了 90％，转基因植株花瓣的卷曲被抑制，鲜花货架寿命得以延长。但是这种转基因植株的花型比对照小，花瓣色素的合成量也降低。

四、乙烯受体与乙烯信号传递基因

人们对拟南芥等模式植物乙烯信号转导的研究表明，乙烯感知和信号转导的初始成分是乙烯受体 1(ethylene receptor 1，ETR1)，紧接着是具有蛋白激酶活性的 CTR1，CTR1 是乙烯信号转导的中心组分，ETR1 与 CTR1 共同实现负调控作用。乙烯结合于受体，钝化其负调控活性，然后抑制具有正调控活性的 EIN2(ethylene-insensitive 2)。位于信号转导下游的 EIN2、EIN3/EIL(EIN3-like)和乙烯效应因子 1(ethylene response factor 1，ERF1)都是乙烯信号转导的正调控器。乙烯信号转导途径的线性关系见图 3-10。

(一) 花衰老过程中乙烯受体基因的表达

已经对乙烯受体基因在香石竹、月季、天竺葵等观赏植物花衰老过程中的表达进行了研究。香石竹的 3 个乙烯受体基因(DC-ERS1、DC-ETR1 和 DC-ERS2)已得以分离。香石竹切花盛开时，花瓣、子房和花柱中均有大量的 DC-ERS2 mRNA 和 DC-ETR1 mRNA 积累，随后花瓣中 DC-ERS2 mRNA 降低，花柱中不变，子房中有所增加，而 DC-ETR1 mRNA 在整个衰老过程中变化不大。外源乙烯不影响花瓣中 DC-ERS2 mRNA 和 DC-ETR1 mRNA 的水平。用乙烯产生抑制剂 DPSS 处理花瓣后，DC-ERS2

NOTE

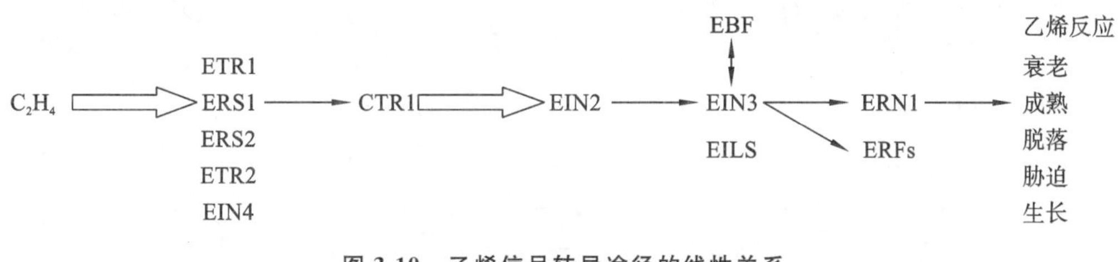

图 3-10 乙烯信号转导途径的线性关系

⇨代表抑制；——→代表激活

mRNA 和 DC-ETR1 mRNA 减少，而 DC-ERS1 mRNA 根本检测不到，这说明 DC-ERS2 和 DC-ETR1 是花衰老中感知乙烯的受体基因，在切花衰老过程中它们的表达具有组织特异性，但不受乙烯调节。

Muller 等分离了月季的 4 个乙烯受体基因——RhETR1～RhETR4，发现 4 个基因转录丰度均受发育阶段、外源乙烯和脱落酸（ABA）的调节。中国农业大学的 Ma 等对月季“Samantha”切花开放过程中的 3 个乙烯受体基因的表达进行了研究，发现外源乙烯极大地促进了 Rh-ETR1 和 Rh-ETR3 的转录，1-MCP 则减少了这 2 个基因的转录，而 Rh-ETR5 在花瓣中转录不受乙烯和 1-MCP 的调节，其 mRNA 组成性地积累，因此 Rh-ETR1 和 Rh-ETR3 可能在乙烯调节切花开放中起重要作用。

Dervinis 等分离了天竺葵的 2 个乙烯受体基因——PhETR1 和 PhETR2，二者在叶片、花梗、萼片、雌蕊和花瓣中都有一定的表达，在雌蕊和花托中的转录不受自花授粉及乙烯的影响。根据在 NCBI GenBank 上的搜索结果，5 个矮牵牛的 ETR1 基因已被分离（ETR1-1，AF145972；ETR1-2，AF145973；ETR1-3，AF145974；ETR2，DQ154119；ETR3，AF145975），但未见相关报道。

（二）乙烯信号转导基因在花衰老过程中的表达及特性

Muller 等分离了 2 个月季 CTR 基因——RhCTR1 和 RhCTR2，在切花衰老过程中 RhCTR1 转录逐渐减少，而 RhCTR2 组成性表达，外源乙烯处理可促进二者表达。Ma 等在研究月季“Samantha”切花的开放过程中得出类似的结果，并认为 Rh-CTR1 和 Rh-CTR2 可能是乙烯调节切花开放的重要基因。根据在 NCBI GenBank 上的搜索结果，香石竹的 2 个编码 CTR 的 cDNA 部分序列已被分离（DC-CTR1，AF261147；DCCTR2，AF261148），但未见其相关报道。有关 EIN2 的研究报道相对较少，Shibuya 等分离了矮牵牛 EIN2 基因 PhEIN2，PhEIN2 在植物体中的转录具有时空特异性，花瓣和幼苗经外源乙烯处理后，花瓣 PhEIN2 mRNA 减少，而幼苗中的 PhEIN2 mRNA 增加。

Waki 等用 RT-PCR 和 RACE 技术分离了香石竹 DC-EIL1 基因，香石竹花瓣在自然衰老过程中，或经乙烯或 ABA 处理后 DC-EIL1 mRNA 下降。Iordachescu 等分离了香石竹的 3 个 EIL 基因 DC-EIL2、DC-EIL3 和 DC-EIL4，DC-EIL2 与 DC-EIL1 编码的氨基酸的同源性高达 98%，DC-EIL 家族在切花中的转录有组织和发育特异性，同时受乙烯调节。在经外源乙烯处理或授粉后或在花衰老过程中，花瓣和花柱中 DC-EIL3 mRNA 显著增加；而在受伤的叶片、花的子房中，DC-EIL3 mRNA 却显著下降，且不受外源乙烯影响。切花经蔗糖处理后，DC-EIL3 mRNA 积累比对照推迟了 2 天，说明 DC-EIL3 在生长与发育中起重要作用。DC-EIL1 或 DC-EIL2 与 DC-EIL4 mRNA 在花发育中、乙烯处理及授粉后的变化趋势相似，授粉后花柱中的 DC-EIL mRNA 水平与乙烯产生成正相关。Ma 等的研究表明，月季“Samantha”切花开放过程中 Rh-EIN3-1 和 Rh-EIN3-2 在花瓣中的转录不受乙烯和 1-MCP 的调节，其 mRNA 组成性地积累。另外矮牵牛 PhEIL1 基因已被分离，经外源高浓度（10 μL/L）乙烯处理后，矮牵牛花瓣中 PhEIL1 mRNA 积累量是对照的 370%。

第六节 影响切花采收后衰败的因素

切花采收后仍然是活的生物有机体，它们在采收前生长期中与母体在一起所进行的所有生理生化反应还在继续。但由于采收后脱离了与母体的联系，许多生理生化反应过程发生了不同程度的变化，生

NOTE

物合成的成分减少甚至逐渐趋于停止，而分解过程和速率却不断加强，促使切花走向衰老和凋萎，这是生物体的必然反应。然而，这一过程除切花内在的生理生化反应特性外，外界的许多因素都能对衰败进程产生影响，这些因素能在一定范围内有效地调节切花采收后的衰败过程。

有些因素虽然不直接影响切花的衰败过程，但可造成切花质量即观赏价值的下降。因此，正确理解切花采收后衰败或品质变化与采收前主要相关因素的联系，是进行切花保鲜的基础。

一、衰老(senescence)

切花采收后，虽然脱离了母体，但仍然维持着一系列的生理活动和正常的代谢功能。在各种外界因素的综合影响下，切花体内的生理生化反应总体上向个体发育的最后阶段发展，在组织结构和外观形态上表现出萎缩和质变，这种变化称为衰老。切花的衰老过程是一种不可逆的生理和结构变化，最终将导致细胞崩溃及整个器官的死亡，使切花完全丧失观赏价值和商品价值。

切花采收后在衰老的过程中，组织中碳水化合物的呼吸消耗是重要的代谢反应。采收前，光合作用的产物一般总是能够补偿呼吸消耗并有积累，干物质呈不断积累的趋势；采收后，切花组织内的干物质积累明显减少甚至不能增加，而呼吸消耗却在加强，组织中的有机物质在呼吸过程中转变成二氧化碳、水分和能量物质，以维持组织生命状态所必需的基本代谢，当组织中的有机质消耗到一定的程度后，切花的组织便进入衰老状态。

在植物体中，呼吸作用的基质主要是有机酸、糖、淀粉等有机物，而纤维素等高分子化合物被水解后便能转化为糖等，亦会成为呼吸基质。呼吸作用往往先消耗有机酸，进而是糖，再是淀粉等更复杂的有机质。如果呼吸消耗过多，需要动用纤维素等物质才能维持基本的呼吸作用的话，势必导致组织结构上的不可逆改变，促进凋萎。

在呼吸作用过程中会产生能量物质，用于保持正常的生理和生化代谢，维持其生命状态。切花在能量的利用上是比较有效的，一般情况下，由呼吸作用产生的能量有90%左右被各种代谢过程利用了。但是，仍然有大约10%的能量不能被利用，而是转变为热量释放到周围的环境中。这部分热量若不能及时散发掉，就会造成局部环境的温度过高而加速切花的衰老进程。

在衰老过程中，切花组织内的各种代谢总体上向着分解的方向转化。与这种代谢过程密切相关的许多酶类、内源激素等物质，也随之发生变化。各种水解酶的活性增强，蛋白质水解，细胞壁被破坏，细胞膜流动性减弱而透性增加，由代谢而产生的有毒物质大量积累，脱落酸含量在激素平衡关系中逐步成为主导因子，果胶物质变化促使组织软化，从而降低切花的抗机械力的性能。因此，切花采后逐渐衰老是一个必然过程，在这个过程中，根据切花组织内的生理生化变化与其他人为可控因素的关系，采取适当的措施，可在一定的范围内延缓衰老的进程，达到保鲜的目的。

从呼吸作用的角度来说，切花采收后应尽可能地降低呼吸强度，减少养分消耗。但是，过低的呼吸作用却会引起生理障碍，不仅一系列必须的生理生化过程不能进行，而且会出现许多生理性病害，反而加速衰老进程。由生理失调造成的损失一般比因正常衰老造成的损失更为严重。所以，切花采收后保持尽可能低的但又能够维持正常生理生化代谢的呼吸作用是延缓衰老的基本原则。

二、水分亏缺(water deficit)

切花采收时的组织含水量通常都在80%以上。采收后，原来的叶、花或果实的水分蒸腾与根系水分呼吸之间所建立的平衡关系被破坏。根系的主动吸收没有了，主要靠蒸腾拉力从剪切口吸收水分。由于蒸腾量大于吸水量，势必造成组织内水分亏缺。如果组织内过度缺水，不能保持一定膨压，就会出现萎蔫，加速衰老。

采收后适度失水，对有些园艺作物的保鲜是有益的。如柑橘果实采收后适当地“发汗”，能促使果皮结构发生变化而利于保鲜。郁金香、水仙、唐菖蒲等花卉的种球也是如此。而一些蔬菜虽因失水会出现萎蔫现象，但质量并没有造成严重损害，仅仅只引起一定程度的失重。当然，过度失水便会失去鲜嫩度，色泽、口感也受影响。但是，切花的观赏价值首先是建立在新鲜度上的，因失水造成的轻微的萎蔫都将

NOTE

使切花的观赏价值和商品价值大打折扣。因此，失水是切花采后保鲜的基本制约因素。据观察，切花月季失水 5%时，花瓣就出现明显的伤害。

当吸水量与蒸腾量相同时，切花能保持新鲜状态。但是，由于吸水面积小、导管堵塞或切口腐败等多种因素的影响，要长期保持吸水与蒸腾之间的平衡往往是不可能的，即切花蒸腾作用造成的水分亏缺是不可避免的。一旦吸收的水分不能满足蒸腾的需要，切花组织就不得不动用参与组织细胞结构或各种代谢过程的水分，这样不仅会引起组织萎蔫，而且会进一步影响生理生化过程，如游离辅氨酸含量增加、乙烯产生量增加等。所以，增加切口的吸水能力、防止导管堵塞以及适当增加空气湿度，是防止切花水分亏缺、提高保鲜效果的基本措施。

吸水面积与吸水量呈正相关，特别是依靠蒸腾拉力从切口吸水的切花，这种关系更为明显。因此，常常采用增大切口面积的方法来促使切花吸水，以维持水分平衡。常用的方法有两种：一是将剪口断面切成斜面；二是在靠近剪口的一端茎秆上用刀纵刻，深达木质部，加大切口的总表面积。实践证明这两种方法都是可行的，可根据切花种类选择使用。

导管是切花水分运输的通道，导管堵塞将阻断水分的正常输导，导致严重缺水。引起导管堵塞的主要因素是水中大量的微生物和进入导管中的空气。切花采收后水养期间，切口常常分泌一些有机物质，而水中往往还加入了一定浓度的糖以补充碳水化合物的呼吸消耗，这样便为许多微生物的大量繁殖提供了条件。由于细菌或真菌从切口进入维管束，形成胼胝体，或者由细菌的繁衍使切口腐败，都会阻塞导管而造成组织中水分亏缺，导致切花萎蔫。

空气进入导管后，会在导管中形成气栓，堵塞水分运输的通道。气栓常常是在采收时因蒸腾拉力大、切口置于干燥的空气中而容易形成。因此，在切花组织含水量较高而空气湿度较大时（如清晨）进行采收，可减少形成气栓的机会。将采收后的切花下端置于水中，在水中再剪去一小段，也能防止导管中产生气栓，保证导管的畅通。

桃花、虞美人及部分大戟科、桑科的花卉，会在剪口分泌乳汁或黏液，经氧化后胶结或沉积在切面，影响切面的吸水并堵塞导管，同样会造成吸水和水分输导方面的障碍，导致切花萎蔫。将一品红、桃花等切花的剪口烧灼，可抑制分泌物流出，而且切口的一部分组织炭化也有利于吸水；在水中加入硝酸盐亦可减少分泌物，抑制氧化酶活性，起到防止导管堵塞的作用。

增加空气湿度、调节环境的湿度饱和差，是减轻切花水分亏缺的有效措施。一般情况下，当空气湿度低于 40%，水养的切花会加强蒸腾作用，向外界环境散发大量的水分，往往明显引起水分蒸腾与呼吸之间的矛盾，导致切花组织缺水，造成萎蔫。但是，空气湿度过大，则会抑制切花的水分代谢，影响组织及器官之间的水分和其他物质交换，甚至诱发一些侵染性和非侵染性病害，造成表面细胞坏死，降低切花观赏品质或加速衰老，对保鲜不利。

三、采后病害（postharvest disease）

切花在采收、分级、包装、贮藏、运输以及销售消费各环节中所遭受的病害统称为采后病害。切花是鲜嫩的植物产品，贵在其外观的观赏品质，而采后病害是降低切花观赏品质的重要因素。由于切花种类繁多，采收期及流通各环节的环境因素变化大，引起采后病害的原因十分复杂。根据成因，采后病害大致上可分成生理性病害和侵染性病害两大类。

（一）生理性病害

切花采收后，组织内衰老进程和代谢异常所造成的伤害称为生理性病害。温度、气体成分以及化学物质等环境条件不适，常常是诱发或加剧生理性病害的重要原因。切花采收后的许多生理性病害与采前的多种因素密切相关，如营养不良、栽培管理不当等，都会引起一些生理性病害。切花生理性病害的主要成因如下所述。

1. 采前因子

切花在生长发育过程中，许多因素都直接影响其生理机能和形态建成，如施肥、喷药等措施，运用稍不妥当就会引起一些生理障碍。

矿物质营养缺乏或失调，是引起生理性病害的重要原因。切花正常的生长发育必须以充足的矿物质营养为基础，同其他植物一样，除需要氮、磷、钾、钙、镁、硫 6 种大量元素外，还需要硼、锰、铜、锌、钼、氯、铁等微量元素。近年来的研究发现，许多稀土元素与植物的生长发育也有密切关系。用硝酸稀土处理非洲菊，叶片干物质积累增加，开花期延长，花色鲜艳。

各种必需矿物质元素的生理功能有较大的差别，它们在切花的生长发育、形态建成和各种生理生化代谢中起着不可替代的作用。例如，氮素是氨基酸、蛋白质、酶、辅酶、核酸、叶绿素、生物膜、多种内源激素等许多重要有机物的成分，植物缺乏氮素，就会表现出生长速率下降和黄化现象；缺乏锌、硫会影响叶片叶绿素合成，表现出小叶黄化等病症；钾素影响代谢、离子吸收、运输等，还能在调控气孔开闭过程中发挥作用；钙则与细胞间层的果胶质有关，能对细胞结构起重要作用，缺钙的切花更容易萎蔫和受到病菌感染而表现出黑心病、叶焦病、花蒂腐病等病症。因此，采前施肥不足，不能充分满足切花正常生长发育对各种元素的需要，必然导致发生一些生理性病害，表现出缺素症。营养不良的切花采收后再进行矫正是比较困难的，其保鲜性能也会受到明显的影响。

植物正常的生长发育不仅需要足够数量的矿物质元素，而且要求各种元素之间保持一定的平衡状态，否则，同样会出现生理性病害。研究结果表明，在只供应去离子水的条件下，猕猴桃幼苗虽不能增长，但能在一段时期内维持生命状态；若供应能促进正常生长的各种元素而只缺钙素的话，则很快导致猕猴桃幼苗的死亡。由此可见矿物质元素平衡供应的重要性。不同的切花种类，对矿物质元素的平衡比例有不同的要求。一般情况，观叶类切花应适当增加氮素比例，而观花和观果类切花则应增加磷和钾比例，同时注意硼和锌的施用。

为了有效地防治切花生长发育过程中的虫害和侵染性病害，常常需要使用化学农药。而且，由于切花是一种供观赏用的植物产品，在很多情况下，人们对农药的使用不像在果树、蔬菜等食品生产上那样严格控制，因此，切花生产中农药的使用更加广泛。但是，农药在时期、种类、浓度、方法等方面的施用不当，都将对切花造成药害。

药害是指切花因农药施用不当而引起的各种病态反应，包括体内生理生化过程的非正常变化、生长受阻、器官变态甚至死亡等一系列症状。按药害症状表现的时间可将药害分成急性药害和慢性药害；按药害所造成的危害程度可分成轻度、中度和重度药害。

农药施用不当对切花所造成的症状主要有斑点、黄化、畸形、枯萎、停长、脱落等。药害的程度不同，症状表现的特点以及对切花商品价值的影响也不一样。轻度药害的症状可通过加强管理进行矫正，对切花采后保鲜不会产生很大的影响；重度药害的症状往往无法消除，甚至引起切花早衰、枯死，对采收后保鲜十分不利。

生长调节剂的应用是现代切花生产中常用的技术措施，如用乙烯利调节香石竹的花期，用矮壮素促使唐菖蒲产生侧花枝，用 2,4-D 防止百合消蕾等。但是，植物生长调节剂若施用不当，就会造成切花的生理失调，产生生理性病害。2,4-D 在较低浓度时，是一种生长促进剂，能促进切花的营养生长；浓度过高时，便对生长有抑制作用，甚至导致植株死亡。

此外，生长期间的气温、降雨、光照等气候条件不适，也会促发一些生理性病害。如长期阴雨，光照不充足，容易造成组织生长不充实，抗病性降低，采后的保鲜性能下降。严重干旱会加速组织和器官老化，造成叶枯、花蔫等不良后果。采收期不当，也会引发生理性病害，如空气湿度太小时采收，容易发生导管气栓堵塞，造成水分生理障碍。

2. 采后因子

影响切花采后衰败的采后因子很多，如温度、湿度、气体成分和化学物质等，都会影响切花的生理生化代谢，若控制不当，同样会导致生理紊乱，出现生理性病害。

切花采收后的一系列与衰老有关的生理过程，是在许多种酶的参与下进行的，而这些酶促反应过程受温度的制约，温度越低，呼吸速率和新陈代谢速度越慢，衰老的进程越慢。从理论上讲，将切花置于略高于其细胞冻结点的低温环境中，可以获得最佳的保鲜效果。但是，一些热带和亚热带切花即使处于冰点以上的低温环境，也会发生代谢异常，表现出生理性病害。植物生理学上将这种在冰点以上低温中出

NOTE

现的生理性病害称为冷害。

切花种类不同，对冷害的敏感性及表现的冷害症状差别很大。一般情况下，起源于热带和亚热带的切花种类，发生冷害的临界温度较高，在进行冷藏保鲜时要注意保持在较高的温度环境，常常是在8～12 ℃。如果温度太低，容易发生冷害。冷害的症状大都为表面发生凹陷斑块、局部表皮组织坏死、变色、呈水渍状等。

伴随冷害的发生，呼吸代谢加强，由于生物膜在一定的低温下流动性会降低，酶系统发生变化，细胞膜的透性增大，细胞内的氨基酸、糖、无机盐等内含物质大量外渗，加速切花的衰老和变质腐烂。

在高温季节采收的切花，若不能冷藏，长期置于高温环境，或由于呼吸热不能及时排出，而使局部环境温度过高，也会对切花产生危害。一般将切花置于30 ℃以上的高温环境中所出现的生理性病害称为高温伤害。

在过高的温度环境中，细胞代谢活动异常活跃，如呼吸作用加强、酶促反应加速、水解过程增强，导致器官迅速衰老、叶片黄化甚至腐烂。因此，高温季节应尽量避免产生高温伤害，以延长切花的保鲜期。

为了抑制切花采后的水分蒸腾消耗，防止由失水萎蔫所产生的种种不良效应，目前，国内外多主张采用高湿度贮藏保鲜。但是，切花在高湿度环境中容易产生生理性病害，引起水分代谢不良、气体交换速率下降、叶片出现枯斑等症状。而且，空气湿度过大，将有利于许多病原菌的生长和侵染，造成切花的腐烂。

气体成分与生理性病害也有密切关系。在高二氧化碳和低氧的环境中，切花的呼吸作用受到抑制，能减少呼吸消耗，延缓衰老进程。但是，切花采收后长时间置于高二氧化碳和低氧环境，可能会因代谢异常而出现生理性病害。这是因为在低氧条件下，为了维持一定的呼吸作用，迫使组织细胞加强无氧呼吸过程，而无氧呼吸过程中会产生酒精等物质，对细胞造成伤害，不仅产生异味，而且造成腐烂。高浓度的二氧化碳可导致叶片变褐或出现褐斑。如果在空气中含有二氧化硫等有毒气体，对切花造成的生理伤害将更为严重，叶片和花瓣将出现褐斑甚至坏死，失去观赏价值。

（二）侵染性病害

切花在生长发育、采收、分级、包装、运输、贮藏以及消费等环节被真菌、细菌和病毒等病原物侵染而发生的病害，称为侵染性病害。由于这些病原物能够繁殖和传播，在适宜的条件下，侵染性病害能迅速蔓延，所造成的危害更为严重。

1. 引起侵染性病害的主要病原

引起切花侵染性病害的病原包括真菌、细菌、病毒、类菌质体等。真菌和细菌侵染后往往引起切花的腐烂，而病毒侵染后多表现为叶部条状或点状斑纹、花叶、卷叶、皱叶、丛簇、枝叶纤细等症状。

目前，已经知道的引起切花采收后病害的主要病原有核盘菌属、刺盘孢菌属、圆葡萄孢属、灰葡萄孢属、葡萄孢属、叶点霉菌属、链格孢属、盘多毛孢属、大茎点菌属、尾孢属、壳针孢属、菊壳针孢属、壳多孢属、放线孢属、绵腐菌属、丝核菌属、镰刀菌属以及锈菌目和白粉菌科的真菌，还有郁金香碎色病毒等病毒以及假单孢杆菌属的细菌。

2. 侵染过程

切花被病原侵染可能发生在生长发育过程中，也可能发生在采收或采后的各环节。病原物侵入的途径有角质层侵入、气孔侵入、皮孔侵入、花器侵入、水孔侵入和伤口侵入等。

采前侵染分两种表现形式。病原物在采前侵入切花体内后已蔓延扩散，采收时已经明显表现出病症，这种情况可在采前或采后进行妥善处置，对保鲜效果不会造成严重的不利影响。但是，病原物在采收前已完成侵入过程，却一直处于休眠状态，直到切花采收后才逐渐表现出病症，即所谓的潜伏侵染，一旦出现病症则无法抑制病菌的生长和控制病情的蔓延，结果造成严重的损失。

采收时侵染及采后侵染是切花采后病害的主要侵染方式。许多真菌并不能通过切花完整无损的表皮侵入而造成危害，但采收时及采收后的各环节中造成的种种机械伤害，能为病菌的侵入创造条件，使得病菌能很容易地经过伤口侵入，导致病害的发生和蔓延。

3. 采后病害的控制

控制并减轻病害是切花保鲜的重要技术内容。采收前，应尽力消除感染源，喷施药物以抑制或杀灭

NOTE

病原菌，除掉病根；采收时，应小心操作，尽量减少机械损伤；采收后，及时用物理或化学方法进行保鲜处理，防止病原物从伤口侵入，增强切花的防病能力。

四、化学物质

切花采后的衰老过程，是切花自身个体发育的必然趋势，主要取决于自身的生理生化代谢特性，同时，还受外界环境条件的影响。除已经述及的温度、湿度、氧气、二氧化碳等因素外，许多化学物质对切花的衰老过程有明显的影响，有不同程度的保鲜效果。常用于切花保鲜的化学物质有以下四大类。

（一）乙烯生物合成抑制剂（ethylene biosynthesis inhibitor）

乙烯的生物合成是促进切花衰老的重要因素，控制切花乙烯的产生，能有效地延缓衰老，达到保鲜的目的。目前，采用化学药剂控制乙烯的合成，主要是通过抑制两个与乙烯合成有关的酶促反应过程实现的。常用的药剂有硫代硫酸银（STS）、硝酸银（$AgNO_3$）等重金属盐类以及氨基氧乙烯基甘氨酸（AVG）、氨基氧乙酸（AOA）等。

银离子是一种阻碍乙烯合成的有效成分，在切花保鲜技术上的应用非常普遍。以硫代硫酸银为主配制的保鲜液，对康乃馨、金鱼草、卡特兰、飞燕草等切花种类有很好的保鲜效果，并能防止月季、香豌豆、百合等切花的花瓣脱落。相对而言，硫代硫酸银比硝酸银容易被切花吸收和转运，毒性较小，应用更广泛。

（二）植物生长调节剂（plant growth regulator）

切花采后的衰老进程与内源激素有密切关系。人为地使用植物生长调节物质，改变切花组织内的激素水平，能有效地控制切花的衰老过程。延缓切花衰老的植物生长调节剂可分为生长促进剂和生长抑制剂两大类。

生长促进剂包括生长素、赤霉素和细胞分裂素等，具有促进营养生长、保持细胞活力、降低呼吸代谢速率、延缓切花衰老的作用。例如，使用 6-BA 能改善朱槿切花体内的水分平衡，促进花朵鲜重和花径增大，抑制花瓣溶质外渗，从而延长花朵的寿命。6-BA 和玉米素对兰花的衰老有抑制作用。赤霉素能延长百合花与香石竹的寿命。细胞分裂素（包括 6-BA、激动素和玉米素等）能促进核酸和蛋白质合成，促进物质转运，延迟和防止器官衰老。

生长抑制剂如矮壮素、PP_{333}、青鲜素、缩节胺等，可通过抑制切花的营养生长，增加物质积累，增强切花的抗逆性，从而延缓切花的衰老。据报道，PP_{333} 和缩节胺能使郁金香切花花瓣和花枝顶叶的过氧化物酶活性提高，使细胞膜透性降低，可有效地延长切花郁金香的寿命。在切花贮运前用青鲜素进行处理，可降低呼吸和代谢速率，减缓花朵的开放，延长切花的寿命。

（三）杀菌剂（bactericide）

切花采后的衰败和腐烂，在很大程度上与病原菌侵入危害密切相关。因此，杀菌剂的合理使用对切花防衰保鲜具有重要意义。

常用的切花杀菌保鲜剂成分有 8-羟基喹啉盐（8-HQS）、8-羟基喹啉柠檬酸（8-HQC）、水杨酸、三环唑、次氯酸钠、青霉素、多菌灵、克菌丹、硫酸铜等。杀菌剂通过防治侵染性病害，维持切花正常的代谢功能而延长切花的寿命，保持切花较高的观赏价值。

8-羟基喹啉盐是切花保鲜上最常用的杀菌剂，对真菌和细菌都有强烈的杀伤和抑制作用，而且具有促进细胞分裂、抑制乙烯合成的作用。水杨酸等有机酸通过降低保鲜液的 pH，有效地抑制病菌的繁衍和生长，延长切花寿命。苯甲酸是一种抗氧化剂和自由基清除剂，除具有杀菌作用外，还有很强的抗衰老作用。

（四）无机盐类

切花的生长发育、代谢过程以及结构形成都需要矿物质元素的参与，因此，许多无机盐类物质对切花防衰保鲜有重要作用。硝酸钙能保持细胞原生质的黏性和细胞膜的渗透性，调节元素吸收过程，并能减少一些切花体内的分泌物造成的导管堵塞，延缓切花衰老。铝离子可以诱导气孔的关闭，减少蒸腾失

NOTE

水，改善切花体内的水分平衡，有试验表明，硫酸铝不仅能延缓切花的衰老，而且可保持花朵的鲜艳色泽，提高切花采后的观赏价值。

五、物理损伤

在切花采收、包装、贮藏、运输和销售各环节中，由于机械力的作用，常常造成切花细胞破损、组织碎裂和器官损伤变形，产生物理损伤。

物理损伤对切花的不利影响是多方面的。首先，物理损伤会使切花的外观品质下降，降低或丧失商品价值。其次，由于物理损伤会产生组织或细胞的破损，使病原更容易经受损部位侵入，导致切花腐烂，加速衰败。而且，当切花受到物理损伤后，体内受损组织的愈合过程常常使代谢过程加速，呼吸强度增大，从而加速了切花的衰老。

造成物理损伤的机械力有碰撞、挤压、摇动、摩擦和切削等形式。切削所产生的机械伤害是不可避免的，因为切花采收过程必须将产品切离母体，应尽量避免不必要的剪切伤口。挤压损伤常常发生在包装和堆放过程中，堆放量过大，会使位于底层的切花承受过大的压力而造成损伤。在运输过程中，因摇动而发生表面擦伤是很常见的，这种损伤多发生在器官的表面，直接影响观赏品质。

因此，在采收时及采收后的各环节，均应遵循有关的操作规程，尽量减少物理损伤，以延长切花的寿命，提高切花的商品价值。

NOTE

第四章　切花采收及采后处理

第一节　鲜切花的采收及分级

一、切花产品的采收

（一）采收时期

切花的采收时期对切花品质影响较大，研究表明，不同花卉的采收时期存在明显不同。花卉的采收时期，一般分为蕾期采收与花期采收。传统的鲜切花多在切花适合观赏或即将适合观赏的大小和成熟度时进行采收，常用于不能进行蕾期切花的品种，例如大丽花以及石斛兰、蝴蝶兰和卡特兰等大多数洋兰。近年来蕾期采收受到广泛关注，也成为鲜切花生产的主要方向，如菊花、香石竹、月季、唐菖蒲、鹤望兰、非洲菊、满天星、鸢尾、金鱼草等切花，均采用蕾期采收。蕾期采收的优点表现在以下 6 个方面。

①在切花采收后，可在观赏前或贮运后，在一定条件下进行催花开放，有利于切花的开放与发育的控制。

②花蕾比较耐碰撞，便于包装、运输和贮藏，也可减少贮运损耗，保证花卉的质量。

③能减少花枝的体积，缩小贮运的空间。

④加速温室与土地的运转，降低成本。

⑤减少花卉在处理与运输过程中对极端温度、低湿度以及自身代谢产生乙烯的敏感度，提高切花在低光、高温条件下的品质与寿命。

⑥减少田间不利条件对花卉的不良影响。

值得注意的是，切花花蕾最适宜的采切时期应考虑到贮藏后既有最长的瓶插寿命，又能充分开放。一般在花蕾发育成熟尚未开放时采收。采收过早，发育不成熟，营养积累不足，不利于贮后催花，造成花蕾不开放或花朵小。月季切花适宜的采收时期是萼片同花瓣成 90°夹角（红色系、白色系大于 90°，黄色系小于 90°），枝条有 5 片叶以上时。若采收过迟，切花寿命缩短，而且花冠易受机械损伤；采收过早，花蕾未绽开前很易萎蔫。郑成淑等对香石竹不同时期采收进行的研究表明，第三阶段（外围花瓣 2～3 片向外倾斜与水平轴成 80°角）的切花寿命最长。香石竹以花蕾萼片先端刚刚开裂，外围花瓣 2～3 片向外倾斜与水平轴成 80°角，稍能看到花瓣的颜色时采收；唐菖蒲应在花序最下部 1～2 朵小花显色而花苞仍然紧卷时采收；菊花的花径需达到 5～10 cm 才能采收；非洲菊的采收时期应在外围花瓣展平、内围至少 2～3 轮环状小花瓣展开时；鸢尾在夏季温度稍高时，可在花蕾已显色、顶部露出苞尖 1.5～2 cm 时采收；仙客来、二月兰等切花则在初开或半开时采收。

有些花卉在蕾期采收后，插在普通的清水中不能开花或不能正常开花，需要插在特定的开花液中或者采后贮藏前先通过化学液预处理才能正常开花。不同种类和品种的花卉，采切的发育阶段不同。直接销售的常见切花品种适宜的采切发育阶段如表 4-1 所示。

表 4-1 直接销售的常见切花品种适宜的采切发育阶段

植物名称	采切发育阶段	植物名称	采切发育阶段
		一品红	充分成熟时
月季(红色、粉红色品种)	萼片反转低于水平线，有1～2片花瓣展开时	金鱼草	花序1/3小花开放
		大丽花	花朵全开
月季(黄色品种)	比红色品种略早	晚香玉	花序大部分有1～2朵小花绽开
月季(白色品种)	比红色品种略晚	红掌、火鹤花	肉穗花序几乎发育完全
		向日葵	花朵外层舌状花开放
菊花(标准型)	外围花瓣充分伸长，盘心花开始伸长	洋桔梗	第一侧枝花蕾展开
		鸢尾类	花蕾显现
	花朵盛开	香豌豆	花序1～2朵小花开放
菊花(银莲花型多头菊)		鹤望兰	第一朵小花开放
	花朵半开，2朵花充分开放	白头翁	花朵快开放
		惠兰属	花朵开放3～4天
香石竹(标准型)	花序基部1～2朵小花初露色	卡特兰属	花朵开放3～4天
香石竹(小花枝型)	1～2朵花开放时	兜兰属	花朵开放3～4天
唐菖蒲	采切时带2～3片叶	蝴蝶兰属	花朵开放3～4天
非洲菊	外围花可见花粉，花朵开放	石斛兰属	花朵几乎全部开放
满天星	但不过熟	一枝黄花属	花序1/2小花开放
紫罗兰	花序1～2朵小花开放	六出花	花序1/2小花开放
马蹄莲	佛焰苞刚向下转	补血草类	花萼开，花苞露出颜色
百合花	花蕾显色	仙客来	花朵充分开放
郁金香	花朵半着色	金莲花属	花朵半开
小苍兰	第一朵花蕾开始开放	花毛茛	花蕾开始放开
飞燕草	花序2～5朵小花开放	姜荷花	粉红花苞3～5片展开

准确掌握各种鲜切花品种的最适采收期，是鲜切花采后品质保障的关键性因素。高水平等在研究采收期对芍药切花保鲜效果的影响中，分别选取大小一致的Ⅱ级(松瓣期)、Ⅲ级(转色期)和Ⅳ级(暄蕾期)的芍药切花，于早上8时之前切取后装入置有冰袋的泡沫塑料箱中，然后进行剪切处理，取花梗长度25 cm左右并保留2片复叶。将剪切处理后的Ⅱ级、Ⅲ级和Ⅳ级芍药切花分别插入蒸馏水和保鲜液($2\%S+200\ mg\cdot L^{-1}$ 8-HQ$+1\ mol\cdot L^{-1}$ STS)中，每处理1枝切花，重复5次。研究结果表明，Ⅱ级花无论瓶插于蒸馏水中还是保鲜液中，其瓶插寿命和开花寿命均长于相应的Ⅲ级和Ⅳ级花(图4-1)。

郑成淑等以香石竹为材料，研究了不同采收期对香石竹切花花径及瓶插寿命的影响(表4-2)。研究中的香石竹采收期被分为四个不同阶段，即花瓣全部向内卷缩定为第一阶段(A)；花瓣与萼片成一直线定为第二阶段(B)；外围花瓣2～3片向外倾斜与水平轴成80°角为第三阶段(C)；外围花瓣全部展开与萼片成50°角定为第四阶段(D)。用利刀斜切使花枝长为25 cm，插入已配好待用的0.05‰次氯酸钠+2% S溶液中，每个500 mL的三角瓶中插花5枝为一次重复，每种处理重复6次。研究结果表明，第三阶段采收的香石竹切花其花径增加经历时间最长，为3.5天，而且达到萎蔫时间也最长，瓶插寿命最长，为12.8天，而第四阶段采收的瓶插寿命最短，为10.1天。

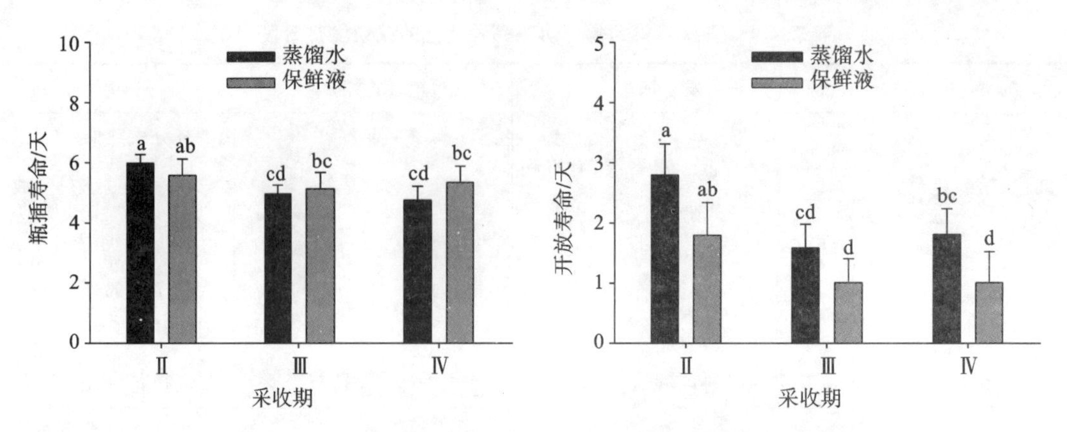

图 4-1 不同采收期对芍药切花瓶插寿命和开放寿命的影响

表 4-2 不同采收期对香石竹切花花径及瓶插寿命的影响

阶　段	瓶插时花径 /cm	花径增加历时 /天	花径增加至最大 /cm	最大至萎蔫历时 /天	瓶插寿命 /天
A	5.607	2.8	5.670	7.2	10.3
B	5.800	3.2	5.866	8.3	11.4
C	5.899	3.5	5.962	9.1	12.8
D	5.993	2.1	5.998	7.0	10.1

杜永芹等以蜡梅切花种“金素心”为材料，研究了采收期及抗蒸腾剂对蜡梅切花保鲜效果的影响，试材分 3 个时期采收，即 A-1 期(1/3 初花期)、A-2 期(1/3 大花蕾期)、A-3 期(全小蕾期)。保鲜液为 4% S+25 mg·L^{-1} 8-HQC+5 mg·L^{-1} 6-BA，每次处理 10 枝，重复 3 次。在采集后的第 10 天、第 20 天、第 30 天、第 40 天分别统计各期采收的切花的开花率和萎蔫脱落率(图 4-2)。结果表明，瓶插后第 10 天，A-3 期采收的切花基本无开花；随着瓶插时间的延长，各期采收的切花的开花率随之增加，A-1 期采收的切花在瓶插第 20 开花率首先出现峰值，后呈逐渐下降的态势；A-2 期和 A-3 期采收的切花在瓶插第 30 天时开花率分别达最高，其中 A-2 期采收的切花开花率达 54.2%，分别比 A-3 期和 A-1 期采收的切花高 13.1%和 20.6%。瓶插 40 天后 A-1 期采收的切花的开花率几乎为零，而 A-2 期采收的切花仍保持较高的开花率。开花率与衰老呈负相关性，说明蜡梅花枝适宜在 1/3 大花蕾阶段采切贮藏。就花枝萎蔫脱落率而言，瓶插 20 天后，A-1 期采收的切花萎蔫脱落率高于其他两个时期采收的切花。至瓶插后期(30 天后)，即便使用保鲜剂其萎蔫脱落率仍高达 23.9%，当花蕾萎蔫脱落比例为 25%～30%时，意味着瓶插寿命结束，A-2 期和 A-3 期采收的切花的萎蔫脱落率相对较低，但两者差异不显著。从整体观赏质量与时间来看，采用 1/3 大花蕾期花枝作为瓶插材料效果优于 1/3 初花期和全小蕾期的花枝。

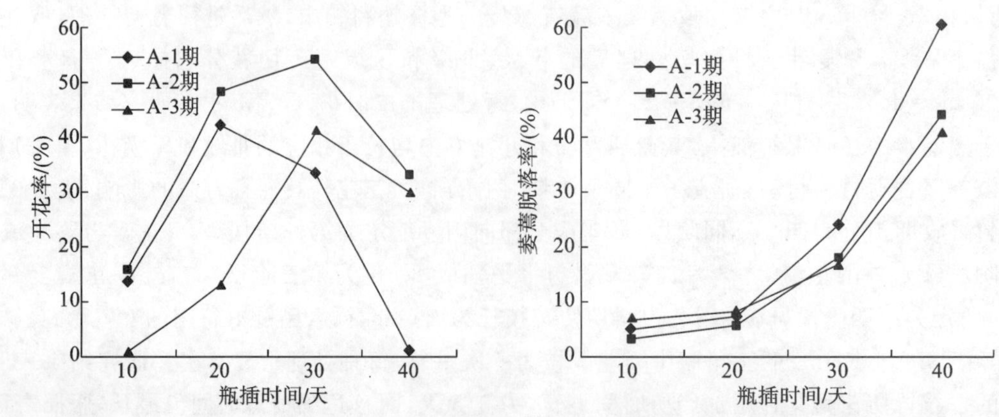

图 4-2 不同采收期对蜡梅切花开花率和萎蔫脱落率的影响

NOTE

商品切花收获的适宜时期随切花不同种类、同一种类不同品种而异，也因季节、环境条件、市场远近和特殊消费需要而变化，过早过晚采收都会缩短切花的观赏寿命。葛皓等对非洲菊 3 个品种“Red-Tube”(红色单瓣)、“Cora”(红色复瓣)、“Delphi”(白色复瓣)的花序发育过程及维管束结构进行了研究，同时结合切花保鲜试验，以确定 3 个品种的最佳采收期。结果表明，3 个品种非洲菊花序的发育过程可分为以下 9 个时期。①显蕾初期(Ⅰ期)：花蕾从刚抽出时总苞完全包拢、小花未暴露至总苞松开、小花微露但边缘小花短于总苞。②蕾发育期(Ⅱ期)：总苞松开，边缘舌状花微露、弯曲，尚未显色。③舌状花露瓣期(Ⅲ期)：舌状花迅速伸长，从总苞中伸出、呈折合状，并显现各品种花色。④花序松散期(Ⅳ期)：舌状花继续伸长、花序开始松展。⑤开花期：此期边缘舌状花开放、平展、外翻，颜色鲜艳。其中，开花期进一步划分成以下 4 个时期。Ⅴ期：隐药开花期，两性管状花花药尚未从花冠管露出；Ⅵ期：1 轮露药开花期，该期第 1 轮两性花花冠管上部开裂、外翻，花药显露，花柱伸长突出花药；Ⅶ期：2 轮露药开花期；Ⅷ期：3 轮露药开花期。⑥衰老期(Ⅸ期)：花梗变软、弯曲，花头下垂，舌状花边缘失水、内卷呈褐色。其中品种“Red-Tube”最佳采切期为开花期的 1 轮露药开花期(Ⅵ期)，品种“Cora”与“Delphi”的最佳采收期均为开花期的隐药开花期(Ⅴ期)(表 4-3)。

表 4-3 非洲菊品种不同采收期对瓶插寿命的影响

处理	品种	Ⅴ期				Ⅵ期				Ⅶ期				Ⅷ期			
		取样切花枝数	折茎枝数	折茎率/(%)	瓶插寿命/天	取样切花枝数	折茎枝数	折茎率/(%)	瓶插寿命/天	取样切花枝数	折茎枝数	折茎率/(%)	瓶插寿命/天	取样切花枝数	折茎枝数	折茎率/(%)	瓶插寿命/天
保鲜处理	Red-Tube	20	7	35	5	20	7	35	8	20	8	30	7	20	10	50	5
	Cora	20	3	15	11	20	3	15	8	20	3	15	6	20	3	15	3
	Delphi	20	2	10	11	20	2	10	8	20	2	10	5	20	2	10	2
清水对照	Red-Tube	20	8	40	3	20	10	50	5	20	10	50	4	20	12	60	3
	Cora	20	4	20	8	20	4	20	6	20	4	20	4	20	3	15	2
	Delphi	20	3	15	8	20	3	15	5	20	3	15	5	20	2	10	3

注：所列数据为 3 次重复平均数。经 SAS 统计分析 3 次重复间各指标差异均不显著。

(二) 采收时间

花卉在一天中最好的采收时间也因季节、天气和切花种类的不同而异。大部分切花宜在上午进行，而直接销售的花卉，由于采收后容易失水，宜在清晨进行采收，例如月季等。清晨采收的切花含水量高、外表鲜艳、销售效果好。小苍兰、白兰花等在清晨采收香气更浓，且不易萎蔫。

但是，清晨采收时，应注意在露水、雨水或其他水汽干燥后进行，以减少病害的侵染。对于需要贮运的切花，应在含水量较低的傍晚采收，以便于包装与预处理，且有利于保鲜贮运。如果切花采后立即放入含糖的保鲜液中，则在一天中的任何时间采收都关系不大。

(三) 采收方法

切花采收的工具一般用花剪，对于一些木本花卉采收时用枝剪，例如梅花等，而草本花卉的采收可用割刀。采切花茎的部位，应尽量使花茎长些。对基部木质化程度较高的一些切花，应选靠近基部、木质化适中的部位采切。否则，切下的花卉会因基部木质化程度高、吸水能力差而缩短切花的寿命。

切花采收时，应轻拿轻放，减少不必要的机械损伤。剪切时，最好斜面切割，以增加花茎的吸水面积。花卉采收后，最好立即将其基部插入装有保鲜液的容器中，尽可能避免风吹日晒，以免造成切花衰老而失去观赏价值。对于一些在切割后会在切口处分泌黏液并凝固，影响水分吸收的花卉品种，可在剪切花茎后，立即将基部插入 85～90 ℃的烫水中 60～90 s，再插入水中保存，如一品红、桃花、水仙、芍药等。但用沸水处理大丽花是有害的，大丽花的处理以 50 ℃的水温较为合适。此类切花也可将其花茎基

NOTE

部浸入酒精中，或者用火焰使切花基部干燥。

采切的角度也是影响切花衰老的一个因素。张金锋和种高军以月季、康乃馨、非洲菊 3 种切花为试验材料，研究不同剪切角度（15°、45°和 90°）对切花保鲜效果的影响。以剪刀与切花茎干之间的夹角（0°～90°）为准，采用 90°（剪刀与切花茎干垂直状态）、45°（剪刀与切花茎干成 45°夹角）、15°（剪刀与切花茎干成 15°夹角）3 个不同的剪切角度来剪切花材，统一保留茎干长度 50 cm。月季切花的处理编号依次为处理 YA（90°剪切角）、处理 YB（45°剪切角）、处理 YC（15°剪切角）；康乃馨切花的处理编号依次为处理 KA（90°剪切角）、处理 KB（45°剪切角）、处理 KC（15°剪切角）；非洲菊切花的处理编号依次为处理 FA（90°剪切角）、处理 FB（45°剪切角）、处理 FC（15°剪切角）。将 5 g·L^{-1} 的基础蔗糖保鲜液注入塑料瓶中（450 mL/瓶），将 3 种试验花材插入瓶中后用脱脂棉球塞紧瓶口。每瓶插入 1 枝鲜花，每种处理设置 6 组重复。

如图 4-3 所示，3 个剪切角度处理过的月季切花其鲜重变化率都在瓶插后的第 4 天达到最高峰，说明在瓶插的前期阶段（1～4 天），月季切花均处于不断吸水增重阶段，鲜花重量在不断增加。在第 4 天之后，鲜重变化率开始逐渐下降，90°剪切角处理过的月季切花的鲜重变化率在第 8 天达到最低值 0.37%；45°剪切角处理过的月季切花在第 8 天开始出现负值（－0.29%），说明从第 8 天起，月季切花的失水量开始大于吸水量，月季切花开始处于减重阶段，月季切花的每日鲜重开始低于瓶插第 1 天的切花鲜重，月季开始处于衰弱死亡期；15°剪切角处理过的月季切花在第 6 天开始达到正负转折点（0.03%），之后便一直处于负值和下降状态。15°剪切角处理过的月季切花比 45° 和 90°剪切角处理过的月季提前 2 天进入衰弱死亡期，不利于切花保鲜。不同剪切角度处理过的康乃馨切花都在瓶插后的第 3 天鲜重

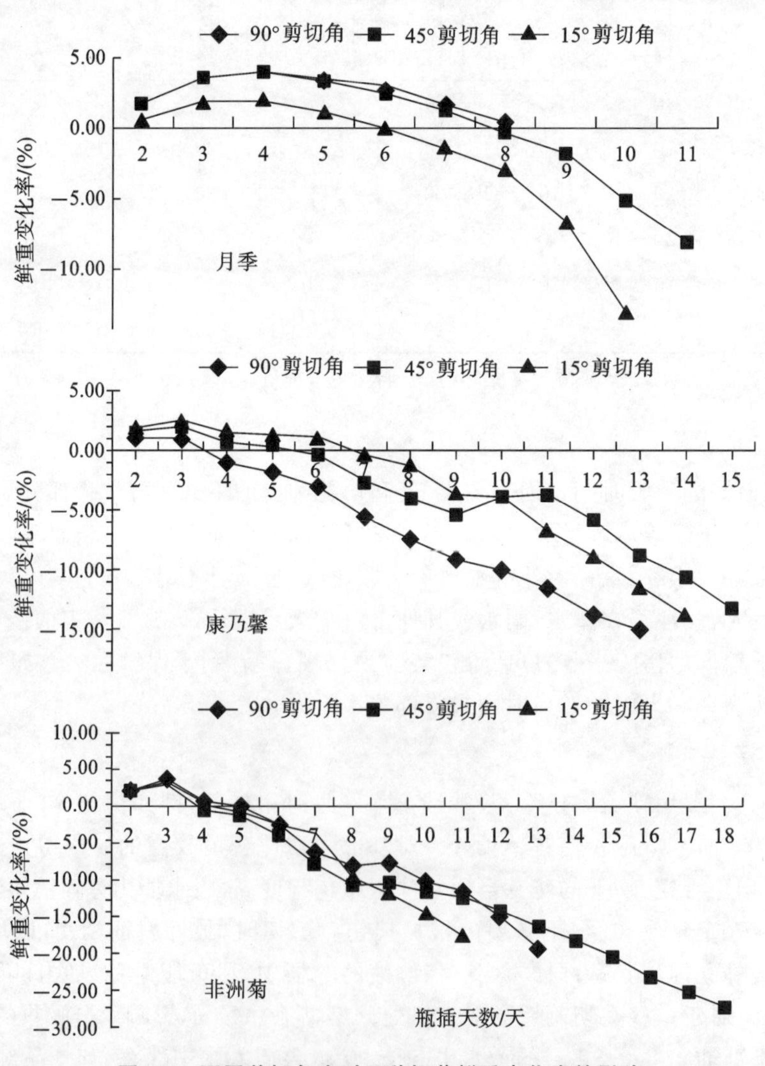

图 4-3　不同剪切角度对三种切花鲜重变化率的影响

变化率达到最大，之后的鲜重变化率下降，但是达到鲜重变化率正负转折点的时间有所不同，90°剪切角处理过的康乃馨切花最早达到转折点，在瓶插后代的第3.5天开始进入衰弱死亡期，45°剪切角处理过的康乃馨切花在第5天开始进入转折点，15°剪切角处理过的康乃馨切花在第7天开始进入衰弱死亡期。由此可见，不同剪切角处理过康乃馨切花在进入衰弱死亡期的时间上有差别，90°剪切角处理过的康乃馨切花比45°和15°剪切角处理过的康乃馨切花能够更早进入衰弱死亡期，且在瓶插后期的鲜重减少幅度均高于另外2个剪切角处理过的切花鲜重减少幅度，不利于康乃馨切花的保鲜。对于非洲菊而言，在瓶插后的第3天，3个剪切角处理过的非洲菊切花鲜重变化率都达到了最高峰，从瓶插后的第4天起，鲜重变化率开始处于负值，说明从第4天起3个剪切角处理过的非洲菊切花开始处于入不敷出的状态，进入了衰老死亡期。

如表4-4所示，对瓶插的月季切花而言，最大花径由高到低的排序为15°剪切角处理＞45°剪切角处理＞90°剪切角处理，但3个剪切角处理对切花最大花径的影响无显著性差异。对瓶插的康乃馨切花而言，最大花径由高到低的排序为45°剪切角处理＞15°剪切角处理＞90°剪切角处理，但三者之间无显著性差异。

表4-4　不同剪切角度处理的最大花径

切花名称	处理编号	处理方法	最大花径/cm
月季切花	YC	5 g/L 蔗糖溶液＋15°剪切角	77.4±5.08a
	YB	5 g/L 蔗糖溶液＋45°剪切角	76.8±2.97a
	YA	5 g/L 蔗糖溶液＋90°剪切角	71.0±2.21a
康乃馨切花	KB	5 g/L 蔗糖溶液＋45°剪切角	68.3±1.36a
	KC	5 g/L 蔗糖溶液＋15°剪切角	68.1±1.19a
	KA	5 g/L 蔗糖溶液＋90°剪切角	67.8±1.69a

注：在瓶插期间的非洲菊切花的花径基本维持在初始状态，基本上无变化，故不测定本指标。

如表4-5所示，对月季切花而言，瓶插寿命由长到短的排序为45°剪切角处理＞15°剪切角处理＞90°剪切角处理，但3种处理间无显著性差异。康乃馨切花的瓶插寿命排序结果与月季切花的相同，也是45°剪切角处理＞15°剪切角处理＞90°剪切角处理，同样，3种处理间无显著性差异。非洲菊切花的瓶插寿命排序结果有所不同，瓶插寿命由长到短的排序为45°剪切角处理＞90°剪切角处理＞15°剪切角处理，3种处理间无显著性差异。

表4-5　不同剪切角度处理的瓶插寿命

切花名称	处理编号	处理方法	瓶插寿命/d
月季切花	YB	5 g/L 蔗糖溶液＋45°剪切角	11.7±0.42a
	YC	5 g/L 蔗糖溶液＋15°剪切角	10.5±0.50a
	YA	5 g/L 蔗糖溶液＋90°剪切角	10.4±0.68a
康乃馨切花	KB	5 g/L 蔗糖溶液＋45°剪切角	15.0±2.03a
	KC	5 g/L 蔗糖溶液＋15°剪切角	14.8±0.58a
	KA	5 g/L 蔗糖溶液＋90°剪切角	14.0±0.48a
非洲菊切花	FB	5 g/L 蔗糖溶液＋45°剪切角	19.8±1.83a
	FA	5 g/L 蔗糖溶液＋90°剪切角	16.0±2.55a
	FC	5 g/L 蔗糖溶液＋15°剪切角	14.8±2.33a

从理论上说，3个不同的剪切角度对应的切花剪切面面积由大到小排列顺序为15°剪切角处理＞45°剪切角处理＞90°剪切角处理。根据切口面积越大，吸水面积越大，吸水能力越强，花径开放度越大、

NOTE

瓶插寿命越长的理论假设，15°剪切角处理的花材应该是3个剪切角度处理中瓶插寿命最长的处理，但实验结果并非如此。对月季切花、康乃馨切花、非洲菊切花而言，45°剪切角处理过的花材表现出瓶插寿命最长，分析原因可能是15°剪切角对应的切花剪切面积最大，吸水面积最大，但被细菌微生物等感染的程度也是最大的。因此，决定瓶插寿命长短的不仅仅是切花的剪切面面积的大小，还有很多其他因素会对瓶插寿命产生影响。同样，影响最大花径和鲜重变化率指标的因素也是多方面的，不同剪切角处理导致的切花剪切面面积不同只是其中的影响因素之一，且不是决定性因素。

（四）采收标准

下面重点介绍常见切花的采收标准。

1. 月季的采收标准

月季的采收标准主要依据花萼和花瓣的生长情况，具体以开花指数来衡量。最早的开花指数是指英国皇家气象学会历时250年，以405种植物为对象，记录40万朵花每年的首开时间，编制出的“开花指数”，用以测评植物开花的时间，从而了解自然界的气候变化。切花上所采用的“开花指数”是根据花朵开放程度和生理状态所记录的一个指标，用以表征切花的开放进程。

①开花指数1：花萼略有松散，适合远距离运输和贮藏[图4-4(b)]。

②开花指数2：花瓣伸出萼片，可以兼做远距离和近距离运输[图4-4(c)]。

③开花指数3：外层花瓣开始松散，适合近距离运输和就近批发出售[图4-4(d)、(e)]。

④开花指数4：内层花瓣开始松散，必须就近尽快出售[图4-4(f)]。

扫码看
彩图4-4

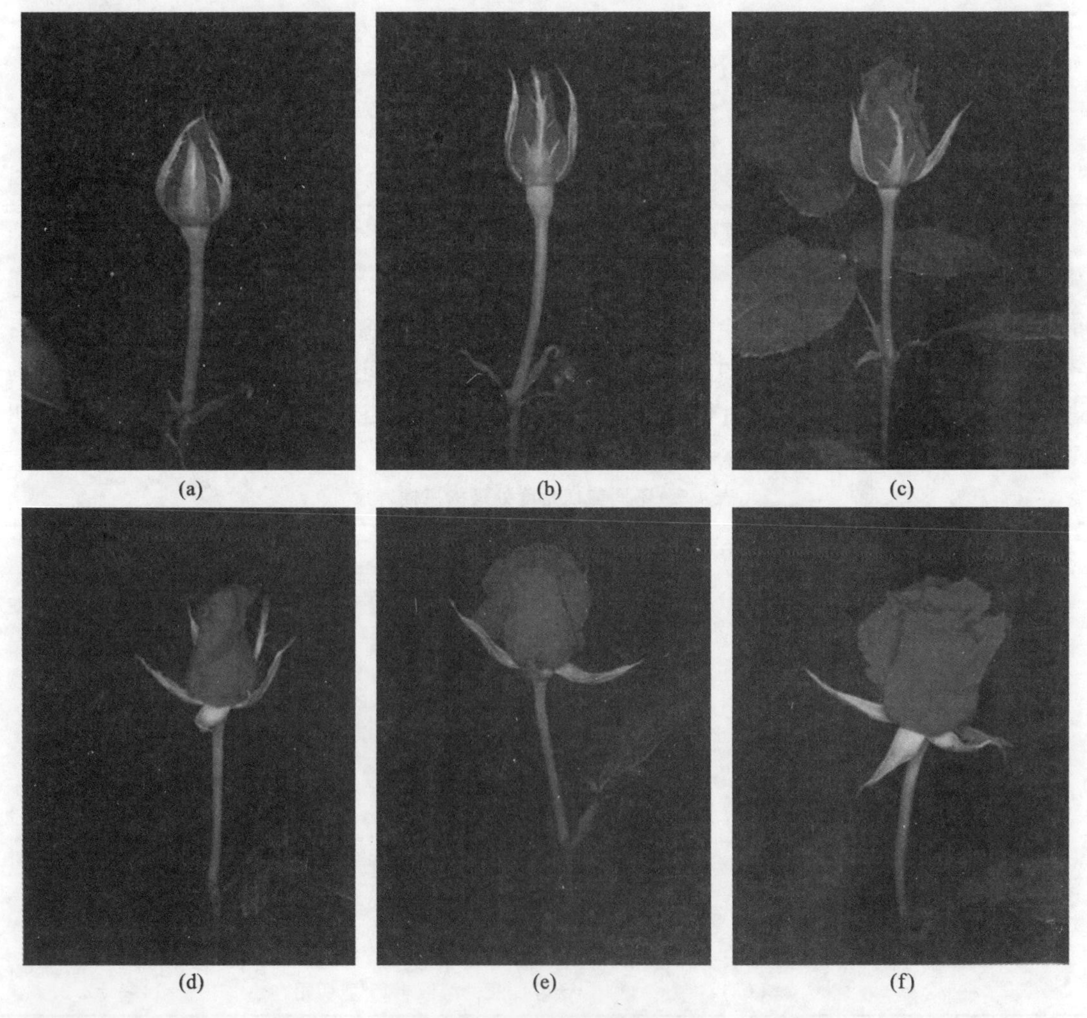

图4-4　月季切花的花朵开放进程

(a) 花萼紧贴外层花瓣；(b) 花萼略有松散(开花指数1)；(c) 花瓣伸出萼片(开花指数2)；(d)(e) 外层花瓣开始松散(开花指数3)；(f) 内层花瓣开始松散(开花指数4)

NOTE

2. 康乃馨的采收标准

①开花指数1:花瓣伸出萼片不足1 cm,呈直立状,适合远距离运输和贮藏[图4-5(a)]。

②开花指数2:花瓣伸出萼片1 cm以上,且略有松散,可以兼做远距离和近距离运输[图4-5(b)、(c)]。

③开花指数3:花瓣松散,小于水平线,适合于近距离运输和就近批发出售[图4-5(d)、(e)]。

④开花指数4:花瓣全面松散,接近水平,必须就近尽快出售[图4-5(f)]。

扫码看彩图4-5

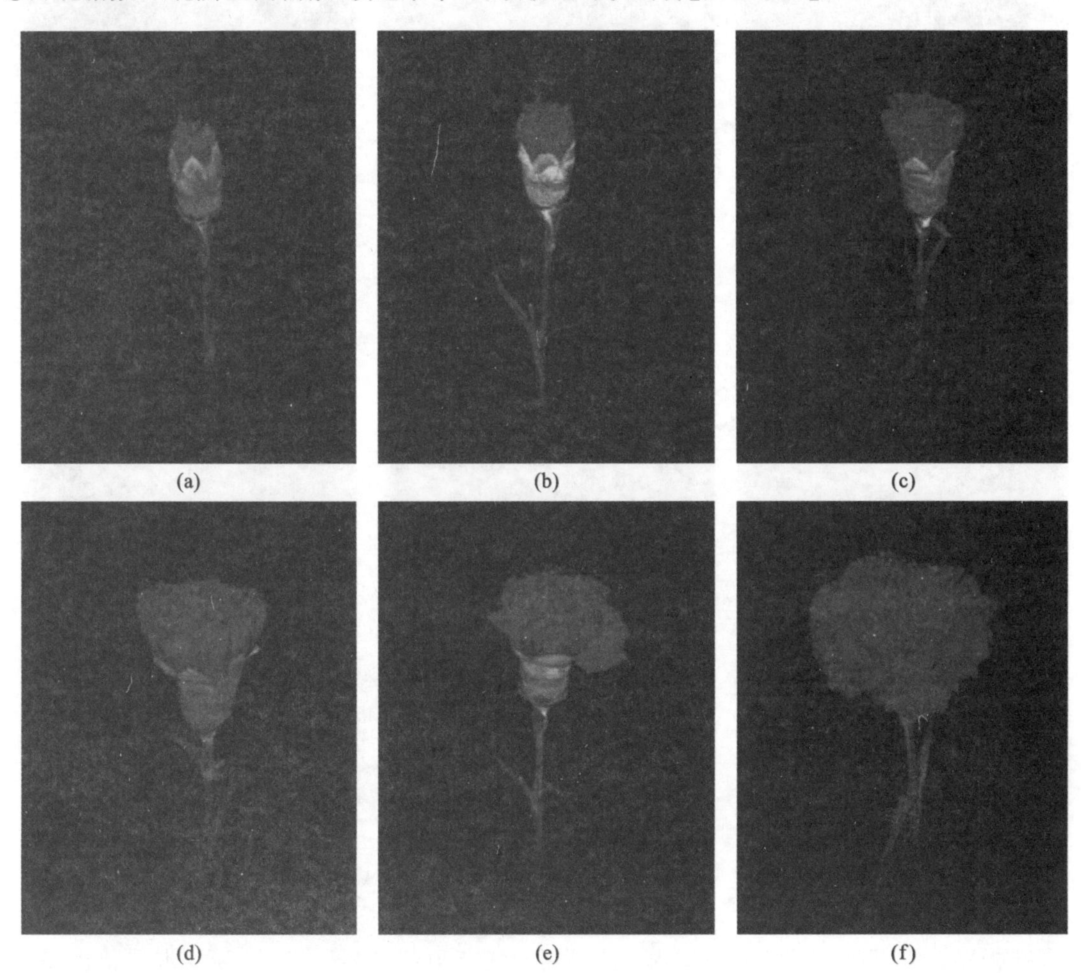

图4-5 康乃馨切花的花朵开放进程

(a) 花瓣伸出萼片不足1 cm,呈直立状(开花指数1);(b)(c) 花瓣伸出萼片1 cm以上,且略有松散(开花指数2);(d)(e) 花瓣松散,小于水平线(开花指数3);(f) 花瓣全面松散,接近水平(开花指数4)

3. 菊花的采收标准

①开花指数1:舌状花序紧抱,其中1~2个外层花瓣开始伸出,适合远距离运输和贮藏[图4-6(a)、(b)]。

②开花指数2:舌状花外层开始松散,可以兼做远距离和近距离运输[图4-6(c)、(d)]。

③开花指数3:舌状花最外两层都已开展,适合近距离运输和就近批发出售[图4-6(e)]。

④开花指数4:舌状花大部开展,必须就近尽快出售[图4-6(f)]。

4. 亚洲百合的采收标准

①开花指数1:基部第1朵花苞已经转色,但未充分显色,适合远距离运输和贮藏[图4-7(a)]。

②开花指数2:基部第1朵花苞充分显色,但未充分膨胀时,可以兼做远距离和近距离运输[图4-7(b)、(c)]。

③开花指数3:基部第1朵花苞充分显色和膨胀,但仍然紧抱时,适合近距离运输和就近批发出售[图4-7(d)、(e)]。

NOTE

扫码看
彩图 4-6

图 4-6　菊花切花的花朵开放进程

(a)(b) 舌状花序紧抱,其中 1～2 个外层花瓣开始伸出(开花指数 1);(c)(d) 舌状花外层开始松散(开花指数 2);(e) 舌状花最外两层都已开展(开花指数 3);(f) 舌状花大部开展(开花指数 4)

④开花指数 4:基部第 1 朵花苞充分显色和膨胀,花苞顶部已经开绽,必须就近尽快出售[图 4-7(f)]。

二、切花产品的分级(grading)

切花产品的分级是指将鲜切花按照质量标准归入不同等级的操作过程。在很大程度上,这是对切花质量的等级进行评定。它直接关系到切花价格和生产效益。通过分级,有利于按级定价,同时便于包装、运输与销售。按照特定的标准进行分级,能使产品高度规格化和商品化,并且为上市交易提供方便。分级的前提是要有分级的标准,即质量等级标准。目前虽不是所有的切花产品都有质量标准,且现有的国际标准和国内标准也不尽相同,但是随着花卉行业的不断发展,质量标准将会逐步统一和完善,切花产品的分级工作也就显得更加重要。

(一) 切花产品分级的必要性

1. 建立交易基准的需要

质量等级标准最重要的作用是为产品市场提供了交易基准。在切花贸易中,交易都有计划性,是通过履行购销合同来完成的。在这个过程中,如果没有质量等级标准,就无法对产品质量进行描述和评估,也无法对质量等级进行界定,交易就无法正常进行。在国际花卉贸易中,生产者如果忽视了外商的需要,不按双方认同的质量等级标准提供产品,就很有可能造成合同终止甚至违约。

NOTE

图 4-7 亚洲百合切花的花朵开放进程

(a) 基部第 1 朵花苞已经转色，但未充分显色(开花指数 1)；(b)(c) 基部第 1 朵花苞充分显色，但未充分膨胀时(开花指数 2)；(d)(e) 基部第 1 朵花苞充分显色和膨胀，但仍然紧抱时(开花指数 3)；(f) 基部第 1 朵花苞充分显色和膨胀，花苞顶部已经开绽(开花指数 4)

2. 规范交易市场的需要

在建立质量等级标准的基础上，对产品进行分级并形成相应的价格体系，可以避免产品质量参差不齐、以次充好或无理压价等情况出现，减少由此引起的市场纠纷。另外，产品分级后，不同等级的产品能够以相应的价格出售，有利于提高从业者的质量意识。

3. 保护生产者利益的需要

在花卉产业发展的初级阶段，许多生产者参与市场交易，但与集货商相比较，生产者在产品交易中处于劣势，尤其在市场交易系统尚未完成时，集货商常常依靠自己雄厚的经济实力或特有的销售渠道进行不正当的交易行为，使生产者蒙受经济损失。随着市场的完善，应逐步建立统一的质量等级标准，并由具有相应资格的专家对产品质量进行统一评估。分级具有相当的客观性和公正性，不同级别的产品能够以相应的价格出售，使生产者获得了最大的经济利益，即分级是产品升值的重要手段。

(二) 切花分级的标准

国际上，一些大的花卉批发市场和拍卖行，都建有分级中心，统一对切花进行评估和分级，以保证切花材料的统一性和合理的切花价格。但切花分级至今缺乏统一的世界标准，只有欧洲经济委员会(ECE)标准和各个国家自定的标准。现在广泛使用的切花标准有欧洲经济委员会标准与美国花商协会标准。

1. 欧洲经济委员会标准

ECE 标准控制着欧洲国家之间及进入欧洲市场的花卉质量。这一标准(表 4-6)适用于花束、插花或其他以装饰为目的的所有鲜切花、花蕾及切叶。

表 4-6　一般外观的 ECE 切花分级标准

等　级	要　求
特级	切花具有最佳品质，无外来物质，发育适当，花茎粗壮而坚硬，具备该种或品种所有特性，允许切花的 3%有轻微的缺陷
一级	切花具有良好品质，花茎坚硬，其余要求同上，允许切花的 5%有轻微的缺陷
二级	在特级和一级中未被接受，但满足最低质量要求，可用于装饰，允许切花的 10%有轻微的缺陷

2. 美国花商协会标准

美国花商协会(SAF)标准以 ECE 标准为基础，对几种切花制定出推荐性的分级标准，仅用于花卉贸易中的自愿执行。此外，1986 年美国 Conover 提出新的切花质量分级标准，在该标准中，不论花朵大小，完全根据质量打分，质量最高的切花可以得到最高分 100 分，质量较差的切花从 4 个方面的品质进行评分后，计算加权平均分(表 4-7)。

表 4-7　切花质量百分制等级标准

评价项目	要　求
状况(25 分)	花朵和茎秆没有机械损伤、没有病虫害侵染(10 分)，外观新鲜、质量优良、没有衰老征兆(15 分)
外形(30 分)	外形符合品种特征(10 分)，花朵开度适宜(5 分)，叶形一致(5 分)，花朵大小与茎秆长度和直径相称(10 分)
颜色(25 分)	色泽光亮、纯净(10 分)，颜色一致、符合品种特征(10 分)，没有褪色、没有喷洒残留物(5 分)
茎秆和叶片(20 分)	茎秆粗壮直立(10 分)，叶片没有失绿或坏死现象(5 分)，没有残留物(5 分)

3. 荷兰标准

荷兰是世界花卉生产贸易中心，除了对花卉进行等级划分之外，还进行了观赏期、运输特性等内在品质要素的研究和限定，是当今世界上花卉质量标准评价最彻底的国家。荷兰花卉产品质量标准是由花卉中介机构根据农产品质量法分别制定，由荷兰植物保护局、植物检验总局和国家新品种鉴定中心等机构执行。在花卉批发市场，有专门的检查员对产品质量进行检查，除病虫害外，还要检查保鲜剂的利用情况等。在荷兰，保鲜剂的使用有明确规定，有些是必须使用的，如香石竹切花，要求进入贮运前必须经过 STS 脉冲处理。另外，观赏期也是一个重要指标。

4. 日本标准

日本农林水产省制定的鲜切花质量等级标准主要依据花茎叶的平衡度、花型与花色、病虫害、损伤、剪切期 5 项指标将切花产品分为优、秀和良三个等级，将品质最好的定为优，其次为秀和良(表 4-8)。同时不再将切花的长度标准作为等级标准的一部分，而是将其与等级分开，作为一项独立标准，现最多分为 5 个长度等级规格，该项长度指标不作强制要求，主要依据客户要求与产品用途进行选择。

表 4-8　日本鲜切花等级(品质)标准

评价事项	等　级		
	优	秀	良
花茎叶的平衡度	无弯曲，平衡度特别好	无弯曲，平衡度好	次于秀的物品
花型与花色	品种本来的特性、花型与花色均极好	品种本来的特性、花型与花色均良好	品种本来的特性、花型与花色次于秀
病虫害	没有可以确定的病虫害	几乎没有可以确定的病虫害	仅有极少的可以确定的病虫害

NOTE

续表

评价事项	等级		
	优	秀	良
损伤	没有可以确认的晒伤、药害、摔伤等损伤	几乎没有可以确认的晒伤、药害、摔伤等损伤	仅有极少可以确认的晒伤、药害、摔伤等损伤
剪切	适当时期进行剪切	适当时期进行剪切	适当时期进行剪切

5. 中国标准

我国于2000年11月16日发布了一系列主要花卉产品等级标准。对观赏植物产品中的鲜切花、盆花、盆栽观叶植物、种子、种苗、种球等都规定了严格的质量标准，其中针对14种切花制定了鲜切花质量标准，包括月季(表4-9)、唐菖蒲、香石竹、菊花、非洲菊、满天星、亚洲型百合、马蹄莲、花烛、鹤望兰、肾蕨、银芽柳等。常见4种切花的等级标准见表4-10。

表4-9 国家标准对月季等级的划分

项目	级别		
	一级	二级	三级
花	花色纯正鲜艳、具光泽，无变色、焦边；花形完整，花朵饱满，外层花瓣整齐，无损伤	花色纯正鲜艳、无变色；花形完整，花朵饱满，外层花瓣较整齐，无损伤	花色良好、略有变色、焦边；花形完整，外层花瓣略有损伤
花茎	质地强健，挺直、有韧性、粗细均匀、无弯茎长度： 大花品种≥80 cm 中花品种≥55 cm 小花品种≥40 cm	质地较强健，挺直、粗细较均匀，无弯茎长度： 大花品种为65～79 cm 中花品种为45～54 cm 小花品种为35～39 cm	质地较强健，略有弯曲，粗细不均，无弯茎长度： 大花品种为50～64 cm 中花品种为35～44 cm 小花品种为25～34 cm
叶	叶片大小均匀，分布均匀；叶色鲜绿有光泽，无退绿；叶片清洁、平展	叶片大小均匀，分布均匀；叶色鲜绿，无退绿；叶片清洁、平展	叶片大小较均匀；叶色略有褪色；叶片略有污物
采收时期	花蕾有一两片萼片向外反卷至水平时		
装箱容量	每20枝为一扎，每扎中切花最长与最短的差别不超过1 cm	每20枝为一扎，每扎中切花最长与最短的差别不超过3 cm	每20枝为一扎，每扎中切花最长与最短的差别不超过5 cm

表4-10 常见4种切花的等级划分

名称	等级	级别标准
菊花	一级	茎长85 cm以上，成熟度一致，无病虫害，无药伤斑点与机械损伤，新鲜度极好，花苞外形美观，花色为品种正常本色，有光泽，叶色鲜绿有光泽
	二级	茎长75 cm以上，成熟度基本一致，基本上无病虫害、药伤斑点和机械损伤，新鲜度好，花形完整，花色鲜艳纯正，叶色鲜绿
	三级	茎长65 cm以上，整体感一般，新鲜程度好，有轻微的病虫害、药伤斑点或机械损伤，花色鲜艳，不失水，略有焦边，叶色绿
	四级	茎长60 cm以上，整体感、新鲜程度一般，花形完整，花色稍差，略有褪色，有焦边，叶片分布欠均匀，叶片稍有褪色，有轻微的病虫害、药伤斑点和机械损伤

续表

名　称	等　级	级别标准
月季	特级(出口标准)	品种优秀,耐插性好,花朵微开,花朵外观饱满鲜艳,叶片浓绿,花梗的枝头直挺,无病虫害或药伤斑点,每束内花色及品种相同,开放度一致,枝长大于 60 cm,每束花枝长度一致
	一级	品种优秀,耐插性好,花朵微开,花梗的枝头直挺,无弯头产品,花苞外观饱满鲜艳,叶片浓绿,无病虫害,无明显药伤斑点,每束内花色及品种较一致,开放程度较一致,枝长大于 40 cm,每束内长度较一致
	二级	枝头基本直挺,花朵微开,无严重病虫害和药害斑点,每束内花色及品种一致,开放程度较一致,枝长大于 30 cm,每束内长度一致
唐菖蒲	一级	花茎长度大于 107 cm,每枝花朵数不少于 16 朵
	二级	花茎长度大于 96 cm 而小于或等于 107 cm,花朵数不少于 14 朵
	三级	花茎长度大于 81 cm 而小于或等于 96 cm,花朵数不少于 12 朵
	四级	花茎长度小于 81 cm,花朵数不少于 10 朵
金鱼草	特优级	花茎长度大于 90 cm,花穗长度大于 30 cm(每枝花朵数大于 15)
	特级	花茎长度为 76～90 cm,花穗 25～30 cm(花朵数 12～15 朵)
	一级	花茎长度为 61～75 cm,花穗 20～25 cm(花朵数 9～12 朵)
	二级	花茎长度为 40～60 cm,花穗 15～20 cm(花朵数 6～9 朵)

另外,由于我国尚未制定详细的切花分级标准,当切花达到一定的要求后,大多数以花茎或花梗的长度为主要质量分级标准。上述的切花品种,均在花茎长度上作了规定。此外,郁金香一级花茎长度为 35 cm 以上,二级 25～35 cm,三级 25 cm 以下;一级紫罗兰花茎长度为 60 cm 以上,二级 40～60 cm,三级 40 cm 以下;一级火鹤花花茎长度为 17 cm 以上,二级 15～17 cm,三级 13～15 cm。还有一些切花,按特有的指标来定级,如在国际市场,满天星是以重量为分级标准的,要求一枝花不轻于 25 g。

(三) 鲜切花质量分级方法

1. 鲜切花质量分级传统方法

一般从整体效果和病虫害及缺损情况对鲜切花进行等级划分,划分项目包括花、花茎、采收期以及装箱容量。抽样时同一产地、同一批量、同一品种、相同等级的产品作为一个检验批次,从中随机抽取检验的样本,样本数以大样本至少 30 枝、小样本至少 8 枝为准,然后对照下列项目进行检测。①鲜切花品种:根据品种特性进行目测。②整体效果:根据花、茎、叶的完整、均衡、新鲜和成熟度以及色、姿、香味等综合品质进行目测和感官评定。③花形:根据品种的花形特征和分级标准进行评定。④花色:根据色谱标准测定纯正度;是否有光泽、灯光下是否变色,进行目测评定。⑤花茎和花径:花茎长度和花径大小用直尺或游标卡尺,单位为 cm;对花茎粗细均匀程度和挺直程度进行目测。⑥叶:对其完整性、新鲜度、叶片清洁度、色泽进行目测。⑦病虫害:一般进行目测,必要时可培养检查。⑧缺损:通过目测评定。

2. 基于计算机视觉技术的鲜切花质量分级方法

2003 年云南省发布的《鲜切花质量等级》(DB53/T 105—2003)中明确了鲜切花质量等级的分级标准主要从整体感、成熟度、新鲜度、病虫害以及花色几个方面进行评估。其中,花朵、花茎、花叶、花序的完整形态感观以及其协调性、花蕾开放程度和新鲜程度等是鲜切花质量分级的重要依据,而这些指标大多具有主观性和不确定性,因此会对鲜切花质量分级的准确评价产生影响。而 20 世纪 70 年代末期发展起来的计算机视觉技术作为一种新兴研发技术,在国内外被广泛应用于农业、工业、军事以及医药等各大行业中。计算机视觉技术涵盖了机械自动化、计算机、图像、光学以及传感器等多个方面的内容与技术,通过技术结合及相互间的共同合作实现机器视觉代替人类视觉,其工作原理如下:先利用自身的传感器设备获取外界环境的影像信息,紧接着基于成像技术对获得的影像进行分析和处理,并将影像信息中的关键特征进行提炼,之后将处理后的信息传达给处理器,最终获得对外界图像信息的实时反馈。计算机视觉技术通过 40 多年的发展,已经从一维成像水平发展成能够实现三维成像,既可以准确辨别

NOTE

目标的外部形状以及颜色等重要信息，同时也可以实现精准定位，获得各个目标的准确位置。

在农业上，该技术主要应用于农业技术的鉴别、检测及质量分级。在花卉的分级检测方面，Humphrie 等主要对颜色特征进行了研究，分别提取了天竺葵图像中的叶柄、花茎、叶片等特征；Steinmetz 等主要对玫瑰鲜切花的综合特征进行了研究，利用图像处理技术获取了花茎长、花茎颈部直径、根部直径、挺直度、成熟度以及颜色特征，然后利用神经网络模型和贝叶斯算法进行了分类识别；Timmermans 和 Hulzebosch 利用图像处理方法对盆栽植物进行研究，并且利用判别分析和神经网络进行了分类。席友亮等利用机器视觉处理技术提取了文心兰的花朵投影面积、花朵边界长度、茎长以及花茎中间部分的粗细度等 6 个形状特征参数，并且利用神经网络对文心兰进行分级；Byung-Chun 等对玫瑰鲜切花的插瓶寿命进行了预测，预测过程中分别提取了鲜切花生长环境、鲜切花形态参数以及生理指标等 29 个特征参数，利用人工神经网络进行预测，得到了较好的预测效果；李想对盆栽花卉的俯拍图像和侧拍图像进行了图像处理和特征提取，然后利用支持向量机建立模型，来对盆栽花卉的生长状况进行检测。

纵观基于计算机视觉技术的鲜切花质量等级分级研究文献，其基本的研究思路大体如下：确定鲜切花的分级标准，确定影响因素；根据鲜切花分级标准，通过实验找到玫瑰鲜切花质量分级的评价指标；定性或者定量分析评价指标，确定对于鲜切花质量分级影响的大小或者权重；建立模型，对鲜切花质量进行分级。在基于计算机视觉技术的鲜切花质量等级分级的研究中，要特别注意：①针对鲜切花的质量分级，将定性的指标尽量定量化；②尽可能多地提取鲜切花特征参数，如花茎长、花茎颈部直径、根部直径、挺直度、成熟度以及颜色特征；③从多个方面进行评价和分级，提出综合评价方法。吴超在鲜切花质量分级标准的基础上，以玫瑰鲜切花质量为研究对象，应用计算机视觉的方法提取各项指标，然后基于因子分析的方法对各项指标进行综合评价，最后构建基于支持向量机的玫瑰鲜切花质量分级评价模型，其研究的具体技术路线见图 4-8。通过对玫瑰鲜切花质量分级评价模型进行验证，最终得到模型的预测准确率达到了 87%，可以很好地对玫瑰鲜切花进行质量分级，并取得了较好的效果(图 4-9)。

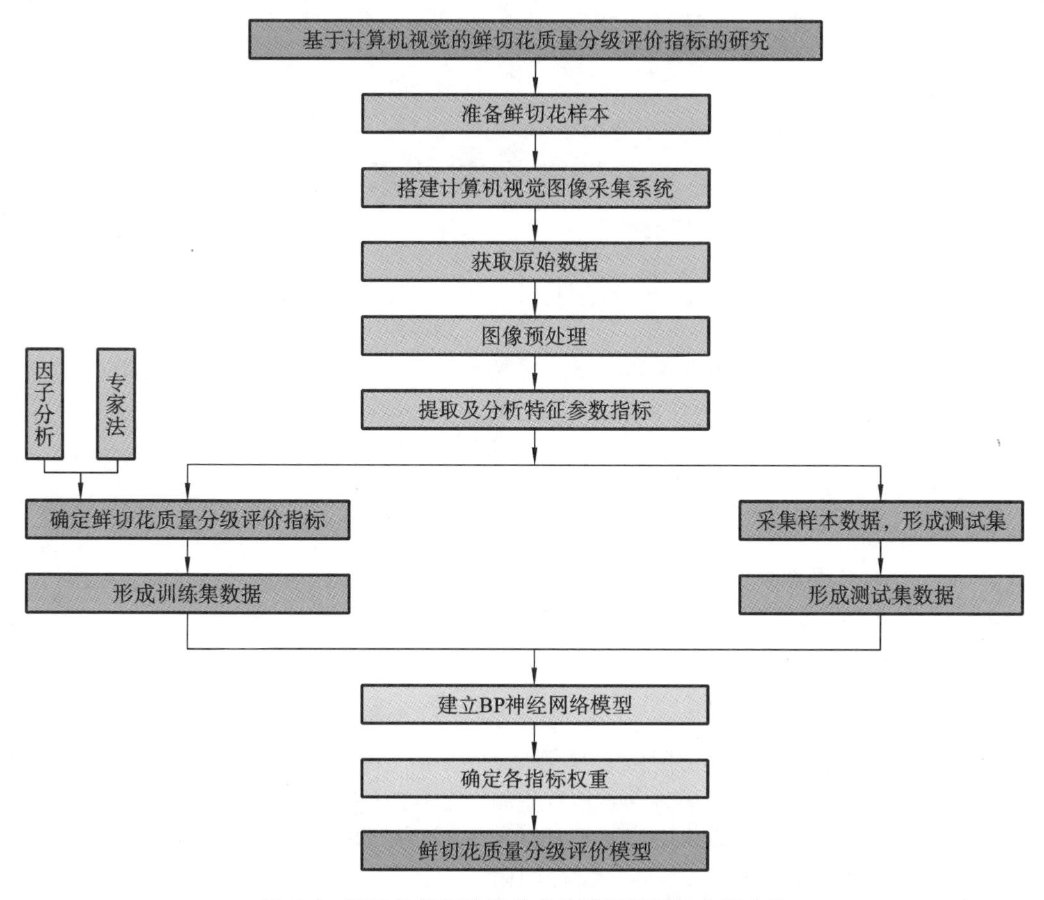

图 4-8 基于计算机视觉技术的鲜切花质量分级方法

扫码看
彩图 4-9

图 4-9 基于计算机视觉技术的玫瑰鲜切花质量分级结果

第二节 鲜切花包装技术及原理

现代商品包装既要应用一定的工业技术做到经济、牢固、方便、合理、便于运输，又要具有美观、激发人们购买欲的商业促销作用。鲜切花是农产品中最娇嫩、最不耐贮藏运输的产品，如何减少贮藏、运输过程中切花的损失，是鲜花保鲜的重要课题。随着鲜切花的生产与销售不断走向国际化，花卉的包装运输技术越来越重要。其包装既符合一般的包装原则，又有自己的特殊要求。切花包装是以产品为核心，服务于调运、销售整体流通的一个涉及面很广的综合性系统。对鲜切花采用适当的包装技术来维持其鲜活程度，延长离体花卉寿命，对提高鲜切花的观赏价值和提高经济效益具有重要意义。

良好的包装能减少产品之间的碰撞和挤压，缓冲因外界气温剧烈变化而引起的产品损耗，防止产品污染、病害蔓延和水分蒸发，提高商品率。因鲜切花本身具有特殊性，其包装必须满足和具备以下三大功能。

保护功能：保护功能是鲜切花包装最基本的重要功能。鲜切花产品从离开生产地开始直到售出，在流通过程中要经历贮藏、多次搬运等环节，这一期间鲜切花包装要能起到防凋萎、防挤压、延长寿命、防污染、防菌、防光照、防氧化、防受热（或受冷）、防破损等保护功能。根据鲜切花的性质、形态、理化机能不同，其包装保护功能的设计也有所不同。

方便功能：方便功能主要包括鲜切花方便销售、方便消费、方便生产、方便储运等方面的功能。云南鲜切花 1999 年的产量已达 11 亿枝，为国内鲜切花第一大省，其销售以航空运输为主、铁路运输为辅、公路运输为补。1998 年货运量达 9830 吨，90％发往国内 40 余个大中城市，10％出口东亚、东南亚等国家和地区。因此，方便功能首先要体现方便运输的功能上。

NOTE

传达功能：包装是传达商品信息的媒介，它具有传达鲜切花的花卉形象、品牌、性质、容量、使用方法、生产企业等信息的作用。传达商品信息是鲜切花包装的一个主要功能，它能使人清晰地识别鲜切花商品，可以通过造型、色彩、文字等视觉传达形式来体现。采用瓦楞纸箱或复合蜂窝状结构纸箱包装时就更需要有明晰的商品信息。

鲜切花包装同样以产品为核心，从收集、处理产品，准备包装材料和容器，完成包装件，然后经过仓储、运输、分配、销售等商品流通过程，最后到达消费者手中。因而，鲜切花包装也是一个涉及面很广的综合性技术。

一、包装材料

包装的目的是尽量减少切花在运输时的机械损伤，保持花最佳的新鲜状态。选择包装材料时应根据产品种类和特性、包装方法、预冷方法、包装成本、运输方式以及购买者的要求等因素综合考虑。与运输、加工及装货有关的机械损伤有冲击、掉落、压紧及震动，包装应考虑尽可能减少各类损伤及副作用。在为切花选择包装材料时，不仅要考虑各种切花的外形及生理特点，而且还要尽可能地满足以下要求。

(1) 足够的强度：在采后加工、运输、贮藏等过程中能够保护产品。

(2) 适度防水：在受潮后仍能维持足够的强度及耐压能力，保证产品湿度较大或空气相对湿度较大时不会受到影响。

(3) 不含有害物质：所含化学物质不能使产品和人受到危害。

(4) 包装的重量、尺寸和形状：便于开、封等操作，符合市场需求。

(5) 导热性：能满足快速降温或绝缘冷热的要求。

(6) 适当的透气性：箱内切花产品不至于受到缺氧或高二氧化碳危害；适当的透气性能使箱内形成低氧高二氧化碳环境，从而起到保鲜作用。

(7) 适合产品对光的要求：根据品种的特性采用避光或透明包装。

(8) 符合环保要求：材料便于分解、重复使用或回收。

(9) 适当成本：成本与产品的价值及需保护的程度相适宜。

(10) 完整的标签：有完整、准确的标签，可提供产品特征及操作说明等信息。

二、包装种类

1. 内包装(inner package)

内包装一般采用薄膜材料，用以保护植物免受失水和机械损伤。常用的薄膜材料有软纸、蜡纸及各种塑料薄膜。其中最为常用的是聚乙烯塑料薄膜。塑料薄膜通常是气密性的，因此会导致包装箱内形成低氧高二氧化碳环境，减少呼吸损耗，但过高的二氧化碳会造成伤害，如必要可以在包装中放上二氧化碳吸收剂。也常使用可以部分透过气体的更薄(0.04～0.06nm)的塑料薄膜，有时也通过打孔的办法改善薄膜的透气性。

常见切花内包装的方式有两种，即成束包装和单枝散装。成束包装通常将 10 枝、12 枝、15 枝或更多枝捆扎成一束。在美国，月季和康乃馨通常 25 枝一束，而菊花、金鱼草、唐菖蒲、郁金香、水仙、鸢尾以及大多数切花 10 枝一束。大丽花一束包装是按重量确定的，一般四盎司(113 g)为一束，通常每束花茎的长度为 30 英寸(76 cm)，每束不少于 5 枝。花束不能捆扎太紧，以防受潮和霉菌滋生。切花束包裹后置于包装箱内。鲜切花花束通常用发泡网或塑料套保护花朵，并用皮筋在花梗基部捆扎，然后放入厚纸板箱中用以冷藏或装运。

单枝切花(如鹤望兰和菊花)或成束切花(如小苍兰和郁金香)可用发泡网(或塑料套)保护花朵。有专门设计用于火鹤花和非洲菊的包装纤维板箱能保护花头，支撑茎保持垂直。单生花的兰花可包于碎聚酯纤维中，茎端放入盛满花卉保鲜液的玻璃小瓶中，瓶子用胶带粘在纸箱上。

2. 外包装(outer package)

外包装箱的选择主要是根据所要包装的产品特性来确定。鲜切花常用的外包装箱有聚乙烯泡沫塑料箱、聚苯乙烯泡沫或聚氨酯泡沫衬里的纤维板箱、喷洒液体石蜡的瓦楞纸箱。包装箱按照功能可划分

为夹塑层瓦楞纸箱(主要功能是抑制鲜切花的呼吸、阻止水分的蒸发且具有气调功能)、生物式保鲜纸箱(具有良好的抗微生物、防腐、保鲜的功能)、混合型保鲜瓦楞纸箱(在制作瓦楞纸板的内心纸或聚乙烯薄膜时将含有硅酸的矿物微粒、陶瓷微粒或聚苯乙烯、聚乙烯醇等混入其中,保鲜效果很好)、远红外保鲜纸箱(把能发射远红外波长的陶瓷粉末涂抹其上,提高抵抗微生物和保持鲜艳度的作用)、泡沫板复合瓦楞纸箱(瓦楞纸与特殊泡沫板组成,具有隔热保冷效果和气调作用)。根据不同的需要可以选择不同功能的保鲜纸箱。通过对成本、物理性能、加工性能、印刷性能等进行综合评价,确定瓦楞纸箱及纤维板箱是最适宜的外包装材料。

包装箱的长、宽、高比例及其形状,对材料的用量和支撑力都有很大的影响。包装箱的尺寸应能最大限度地满足产品的要求并兼顾操作的方便。实际设计中常用威氏比例法和连续比例法。按长、宽、高比例为 2∶1∶2 的威氏比例法设计最节省材料。长、宽、高比接近 1.618∶1∶0.618 的连续比例法设计稳定性和抗压性相对较好。长、宽比为 1.5∶1 也是合适的比例。考虑到人在日常生活中能处理的最大重量,国际劳动组织推荐使用较小的包装,目前水果的包装标准是 30 L 和 15 L,蔬菜是 36 L。花卉由于种类繁多,目前还没有统一的包装标准。

呼吸热能轻易地从包装箱中散逸是非常重要的。因此包装箱的大小还需考虑产品呼吸的强度,尤其是在没有通风设备的情况下,呼吸热的耗散是由中心向包装箱壁散逸,如果包装箱太大,中心热量无法散出,将进一步促进花枝的呼吸并加速衰老。箱内包装材料也不应阻碍箱内空气流通。强制空气冷却所用的包装箱应在两端留有通气道,大小为箱子一侧壁面积的 4%～5%,这样可保证切花在运输期间的良好保存。内用细刨花、泡沫塑料和软纸作为包装内填充物,以防止产品碰伤和擦伤,应小心地把切花分层交替放置于包装箱内,直至放满,但又不会压伤切花。为保护一些名贵切花(如火鹤花、鹤望兰)免受冲击和保持湿度,要在切花中放置塑料衬里和碎湿纸。

对于长距离运输的切花,最好采用双层套箱,材料用波纹纤维板。箱子应有良好的承载力,并不容易变形。其强度应达到在高湿度条件下能承受至少 8 个装满切花的箱子的压力水平。美国花卉栽培者协会(SAF)和产品上市协会(PMA)制定了用于切花的标准纤维板箱规格,以便更好地堆垛和使用标准的托盘(1016 mm×1219 mm),提高工作效率,并方便装入标准的冷藏车内。

同时,在选择包装箱时,要充分考虑产品的尺寸、包装材料、通风方法、是否稳固以及其他包装设施的选择等。此外,还应考虑某些国家对包装的偏爱及特殊要求。美观、方便的包装,能提高商品的价值,特别是供观赏的切花,包装的意义更大。某些国家对包装有偏爱及特殊要求,销售者应了解此要求,通常认为包装也是“沉默的销售员”,尤其在零售时,包装对提高销售量有重要作用。与包装有关的因素包括包装尺寸、产品摆放方式、包装颜色及标签等。除此之外,包装还具有坚固及适合运输的功能。在可能的情况下,一些信息应以标签或发货单方式标注于产品上,以便于售后服务,如识别标记(包括包装者或分销者、生产者姓名、地址或官方的识别标记)、产品特性(品种及适应性等)、原产地(原产国家,生产区域)、商业特性(等级、尺寸等)。

3. 填充材料(filling material)

填充材料主要作用是防止震动和冲击,有以下几种类型,详见表 4-11。

表 4-11　填充材料的种类、制作方法、特性以及用途

种　　类	制作方法、特性、用途
泡沫塑料	物理性状稳定,缓冲性和复原性好
聚氯乙烯	热成型法制成,重量轻,有韧性,用于包装特别易损坏的鲜切花和盆花
充气塑料薄膜	热封法制成,重量轻,防湿性良好,不易污染
纸浆模式容器	吸湿性、透气性好,用于 CA 贮藏
瓦楞箱	贴合而成,起支持、固定作用
天然材料	包括刨花、麦秸、稻壳、锯末等,通气性、吸湿性、缓冲性好,价格低,无污染,机械化搬运困难,易产生霉菌,易积聚尘埃,缺乏装饰性

NOTE

三、包装技术流程

切花采切时质量参差不齐，因此在包装前必须按照花茎的长度、花朵质量和大小、叶片状况及品种等进行分级，以提高其均一性，方便包装。鲜切花包装的第一步是捆扎成束。花卉捆扎的数量和重量因花卉品种和各国的习惯等而异。就月季或康乃馨而言，一般是每 20 枝切花扎成一束，用特制的塑料袋将花苞一端封严，扎紧，以保持袋内较高的空气湿度，并减少呼吸消耗。然后，将包扎成捆的切花装入纸箱。一般是 10～20 捆一箱，既能减少机械损伤，又便于装卸和运输，有利于贮藏保鲜。市售的切花菊花，多为单枝塑料袋包装，然后以一定数量为单位装入纸箱。我国大部分鲜切花 20 枝一扎，也有 10 枝一扎的，进口的花卉也有 8 枝、12 枝或 25 枝一扎的。一些珍贵的鲜切花品种在捆扎前对花冠或花序用塑料网或防水纸单个包装，以防散乱和可能的机械损伤。

切花经捆扎成束后通常用软纸、蜡纸或塑料薄膜进行内包装，然后即可根据鲜切花的种类及习性选择合适的外包装箱进行装箱。

包装方法主要分干包装(dry packing)和湿包装(wet packing)。湿包装即在箱底固定放保鲜液的容器，切花垂直插入。月季、非洲菊、满天星、飞燕草、百合等切花，可采用湿包装防止上市后不能正常开花。切花的湿包装主要是局限于陆路运输。湿包装的包装箱外必须有保持包装箱垂直向上的标识。在实际生产中，应用较多的是干包装，包装的湿度由箱中包装的蜡层或提供各种类型的薄膜来保证。包装材料多以柔质塑料为宜，主要有低密聚乙烯塑料薄膜、高密聚乙烯塑料薄膜和聚丙烯塑料薄膜等。试验证明，高密聚乙烯塑料薄膜效果最好，保鲜时间最长。袋内若装入氧气吸收剂或蓄冷剂(冰块)，保鲜效果更好。干包装常用于需长期贮藏的切花如康乃馨、菊花，在花苞期干包装比湿包装的效果好，保存期更长。切花在密封的聚乙烯气体袋中也能较好贮藏。在这些包装内，为切花呼吸制造了一个气调环境(MA)，降低了氧气浓度，提高了二氧化碳浓度，使得贮藏期延长。

切花装箱时不能置于箱子中间，而应靠近两头。切花在箱内分层交替放，层与层之间填放衬垫。有些切花在贮运过程中若水平放置，花茎会因生长、重力的影响而发生茎部弯曲，导致切花质量的降低，所以必须竖直放置。对重力敏感的切花如银莲花、金盏花、水仙、唐菖蒲、小苍兰、飞燕草、花毛茛、金鱼草等，均应以垂直状态贮运。

切叶类有时放在加冰的包装内，使用蜡渗透的或聚乙烯衬里的纤维板箱。箱内也使用浸湿的报纸或蜡纸，以增加湿度。

四、鲜切花包装原理

保鲜包装的关键是延长鲜切花产品的观赏寿命。无论是后面要讲到的冷藏还是气调贮藏，都是让采后鲜切花生化反应速度降低，以达到延长观赏期的目的。不同的包装原理都是在研究与鲜切花采后衰老相关的因素后，采取相应的措施以达到延缓其衰老的目的。目前，我们从现有的或传统的切花保鲜包装方法，归纳出以下保鲜包装理论。

(一) 营养补充保鲜包装理论

任何有生命的物质要维持生命活动就必须补充营养。鲜切花在采后贮藏直至包装到消费者手中，都是有生命的。营养补充保鲜理论可表述如下：鲜切花离体之后，在贮藏与流通环节中，其体内的营养会逐渐消耗，当其营养成分消耗完，其生命也将终结失去观赏价值，可通过补充所消耗的营养成分而延长其观赏寿命。即保鲜包装可通过加入营养成分延长鲜切花产品的观赏寿命，且提高其观赏品质。

鲜切花在采后贮藏过程中会发生一系列的生理生化变化，如水分的蒸发、糖分的变化等。保鲜理论的关键是营养的保存。控制温度、杀菌处理及先进的包装都是围绕着营养保存而进行的。在保鲜包装中加入保鲜剂，通过保鲜技术及工艺、保鲜包装材料等，使鲜切花在保鲜包装后的贮藏期间，消耗的营养成分得到有效的补充，从而最大限度地减少其损耗，最终延缓其观赏寿命、延长切花的保鲜期。

(二) 亚生命状态理论

亚生命状态理论可表述如下：具有生命的个体离开原有的生命活动和环境，仍可维持其生命状态，

NOTE

并且可维持的有限生命是可通过某种方法来加以调节的。此理论应用于鲜切花需明确以下几点。

①具有生命的个体在这里特指鲜切花。

②原有的生命活动和环境是指原有的维持生命活动的关键环节，这里是指鲜切花生存所必需的营养供给和与离体前植株相似的生存条件。

③“仍可维持其有限的生命状态”中，维持的生命状态是有限的。特别是与鲜切花离体前的生命活动和环境条件相比，更显得十分有限。但这种“有限生命”可通过某种方法来加以调节。做保鲜包装的目的就在于此，尽可能地延长鲜切花“有限的寿命”，而延长的方法就是某种技术，在保鲜包装中，这种技术就是保鲜包装技术。

保鲜包装技术实际是一种生命科学技术的应用。用生物学的理论去解释亚生命状态，亚生命状态可理解为利用环境条件进行自养与良性循环。这里的环境是指鲜切花体内与保鲜包装内的环境。

1. 影响鲜切花亚生命的外部条件

影响鲜切花亚生命的外部条件很多，主要有温度、湿度、气体成分、压力(气压)与卫生状况等。

(1) 温度　温度是影响正常生命与亚生命的重要因素，特别是在鲜切花产品保鲜包装中，温度越高，其物质呼吸强度也就越高。鲜切花在正常生命活动中，都有一个最佳的温度范围，在此范围内，温度越低，呼吸强度就相应越低，物质和能量损耗就越少，对其亚生命的延长就很有利。另外，进入亚生命状态后，其温度波动范围也不宜太大，否则同样使亚生命寿命受影响，这是因为波动大的温度对细胞原生质和整个生命系统产生冲击。

(2) 湿度　湿度对生命体的亚生命寿命也有影响，因为环境中的湿度直接影响鲜切花表面及其内部的含水量。湿度表现在湿空气上。湿空气是由空气和水蒸气组成的，绝对湿度是水蒸气在空气中所占比例的百分数。如果将水或含水量很大的物质置于密封的干空气中，水分子就会不断转入气相，直至空气变得饱和为止。另外，空气的饱和水蒸气压受环境温度和压力的影响。

相对湿度是用来衡量空气湿度的术语，环境中的湿度均指相对湿度，它表示空气中的水蒸气压与该温度下饱和水蒸气压的比值，用百分数表示，饱和空气的相对湿度是100%。鲜切花产品在保鲜包装环境的空气中，其空气中的含水量会因鲜切花产品含水量的多少而增加或减少。但鲜切花体细胞有渗透作用，含水量很高，大部分游离水容易蒸发，小部分结合水不易蒸发，同时鲜切花体内的水还有不同的溶质，阻碍了水分的蒸发。作为鲜切花产品的保鲜包装，只有当达到平衡的相对湿度时，才对亚生命的维持最为有利。

(3) 气体成分

①氧气：氧气是维持生命的必需品，但氧气含量过高，会增加呼吸强度，消耗更多的营养物质。因此，在保鲜包装中可通过控制氧气含量来抑制鲜切花的呼吸频率。不过，不同种类的鲜切花对维持生命所需的最低氧气浓度有所不同，浓度过低，会发生无氧呼吸，产生有害的中间产物(如乙醇)，造成鲜切花中毒，反而减短了观赏寿命。

②氧化碳与氮气：二氧化碳具有抑制呼吸的作用，同时还可抑制乙烯的产生。提高环境中二氧化碳的浓度，可削弱呼吸强度，鲜切花产品适宜的二氧化碳浓度为3%～5%。浓度过高会使一些正常的新陈代谢活动受阻，导致代谢失调，当二氧化碳浓度大于20%时，将会产生无氧呼吸，使乙醇、乙醛等物质积累，对切花产生不可逆的伤害。二氧化碳浓度应与氧气浓度相匹配，才能发挥保鲜的作用。

氮气在鲜切花保鲜包装中，具有延长亚生命的作用。研究表明，氮气也有二氧化碳的功能，冲淡氧气的含量，减少氧化，从而延长鲜切花的寿命。另外氮还是生命体的基础物质蛋白质的主要组成元素。在生命活动中，氮气被植物吸收合成含氮化合物。因此，氮气也被用于保鲜包装延长鲜切花的观赏寿命。

③乙烯：乙烯是一种植物生长素。切花成熟过程中会有乙烯的释放，能促进呼吸作用并加速切花衰老进程，不利于亚生命状态的延续。在保鲜包装中要设法去除乙烯，这样可以延长鲜切花的保鲜寿命。常用的方法是加入乙烯吸收剂。与乙烯有相同作用的气体还有丙烷、乙炔等。

(4) 压力(气压)　当周边的环境压力加大到一定程度后，生物内部细胞负荷加大，使正常的生命活动规律失调，从而影响其寿命。作为鲜切花产品保鲜包装，在其他条件不变的环境下，气压增大不利于

NOTE

亚生命状态的延续，会加速鲜切花产品的衰老。

（5）卫生状况　在进入包装处理之前，要将可能产生的病原污染予以消除，以免在包装内繁殖而加速变质。

需要消除的有生物污染、化学污染、农药残留污染、空气污染及其他污染。这些污染随时都可能会危害鲜切花产品的生命，使鲜切花亚生命大大缩短。

2．延长鲜切花亚生命的物质条件

延长鲜切花亚生命的物质条件主要是指保鲜包装中的物化手段，即包装材料和包装设备。无论是包装材料还是包装设备，为了能使鲜切花在保鲜包装中保护和延长其亚生命，除具有一般产品包装的功能和特性外，还应具备一些特殊功能。如对鲜切花生命活性的保护，对在保存期间所产生的某些成分进行选择性地吸收和排出。对于可能出现的污染成分能在材料表面自行降解，其设备除能完成正常的包装外，还应具备相关的附加功能。

（三）酶钝化理论

鲜切花的保鲜期及货架寿命取决于生物酶的作用，可通过加入不同的生物酶来制约鲜切花中与衰老相关酶的活性，使鲜切花中相关酶钝化以延长其保鲜期。酶钝化理论的进一步分析如下。

（1）鲜切花衰老的根本原因是生物酶的作用。

（2）鲜切花保鲜包装效果的提高可通过生物酶来实现。

（3）鲜切花保鲜包装技术的关键是针对与鲜切花衰老相关酶的种类与特性，再加入特殊的酶以限制其活性，减缓其生物反应速度，最终达到保鲜的目的。

（4）酶钝化理论的应用，关键在于研究和测定鲜切花在采后贮藏过程中所产生的酶，根据这些酶的特性去选择能抑制这些酶活性的生物酶。

（5）酶活性的抑制即为酶的钝化。酶的钝化除加入特种酶外，还可通过武力、化学或生物等方法加以实现。

（6）如何使采后鲜切花的酶钝化，找到酶钝化与保鲜包装保鲜寿命之间的关系及其变化规律，是酶钝化理论在保鲜包装中应用的关键。

（四）休眠理论

休眠理论认为，具有生命的鲜切花产品，在保鲜包装与贮藏时，可利用休眠来延续其生命，并达到延长观赏寿命和提高观赏品质的目的。

休眠理论适用于具有生命的生鲜产品，这里主要研究的是鲜切花产品的保鲜包装。将休眠理论应用于保鲜包装和贮藏，其目的和效果是保护鲜切花的生命力和观赏品质，延长其观赏寿命。如何利用该理论是关键。利用的方法与技术正是鲜切花保鲜包装要研究和解决的问题。要使休眠理论得以更好地在鲜切花保鲜包装中发挥作用，就必须对休眠生理现象和规律深入研究，在休眠理论与保鲜机理中找到结合点。

1．鲜切花保鲜包装的休眠理论生化机理

许多研究认为，休眠与生命体中的酶有直接的关系，是生物体内物质在酶作用下的结果。休眠过程中的 DNA 和 RNA 都会发生变化，休眠期中没有 RNA 的合成，休眠期完成后才有 RNA 的合成。赤霉素(GA)可以打破休眠，促进各种水解酶、呼吸酶的合成与活化，促进 RNA 合成，从而使各种新陈代谢活动活跃起来。脱落酸(ABA)可抑制 RNA 的合成而促进休眠。植物的休眠主要是植物激素 ABA 和 GA 维持一定平衡的结果。

2．休眠的特征及在保鲜包装中的应用

（1）休眠是生物体应对恶劣环境的方法。在休眠期中，生命活动和能量消耗降到最低，如新陈代谢、营养物质消耗、水分蒸发、热量产生等均降到最低限度。休眠理认为，只要有生命的物质均能进行休眠，只是要求的条件各不相同。休眠期有长有短，休眠期长短可通过创造条件来控制。

（2）休眠具有阶段性，分为预备期、正常期和苏醒期三个阶段。

①预备期(前期)：这一阶段指从原正常生长转入休眠的过渡阶段，即适应期。这时鲜切花处于成熟

或基本成熟的状态，处于旺盛的新陈代谢状态，一旦离开母株，紧接着开始愈合切口，切口处形成保护膜，在生理上为下一步的深层休眠创造条件。对于鲜切花的贮藏与保鲜，延长这一阶段是有利的。

②正常期（中期、深层休眠期）：这一阶段切口保护膜已经形成，新陈代谢即生命活动处于最慢状态，处于保鲜和贮藏的安全期。

③苏醒期（后期、强迫休眠期）：这一过程接近休眠过程的结束，处于半苏醒状态。这时新陈代谢恢复到生长期间的状态，呼吸等生命活动加强，酶系统开始活动，一旦条件成熟，马上消耗营养物质而衰老。但作为保鲜包装与贮藏，则需要创造条件（温度、湿度及环境参数）延长休眠期，也就是要通过设置外部条件强迫其休眠。

上述三个休眠阶段都是相互联系的，前一阶段处理不好，就影响下一阶段的休眠，最终影响整个休眠期。

(3) 利用休眠提高保鲜包装效果应注意的问题。

①科学地利用各个休眠阶段：在休眠前期，内部物质的化学合成大于水解，主要是低分子物质（如糖、氨基酸）合成高分子化合物；而在休眠后期，则水解作用加强。这在鲜切花保鲜包装中的体现是在接近保鲜期结束的时候有的花瓣会出现水溶现象。但在前期的保鲜包装中常见到包装内壁有水露，这是前期的呼吸强度和温差所致。

在休眠中期，原生质脱水，疏水胶体增加，这类物质中的脂类排列聚集在原生质和液泡界面，阻止细胞内水和细胞液透过原生质，且使电解质很难通过，外界的水分和气体也不易渗透到原生质内部，原生质几乎不能吸水膨胀。在这期间，鲜切花内部的化学反应处于平衡状态，正是我们保鲜包装所需要的生命状态。

②不同的切花种类休眠状况均有所不同，这增加了研究和应用的复杂性。

③可通过酶发挥作用：因为休眠是物质内部激素所产生的作用，而激素是活细胞所分泌的有特殊激活作用的一种微量有机物质，可通过生物酶来激活。具体是将导致休眠的两种激素中处于弱势的一种激活，达到平衡而产生休眠。

④还可通过创造条件来控制休眠期：这正是保鲜包装中需要做的工作。目前在保鲜包装中，可通过物理和化学两种办法达到休眠，如化学药物和温度调节等。

（五）环境制约理论

保鲜包装的环境制约理论可表述如下：鲜切花产品的生命延续取决于环境因素，且至少有一种关键的环境参数在发挥作用，如何找到并利用这一环境因素是保鲜包装的任务所在。本理论需要说明的内容如下。

(1) 环境是指鲜切花所处的自然环境，不包括人文和社会环境。

(2) 环境参数是环境因素的量化形式，在保鲜包装研究中的环境均指可量化的环境，如温度、湿度等。

(3) 延续鲜切花生命取决于一种或多种关键参数。

(4) “找到”与“利用”都是保鲜包装研究的主题，有时“找到”参数很难，有时“利用”也很难。作为保鲜包装的重要任务就在于从众多的环境因素中，“找到”与“利用”关键的参数，来很好地解决鲜切花保鲜这一实质性问题。

环境制约理论在保鲜包装方面的应用如下。

(1) 低温冷藏是历史上探索最成功的保鲜包装环境因素。这一环境因素已经广泛用于鲜切花产品的采后保鲜。

(2) 气调包装是鲜切花保鲜包装中利用气体环境参数的典型实例。

(3) 有关其他环境参数的探索正在进行，如酶技术、辐射技术、磁技术、光技术等，都是环境制约保鲜包装理论的应用。

在鲜切花保鲜包装的长期研究中，研究方法和技术有很多，但形成理论并经实践检验成功的并不太多。本节将已有的保鲜包装方法归为五大理论，从真正意义上去分析，有的很难达到理论高度，只属于学说范畴，只是为分析和应用起见，统统将其以理论概括分析。

NOTE

第三节 鲜切花包装技术主要研究问题与研究进展

一、鲜切花包装技术主要研究问题

（一）主要研究的问题

(1) 前期工作阶段:鲜切花包装材料和容器的研究、供给等。

(2) 主要工作阶段:鲜切花包装箱的处理、成型、充填、封缄、裹包、计量、捆扎、贴标等。

(3) 后期工作阶段:堆垛、贮藏、运输等。

鲜切花包装技术就是研究以上三个阶段中所用到技术的机理、原理、工艺过程和操作方法。就鲜切花的性质、特点和形状来说,包装方式与方法的选择直接关系到切花产品质量的好坏,也意味着包装是否成功。

鲜切花包装技术涉及艺术、科技、经济、贸易等各个领域方面,它是属于跨学科跨行业的综合性应用技术。因此,鲜切花包装技术的选择、研究和开发应用,应遵循科学、经济、牢固、美观和适用的原则,综合考虑各方面的因素。它主要研究鲜切花的性质与形态,外界环境状态,包装材料、包装容器和包装机械,经济性因素,有关的标准、法规以及各个国家、地区的习惯等方面,最终设计、制造出一种或一个系列的科学、适用、美观、经济的鲜切花包装。

（二）现阶段研究热点

1. 包装材料的环保问题

园艺产品的包装涉及多种材料,这些材料如果处理不当,就会造成严重的环境污染。木质材料可被生物降解;纤维板及纸质材料可被生物降解,也可回收利用,但这些材料要消耗森林资源;固体塑料包装材料大部分可回收利用,但成本和回收费用都比较高;聚苯乙烯等聚合物材料不易降解,处理不当会危害自然环境,回收利用只是一种权宜之计,还没有更切实可行的办法;由纤维素、淀粉及蛋白质等为原料做成的可降解包装膜正在研制之中。目前国内外环保问题日显突出,可以预言,环保材料将会受到青睐。

2. 包装的标准化问题

标准化包装(包括尺寸和形状)在提高工作效率和方便国际贸易等方面的作用显得越来越重要。由于观赏园艺产品的复杂性,其包装的标准化较为缓慢。美国花卉栽培者协会(SAF)和产品上市协会(PMA)制定了鲜切花的标准纤维板箱规格,适合美国冷藏卡车的鲜切花包装箱的标准尺寸为宽 51 cm,高 30 cm,长 102 cm、122 cm 或 132 cm。各国应参考观赏植物产品贸易先进国家的包装标准,结合各自常用的运输工具尺寸,首先致力于国内包装的标准化,最终达到国际统一。

二、鲜切花保鲜包装保鲜技术的研究进展

（一）防止和改善鲜切花凋萎的主要方法和措施

鲜切花是一种娇嫩、不耐贮藏运输的产品,采收后要经过采后整理、处理、运输、贮藏、货架摆放、销售等许多环节。如何在这些过程和环节中最大限度地减少切花的损失,保持鲜切花的鲜艳程度,是摆在花卉生产、经营者和研究人员面前一个重要问题。因此,深入研究鲜切花衰老、凋萎的原因及各种保鲜技术,特别是研究、寻找适合我国国情的保鲜包装技术方法,对提高我国鲜切花的质量,推动我国花卉业的发展具有很大的促进作用。针对鲜切花产生衰老和凋萎的生理机制和生物化学变化过程,即切花衰老和凋萎的内因和外因,世界各国的科技工作者都进行了有关的研究。我国在这一研究开发领域和先进国家相比,尚有一定差距。目前已有的较成熟的方法和主要措施可以归结为以下几个方面。

NOTE

1. 冷藏技术

花卉的冷藏保鲜，是根据低温可使花卉生命活动减弱，呼吸减缓、能量消耗减少，乙烯的产生受到抑制的原理，延缓其衰老过程。同时，在一定程度上能够避免花卉变色、变形及微生物、病菌的侵袭。因此，低温贮藏十分重要，它仍然是目前切花保鲜处理的不可缺少的最直接办法，也是应用比较成熟的技术。

各类花卉冷藏保鲜温度与花卉的品种产地有关，一般起源于温带的花卉适宜的贮藏温度为 0～1 ℃，而热带和亚热带分别为 7～15 ℃和 4～7 ℃。另外，切花又可分为湿藏和干藏两种方式。湿藏是将切花放在有水的器皿中贮藏，通常适用于短期、少量保存。干藏方法适用于切花的长期贮藏，一般采用薄膜包装，以减少水分蒸发，降低呼吸作用，有利于延长寿命。潘英文等以文心兰切花品种“黄金 3 代”鲜切花为研究材料，分析了其分别经 7 ℃、9 ℃、11 ℃、13 ℃、15 ℃和 17 ℃冷藏处理 7 天对鲜切花花苞冻伤率、花苞开放率、花朵老化率及瓶插寿命的影响，探讨了文心兰鲜切花经最佳冷藏温度处理后的水分平衡值、可溶性总糖含量和 MDA 含量等一系列生理性状与瓶插寿命的关系。结果表明，11 ℃为文心兰鲜切花的最佳冷藏温度，经此温度冷藏处理 7 天，花苞无冻害，花朵的老化率较低，而瓶插期的花苞开放率平均为 30.92%（表 4-12）；与常温对照相比，鲜切花的水分平衡值和可溶性总糖含量的下降相对缓慢，MDA 含量的上升较慢（图 4-10）；瓶插寿命延长 6 天左右（图 4-11）。

表 4-12　不同温度冷藏处理对文心兰花苞和花朵的影响

项　目	7 ℃	9 ℃	11 ℃	13 ℃	15 ℃	17 ℃
花苞冻伤率/(%)	21.47	18.36	0	0	0	0
花苞开放率(冷藏期)/(%)	0	0	8.63	12.10	15.70	20.94
花苞开放率(瓶插期)/(%)	16.72	21.09	30.92	31.04	32.56	33.89
花朵老化率(冷藏期)/(%)	5.13	7.68	10.56	14.22	20.01	26.87

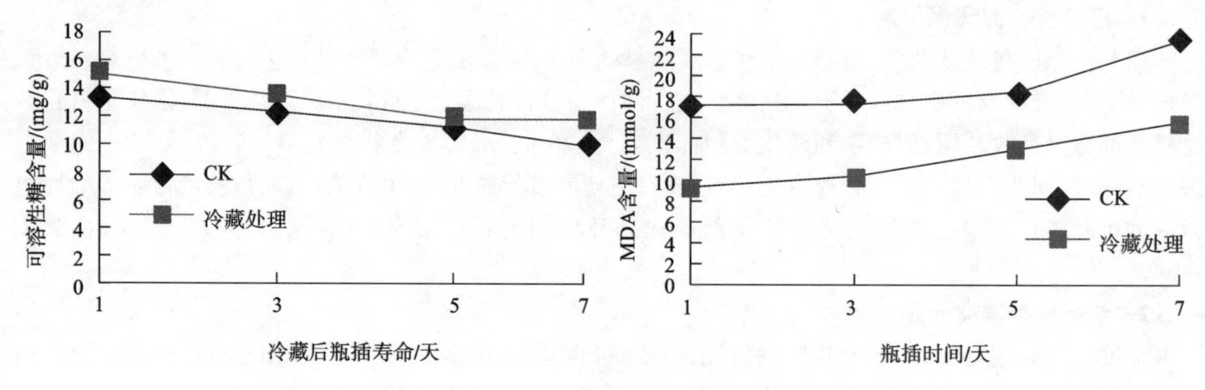

图 4-10　文心兰鲜切花在 11 ℃冷藏处理后可溶性总糖和 MDA 含量的变化

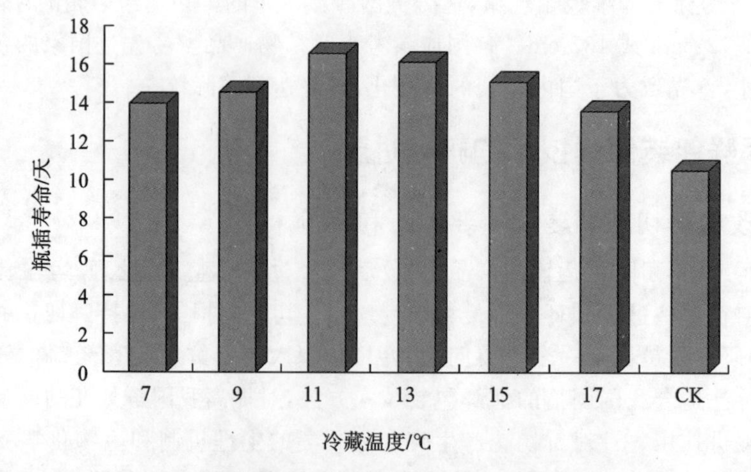

图 4-11　不同冷藏温度对文心兰鲜切花瓶插寿命的影响

NOTE

据报道，美国维瓦保鲜冷藏技术处于世界领先地位，采用真空保鲜技术成功地将月季鲜切花冷藏了50多天，创下了月季切花保鲜的世界纪录，而且品质较好，是传统的冷链技术无法达到的。维瓦公司在总部实验室做了一次商业化实例演示，结果证明，该公司的真空保鲜系统在月季鲜切花保鲜方面确实有效，可延长花卉保鲜期十倍以上，且保鲜后的切花品质良好，经过50天的花卉保鲜测试，月季切花依然保持新鲜，瓶插期也无明显差别；而采用传统冷藏方式保存的切花，5天后品质就有了明显下降。

2. 气调贮藏

气调方法在切花保鲜中的应用主要是通过控制切花贮藏和包装空间范围的氧气和二氧化碳气体的比例，达到减少花卉呼吸、降低养分消耗的目的。切花以花朵和叶片为主要观赏器官，而这两种器官的呼吸作用都非常强，创造低 O_2（1%～5%）和高 CO_2（3%～5%）的气体环境抑制呼吸是现代采后保鲜技术的重要途径。气调贮藏要注意2个关键技术：①低 O_2 的控制必须以不激发无氧呼吸为前提；②高 CO_2 的调节或贮藏过程中 CO_2 积累要以不引起生理毒害为基础。因此，在气调贮藏技术中，维持气体水平极为关键。常见的鲜切花气调贮藏法主要有自发气调法和人工气调法。自发气调法是在密封空间内鲜切花自身进行呼吸作用释放 CO_2，增加环境中 CO_2 含量，减少 O_2 含量。人工气调法主要采用膜分离制 N_2 降 O_2、活性炭吸附法去 CO_2 等方法进行控制。目前，在鲜切花保鲜中，气调贮藏技术在国内外已大量应用，而且冷藏技术有逐步向气调贮藏发展的趋势。另外，Vivian 等的研究表明，NO 预处理能减少切花水分的流失。

3. 减压贮藏

减压贮藏属于不冻结真空保鲜技术，是在冷藏的基础上进一步发展起来的一种有别于气调贮藏的连续抽气型减压技术，是集真空预冷、减压气调和低温保持于一体的综合保鲜技术。减压贮藏技术采用的设备基本构建见图4-12。该技术具有贮藏产品不易失水萎蔫、保持原有的香气和风味、抑制农林产品及微生物的生理代谢活动并杀灭害虫、及时排除有害气体、不会引起新的生理障碍或病害等优势。因此，该技术已经广泛应用于生鲜蔬果、食用菌、鲜花、肉禽产品、水产品等农产品保鲜贮运和生熟食品保藏贮运。1967年，美国科学家 Burg 创立了减压贮藏理论并发明了该技术，对其进行研究并推动商业化应用至今。减压贮藏是继冷藏、气调贮藏之后农产品保鲜史上的第三次革命，被国际上称为21世纪的保鲜技术。切花的减压贮藏方法是将切花放在能够承受低压的密闭容器中，用真空泵抽出容器内的气体，同时交替补充一定量的新鲜空气，使内部气压降到一定程度，并在贮藏期间保持恒定的低压状态。其中一种为低压（10～101 kPa）减压保鲜技术，即间断抽气式减压贮藏技术，是在低温条件下从减压室内抽气降到所需的真空度后停止抽气，然后，适时补充空气和水蒸气并适当抽空，以维持特定的低压；另一种则为超低压（小于10 kPa）减压保鲜技术，即连续抽气式减压贮藏技术，将新鲜空气经过加湿器提高湿度（85%～100%RH）后，再经压力调节器输入减压室。在连续抽真空、连续加湿与换气情况下，真空室内工作压力均低于3 kPa、相对湿度可接近饱和。整个系统不间断地连续运转，即等量地不断抽气和输入空气水分，保持压力和湿度的恒定。减压贮藏能够延长切花贮藏寿命，降低切花的衰老凋萎速度和

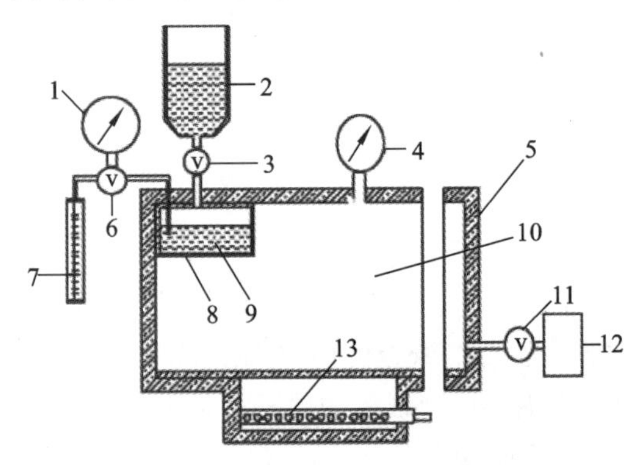

图 4-12 减压贮藏设备基本构建

1—真空表；2—加水器；3—阀门；4—温度表；5—隔热墙；6—真空调节器；7—空气流量计；8—加湿器；9—水；10—减压贮藏室；11—真空节流阀；12—真空泵；13—冷却管

损耗。周培等就非洲菊切花减压冷藏(50～65 kPa)与普通冷藏对非洲菊冷藏保鲜时间和瓶插寿命的影响进行了探讨，结果表明，减压冷藏保鲜更适合于非洲菊的长期贮藏。

4. 化学保鲜

化学保鲜主要是通过研制各种保鲜剂来实现切花的保鲜。尽管保鲜剂的配方各异，但主要成分可归类为3类：提供给切花能源的碳源(如蔗糖或葡萄糖等)、改善水分平衡的化学药剂(如杀菌剂、有机酸等)以及乙烯抑制剂。蔗糖是最为常用的糖，除能提供呼吸基质、维持细胞渗透势、保护线粒体膜结构的完整性外，还能竞争性地抑制ACC氧化酶的活性。不同切花、不同品种所需糖的浓度不同，同一花材糖浓度由高到低依次为预处理液＞催花液＞瓶插液。除蔗糖外，果糖、葡萄糖的保鲜效果也不错。为了降低微生物对花枝水分平衡的破坏作用，各种切花保鲜剂中一般至少含有一种杀菌剂。8-羟基喹啉及其柠檬酸盐是保鲜剂中使用最普遍的杀菌剂，除对真菌、细菌有强烈的杀伤作用外，还能酸化溶液，使茎基缺口处单宁物质失活，从而抑制微生物增殖，防止花茎导管生理堵塞，促进花枝吸水。此外，乙烯抑制剂和拮抗剂也普遍应用于切花化学保鲜中。大量研究表明，使用STS、AOA、AVG、乙醇、2,5-NDP、SA、PPOH、亚精胺、1-MCP等乙烯抑制剂和拮抗剂，可有效降低乙烯的生成量、干扰乙烯作用，对跃变型切花具明显的保鲜作用。

5. 生物技术保鲜

生物技术在鲜切花保鲜上的应用主要包括生物防治和利用遗传基因进行保鲜，是近年来最新发展起来的具有发展前途的贮藏保鲜方法，但还处于研究阶段。现代生物工程技术的发展为从基因水平上解决切花衰老提供了可能。乙烯是一种植物激素，能够促使植物衰老，加快花朵和叶片的脱落。有关ACS、ACO等乙烯合成中的关键酶以及编码乙烯受体蛋白基因(ETR)分离方面的研究也取得了很大的进展。周琳等研究了外源乙烯和1-甲基环丙烯(1-MCP)对“洛阳红”牡丹切花的内源乙烯生成量、ACC合成酶(ACS)和ACC氧化酶(ACO)活性的影响，结果表明，乙烯生成与ACS活性相联系是影响牡丹切花开放衰老的主要因素。蜡梅切花乙烯释放量虽很低，但研究发现，在乙烯和1-MCP的影响下，蜡梅切花中的乙烯受体基因成员Cp ETR-1、Cp ETR-2、Cp ETR-3的转录水平变化与开放衰老进程关联较为紧密。

(二) 包装形式

瓦楞纸箱是包装容器中一个重要类别，从广泛意义上讲，瓦楞纸箱在包装形式上已经基本成熟，它已经成为许多物品的主要包装形式并取得了成功的经验。但在鲜切花换保鲜包装方面，由于切花产品的自身特性，仍然对瓦楞纸箱本身提出了许多要求，所以现在的切花保鲜包装研究中，都不可避免地提出了对瓦楞纸包装箱的研究，其研究基本内容如下。

(1) 外观立体形式：箱型和桶型。基本型为箱型，桶型主要用于包装那些只能直立包装的花卉，如金鱼草、满天星、唐菖蒲等切花。

(2) 瓦楞纸箱型：普通型和功能型。普通型全纸瓦楞纸箱已逐渐由功能型复合纸箱代替。

(三) 包装材料

包装材料在鲜切花保鲜包装中有着很高的研究价值，由于切花对包装提出的条件和要求，包装材料方面的改进和研究是一个普遍焦点。目前，在包装材料方面的研究已有了许多进展，主要有以下几个方面。

1. 保鲜瓦楞纸箱

用于鲜切花的保鲜瓦楞纸箱材料主要有以下四种类型。

(1) PE夹层型：将PE保鲜膜夹在瓦楞纸板的内、外芯之间。

(2) 层压型：将保鲜物(剂)与镀铝膜压到纸板的内外芯纸上。

(3) 组合型：将塑料薄膜与瓦楞纸板组合使用。

(4) 混合型：将吸收乙烯气体的粉末在造纸过程中加入纸浆中成型得到瓦楞纸。

2. 功能型纸箱

(1) 功能型瓦楞纸箱：在瓦楞纸原纸内夹入塑料薄膜，利用塑料薄膜层的阻气性，再加上切花的呼

吸作用，保证了这种包装中的低氧、高湿和高浓度二氧化碳的 CA 条件，实现抑制鲜切花呼吸、阻止水分蒸发的效果。它还将乙烯和水分吸附剂涂到薄膜内层上，同时具有气调功能。

(2) 生物式保鲜纸箱：在瓦楞纸上涂覆一层抗菌剂、防腐剂、乙烯吸附剂、水分吸附剂等制成瓦楞纸板，能达到良好的抗微生物、防腐、保鲜的功能。

(3) 混合型保鲜瓦楞纸箱：在制作瓦楞纸板的内芯纸或聚乙烯薄膜时将含有硅酸的矿物微粒、陶瓷微粒或聚苯乙烯、聚乙烯醇等微片混入其中，将所得混合聚乙烯薄膜再贴合到瓦楞纸内面就得到三种形式的包装材料制成的包装箱，达到较好的保鲜效果。

(4) 远红外保鲜纸箱：这种材料是把能发射远红外线波长(6～14 μm)的陶瓷粉末涂覆在天然厚纸上，然后再与所需要的材料复合而成。它在常温下就能发射红外线，或使鲜切花中的抗性分子活化，提高抗微生物的能力；或使酶活化，保持切花的鲜艳度。

(5) 泡沫板复合瓦楞纸箱：分为两种，一种是由瓦楞纸和 PSP 特殊泡沫板层叠而成，称为保鲜瓦楞纸 S；另一种是由瓦楞纸和聚乙烯泡沫板层叠而成，称为保鲜瓦楞纸 L。它们具有隔热保冷效果和控制气体成分的作用，同样具有良好的保鲜效果。

目前已研制出的复合蜂窝状包装纸箱，已有代替 5 层以上瓦楞纸箱的趋势，因此，保鲜复合蜂窝状包装结构也可以考虑运用于切花保鲜包装上，以达到一个全新的包装形象，更加体现鲜切花包装的特色。

3. 功能性保鲜膜

这一类保鲜膜可以和包装箱复合、混合使用，也可以单独使用，作为鲜切花的包装内袋，以形成小空间环境。

(1) 吸附乙烯气体的薄膜：一种使多孔性矿物(如绿凝灰石、沸石、方英石、二氧化硅等)粉末化，然后搅拌进塑料原料中而制成的薄膜。这些多孔性矿物质具有吸附乙烯的特性，一般含量大于 5%，这种薄膜由于掺入多孔性物质，其透气性一般都比聚乙烯单体膜高。在使用中要从吸附性和透气性两方面综合考虑其配比。

(2) 防白雾及结露薄膜：在单体膜上涂布了一层脂肪酸等防白雾剂，或者掺入了表面活性剂的薄膜，主要目的是保证包装形象和切花商品价值不受到损害。

(3) 简易 CA 效果薄膜：一种在低温(除特殊情况外，均为 0 ℃左右)环境下，以减少供氧量、增加二氧化碳供给，达到抑制水分蒸发、抑制切花在 CA 气体环境中的呼吸的目的，产生防衰老、保持新鲜度效果的薄膜。对于不同的切花品种，需要不同的工艺，包括切花采后时间、预处理、薄膜厚度、环境温度、环境湿度、贮存期的长短等。

(4) 抗菌性薄膜：把银沸石填充到塑料中制作而成的。这种银沸石是以氧化铝和二氧化硅为原料合成多孔性沸石，再使沸石与银离子相结合的产物。试验表明含银 2.5% 的银沸石，其银离子浓度为 10～50 $mg \cdot L^{-1}$ 时就完全可以抑制微生物的生长。银沸石复合抗菌薄膜，是把含银沸石的薄膜紧贴在普通薄膜的胶合层挤压而成的薄型复合性薄膜，其厚度仅 6 μm 左右，一般银沸石添加量为1%～2%，银离子浓度为 250～730 $mg \cdot L^{-1}$ 时，它就具有了足够的抗菌能力。

在各种保鲜膜中，FH 薄膜是一种复合型多功能保鲜膜，它同时具有去除乙烯、二氧化碳等气体的功能及防雾处理机理，具有适度的透气性、透湿性及良好的抗菌性，并能有效地抑制各种异味、臭味的产生，是一个比较理想的切花保鲜膜。

(四) 包装设计

研究表明，保鲜材料如 FH 薄膜应用于切花的包装中，采用如 FH 保鲜膜内包装＋普通瓦楞纸箱的组合型保鲜包装、FH 保鲜膜内包装＋夹层型瓦楞纸箱的复合型保鲜包装，并结合合理的切花采后处理工艺，可以达到较理想的切花保鲜和延长寿命的效果。

鲜切花的包装技术涉及艺术、科技、经济、贸易等各个领域，属于跨学科跨行业的综合性应用技术。因此，鲜切花包装技术的研究和开发应用，应遵循科学、经济、可靠、美观和适用的原则，综合考虑各方面的因素。鲜切花的包装技术主要研究鲜切花的性质与形态，外界环境状况，包装材料、包装容器和包装

NOTE

机械的选择,经济性因素,有关的标准、法规等方面的问题。目前,对鲜切花保鲜包装技术的综合性研究已经成为我国花卉产业界十分关心和迫切期望解决的重要问题,期待着相关的科技工作者进行进一步的研究和开拓,开发出科学、适用、美观、经济的鲜切花包装技术。

三、鲜切花运输包装技术研究进展

包装既是产品生产的最终环节,又是物流的起点环节。因此,运输包装技术的合理性会直接影响后续物流环节乃至整个鲜花产业的经济效益。目前鲜切花的运输包装可谓五花八门,主要采用泡沫塑料箱或瓦楞纸箱以及塑料薄膜。而经过简易保鲜处理后的鲜切花包装装箱后,在长途或时间较长的物流运输过程中,保鲜措施和运输包装技术不当会造成鲜切花的损耗大大提高。由于鲜切花运输以件数论运价,因此为了提高鲜切花的运输量,降低运输成本,绝大部分花商将成扎的鲜切花横放着塞入箱内,且塞入很多,最终导致鲜切花断头、断枝的压伤损毁现象严重;同时,由于鲜切花在运输过程中没有采用保鲜方法或者采用的方法不当,再加上物流周转环节繁杂、技术落后、时间过长,使得鲜切花花朵和叶片蔫萎变烂,损耗率高达30%以上。经过以上分析可知,我国鲜切花运输包装技术应从保鲜功能、隔离防护功能两方面进行分析研究。

(一)含水保鲜包装

在我国,鲜切花一般采用具有保鲜功能的瓦楞纸箱或者瓦楞纸箱和保鲜薄膜、泡沫塑料箱和保鲜薄膜等组合形式进行保鲜包装,即将成扎的鲜切花用塑料薄膜裹紧后塞入瓦楞纸箱或泡沫塑料箱内。具有保鲜功能的瓦楞纸箱是在制造瓦楞纸板过程中加入了保鲜剂或保鲜薄膜而生产出来的,其初期投资成本较高,而后两者的包装形式更为简单、常用。上述几种保鲜包装对于较长时间和较长距离的运输来说,保鲜时间较短,保鲜时效性较差,无法满足鲜切花对水分的实时需求。尤其对于不同类型的鲜切花,采取上述保鲜包装灵活性较差。包清彬等选择了4种较为实用的鲜切花运输包装形式,对比了6种不同的鲜切花的鲜度保持情况,结果显示不同的鲜切花有其不同的最佳实用运输保鲜包装形式,其鲜度保持期可延长1～3天。因此,开发新的运输包装技术非常必要与紧迫。

李晓刚提出一种含水保鲜包装,该包装技术的优势在于不仅可保证鲜切花在运输过程始终处于"含水"状态(保鲜时间长),而且可随时补给水分或养分。另外,该包装的各组成部分还可根据不同鲜切花品种的要求进行灵活选择和搭配。含水保鲜包装主要由瓦楞纸箱、塑料薄膜、含水箱组成,其基本结构见图4-13。瓦楞纸箱采用套合型结构,这种结构便于纸箱的开启和封闭,同时增加了纸箱的堆码强度。该纸箱结构在0320型的基础上增加了插舌和手提孔,在箱盖的四面侧板上设计有插舌,在箱底的4条底棱上开有插孔。箱盖套入箱底时,箱盖的插舌插入箱底的插孔,可增强箱体的封闭强度。为了方便搬运,在箱盖和箱底相应的位置上开有手提孔。鲜花包装瓦楞纸箱箱盖和箱底的展开图见图4-14。

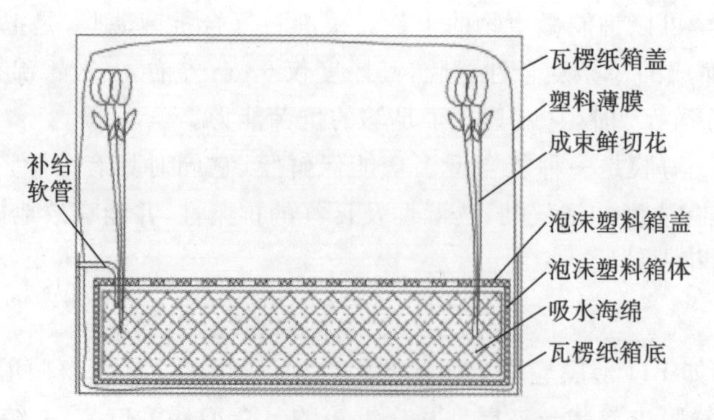

图4-13　含水保鲜包装结构示意图

瓦楞纸箱内部采用普通聚乙烯薄膜将鲜切花与瓦楞纸箱隔开,起到密封隔离的作用。在聚乙烯薄膜上开出若干孔洞,也能满足某些品种鲜切花的透气性。对于保鲜要求高的鲜切花来说,只需将普通聚乙烯薄膜换成保鲜薄膜即可,保鲜薄膜具有一定的透气性、透湿性以及去除二氧化碳、乙烯和异味的功

NOTE

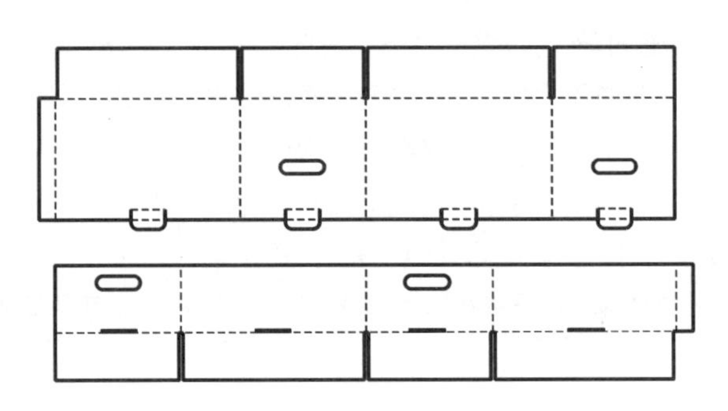

图 4-14 鲜花包装瓦楞纸箱展开图

能。在鲜切花运输过程中能起到保鲜作用的结构是含水保鲜箱。含水保鲜箱一般为目前常用的泡沫塑料箱,但尺寸相比全部采用泡沫塑料箱来运输鲜切花的情况要小得多,泡沫塑料的用量可减少40%左右。含水保鲜箱由箱盖和箱体组成,箱盖上均匀分布了若干个孔以便于插入成束的鲜切花。为了防止花束枝干磨损泡沫塑料箱盖,可在箱盖孔上加上塑料套,能起到固定花束的作用。在泡沫塑料箱中放入一块吸水海绵,运输时,将干净的水或含有保鲜剂的营养水倒入吸水海绵中,成束鲜切花通过箱盖上的孔插入吸水海绵中,可以使鲜切花时刻与水或保鲜剂接触,从而保持湿润和新鲜。更重要的是水和保鲜剂可以通过连接手提孔和泡沫塑料箱盖孔的软管随时补给,鲜切花不会因为较长时间的运输而失鲜。由于吸水海绵的毛细作用,可以大大减少水或保鲜剂的用量,从而减轻了整个瓦楞纸箱包装的重量。

(二) 隔离防护包装

目前鲜切花运输多以件数论价,所以花商想方设法在纸箱中装入更多的鲜切花,因此,鲜切花在装箱时经常会受到人为的挤压、摩擦等,从而造成花朵受压变形、脱落、表面损伤等损毁现象。而采用含水保鲜包装方法,鲜切花在运输过程中处于竖立状态,该包装方法可降低鲜切花受压损毁的概率,但为了保证一定的运输量,箱内的鲜切花不可避免地要挤压在一起,因此,采用隔离包装保护套方式,将鲜切花花朵套住并隔离开,可以有效避免箱内切花互相摩擦而造成损毁。此隔离包装保护套的材料可采用珍珠棉或聚乙烯薄膜,与常见的鲜花蔬果聚乙烯网状保护套不同的是,这种隔离包装保护套是相邻薄膜错开一定间距热封合而形成蜂窝状的结构,成型方法与蜂窝纸芯类似,具体见图 4-15 和图 4-16。

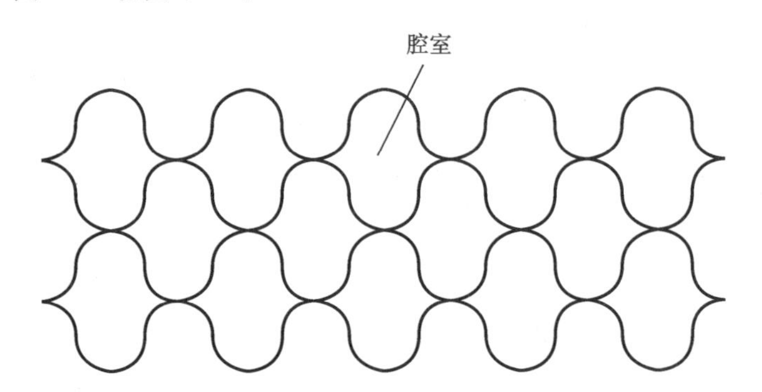

图 4-15 蜂窝状隔离包装保护套截面

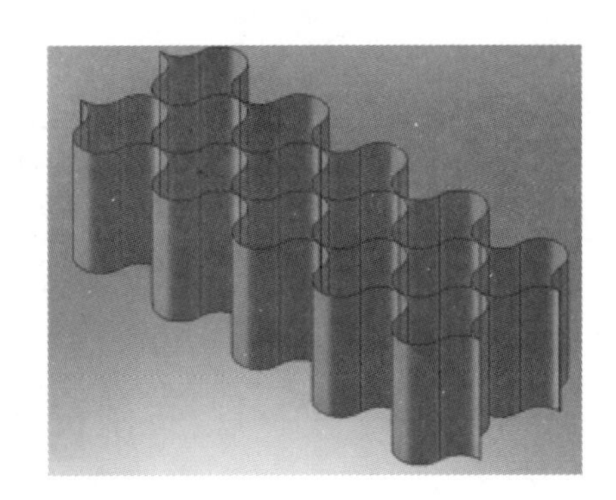

图 4-16 蜂窝状隔离包装保护套

蜂窝状腔室的尺寸和保护套的长度可根据鲜切花花朵大小以及花枝需要保护的长度来确定,每个腔室套入花朵的数量也可以根据花朵大小来确定,一般每个蜂窝内的花朵数量不超过 4 枝。这种防压伤保护套的优势是将批量的鲜切花形成了一个整体单元,提高了单元内花朵的稳固性,减少了摩擦损伤;同时,这种保护套亦可重复使用,降低了材料的用量,节约了成本。

此外,在低温的基础上,结合聚乙烯膜包装来减少切花在运输中的水分丧失,并产生一定的低 O_2 高 CO_2 的抑制呼吸等代谢活性的微环境,也是有效的方法之一。高俊平等在聚乙烯厚膜包装的基础上,模拟空运条件,比较了两种贮运方式(干藏和湿藏)对月季切花保鲜效果的影响,结果表明,月季切花在无聚乙烯膜包装经 3 天湿藏,呼吸强度和 C_2H_4 生成量比贮运前明显增加,瓶插寿命比未经贮运对照显著

变短(表 4-13)。聚乙烯膜包装通过降低包装袋内 O_2 浓度和提高 CO_2 浓度有效地抑制呼吸强度和 C_2H_4 生成量的增加,从而增大花径和延长瓶插寿命,厚膜比薄膜效果更显著。在有厚膜包装保湿并有一定自发气调效果的条件下,虽然在同一温度下都是湿藏的呼吸强度和 C_2H_4 生成量略低于干藏,湿藏的花径开放和瓶插寿命略长于干藏,但是两种贮藏方式之间的差异并不明显(表 4-14)。这充分表明,月季切花在高气密性的聚乙烯膜包装条件下也可采用更经济的干藏方式。

表 4-13　湿藏中包装材料对月季切花花朵直径、瓶插寿命、呼吸强度及乙烯生成量的影响

处　理		花朵直径/mm	花朵最大直径/mm	瓶插寿命/天	呼吸强度/(CO_2 μL/枝·h)	乙烯生成量/(nL/枝·h)
不经贮藏(CK)		42.6 b	70.7 b	7.9 b	117.5 ± 30.1	4.5 ± 0.9
无膜包装	8 ℃	57.0 ab	73.1 b	5.2 c	467.9 ± 66.2	10.6 ± 2.1
	15 ℃	64.8 a	70.1 b	3.7 d	991.9 ± 157.1	29.3 ± 5.2
薄膜包装	8 ℃	55.6 ab	78.3 ab	8.6 ab	324.6 ± 47.8	4.2 ± 0.7
	15 ℃	59.7 a	78.5 ab	6.0 c	315.8 ± 53.9	13.4 ± 2.5
厚膜包装	8 ℃	58.6 a	84.0 a	9.1 a	217.4 ± 23.5	3.0 ± 0.5
	15 ℃	62.1 a	78.7 ab	7.8 b	278.6 ± 28.6	6.4 ± 1.1

注:同一列内相同字母表示最小显著极差法检验,在 0.05 水平上差异不显著;每一包装容器装 20 枝花材,除对照外,所有处理都是纸箱内湿藏 72 h。

表 4-14　干藏与湿藏对月季切花花朵直径、瓶插寿命、呼吸强度及乙烯生成量的影响

处理		花朵直径/mm	花朵最大直径/mm	瓶插寿命/天	呼吸强度/(CO_2 μL/枝·h)	乙烯生成量/(nL/枝·h)
不经贮藏(CK)		35.7 b	76.4 b	7.6 ab	140.5 ± 15.4	4.7 ± 0.6
厚膜干藏	8 ℃	41.8 ab	80.1 abc	7.9 a	349.2 ± 52.4	5.9 ± 1.0
	15 ℃	49.0 a	73.2 c	6.8 b	396.4 ± 43.6	6.3 ± 0.9
厚膜湿藏	8 ℃	46.5 ab	88.4 a	8.2 a	257.3 ± 43.6	5.0 ± 0.9
	15 ℃	52.3 a	86.2 ab	7.5 ab	341.3 ± 46.9	5.6 ± 0.9

注:同一列内相同字母表示最小显著极差法检验,在 0.05 水平上差异不显著;每一包装容器装 20 枝花材,除对照外,湿藏和干藏都贮藏 72 h。

第四节　采后冷处理及运输

一、贮运前的处理

1. 预处理液处理

为了防止运输过程中切花品质的下降或腐败,运输前进行一些药剂的处理是很有必要的。对灰霉病敏感的切花应在采前或采后立即喷布杀菌剂,以防止该病在运输过程中发生。用于干包装的切花,宜在晴天中午稍有萎蔫时进行,或采后适当摊晾,保持表面干燥,使得捆扎和包裹后不易腐烂。切花应无虫害,如果切花上有虫害,可用内吸式杀虫剂或杀螨剂处理。在长途横跨大陆或越洋运输之前常进行切花脉冲。荷兰通常在海关用分光光度计检测乙烯敏感型切花的 Ag^+ 浓度,发现未进行 STS 脉冲者,不允许出境。

NOTE

2. 预冷

所有切花(除对低温敏感的热带种类)在采切后应尽快预冷,然后置于最适低温下运输。预冷是指人工快速将切花降温的过程。切花贮运前预冷十分重要,它可使切花在整个运输期间保持适宜的低温,减少损耗,并减轻冷藏车的能量负荷。

常用切花预冷方法在本书第六章有详细介绍。

二、运输环境条件

1. 温度

产品温度往往在数小时内与环境温度持平,并且随产品温度上升,其呼吸也随之增强,产生更多的呼吸热,进一步提高产品的温度。因此,控制适宜低温(运输适温)对运输途中减少切花损耗等是非常重要的。温带起源的花卉运输适温相对较低,通常在 5 ℃以下;热带起源的花卉则相对较高,通常在 14 ℃左右;而亚热带起源的花卉则介于两者之间,如唐菖蒲为 5～8 ℃。一些常见鲜切花的运输适温见表 4-15。

表 4-15　一些常见鲜切花的运输适温

种　　类	运输适温/℃	种　　类	运输适温/℃
亚洲百合(*The Asiatic hybrids*)	5～7	非洲菊(*Gerbera jamesonii*)	2～5
卡特兰(*Cattleya hybrida*)	13～15	唐菖蒲(*Gladiolus hybridus*)	5～8
菊花(*Dendranthema morifolium*)	4～7	满天星(*Gypsophila paniculata*)	3～5
翠雀(*Delphinium grandiflorum*)	8～12	补血草(*Limonium sinuatum*)	4～7
香石竹(*Dianthus caryophyllus*)	2～5	紫罗兰(*Matthiola incana*)	5～8
草原龙胆(*Eustoma grandiflorum*)	5～10	月季(*Rosa hybrida*)	2～5
小苍兰(*Freesia hybrida*)	2～4	郁金香(*Tulipa gesneriana*)	4～6

另外,同一种类花的运输适温随着栽培条件、运输距离的不同而变化。露地花卉的运输适温较保护地栽培的低;远距离运输的比近距离运输的相对要低。总的来说,相同的切花运输适温要低于其相应的贮藏适温,这是因为运输前后往往有较大的温度变化,如果刻意追求较低的温度,效果会适得其反。

2. 湿度

蒸腾是切花采后的一个正常生理活动,它导致了产品水分的丧失和鲜度的下降等,产生花材的水分胁迫。降低蒸腾是鲜切花贮运中的首要任务之一。环境的相对湿度(RH)是影响植物产品蒸腾强弱的主要因子,因此,鲜切花对运输环境相对湿度的要求很高,通常在 85%～90%。在干运情况下,包装材料和环境温度共同影响了花材周围相对湿度的大小。采用瓦楞纸箱包装,密封不是很严时,箱内的相对湿度与外界的环境达到平衡,产品蒸腾失水往往很旺盛,有条件时可用加湿装置、车厢内洒水或包装箱内加碎冰等保持高湿。采用有聚乙烯薄膜作内衬或作内包装的纸箱包装时,由于花材自己的蒸腾水分很快饱和了周围微环境,相对湿度易于满足要求,同时还要注意过湿的问题。在绝对湿度相同时,相对湿度随着环境温度的上升而下降,随着环境温度的下降而上升。因此,运输途中的温度会通过相对湿度而间接影响产品的蒸腾作用。

3. 振动和冲击

运输途中振动对园艺产品的影响是国内外保鲜工作者研究的热点之一。振动不但会对产品造成机械损伤,还带来生理伤害。振动强度以重力加速度 G 表示。不同频率和振幅对产品的影响不一样。一般来说,1 G 以上的加速度就会使园艺产品遭受伤害(表 4-16)。

表 4-16　园艺产品对跌打与摩擦的耐性

类　　型	产 品 种 类	运输途中振动强度的忍耐极限
对跌打和摩擦的耐性都很强	柿子、柑橘类、番茄(未熟)、根菜类、甜椒	3.0 G
对跌打耐性弱	苹果、番茄(成熟)	2.5 G

续表

类　型	产品种类	运输途中振动强度的忍耐极限
对摩擦耐性弱	梨、茄子、黄瓜、结球叶菜类	2.0 G
对跌打和摩擦的耐性都很弱	桃、草莓、西瓜、香蕉	1.0 G
脱粒	葡萄	1.0 G

不同的运输途径、运输工具、行驶速度等都会影响振动强度和频率。公路运输比铁路运输振动强度大，铁路运输又比海路运输振动强度大。同一运输工具，行驶速度越快，振动越大。在同一种运输工具中产品所处位置不同，受到的振动不同。以卡车为例，车厢后部上端的振动最大，前端下部振动最小，见表 4-17。

表 4-17　卡车装载位置对振动的影响(单位:相对次数)

序　号	最　前　排	中　排	最　后　排
1	17(下层)	—	1046(上层)
2	326(上层)	742(上层)	2052(上层)
3	58(下层)	78(上层)	1580(上层)

运输中应尽量减少振动。从采收后到预冷前的短途运输虽然运输时间短，但由于环境温度高、花材含水量大、包装材料简易，且多由容易引起振动的汽车运输，应特别注意减轻振动，以减弱呼吸强度，保持观赏植物的产品质量。从产地到消费地的远距离运输，振动的累加效应对产品的影响往往更加严重，需要在包装材料的选择等各个方面力求减轻振动。在运输中除振动外，还有挤压以及在装卸搬运过程中对产品的冲击和切割等，这些都是应当设法减轻的。

4. 微环境气体组成

基于气体组成对切花观赏寿命的影响，贮运中控制较高浓度的 CO_2、较低浓度的 O_2 和脱除乙烯对于降低切花的生理代谢活性、减少运输中的损耗是有利的。与贮藏的情况不同，运输时对 O_2 的忍耐低限和对 CO_2 的忍耐高限都要超过贮藏条件。高俊平以月季切花为例，介绍了模拟运输条件时的塑料薄膜包装自发气调的运输效果。将月季切花分别设置无包装，0.02 mm、0.35 mm 的塑料膜包装，每一包装都进行 8 ℃、15 ℃和 22 ℃(相当于空调火车室温)的温度处理，存放时间为 72 h。在存放期间追踪及测定包装袋内的 O_2 及 CO_2 浓度的变化，存放结束后将切花插入瓶内进行瓶插观察。结果发现：在 22 ℃下 0.35 mm 塑料膜包装切花瓶插寿命长于 8 ℃未经包装的切花，近似于 8 ℃下 0.02 mm 塑料膜包装的结果；各种包装中 O_2 质量分数最高者达到 16%。由此可见，高浓度的 CO_2 有部分代替低温的效果，通过调节气体微环境达到节能运输的效果在理论和实践中都是很有意义的。

对于乙烯敏感性切花，通常在长途运输之前用含有乙烯作用抑制剂的预处理液处理切花，运输途中包装容器内放置乙烯吸收剂如活性炭或者高锰酸钾清除乙烯。

三、切花运输的途径和工具

切花与其他花卉产品一样，消费需求千变万化。不同切花产品生产的地域性很强，为满足各地消费者，各种距离的运输是不可避免的。根据目的地的远近，切花运输采取不同的形式与工具。

1. 卡车运输(autocar transportation)

对于短距离运输或运输时间不超过的 20 h 的切花，可使用无冷藏设备但隔热的货车。在运输前要将切花进行预冷处理，预冷之后，包装箱上的通气孔应马上关闭，同时箱子在卡车内紧密码垛，防止在运输途中移动。对于长距离运输或运输时间超过 20 h 至数天的切花，应使用有冷藏设备的卡车，这是陆上运输主要运载方式。运输之前，包装箱上的通气孔应开放，让冷气流入箱内。箱子在车内合理的装载对于控制切花在运输过程中的温度有明显影响。箱子码垛方式应有利于空气的循环，以保持切花稳定的低温。

NOTE

图 4-17 所示的是一种有利于空气循环的冷藏车。车内侧壁和后门应具肋状，在箱子和后门之间至少应留出 10 cm 距离并使用支撑物，防止装载向后移动而抵住后门，冷空气从制冷器沿车顶板和箱子之间空隙流向卡车后部，然后从箱子底部沿地板流回冷却器。

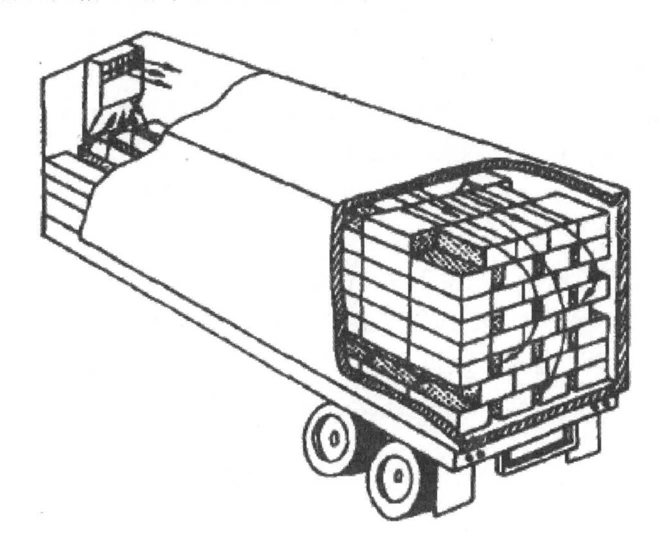

图 4-17 切花在冷藏卡车内的装载方式

美国为冷藏长型卡车研制了一种不同的空气循环系统。来自冷却器的冷空气被向下压送至打孔的地板，再从地板向上经过箱子之间空隙回到车顶板的冷却器。这一方法可保护车内上层箱子中的切花免遭冻害。卡车运输常用到的集装箱有以下几种类型。

(1) 冷藏拖车：用于公路运输和铁路运输。

①长 12 m 拖车：最大载货量 22.68 t，内部尺寸 12 m×2.26 m×2.49 m，可使用容积 62 m^3。

②长 13.7 m 拖车：最大载货量 22.68 t，内部尺寸 13.84 m×2.19 m×2.36 m，可使用容积 66 m^3。

(2) 冷藏搬运集装箱：用于海运、铁路运输和公路运输。

①长 6 m 集装箱：最大载货量 19.05 t，内部尺寸 5.29 m×2.18 m×2.02 m，可使用容积 23.84 m^3。

②长 12 m 集装箱：最大载货量 20.886 t，内部尺寸 11.33 m×2.28 m×2.19 m，可使用容积 23.84 m^3。

③长 12 m 集装箱：最大载货量 20.886 t，内部尺寸 10.89 m×2.18 m×2.32 m，可使用容积 58.14 m^3。

出口的切叶类通常用冷藏集装箱运输，在适当预冷前提下，它们可忍受 2～3 周的长途运输。产品混装根据切花和切叶贮运所要求温度范围，相同温度范围的植物一般可以混装同运。但是，切花和切叶不能同产生乙烯较高的水果和蔬菜混装同运。切叶类最好与切花分开装运，因切花易产生少量乙烯气体，而切叶类对乙烯更加敏感。

2. 火车运输(train transportation)

火车运输振动较汽车小，物理损伤小，运输量大，运输距离长，运输成本低，本来是替代汽车长途运输的良好途径，可是火车运输因通常要汽车做接应且发货时间不灵活等缺点应用较少。

火车运输中用到的保温形式有以下两类。

(1) 冷藏集装箱：具有机械制冷、空气循环的功能，可以取得理想的运输效果。

(2) 隔热车厢：利用客车车厢或棚车改造而成。在切花充分预冷的基础上，采用隔热性能较好的材料如聚苯乙烯等作外包装材料，包装箱内放置预先制好的蓄冷剂(冰或干冰)，或为了节约运输空间，不用或少用蓄冷剂，以聚乙烯膜包装自发气调以增强保温效果。

3. 空运(air transportation)

空运切花在国内和国际贸易中起着越来越重要的作用，空运可把切花以最快速度提供给消费者。空运一般无法提供冷藏条件，因此应特别注意切花在空运前的预冷处理，预冷后，箱子上所有的通气孔应当关闭，由于飞机场乙烯浓度高，所以在空运前切花应进行 STS 脉冲处理。

空运中切花包装箱一般用托盘整体装卸，最好使用塑料宽条带环绕整体包装，再用托盘网固定。一

NOTE

些切花也使用空运集装箱，空运集装箱有以下几种类型。

(1) 冷藏集装箱：使用干冰作制冷剂，有 LD3 型、LD7/9 型和 LD5/11 型。如 LD3 型最大载货量为 1.4 t，可装干冰 52 kg，内部尺寸为 1.46 m×1.43 m×1.41 m，适用机型包括波音 747、波音 707、DC-8、DC-10、L1011。

(2) 隔热集装箱：型号为 LD3，最大载货量为 1.4 t，内部尺寸为 1.534 m×1.562 m×1.620 m，适用机型包括波音 747、波音 767、DC-10、A300、A310。

(3) 干集装箱(非隔热)：有 LD3 型、LD7/9 型和 LD11 三种型号。如 LD3 型最大载货量为 1.5 t，内部尺寸为 1.45 m×1.453 m×1.550 m，可使用容积为 4.3 m^3，适用机型包括波音 747、波音 767、DC-10、A300、A310。

(4) 纤维板空运箱(由运货者提供)：由于许多航空公司不允许把冰块放置于包装箱内，切花空运箱一般用干冰或冻胶包冷却。允许使用冰块时，要求冰块密封于塑料袋中，确保空运箱不会漏水。纤维板箱要求用蜡渗透的塑料膜衬里。常用纤维板空运箱型号如下。

EH 型：最大载货量 132 kg，内部尺寸 92 cm×56 cm×56 cm，能承受顶部最大货载压力 272 kg，适用于所有机型。

E 型：最大载货量 218 kg，内部尺寸 107 cm×74 cm×65 cm，能承受顶部最大货载压力 272 kg，适用于所有机型。

C08 型：最大载货量 866 kg，内部尺寸 107 cm×147 cm×114 cm，能承受顶部最大货载压力 272 kg，适用机型包括波音 747、波音 767、L1011、DC-10、A300、A310。

4. 海运(seaway transportation)

由于空运的价格很高，而且价格仍在不断上升，因此切花的长途海运逐渐受到青睐。切花海运最大的缺点是运输时间长，例如，从以色列到德国的海运时间为 12～18 天，从荷兰到美国，海运需 8～14 天。为了在这么长的运输时间内保持切花的优良品质，在整个航运期间，保持适宜的温度是基本条件。切花在采切后应尽快用适当的花卉保鲜剂加以水合(硬化)并快速预冷，然后切花箱子应装入冷藏集装箱内，再转运至海港。

据荷兰的 H. Harkema 研究，同样的花材海运，采用真空集装箱的切花失水 10%～16%，采用常规隔热或冷藏集装箱的切花失水约 7%，而空运切花仅失水 4%左右。月季、非洲菊、菊花、小苍兰、香石竹和百合在航运过程中损失水分最多，而小花枝香石竹、郁金香、鸢尾和水仙损失水分最少。

真空集装箱运输抑制了切花花蕾和花的发育，因此，当切花到达目的地后，用真空集装箱运输的切花较用普通集装箱运输的切花处于较早的发育阶段。但真空集装箱运输引起月季品种"Motrea"的花托变黑和菊花品种"White Horim"叶片出现坏死斑点。真空运输的主要缺点是切花损失水分过多。可调温、调气的 Nitrol 型集装箱并不比普通集装箱表现更佳。适合于 14 天海运的切花有标准型和小花枝的香石竹、非洲菊、微型月季、郁金香(品种"Lustige Witwe"和"Aladdin")和革叶类蕨类。进一步的试验、研究还会发现其他品种和种类也适合于 14 天海运。

总的来说，在长时间海运中保持高质量切花的关键是在运前用适合的花卉保鲜剂硬化处理切花，切花不要感染灰霉病，并尽快预冷。在到达目的地后，切花应置于合适的保鲜液中予以恢复，贮存于低温之下，直至出售。

NOTE

第五章　花卉保鲜常用技术

20 世纪 50 年代以来，切花生产和消费水平都迅速发展。国内外在切花贮藏保鲜理论与技术方面进行了广泛的研究，虽然切花的保鲜相对于果品和蔬菜等园艺产品保鲜起步晚，但起点高，进展很快。国际市场上的主要切花种类的贮藏保鲜技术已逐步形成了较完整的技术体系，这对世界花卉产业的发展发挥了重要作用。目前，国外主要采用以冷藏和化学保鲜为主结合气调技术的方法进行切花的保鲜。

我国的切花产业是 20 世纪 80 年代后迅速发展起来的新兴产业。随着切花商品化生产及消费水平的发展，为了减少切花异地产销过程中的衰败损耗，调节切花市场的平衡供应问题，满足消费者对观赏期的要求，我国科研人员对切花的冷藏技术、化学保鲜技术以及气调、辐射保鲜技术等进行了探索，保鲜技术水平取得了明显的进步。随着我国切花生产和消费水平的提高，贮藏保鲜技术在切花商品化生产、采后处理及观赏消费各环节中都将起到越来越重要的作用。

第一节　物理保鲜技术

一、冷藏

切花采收后，虽然脱离了母体，但仍然保持着较强的生理活性，仍然是有生命力的产品。但是，切花采收后一系列生理生化反应将要消耗体内的大量贮存物质，加速切花的衰老进程。切花体内的各种代谢过程与环境温度有密切的关系，适当的低温有利于减缓切花体内的一系列反应进程，抑制衰老进程。因此，将切花置于一定的低温环境中保存，可以有效地延长切花的寿命。低温贮藏作为切花保鲜最基本、最有效的手段，主要作用有以下几个方面：①低温可以有效抑制呼吸，减慢切花体内贮存的营养物质消耗，延缓切花的开花和衰老进程；②低温可以降低切花的蒸腾作用和失水速度，从而延长水分平衡维持的时间和切花的贮藏寿命；③低温贮藏时，乙烯释放量低于常温贮藏，还可以钝化乙烯结合位点从而降低切花对乙烯的敏感性；④低温可以抑制病原微生物的活动从而减少切花感染病菌的机会。值得注意的是，切花冷藏后也会出现瓶插寿命缩短、小花开放数目降低、新鲜度下降、叶片发黄等现象，严重影响观赏品质和商品价值。

根据冷藏方法不同，可分为干藏和湿藏。干藏是将切花用合适的材料如聚乙烯薄膜包装后进行贮藏，以减少水分蒸发，降低呼吸速率，有利于延长切花的寿命。干藏的方法比较方便，耗能少，在运输时占据的空间少，通常用于切花的长期贮藏。湿藏是将切花放在有水或一定保鲜液的容器中贮藏。湿藏通常用于短期贮藏，但不适合在大规模生产中使用。

（一）鲜切花预冷

预冷是冷链的首要环节，利用制冷技术，在短时间内将农产品从初始温度(25 ℃左右)迅速降至所需要的最终温度，快速去除果蔬采摘后的田间热。花卉保鲜重要的措施之一就是降温。花卉采收后由于呼吸加快，产生大量热量，即所谓的田间热，这种田间热必须迅速除去，否则对花卉的贮藏及运输极为

NOTE

不利。鲜切花预冷，是通过人工措施将鲜切花的温度迅速降到所需温度的过程，也称为除去田间热的过程。这一措施主要在鲜切花运输前或贮藏前进行，有时在批发或拍卖市场也做短时间处理，主要目的是减少鲜切花采后流通过程中的损耗，提高流通质量。预冷是鲜切花冷链(cold chain)流通的第一个环节，也是创造低温环境的第一步。所谓的鲜切花冷链流通是指鲜切花从采收、预冷、贮藏、运输和销售等各个环节都在低温下进行，是理想的流通方式，也是鲜切花采后流通的发展方向。

1. 鲜切花预冷的基本要求

(1) 预冷起始时间要尽可能早，预冷时间要尽可能短，鲜切花从采收到预冷之间间隔的时间越短越好。鲜切花的呼吸活性非常旺盛，从采收到预冷这一段时间，无疑是对鲜切花的一种消耗，如果这段时间过长，会直接影响以后所有的保鲜处理效果，有时甚至造成不可弥补的损耗。

(2) 预冷终温要因产品而定。鲜切花适宜的预冷终温对低温的忍耐极限因品种和种类不同差异很大。在进行预冷时，必须根据具体情况确定适宜的预冷终温，防止预冷不足起不到相应的效果，或者是降温过度使产品遭受冷害。特别是热带起源的鲜切花一般对低温敏感，预冷温度常在 8～15 ℃。

(3) 预冷方式应根据鲜切花种类灵活掌握。不同的预冷方式其降温原理不同，在应用时必须根据产品的特点选择相应的预冷方式，其选择主要取决于产品大小与形状、采摘后的温度、成本价格、贮藏时间等因素。如比表面积大的鲜切花用真空预冷效果好。

2. 鲜切花预冷的方式

到目前为止，国内外采用的预冷方式有冷库空气预冷、强制通风预冷、压差通风预冷、真空预冷、包装预冷等方式。这里主要介绍鲜切花预冷中常用的 4 种方式。

(1) 冷库空气预冷　又称室内预冷，是将鲜切花放在冷库中，依靠自然对流热传导进行的预冷方式。该方式简单易行，在国内外广泛采用，特别适合于规模较小的生产者和集货商。但是，该方式预冷速度慢，预冷装箱(但是没有封口)的鲜切花通常需要 24 h 以上。并且在整个过程中鲜切花始终暴露于空气中，水分损失较大。有时为了提高预冷速度，在冷库中安装风扇促进库内气体的循环。有资料表明，空气以 60～120 m/min 的流速在容器周围和容器间循环时，冷却效果最好。在实践中，通常将切花插入预处理液中，复水、吸收预处理液、预冷，一举多得。这时，花枝比较分散，降温速度变得较快，如月季、香石竹、补血草、情人草、唐菖蒲等切花花材可在 6 h 内由 20 ℃降到 5 ℃以下。

(2) 强制通风预冷　简称强风预冷，是在冷库空气预冷的基础上发展起来的一项预冷技术。该方式将装有被预冷产品的包装箱按照一定的方向排列码接在一起，包装箱之间开有通风孔道，以确保箱体之间的气体流通；最后将码接在一起的包装箱垛的一侧(这里称为首侧)与抽风机直接连接，而整个箱垛暴露在冷库中。当抽气机工作时，箱内形成一定的负压环境促使库内冷空气按照希望的气体流通方向通过被预冷物，通过对流热传导使产品达到预冷的目的。产品的预冷速度与冷空气在产品周围的流速有关，人们可以通过调节抽风机抽气量和包装箱体的气孔大小来调节产品的预冷速度。

强风预冷几乎适合所有的鲜切花种类，并且其预冷速度比冷库空气预冷要快得多。由于可以在较短的时间内完成，预冷鲜切花时水分损失要小得多。其不足之处在于需要有专门的设备如抽气机等，操作起来比较麻烦。这一预冷方式在美国很普及，在日本主要采用下述压差预冷方式。

(3) 压差通风预冷　日本人在强制通风制冷的基础上开发的一线预冷技术，基于强制通风预冷的概念和原理，该方式可以纳入强制通风预冷方式。但是日本学者田中俊一郎认为应当独立出来，并且给予相应的定义，即压差通风预冷方式是在强制通风预冷方式的基础上做了较大改进，即在包装容器上方增加压差板，阻断冷空气流向，使被预冷物包装容器内孔隙部分的气流阻力降到最低，与此同时，抽气机抽气量的设定与被预冷物容器内的空隙部分的气流阻力相匹配(图 5-1)。该方式与强制通风预冷相比，明显加大了通过被预冷物的有效风量，提高了预冷速度。

压差通风预冷是目前国内外最好的鲜切花预冷方式，克服了强制通风带来的花材容易蒸腾过度的缺点，极大地提高了预冷效率。相比其他基于空气的预冷方法，其所需的预冷时间更短，但所使用的大功率离心风机产生的能耗也更高。该方式在日本很普及，并且开发了各种类型，如 U 型通风式(图5-2)、直交型通风式、冷风循环式以及纵型吸入式等。同时，日本还开发了预冷兼贮藏两用的压差通风预冷方式(图 5-3)。该方式的不足之处是使用起来比较麻烦，要求一定的设备投入。

NOTE

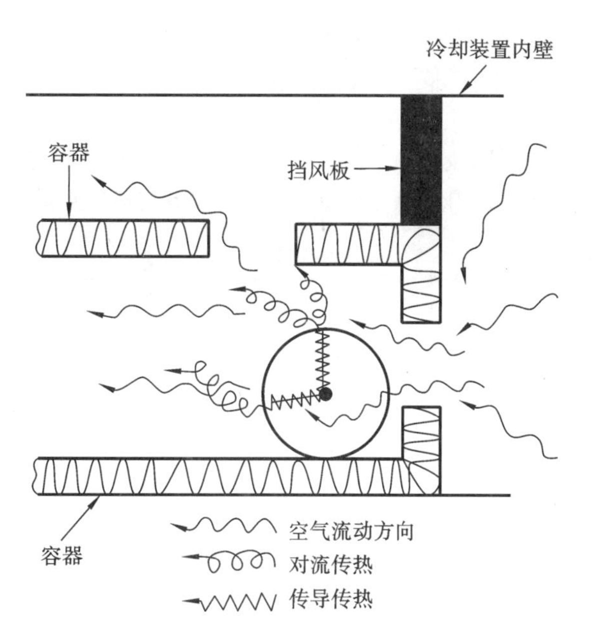

图 5-1　压差通风预冷方式中的空气流向和热量流向示意图

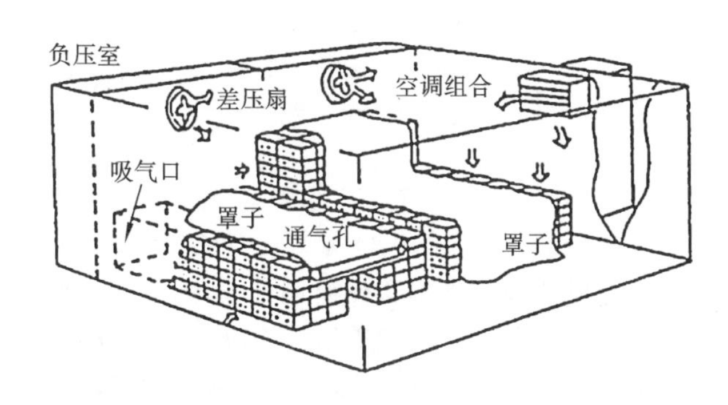

图 5-2　U 型通风式压差通风预冷方式示意图

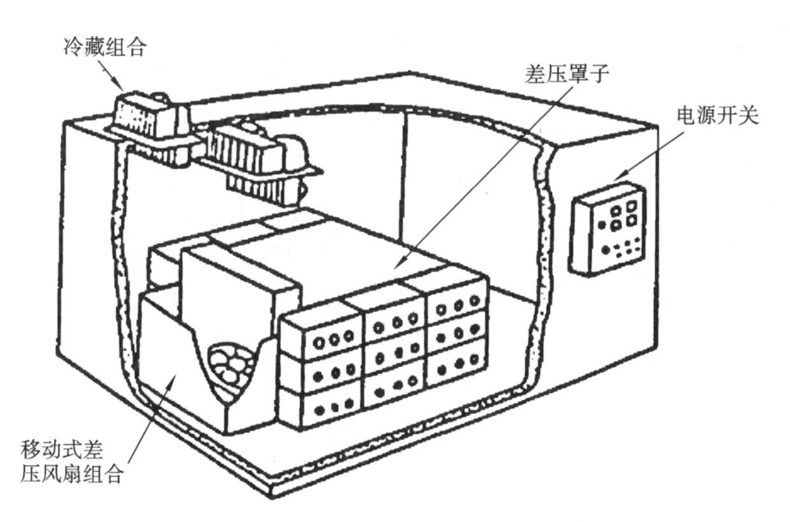

图 5-3　预冷兼贮藏两用压差通风预冷方式示意图

(4) 真空预冷

①真空预冷的概念和原理：真空预冷技术最初是由日本人开发的，其原理是在接近真空的减压状态下，促使被预冷物沸点降到 0 ℃，由此促进蒸腾失水，并通过水分携带潜热减低花材温度，达到预冷的目的。如表 5-1 所示，水的沸点随饱和蒸气压的下降而降低，当饱和蒸气压由 101308 Pa 降到 1226.4 Pa 时，水的沸点由 100 ℃降到 10 ℃；饱和蒸气压降到 706.5 Pa 时，水的沸点降到 2 ℃，即 2 ℃时就可蒸发。当水由液态变为气态时，每千克水的汽化热约为 2512.1 J，这是真空预冷的冷源。鲜切花可以假设

为用水充满的器官，并收容密闭到真空罐内，用真空泵抽真空使压力环境降低到 1333 Pa 以下，促进鲜切花水分蒸腾散去潜热，最终使温度降低。计算公式：

$$T=R/(100c)$$

其中，R 为预冷过程中平均蒸发潜热（$kJ \cdot kg^{-1}$）；c 为鲜切花的比热容（$kJ \cdot kg^{-1} \cdot ℃^{-1}$）。

表 5-1　水的沸点与饱和蒸汽压和蒸发潜热的关系

水的沸点/℃	饱和蒸汽压/Pa	蒸发潜热/（$kJ \cdot kg^{-1}$）
100	101308	2256.7
50	12343.6	2382.3
40	7371.3	2399.0
30	4238.9	2428.3
20	2332.8	2453.5
10	1226.4	2478.6
8	1066.4	2482.8
6	933.1	2487.0
4	813.1	2491.0
2	706.5	2495.3
0	613.2	2499.5

② 花卉真空预冷处理装置：进行真空预冷的机械称为真空预冷机，分为固定式和可搬式两大类（图 5-4）。由万保琨真空技术（深圳）有限公司与日本合作研制开发的 VC 系列真空预冷保鲜机，目前的定型产品主要有 9 种（表5-2）。VC 系列真空预冷保鲜机结构比较复杂，制造要求比较高，其基本结构图如图 5-5 所示，主要由加湿机、输送台车、真空预冷槽、冷冻机组、真空泵、受槽、盐水槽、媒体泵、油水分离机、除油雾器、连接管道及控制台等组成（孙万福等，2002）。

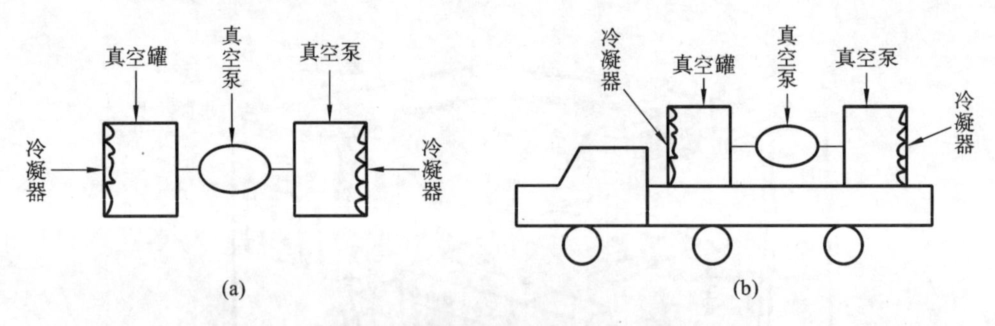

图 5-4　双真空罐真空预冷机模式图

（a）固定式；（b）可搬式

表 5-2　VC 系列真空预冷保鲜机规格

型号	VC-Ⅰ 500	VC-Ⅱ 1000	VC -1000	VC -1500	VC -2000	VC -2000D	VC -4000	VC -4000D	VC -10000
进料方式	车载式	单槽可移式	单槽整体式	单槽整体式	单槽整体式	双槽连续式	单槽整体式	双槽连续式	两端连续式
处理量/(kg/次)	250	500	500	800	1000	1000	2000	2000	5000
周期/min	30	40	40	60	80	80	120	120	150

NOTE

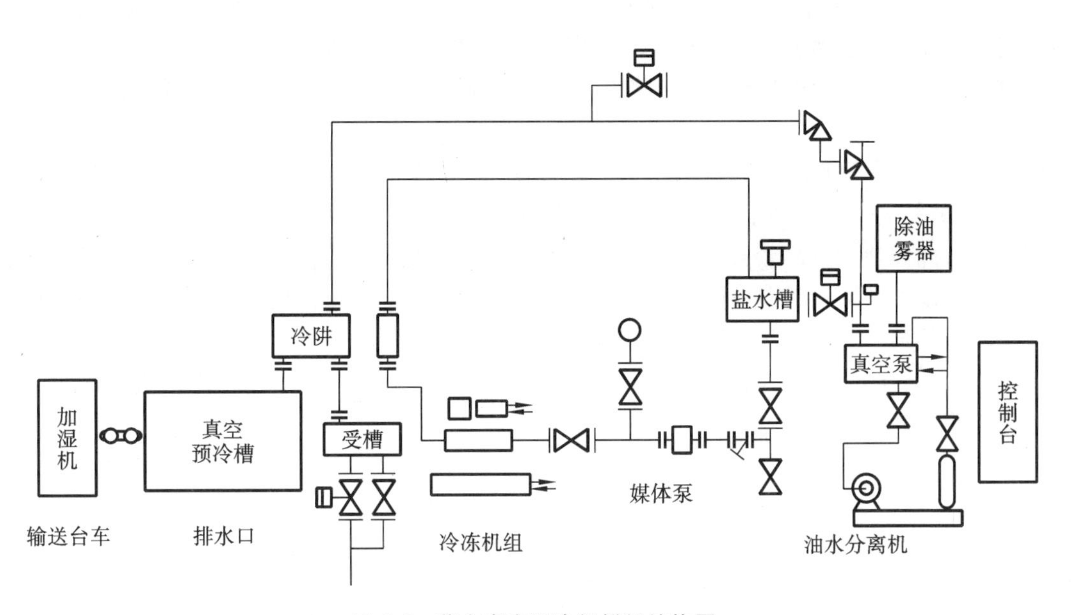

图 5-5 花卉真空预冷保鲜机结构图

花卉真空预冷的运作程序：采收的花卉，首先用加湿机进行喷雾加湿后，通过输送台车送入真空预冷槽，关上槽门，依据花卉不同品种及所装载的数量，在控制台上设定好参数，启动设备，在控制台的控制下，冷冻机组首先启动进行制冷，媒体得到冷却。冷媒在媒体泵作用下循环经过冷阱内的刺片管，使冷阱得到冷却，随后真空泵启动，开始对真空预冷槽抽真空，在真空条件下，花卉中的水分汽化而被抽走并带走花卉的热量，温度随之下降；从真空预冷槽排去的气体，首先进入冷阱，由于冷阱已被冷却，含有水汽的气体还原成水并大部分又变成冰而滞留在冷阱里。气体通过真空泵后被排走，微量进入真空泵油中的微量水分，在油水分离机的作用下被分离出去，从而有力保证了真空泵在正常状态下工作。花卉预冷过程中，预冷槽内的真空度及温度始终分别由真空探头和温度传感器跟踪测定并将信息反馈给控制台，当预冷槽内的真空度及温度与设定值一致时，控制台控制冷冻机组和真空泵自动停止，停机后可将花卉从预冷槽中取走，送入保温冷库或保温运输车。一次真空预冷结束，再打开融冰水阀，向冷阱冲水融冰，冰融化后打开排水阀，将冷阱的水排除干净，做好下次的预冷准备，预冷工作如此循环进行。花卉的真空预冷保鲜关键技术主要是控制好预冷过程的真空度和温度，这与不同花卉品种的生理特点、花卉数量、花卉本身湿度及真空设备的性能有关（表 5-3）。

表 5-3 典型花卉真空预冷保鲜工艺参数

真空度/Pa	控制温度/℃	控制湿度/(%)	适应花卉品种
610～630	0～2	90～95	月季、菊花、百合、杜鹃、水仙、风信子、蕙兰、栀子花、郁金香、山月桂、紫苑、香竹、冬青、刺柏、铃兰、番红花、石松等
850～900	约 4.5	90～95	金合欢、银莲花、金盏花、水芋、金鸡菊、波斯菊、大丽花、翠雀、小白菊、忽忘我、天人菊、丁香、紫罗兰、金鱼草、冬青、木兰、山茶花等
1000～1300	7～10	90～95	金莲花、鹤望兰、嘉兰、罗汉松等
1450～1900	13～15	90～95	安祖花、姜花、万代青、一品红、花叶、万年青等

③ 真空预冷中的水分损失与补充措施：花卉真空预冷保鲜过程，会引起花卉失水现象，根据理论估算，在真空预冷过程中，大约温度每下降 10 ℃，散失水分 1%，如温度从 30 ℃降到 5 ℃，大约失水 3%。花卉如果失水严重，表面气孔开放，会导致新鲜度下降，影响花卉品质。所以必须严格控制好合适的湿度。虽然多数花材在自然搁置的情况下都会造成约 5%的水分损失，并且都可以恢复正常。但是关键在于真空预冷过程中，鲜切花的主要蒸腾部位在花朵和叶片，而从鲜重比例分析茎秆却占很大的份额，

NOTE

并且质量越好的花材茎秆越粗壮，茎秆占花材总鲜重的比例也越大，通过真空预冷使花材在短时间内降温变得越难，其结果往往是茎秆还未降到所需温度，花朵和叶片就已经过度失水，并且降到易受冷害的程度。

高俊平等以补血草、月季、满天星、香石竹等为试材，系统探讨了切花在真空预冷中的降温特性。结果表明，在给定的相同预冷条件下，北京和昆明生产的同一种花材降温速度差异较小；但是相同地域栽培的不同种花材降温速度差异较大。降温速度由快到慢依次是补血草、月季、满天星、香石竹；4 种切花不同部位降温速度的共同点是花朵快于茎秆，说明花材降温的难点在于茎秆。同时，他们还摸清了切花真空预冷中水分的损失特性。失水速度由快到慢依次是叶片、花朵、茎秆；由于花朵和叶片的失水速度远远快于茎秆，因而在茎秆尚未降到所需温度时花朵和叶片已经受到失水伤害和因失水降温带来的冷害。这是真空预冷处理花材的难点。

围绕真空预冷中水分损失与补充问题，日本采用预冷开始前给花材喷水的方法，即先通过真空预冷使花材温度降到 10 ℃左右，然后置于冷库结合预处理液吸收让其逐渐降温。国内开发了真空预冷中补充失水和吸收预处理液相结合的方法（图 5-6），其原理如下：利用茎秆基部浸入水中的切花在由减压向常压恢复的负压过程中，茎秆吸收水分的速度会大大促进的原理，开发了真空预冷茎秆基部吸收水分的措施。这一措施从根本上解决了切花在真空预冷中的水分损失和降温难的问题。将补充水分损失与吸收保鲜剂相结合，同时达到快速降温、补充失水和快速吸收保鲜剂的目的，使原来需要 12 h 完成的保鲜剂吸收工作可在 30 min 之内全部完成。美国已应用一种喷雾真空预冷设备，既能有效避免花卉预冷过程脱水现象，又能快速降温。

图 5-6　真空预冷中补充失水与吸收预处理液相结合处理场面图示

④真空预冷的优缺点：真空预冷与其他预冷方法相比，有以下几个突出优点。

a. 效率高。花卉在密闭的真空预冷槽内进行真空处理，降温时间很短，产品预冷速度快，通常只需要 20～30 min 便可使花材降低到所需要的温度，如用冷藏库冷却，则需 10～12 h，易引起鲜切花的干燥、外伤、糜烂、萎缩、变色等损耗。因此，真空预冷可以大大提高工作效率。此外花卉采收时间不受影响，可随时收采，随时进行处理。同时可以大批量地处理花材，特别适合于鲜切花基地使用。值得注意的是，不同切花种类在真空预冷过程中其冷却时间与水分损失、真空度密切相关（表 5-4）。

表 5-4　4 种主要切花的真空冷却情况

品　种	真空度/Pa	冷却时间/min	温度/℃		水分损失/(%)
			初温	终温	
康乃馨	660	18	18.5	3.8	2.5
菊花	630	21	17.5	5.2	1.7
唐菖蒲	610	20	23.5	5.7	2.3
玫瑰	550	17	21.0	4.3	2.6

NOTE

b. 效果好。花卉真空预冷不受包装方式影响，产品预冷均匀，在真空罐内的各个角落都有相同的降温速率。

c. 清洁、卫生。花卉是放在真空预冷槽内进行真空处理，有效防止了二次污染。

d. 有效保证品质。花卉真空预冷时降低了气压，使花卉组织的 O_2 浓度降低，同时乙烯释放及产生的浓度也降低，可有效地保持花卉的新鲜度和延长贮存期。也便于花卉的长途运输。Brosnan 和 Sun 的研究表明，真空预冷可以较好地保持鲜切花产品的品质，大大延长保鲜期，经过真空预冷的水仙花在经过 7 天的贮藏后，保鲜期并未缩短。

真空预冷的缺点：设备费用高，能源消耗多，预冷过程中产品容易失水萎蔫等。

（二）机械制冷

机械冷藏是在一个设计的隔热环境中，借助机械冷凝系统，将库内的热传至室外，使库内的温度降低并保持在有利于延长切花贮存保鲜期的状态。机械冷藏是切花冷藏保鲜的主要方法，它不受外界因素的制约，可长时期维持冷藏库内切花保鲜所需要的低温，库内的温度、湿度甚至空气的流通都可以调节。机械冷藏的缺点是机械冷藏库建造成本高。

1. 制冷原理及设备

机械冷藏库是利用汽化温度很低的液态致冷剂的汽化而吸收周围环境中的热量，从而使库内温度迅速降低，再通过压缩机将汽化的致冷剂加压并降温，经液化后再进入上述循环。制冷设备是一种闭合的循环系统，在机内循环的致冷剂的数量是不变的，只是在由液化到汽化再液化的过程中，其状态发生改变。

制冷设备的种类较多，以致冷剂汽化而吸热降温为工作原理的制冷机，常见的是压缩式制冷机。压缩式制冷机主要由蒸发器、压缩机、冷凝器和调节阀（膨胀阀）组成。蒸发器用于蒸发液态致冷剂，液态致冷剂由高压部分经调节阀进入低压部分达到沸点后而蒸发，吸收周围的热而使库内降温。压缩机通过活塞运动吸进来自蒸发器的汽化致冷剂，将其加压成为高压状态而进入冷凝器里，从而蒸发器转变成低压部分。冷凝器把来自压缩机的致冷剂蒸气，通过水或空气等冷却剂带走其热量而重新液化。调节阀用于调节进入蒸发器的液态致冷剂的流量，在液态致冷剂通过阀的狭缝时，产生滞流现象。压缩机开动后，一方面不断吸收蒸发器内生成的致冷剂蒸气，使蒸发器成为低压状态；另一方面将所吸收的致冷剂蒸气压缩成为高压状态；高压的被冷却了的液态致冷剂通过调节阀进入蒸发器中，压力骤减而蒸发进入又一个降温循环（图 5-7）。

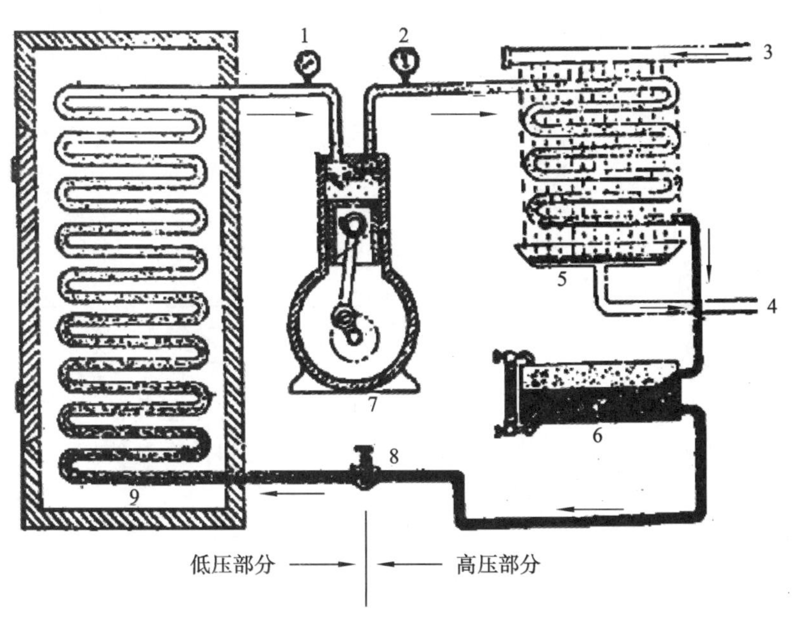

图 5-7 压缩式制冷机工作原理示意图

1—回路压力；2—开始压力；3—冷凝水入口；4—冷凝水出口；5—冷凝器；6—贮液（致冷剂）器；7—压缩机；8—调节阀（膨胀阀）；9—蒸发器

NOTE

2. 制冷设备的致冷剂

机械制冷设备必须有致冷剂。任何物质，只要能在制冷循环中膨胀蒸发而吸热、产生制冷效应，都可用作致冷剂。但理想的致冷剂，除要求其沸点在 0 ℃以下外，还应对人体无害、对金属不起腐蚀作用、无燃烧及爆炸的危险、不与润滑剂起化学反应、具有良好的吸热性能、蒸发潜热大、蒸气比容小、在高压冷凝系统内压力低、黏度较小、价格便宜。目前常用的机械制冷设备的致冷剂有氨、一氯甲烷和卤化甲烷族等，其物理性能见表 5-5。卤化甲烷族（氟利昂）致冷剂无臭、无毒或毒性小，不会引起燃烧和爆炸，对金属不腐蚀，但制冷能力较弱。

表 5-5　常用致冷剂的物理性能

致冷剂	分子量	正常的蒸发温度/℃	临界温度/℃	临界压力（相对大气压）	临界比容	凝固温度/℃	$K=\frac{C_p}{C_v}$	爆炸浓度极限容积/（%）	毒性
氨气	17.03	−33.4	132.4	115.2	4.13	−77.7	1.30	16~25	大
二氧化硫	64.06	−10.1	157.2	80.28	1.92	−75.2	1.26		有
二氧化碳	44.0	−78.9	31.0	75.0	2.16	56.6	1.30	不爆炸	小（量多时窒息）
一氯甲烷	50.49	−23.7	143.1	68.09	2.70	97.6	1.20	8.1~17.2	
二氯甲烷	84.94	40.0	239.0	64.8	—	96.7	1.18	12~15.6	有
氟利昂-11	137.39	23.7	198.0	44.6	1.81	111.0	1.13	不爆炸	小
氟利昂-12	120.92	−29.8	111.5	40.8	1.80	−155.0	1.14		小（量多时窒息）
氟利昂-13	104.47	−81.5	28.78	39.36	1.92	−180.0	—		
氟利昂-21	102.93	8.9	178.5	52.69	1.92	−135.0	1.16		
氟利昂-22	86.48	−40.8	96.0	50.3	1.91	−160.0	1.12	不爆炸	容积浓度大于 20% 超过 2 h 危险
氟利昂-113	187.37	47.8	214.1	34.82	1.73	−35.0	1.09	不爆炸	小
氟利昂-114	170.91	4.1	—	—	—	—	—	—	较小
氟利昂-143	84.04	−47.3	71.4	42.0	—	111.3	—		
乙烷	30.06	−88.6	32.1	50.3	4.70	−183.2	—		
丙烷	44.10	−42.8	86.8	43.39	—	187.1	—		
水	18	100							
空气	29	−194.4							

（三）冷藏库的管理

切花冷藏保鲜的效果，与冷藏库的管理关系密切。仅有先进的冷藏设备，缺乏科学的管理体系，仍不能收到良好的冷藏保鲜效果。切花冷藏库的管理，除了将包装和预冷过的切花按照一定的方式合理放置外，主要是调节控制库内的温度、湿度和通风换气。

1. 冷藏库的温度控制

保持库内适当的低温，是切花冷藏的基本要求。影响库内温度的因素较多，包括入库切花温度与库温的差别、制冷设备的效能、冷库的容量、库内通风状况、冷库的隔热性能以及切花入库量等。入库时，切花体温与库温之间的差别应小，必要时应先经预冷处理；入库量则以每天入库的实际量占库内总容量的 10%为宜，经预冷的切花可适当增加一次性入库量；尽量避免库内温度的大幅度变化，经常保持库温为切花保鲜的适温状态。采用鼓风系统可以促进库内空气流动，有利于及时散发切花体表的呼吸热量，

NOTE

维持库内的均匀低温;但鼓风时间不宜过长,否则会造成切花过度失水而萎蔫,降低保鲜效果。

机械冷藏库的温度调节是通过控制制冷设备的开动时间进行的。较先进的冷藏库都装有自动控温系统。但是,不论其自动化程度有多高,严格的监测仍然是保证切花冷藏保鲜效果的必需条件。

2. 冷藏库的湿度调节

湿度太低会造成切花失水萎蔫,湿度过高则会引起切花的生理障碍甚至发生腐烂。因此,冷藏库的湿度调节直接影响着切花的冷藏保鲜效果。由于蒸发器经常不断地结附冰霜,又不断地把冰霜融化冲走,常常致使库内湿度低于切花保鲜所要求的湿度。为了增加库内湿度,在冷藏库设计时要有较大的蒸发器面积,使蒸发面温度和库温的差别不超过 3 ℃,以减少结霜。若使用鼓风冷却系统,还应注意缩小鼓风机进、出口空气的温差。当切花温度在适宜保鲜的低温时,出口空气温度应低于进口空气温度 1 ℃左右,并采用微风速度。安装喷雾设备或自动湿度调节器,也可增加冷藏库内的湿度。

冷藏库内的湿度过高,对切花保鲜也有不利影响。湿度过高往往是由于冷藏库管理不善、货物出入频繁、外界绝对湿度较高的暖空气进入库内而在低温下形成较高的相对湿度造成的。采用氯化钙和木炭等材料可以吸收部分湿气,但解决高湿问题的根本办法是加强冷藏库的管理,减少暖湿空气的进入。

3. 冷藏库的通风换气

切花在冷藏条件下虽然各种代谢过程都处于很低的水平,但仍然保持着基本的生理活动,通过呼吸作用放出二氧化碳,产生乙烯或其他刺激性气体。乙烯在库内积累到一定浓度之后,会促进切花衰老;适当浓度的二氧化碳能抑制呼吸作用,但浓度过高则会导致生理失调和观赏品质下降。此外,通风不良容易导致库内温度不均匀。因此,冷藏库的通风换气是冷藏库管理的重要内容。

通风的方法因库内设施而异。一般是将通风道装置冷库中部货堆的上方,向两侧墙壁方向吹出,转向下方经包装箱行列空隙,回到中部上升,如此循环流动。通常冷库中装有冷却柜,库内空气由下部进入此柜,然后上升通过冷凝蒸发管冷却,再经上部鼓风机吹出,沿着库顶分散到货堆上面,在空气流动交换的循环中增加了冷却过程,这种装置同时起到通风换气和稳定均匀温度的作用。如果采用库外空气通风换气,应选择气温较低的早晨进行。雨天、雾天等外界湿度过大时,则应暂缓换气,以免因通风换气造成库内温、湿度变化幅度过大,影响切花保鲜效果。在通风换气时,要启动制冷设备,以减缓温、湿度的升高。

二、气体调节贮藏

1. 气体调节贮藏(controlled atmosphere storage,CA)

气体调节贮藏简称气调贮藏或 CA 贮藏,是通过精确控制气体成分来贮藏的贮藏方式。一般通过增加 CO_2浓度同时降低 O_2浓度和去除有害气体,并结合低温环境,从而减缓组织中营养物质的消耗,并抑制乙烯的产生和作用,限制微生物的发生,使观赏植物产品代谢过程减慢,延缓衰老。

CA 装置包括气调库和气调设备。气调库必须具备两方面的性能:良好的隔热性和气密性。气调库的保温材料和设施与一般的冷藏库一样,不同的是还要加设与库外空气相隔离的气密层。目前常用的材料是发泡聚氨酯。气调设备是创造气调环境条件的主要手段,用于维持适宜的 CO_2 和 O_2 的浓度比。

2. 调节气体贮藏保鲜的效果

(1) 低 O_2的效果:降低呼吸强度和底物氧化作用;减少乙烯生成量,降低不溶性果胶物质分解速度,延缓成熟进程;延缓叶绿素分解速度;提高抗坏血酸保存率。

(2) 高 CO_2的效果:延缓呼吸,从而减少物质消耗。当 CO_2质量分数高于 4%时,花朵容易受到伤害,尤其是在低温下,比如红色月季鲜切花,常常发生蓝变现象。

(3) 低 O_2和高 CO_2的综合效果:延缓衰老及有关的生理生化进程,如降低呼吸强度和乙烯生成量;降低鲜切花对乙烯作用的敏感性;减轻生理失调;对病害有直接或间接的效果,如高浓度 CO_2能够减轻鲜切花病害的发生;还可以作为一些产品的杀虫工具。

(4) 低 O_2和高 CO_2潜在的副作用:引起或加重生理失调,引起成熟异常,产生异味,加重腐烂。O_2和 CO_2的作用浓度范围见表 5-6,部分鲜切花气调贮藏条件与贮藏期限见表 5-7。

表 5-6　O_2与 CO_2的作用浓度范围

O_2		CO_2	
质量分数范围/(%)	效果	质量分数范围/(%)	效果
21～10	几乎没有效果	0.035～2	几乎没有效果
10～5	产生抑制效果	2～3	产生抑制效果
5～3	效果显著	3～5	效果显著
3～2	抑制过度	5～10	抑制过度

注:资料来自 Goszczynska 和 Rudnicki(1986)。

表 5-7　部分鲜切花气调贮藏条件与贮藏期限

鲜切花种类	气体组成/%		贮藏温度/℃	贮藏期/d
	CO_2	O_2		
香石竹(*Dianthus caryophyllu*)	5	1～3	0～1	30
小苍兰(*Freesia hybrida*)	10	21	1～2	21
唐菖蒲(*Gladiolus*)	5	1～3	1.5	21
百合(*Lilium*)	10～20	21	1.0	21
含羞草(*Mimosa*)	0	7～8	6～8	10
月季(*Rosa hybrida*)	5～10	1～3	0	20～30
郁金香(*Tulipa gesneriana*)	5	21	1	10

注:资料来自 Goszczynska 和 Rudnicki(1986)。

三、薄膜包装贮藏

1. 薄膜包装贮藏的概念

薄膜包装贮藏(film-package storage)又称自发气调贮藏(modified atmosphere storage,MA)或限气贮藏,是指利用薄膜密封包装并通过贮藏产品本身的呼吸所形成的气体条件进行贮藏的技术措施。其原理如下:根据产品的生理特性,选用一定渗透系数的薄膜将贮藏产品密封包装,通过产品的呼吸形成低 O_2高 CO_2气体条件,由于产品的呼吸作用和薄膜的渗透作用最后达到相对稳定的动态平衡,在此动态平衡状态下的气体浓度正是该产品的气调贮藏条件。不同的产品具有不同生理特性,包括能维持正常的最低的生理活动而不发生缺氧呼吸的最低 O_2浓度、不至于发生高 CO_2中毒的最高 CO_2浓度、呼吸速率和贮藏最适低温,这四个生理指标需通过实验获得。

不同的薄膜有不同的特性。首先是薄膜的渗透系数,它表示某种材料对某种气体渗透能力的大小,为一常数,与材料本身的理化特性有关,与薄膜的面积、厚度及气体分压无关,一般随温度的升高而增大。不同成分的薄膜对不同气体的渗透系数差异很大。其次是薄膜的面积和厚度,根据菲克定律,某种气体的渗透速度与薄膜的面积成正比,与薄膜的厚度成反比。另外,薄膜的渗透速度与薄膜两侧的气体分压成正比,而气体分压又与包装重量和产品呼吸速率有关,包装越多,产品呼吸速率越大,包装中各组分瞬时压差越大。

综上所述,通过实验获得了贮藏产品的生理特性指标和薄膜渗透系数以后,再计算出薄膜的厚度、面积和包装的重量,就可以使包装中 O_2和 CO_2保持一个相对稳定的、符合产品要求的浓度水平,从而达到薄膜包装贮藏的目的。

2. 薄膜包装贮藏的方式

根据薄膜包装材料的不同,可以把薄膜包装贮藏分为普通塑料薄膜包装贮藏和硅橡胶窗薄膜包装贮藏。

NOTE

(1) 普通塑料薄膜包装贮藏：分为大帐法和袋装法。

大帐法是指在产品堆垛的上下四周用薄膜包围封闭的方法。密封帐多用0.1～0.2mm的聚乙烯或聚氯乙烯膜压制而成，一般放在冷库中。帐内温度常稍高于帐外温度，产品的呼吸热散发较慢，同时薄膜的透湿性低，因此帐内湿度很高。由于温差大，湿度高，薄膜内侧极易结露，如果温度再有波动，这种情况更为严重。因此，在贮藏的过程中，产品需充分预冷，库温要尽量保持稳定。袋装法是指将产品密封在塑料袋中进行贮藏的方法。塑料袋一般多用聚乙烯膜，厚度为0.02～0.08 mm，可根据包装产品的生理特性来定制。大帐法的优点是可进行大批量贮藏，而袋装法则是在贮藏和运输都可使用。普通塑料薄膜包装贮藏由于所用的薄膜机械强度不大，使用上受到一定的限制，硅橡胶膜的产生则解决了这一问题。

(2) 硅橡胶窗薄膜包装贮藏：硅橡胶是一种有机高分子聚合物，由有取代基的硅氧烷单体聚合而成，以硅氧键相连形成柔软易曲的长链，长链之间以弱电性松散地交联在一起，这种结构具有特殊的透气性。首先，硅橡胶膜对CO_2的透过率是同厚度的聚乙烯膜的200～300倍，是聚氯乙烯膜的20000倍。其次，硅橡胶膜对气体有选择透性，N_2、O_2和CO_2的透性比为1∶2∶12，对乙烯和一些芳香物质也有较大的透性，利用硅橡胶膜的这种性能，在用较厚的塑料薄膜(如0.23mm聚乙烯膜)做成的包装上镶嵌一定面积的硅橡胶膜，就做成了有气窗的包装。硅橡胶膜的面积由产品的生理特性和膜的厚度等物理特性决定。镶嵌适当面积的硅橡胶膜后，经过一定的时间，就能自动地调节和维持所需的气体组成。

3. 薄膜包装贮藏的效果

首先，由于薄膜具有透气性，不会使包装内产生过低浓度的O_2或过高浓度的CO_2，尤其是硅橡胶膜的使用，使乙烯的散逸速度更快，避免了乙烯等有害气体的积累；其次，由于水是极性分子，不容易透过薄膜，使包装中形成高湿度，有利于产品的保鲜贮藏；最后，这种薄膜包装贮藏成本低，使用方便，袋装法在运输中也可以用。虽然这种方法存在降氧慢、薄膜内壁形成水滴等问题，但可以通过氮气排氧或还原剂消氧的方法降低O_2的初浓度，并使产品充分预冷和保持温度稳定来减少水滴的形成。由于具有这些优点，薄膜包装贮藏被国内外公认为果蔬贮藏最有效的方法，其在花卉贮运中的应用也日益广泛。

辛广等对百合鲜花采用不同厚度聚乙烯薄膜包装低温贮藏效果进行了研究，结果表明，贮藏温度为(3 ± 0.5)℃，采用0.05 mm厚度的聚乙烯薄膜包装结合低温贮藏，可以有效防止百合切花严重失水，降低其瓶插期MDA含量，延缓蛋白质的降解，增加CAT和SOD活性，延缓其衰老(图5-8)。因此，采用0.05 mm厚度的聚乙烯薄膜包装百合切花，其保鲜效果好于采用0.03 mm、0.04 mm和0.06 mm厚度薄膜进行包装处理。

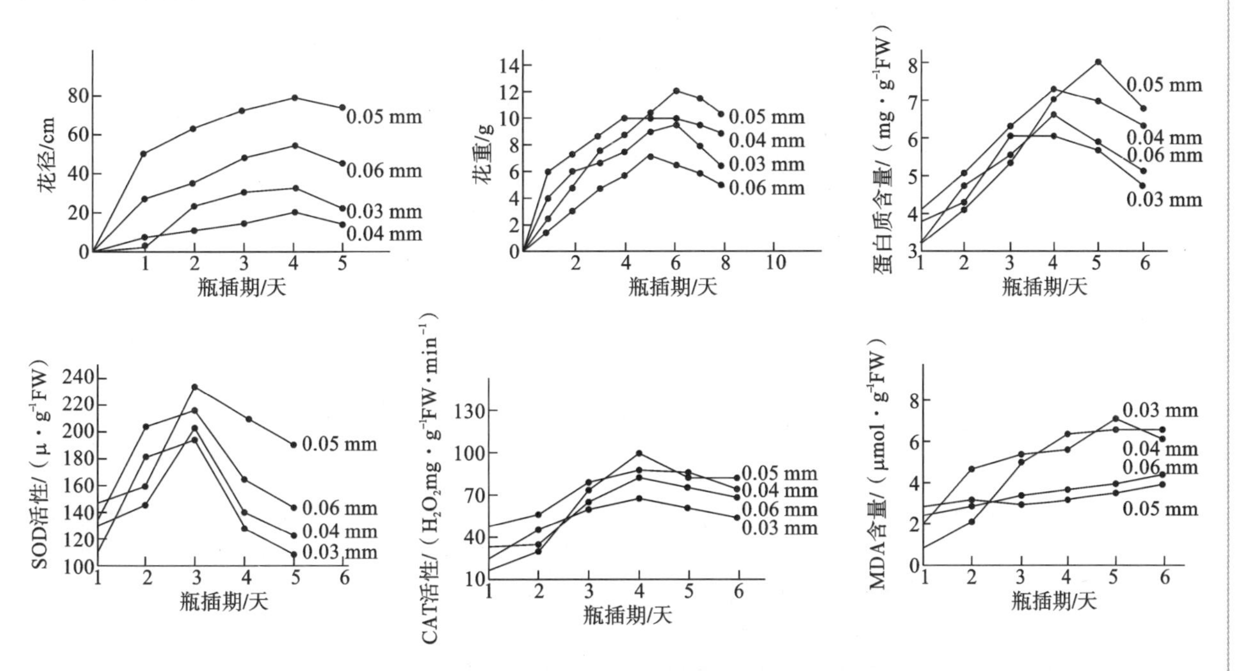

图5-8 不同厚度薄膜包装对瓶插期百合切花保鲜效果的影响

四、减压贮藏

1. 减压贮藏的概念

减压贮藏(hypobaric storage)或称低压贮藏(low pressure storage),是指在密闭的低温贮藏库内,用真空泵不断排气降压,同时用加湿的空气少量不断导入,一直保持库内低气压的贮藏方法。其原理如下:降低气压,使空气中的各个分压都相应降低,但空气中的各空气成分相对比例没有改变,比如气压降至1/10,O_2的含量就降至2.1%,也就是创造了一个低氧环境。不仅如此,低压能促进组织内的气体成分向外扩散,其速度与该气体组织内外分压差和扩散系数成正比,扩散系数又与外部压力成反比。所以,低压大大促进了组织乙烯等有害气体向外扩散。减压贮藏可以减少呼吸消耗,避免有害气体如乙烯积累所造成的伤害,使鲜切花寿命得到延长。由于气压下降,水分容易丧失,所以必须用加湿设备进行加湿,使湿度维持在95%以上。由于高湿会加重微生物病害,所以最好与消毒防腐剂配合使用。整套设备包括真空泵、真空缸、真空计、真空调节器、加湿器等,安装减压贮藏系统价格高是其广泛应用的限制因素,但其在预冷迅速降温和长距离运输上有潜在应用价值。

2. 减压贮藏的效果

鲜切花减压贮藏可采用5332~7998 Pa的压力,80%~100%的相对湿度。月季"Tanbeede"和"Belinda"采用聚乙烯膜包装后在3119.2 Pa、2 ℃和98%相对湿度的条件下贮藏30天,瓶插寿命能达到7天。低压贮藏技术提供高湿、低压、低温、通风的环境,所以贮藏效果普遍比气调贮藏好。表5-8列举了部分切花和插条在不同贮藏方法下的贮藏期限比较。

表5-8 切花和草本插条常规冷藏和减压贮藏期限的比较

花卉类型	花卉种类	贮藏时间/天	
		普通冷藏	减压冷藏
鲜切花	香石竹(*Dianthus caryophyllus*)	10	91
	菊花(*Dendranthema*×*grandiflorum*)(花蕾)	7~14	42
	月季(*Rosa hybrida*)	7~14	56
不带根插条	菊花(*Dendranthema*×*grandiflorum*)	10~28	42~94
	香石竹(*Dianthus caryophyllus*)	20~90	300
	天竺葵(*Pelargonium*×*hortorum*)	5~10	21~28
	一品红(*Euphorbia pulcherrima*)	3	3
带根插条	菊花(*Dendranthema*×*grandiflorum*)	7~14	90
	天竺葵(*Pelargonium*×*hortorum*)	14	28
	一品红(*Euphorbia pulcherrima*)	7	14

注:资料来自Burg(1973)与Nowak和Rudnicki(1990)。

五、辐射贮藏保鲜

辐射贮藏(radiation preservation)主要是利用钴(^{60}Co)或铯(^{137}Cs)发生的穿透力极强的电离射线,当它穿过有机体时,会使其中的水和其他物质电离,生成游离基或离子,从而影响机体的新陈代谢过程,严重时则杀死细胞。

核辐射处理对一些食品,如肉、果类的保鲜有一些效果,辐射的作用可能是杀灭了病菌并对食品的内在变化产生了一定影响,然而这一方法至今并未在食品方面广泛应用。有人用辐射处理切花,得到的结果是多种多样的,大多数的情况是不好的,也有少数切花取得了良好的效果。但高剂量辐射常影响切花的正常开放并促进衰老。辐射处理的效应主要表现以下几个方面。

(1) 抑制发芽:电离辐射可抑制器官发芽,这是由于分生组织被破坏、核酸和植物激素代谢受到干扰以及核蛋白发生变性等。

NOTE

(2) 调节呼吸和后熟，延缓衰老：跃变型果实经适当剂量电离辐射后，一般都表现出后熟抑制。对昆明呈贡某大棚花圃的鲜切康乃馨和玫瑰进行辐照处理试验，然后于 21～30 ℃室温下插于瓶插液中，无论溶液中是否含保鲜液，或者把花先干燥 3 天再瓶插，基本都在 16 天后开始衰败。对照组 6 天后开始衰败，保鲜液组 8 天后开始衰败。邹伟民等对玫瑰、菊花、大丽花等进行辐射处理，得出 2～10 Gy Co-γ 射线处理均有延长切花花期的作用，且玫瑰的效果优于大丽花的效果。经 10 Gy Co-γ 射线辐射的玫瑰切花 15 天后保鲜率可达 75%，大丽花则为 60%，含蕾期剪取的切花辐射处理效果优于花朵去剪取的切花，10 Gy Co-γ 射线辐射处理使切花保鲜期延长 7～10 天。绪方竺指出，可以用“修复反应”来解释辐射抑制后熟的作用，认为生物体要从辐射造成的伤害中恢复过来，后熟就被延迟了。经研究表明：就许多鲜切花干燥脱水后色彩及形状的保持而言，辐射处理既增强了色泽的鲜亮感，又增强了其枝干的可塑性，即枝干的易脆折性急剧降低，不可轻易折断，叶片的颜色仍保持长绿，叶体亦不轻易脱落。

(3) 抑制微生物引起的腐烂：杀菌是新鲜园艺产品进行辐射处理的重要目的之一。辐射处理能否防腐，受下列几方面的综合影响：辐射剂量是否足以控制主要病原菌；这种剂量和剂量率对产品的伤害和削弱抗性的程度如何；在贮藏运行中病菌能否重复侵染等。

(4) 减少害虫的危害：害虫的不同变态期对放射线的抵抗力不同，按卵、蛹、幼虫和成虫的顺序增强。

六、负离子和 O_3 处理

有研究指出，植物体的生理活动中正离子起促进作用，负离子起抑制作用。故在贮藏方面多用负离子空气处理。当只需负离子的作用而不要电场作用时，可改变上述的处理方法，产品不放在电场内，而是按电晕放电使空气电离的原理制成负离子空气发生器，借风机将离子吹向产品，使产品接受离子淋浴。

按同样的基本原理可制成 O_3 发生器，国内已有定型设备。可将 O_3 发生器放置在贮藏室内，或借风机将 O_3 吹向产品，负离子和 O_3 往往相伴而生，只是两种发生器各有侧重而已。当电子动能小到一定程度就会发生负离子：

$$e+O_2 \longrightarrow O_2^-$$

当电子的动能大到一定程度时就会发生臭氧：

$$e+O_2^+ \longrightarrow O_2 \cdot (\text{激发态})$$

$$O_2 \cdot \longrightarrow [O]+[O]$$

$$[O]+O_2+M \longrightarrow O_3+M$$

其中，M 为第三者能量传递体。

七、切花贮藏存在的问题及解决方法

切花贮藏的目标是降低衰老速度，增加寿命。然而，即使在最好的贮藏条件下，衰老过程也在缓慢地进行。保持切花的新鲜度及其正常发育完全不受影响是不可能的。从贮藏室取出的切花，看起来很新鲜，但寿命不如鲜切花长。切花贮藏常出现的问题如下。

1. 贮藏后花不能开放

例如月季、水仙、菊花、球根鸢尾等，要通过预处理或贮藏后管理，使之尽快恢复正常生长。贮藏后的球根鸢尾，剪去基部一小段后，插入暖水中，调理数小时会得到改善。但要使花朵开放，则必须放在专用的开花液中。在贮藏前，唐菖蒲、鹤望兰必须进行化学溶液预处理，才能保证开放和提高品质。

2. 贮藏期切花开放过度

切花在贮藏时，有时由于贮藏温度过高，花卉会开放过度，不能满足商品切花的要求。对此可以利用生长抑制剂，如利用马来酰肼(MH)或整形素来抑制花过度开放。但必须注意的是要控制好这些抑制剂的使用浓度，否则，它会抑制切花的正常生长，使花朵不能开放。

3. 花朵变色

例如香石竹、红月季等，在贮藏期中，花瓣会变蓝或变黑。解决方法：切花采收后，不立即放入冷室贮藏，而是先在花棚下晾干失水遮阴，在预冷前，插入水中数小时。

NOTE

4. 叶片褪绿

切花在贮运过程中，叶片会变黄和变黑。

(1) 叶片变黄：主要是由于叶绿素等成分的分解与被破坏。切花采后，放在高温与黑暗的情况下，叶片易变黄，叶片变黄是从低位老叶开始的。

细胞分裂素能有效地抑制叶片衰老变黄，处理方法：切花在贮运前，用细胞分裂素低浓度浸叶或高浓度喷叶；将花枝基部浸入柠檬酸中，也能在一定程度上抑制叶片变黄。因此，切花贮藏时应保留茎上的叶片，贮藏后再去掉低位叶。贮藏期间，也可利用光照推迟菊花叶片变黄。

(2) 叶片变黑：花卉叶片中，酚类物质被氧化就会引起叶片变黑，其速度与锌、锰含量有关。一些山龙眼科花卉，在贮运中叶片变黑严重，处理方法：将切花插在2%～3%蔗糖＋200 $mg \cdot L^{-1}$ 8-HQC保鲜液中，抑制叶片变黑。

5. 病害

切花在冷藏期中的病害主要是灰霉菌。要防止灰霉菌的产生，首先要采用无病花枝，并在采收前或采收后用杀菌剂进行处理。

6. 花器脱落

由于高温、创伤、振动和有害气体等的影响，引起一些切花的花瓣或花芽脱落。如高温、乙烯会引起月季、天竺葵等切花的花瓣脱落。

通过一些化学药剂处理，可减少花瓣或花芽脱落。例如金鱼草、飞燕草等，用0.5 $mmol \cdot L^{-1}$的硫代硫酸银(STS)预处理花茎基部；牡丹、三角花、石斛兰等，用30～50 $mg \cdot L^{-1}$萘乙酸(NAA)喷洒或浸花枝基部；月季则用50～100 $mg \cdot L^{-1}$ 6-苄基腺嘌呤(BA)处理，可较好地抑制花瓣或花芽脱落。用10～30 $mg \cdot L^{-1}$ 2,4-D处理也能阻止花瓣或花芽脱落，但有时若处理不当，会引起花穗脱落。

7. 冷害

不同的切花，对冷藏的温度要求不一样。大多数切花可在4 ℃时贮藏，但起源于热带或亚热带的切花，要求7～15 ℃的贮藏温度，低于这一温度则会引起冻害。

8. 花枝或花穗弯曲

切花在贮运过程中，由于重力作用以及本身向顶生长或趋光性，使水平放置的切花的花茎或花穗发生弯曲。特别是长花序种类，如唐菖蒲、金鱼草、飞燕草、月季、非洲菊、郁金香、白头翁等，易发生向地性弯曲。

防止花枝或花穗弯曲的方法：用特制的容器将切花垂直放置；剪去花穗顶端1～2个芽；在贮运前，垂直放置冷藏一天。非洲菊在运输前，用0.5%的矮壮素(CCC)处理16 h，能完全抑制向地性弯曲。

第二节　化学保鲜技术

花卉产品与其他园艺产品都是用来观赏的。在不造成环境污染的前提下，可以通过茎秆基部吸收化学药剂(保鲜剂)，然后通过导管和胞管，将化学药剂运输到叶片和花朵，依次来调节整个植株的生理生化过程，达到人为的保鲜目的。从鲜切花的采收，到以后的贮藏、运输、批发、零售，直到消费者瓶插各个环节中，如何能够人为地调控鲜切花的代谢是采后生理和技术研究工作者研究的重要内容，而保鲜剂在鲜切花中起着非常重要的作用。

一、鲜切花保鲜剂的种类和概念

鲜切花保鲜剂(preservative)是调节鲜切花(切叶)生理生化代谢，达到人为调节切花开花和衰老进程、减少流通损耗、提高流通质量或观赏质量等目的的化学药剂。保鲜剂根据用途可以分为预处理液、催花液和瓶插液。

NOTE

1. 预处理液

预处理液(pretreatment solution)又称脉冲液,第一次处理一般是在鲜切花采收后 24 h 之内进行,即种植者在鲜切花采收后到出售前,或者是集货商从种植者手中集货后到运输前,结合复水进行短时间的处理,其效果一直可以延续到消费者将切花瓶插到水中为止,使用预处理液能减少贮运等各个流通环节的损耗,提高流通质量,延长瓶插寿命。

2. 催花液

催花液(bud opening solution)是指将蕾期采收的切花强制性地促进其开放的保鲜剂。催花液常用于:①气候冷凉的季节,开花进程缓慢,不能按照预定目标开花时;②为了获得预定产量和效益时;③长期贮藏或远距离、长时间运输后,花蕾难于开放时。

3. 瓶插液

瓶插液(vasing solution)是指提高切花瓶插质量,延长瓶插寿命的保鲜剂。瓶插液常用于:①零售店在切花出售之前;②消费者将其加入瓶插的水中,连续使用,直至切花失去观赏价值。

由此可见,三种类型的鲜切花保鲜剂各自都有相应的用途。通常,预处理液是根据不同鲜切花的特性进行研制的,不能混用。瓶插液一般由花店或消费者使用,花店或消费者瓶插的花量少、种类杂,所以瓶插液是针对鲜切花的共性研制的,因此常常是通用的。表 5-9 归纳了鲜切花保鲜剂的种类、使用者和使用时间。

表 5-9 鲜切花保鲜剂的种类、使用者和使用时间

鲜切花保鲜剂种类	使 用 者	使 用 时 间
预处理液	生产者、集货商	第一次处理,必须在采后 24 h 以内,采收后或集货后到运输前这段时间处理
催花液	生产者、集货商	上市之前
瓶插液	零售商、消费者	瓶插连续处理

二、鲜切花保鲜剂的主要成分及其作用

鲜切花保鲜剂中最重要而且最普通的成分是水,几乎所有的配方中都有糖,其他成分在不同的配方中变化很大。杀菌剂或抗菌剂常见的有 8-羟基喹啉、缓慢释放氯化物等。表面活性剂以阴离子类型高级醇类和非离子类型的聚氯乙烯月桂醚最为有效。植物生长调节剂常用的有细胞激动素如 BA、赤霉素如 GA_3 等。金属离子和可溶性无机盐中最常用的是 Ag^+,多以硫代硫酸银的形式使用。

1. 水

目前用于保鲜剂的水主要有自来水、去离子水、蒸馏水以及微孔滤膜过滤水。其中,关于自来水,不同地区的自来水所含成分变化较大,pH 最好在 3～4,以便限制微生物的繁殖,氯离子或氟离子含量要低,以防和银盐发生反应,降低保鲜剂作用。去离子水或蒸馏水可以增进切花瓶插寿命,还能加强所用保鲜剂的效果。微孔滤膜过滤水在月季鲜切花上的应用远远超过去离子水。微孔滤膜的主要作用在于过滤本身,在减压状态下清除气泡,从而减少导管中发生空气堵塞的情况。

2. 糖

糖可以作为鲜切花开花所需的营养来源,能促进花瓣伸长,促使鲜切花的水分平衡,保持花色鲜艳。多数保鲜剂配方中含有蔗糖,其他的代谢糖如果糖和葡萄糖有时也有应用。乳糖和麦芽糖只在低浓度时才有效果。非代谢糖如甘露糖醇和甘露糖则无作用或有害。

蔗糖吸入切花体内后,被分解为葡萄糖和果糖,成为呼吸底物和植物体的构造成分。因此,带有很多未开放花蕾的满天星和情人草、蕾期采收的香石竹,都必须进行以糖分为主要成分之一的催花液处理;对于唐菖蒲和蛇鞭菊,糖的处理效果也特别明显。但是,有些鲜切花种类经糖分处理后在体内合成淀粉,贮藏起来,削弱了糖的作用,有时甚至发生糖的伤害现象。如菊花,糖质量分数超过 3%时,黄色花朵出现褪色现象,一般情况下,叶片比花瓣对高浓度蔗糖更敏感,浓度高容易引起叶片的烧伤,这可能

是因为叶细胞渗透调节能力差，所以处理时糖浓度不能过高。

适宜的糖浓度因处理目的和花材种类而异，一般而言，短时间浸泡处理的预处理液糖的浓度相对较高；长时间连续处理的瓶插液糖浓度相对较低。催花液的糖浓度介于两者之间。

3. 杀菌剂或抗菌剂

所有保鲜剂配方中至少含有一种具有杀菌力或抗菌力的化合物，这类化合物常有以下几种类型。

(1) 8-羟基喹啉：8-羟基喹啉(8-HQ)是一种广谱型抗菌剂，易与金属离子结合，夺走细菌内的铁和铜离子，因而有抗菌作用。该物质可使从茎基切口处溶解到瓶插液中的单宁类物质失活，可以抑制细菌的增殖，防止导管堵塞。同时，还可以降低水的 pH，促进花材吸水，减低气孔开放度达到减低蒸腾的目的。此外，还有抑制乙烯生成的作用，常用的有硫酸羟基喹啉(HQS)和柠檬酸羟基喹啉(HQC)，应用浓度为 200～600 $mg \cdot L^{-1}$。

(2) 缓慢释放氯化物：有些稳定而缓慢释放的氯化物常用作游泳池的消毒剂，在保鲜剂配方中也有应用。氯的浓度为 50～400 $mg \cdot L^{-1}$。已采用的化合物有二氯-三萘-三酮钠，也称二氯异氰尿酸钠，还有二氯异氰酸钠(SDIC)和三氯异氰酸钠(TICA)等。

(3) 季胺化合物：比 8-HQ 稳定、持久，一般对花材不产生毒害，作为抗菌剂被广泛应用，尤其在自来水或硬水中应用更为有利。欧美市场上出售的 Physan-20，Vantoc CL，Vantoc AL 等都含有该类化合物。这类化合物有正烷基二甲苄基氯化铵、月桂基二甲苄基氯化铵等。

(4) 噻苯达唑：噻苯达唑(TBZ)是一种广谱型杀真菌剂。常以 300 $mg \cdot L^{-1}$ 的浓度与 8-HQ 配合使用。TBZ 在水中溶解度很低，可用乙醇等先进行溶解。TBZ 还表现类似细胞激动素的作用，可以延缓乙烯释放，降低香石竹对乙烯的敏感性。

4. 表面活性剂

表面活性剂可以促进花材吸收水分，宇田的研究表明，银离子类型的高级醇类和非离子类型的聚氧乙烯月桂醚最为有效。此外，吐温-20、中性洗衣粉等也很有效果。

5. 植物生长调节剂

植物生长调节剂通过调节激素之间的平衡来达到延缓衰老的目的。常用的有以下几种。

(1) 细胞激动素：其中 6-BA 最常用，可以防止茎、叶黄化，促进花材吸水，降低切花的敏感性，抑制乙烯作用，一般使用的浓度为 100 $mg \cdot L^{-1}$。

(2) 赤霉素：常用 GA_3，单独使用效果不大，多与其他药剂一同使用，防止叶片失绿，促进花蕾开放。其能防止马蹄莲叶片失绿；促进唐菖蒲花蕾的开放，花箭的伸长，花径的增加，从而延长了整枝切花的寿命。

(3) 脱落酸：促进气孔关闭、抑制蒸腾失水、萎蔫和延缓衰老。由于脱落酸又是很强的生长抑制剂和衰老刺激因子，使用不当会适得其反，所以使用得不是很多。

6. 金属离子和可溶性无机盐

(1) 银离子：作为乙烯作用抑制剂和杀菌剂被广泛应用，常以硝酸银和醋酸银(10～50 $mg \cdot L^{-1}$/L)的形式使用。特别是 1978 年荷兰 Veen 发现硫代硫酸银(STS)以后，从根本上解决了银离子在导管内沉积的难题。

(2) 铝离子：铝离子可以降低溶液 pH，抑制菌类繁殖、促进花材吸水。常用的有 $Al_2(SO_4)_3$ 和 $AlK(SO_4)_2$ 等。

(3) 钾离子：增加花瓣细胞的渗透浓度，促进水分平衡，延缓衰老过程。

三、鲜切花保鲜剂的基本功能

1. 调节植物体内的酸碱度

理论和实践证明，调节鲜切花导管至酸性或微酸性环境，有利于保护切口创伤部位不被微生物所侵染，一般要求 pH 为 3～4，目的是减少微生物的繁殖，增加保鲜剂在花茎中的运输。大多数保鲜剂配方中都含有一种用来降低 pH 的成分。

NOTE

2. 拮抗衰老激素的作用

通过调节激素之间的平衡来延缓衰老，是鲜切花保鲜剂的重要功能之一。迄今为止研究得比较深入的是植物衰老激素乙烯。切花通常可分为跃变型和非跃变型两大类。其中，跃变型切花有香石竹、满天星、补血草、金鱼草、蝴蝶兰、紫罗兰、香豌豆等。概括来讲，兰科、石竹科、锦葵科、蔷薇科等的大多数植物，其衰老是花器本身产生的乙烯在起作用，因此，在鲜切花流通实践中常用乙烯吸收剂去除乙烯，使乙烯降到不起生理作用的水平，或者用乙烯生物合成抑制剂或乙烯作用抑制剂处理，抑制乙烯生成及其作用。概括而言，百合科、菊科、唐菖蒲科等，通常对乙烯不敏感，这类切花延缓衰老的关键技术措施不是减少乙烯生产量或抑制乙烯作用，而是促进花朵充分开放，防止茎叶黄化等。表 5-10 将几种常见鲜切花对乙烯的敏感性进行了分类。

表 5-10 鲜切花对乙烯的敏感性划分

非常敏感的种类		相对不敏感的种类
六出花属(*Alstroemeria*)	球根鸢尾(*Iris*)	香豌豆(*Lathyrus odoratus*)
香石竹(*Dianthus caryophyllus*)	百合(*Lilium*)	花烛(*Anthurium*)
翠雀(*Delphinium*)	水仙(*Narcissus*)	天门冬(*Asparagus*)
大戟属(*Euphorbia*)	兰花(*Orchidaceae*)	非洲菊(*Gerbera jamesonii*)
小苍兰(*Freesia hybrida*)	矮牵牛(*Petunia hybrida*)	郁金香(*Tulipa gesneriana*)
满天星(*Gypsophila paniculata*)	金鱼草(*Antirrhinum majus*)	菊花(*Dendranthema*×*grandiflorum*)

此外，在鲜切花采后流通过程中，不可避免地会积累有害气体，对鲜切花造成伤害，表 5-11 列举了部分鲜切花的乙烯伤害症状。防止乙烯气体造成的危害是非常重要的，为此几乎所有鲜切花保鲜剂中都添加有乙烯作用的抑制剂成分。

表 5-11 部分鲜切花乙烯伤害症状

植 物 种 类	乙烯毒害症状
六出花(*Alstromeria*)	花朵畸形，花瓣发暗和脱落
菊花(*Dendranthema*×*grandiflorum*)	花朵老化稍微加快
香石竹(*Dianthus caryophyllus*)	僵蕾，花瓣萎蔫
大戟属(*Euphorbia*)	叶片黄化与脱落
小苍兰(*Freesia hybrida*)	花蕾畸形或枯萎，衰老加快
非洲菊(*Gerbera jamesonii*)	花朵老化稍微加快
满天星(*Gypsophila paniculata*)	花朵萎蔫
球根鸢尾(*Iris*)	花蕾不开放或枯萎，衰老加快
百合(*Lilium*)	花蕾枯萎，花瓣脱落
水仙(*Narcissus*)	花径变小，衰老加快
蝴蝶兰(*Phalaenopsis amabilis*)	花色变红，偏上生长，衰老加快
丁香属(*Syringa*)	花蕾不开放或枯萎，最低位花蕾变绿
金鱼草(*Antirrhinum majus*)	小花脱落
一品红(*Euophorbia pulcherrima*)	偏上生长，落花落叶，茎缩短
香豌豆(*Lathyrus odoratus*)	花瓣脱落
月季(*Rosa hybrida*)	花蕾开放受抑制，花瓣偏上生长、蓝变，衰老加快
郁金香(*Tulipa gesneriana*)	僵蕾，花瓣蓝变，衰老加快

NOTE

3. 杀菌或抗菌

鲜切花在栽培过程中，不可避免地会被一些微生物侵染，而且采后流通过程中湿度较高，更加容易蔓延，鲜切花采收后，所侵染的微生物大量繁殖，会造成花茎导管堵塞，影响水分吸收，并产生乙烯和其他有毒物质，加速鲜切花衰老。因此，防止微生物侵染，是保鲜剂的重要功能之一。

4. 延缓花叶褪色

鲜切花不论是花瓣还是叶片，一旦失去了本身特征的颜色，也就意味着失去了观赏价值。其中，关于花色，鲜切花在采后流通过程中，花瓣颜色容易发生变化，如香石竹红色花瓣在低温贮藏中失去光泽，变得暗淡；红色月季花瓣在瓶插过程中出现变蓝等。花朵失去本色比如月季的蓝变和香石竹的焦边，主要是因为内部色素及其环境的变化所造成。花瓣中主要含有两种色素：类胡萝卜素和花色素苷。在衰老过程中，类胡萝卜素总含量减低，而花色素苷的变化没有统一的规律。

花色变化有时候是因为色素本身发生氧化，如类胡萝卜素、花色素苷、黄酮类、酚类化合物氧化，造成鲜切花花瓣褐变或黑变。有时是代谢产物造成液泡 pH 的改变。在衰老过程中，蛋白质分解释放出自由氧，使 pH 升高，花色素苷呈现蓝色，如月季、飞燕草、天竺葵红色蓝变。而有的鲜切花衰老时液泡中的苹果酸、天门冬酸、酒石酸等有机酸含量增加，pH 降低，花色素苷呈红色，如三色牵牛花、矢车菊、倒挂金钟等蓝色红变。

关于叶片黄化、叶片失绿造成黄化，有时是因为自然衰老过程中叶绿素减少，有时是因为光线不足使叶绿素无法再生，菊花和百合常常因为叶片黄化而观赏价值严重受损。

在迄今为止的研究分析中，保鲜剂能够显著延缓叶片黄化进程，而对于花色目前还没有发现能够有效防止褪色的保鲜剂成分。

5. 补充糖源

鲜切花采收太早或经过较长时间的贮藏后，其开花进程往往变得非常缓慢，有时甚至不能正常开花。其主要原因之一就是因为缺乏可有效利用的糖源。因此，糖分成了保鲜剂的主要成分之一。

6. 改善水分平衡

鲜切花通过吸收作用和蒸腾作用对自身的水分进行调节。改善鲜切花的水分平衡，包括促进切口部位的水分吸收、促进水分在导管或管胞内运输以及调节蒸腾速率。其中促进水分吸收主要通过杀菌剂或抗菌剂防止病菌在切口部位的侵染来实现；促进水分运输主要通过表面活性剂减低水分在导管或管胞的表面张力来实现；调节蒸腾速率主要通过植物生长调节剂对气孔开闭的调节来实现。

四、鲜切花保鲜剂的处理技术

1. 预处理液处理技术

预处理液处理常在贮藏或运输前进行，一般由栽培者或中间批发商完成，是一项非常重要的采后处理措施，其作用可持续到鲜切花的整个货架寿命。预处理液一般要用去离子水配制，其中含有糖、杀菌剂、活化剂和有机酸。由于鲜切花采后处理过程会有不同程度的失水，预处理液处理使失水的鲜切花恢复细胞膨压，为鲜切花补充外来糖源，防止微生物的危害，以延长瓶插寿命。预处理液糖的浓度一般较高，其最适浓度因不同种类而异，如唐菖蒲、非洲菊等用 20%或更高的质量分数，香石竹、鹤望兰等用 10%的质量分数，月季、菊花等用 2%～3%的质量分数。研究表明，预处理对月季、菊花、洋桔梗等多种切花有显著效果。冼锡金等分别采用 5%、10%和 15%的蔗糖溶液对唐菖蒲“嫦娥粉”切花于瓶插前预处理 24 h，研究不同浓度蔗糖溶液对该切花瓶插期间花朵开放的促进效应。唐菖蒲切花上小花开放状态的观察和判定依据如图 5-9，将唐菖蒲切花上小花的开放状态大致分为花蕾期、小花半开、小花盛开、小花开始萎蔫和小花花瓣 50%以上萎蔫 5 个时期。

结果表明，与对照相比，各浓度蔗糖溶液预处理可不同程度地促进唐菖蒲切花上的花朵开放(图 5-10)，以 10%和 15%的蔗糖溶液预处理的效果更为突出，二者均可显著提高唐菖蒲切花的小花日开放率和切花日观赏值(图 5-11)，改善切花的水分吸收，有利于维持切花的鲜样质量(图 5-12)。

NOTE

图 5-9 唐菖蒲切花上小花开放状态

(a) 花蕾期;(b) 小花半开;(c) 小花盛开;(d) 小花开始萎蔫;(e) 小花花瓣 50%以上萎蔫

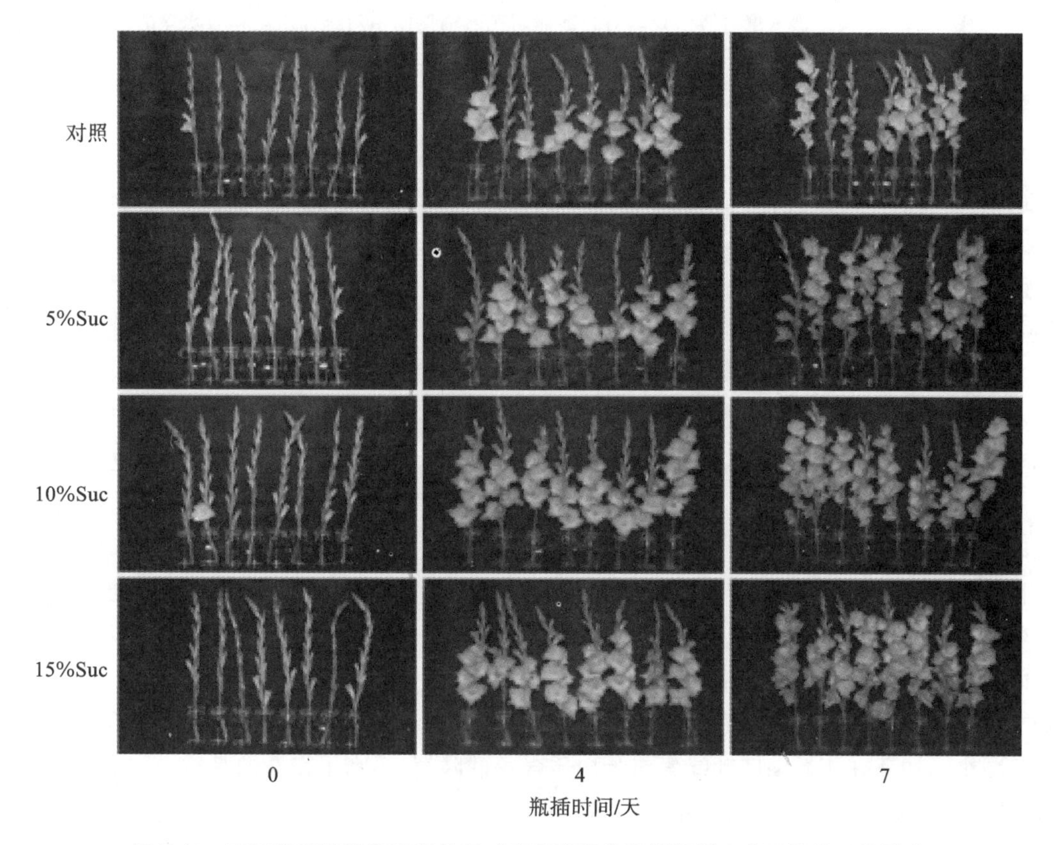

图 5-10 不同浓度蔗糖溶液预处理对唐菖蒲切花瓶插期间小花开放状况的影响

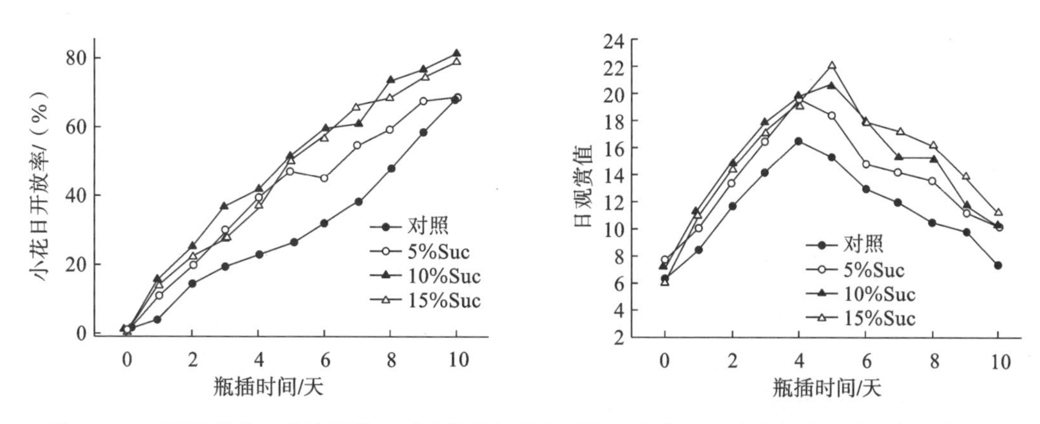

图 5-11 不同蔗糖浓度溶液预处理对唐菖蒲切花瓶插期间小花日开放率和日观赏值变化的影响

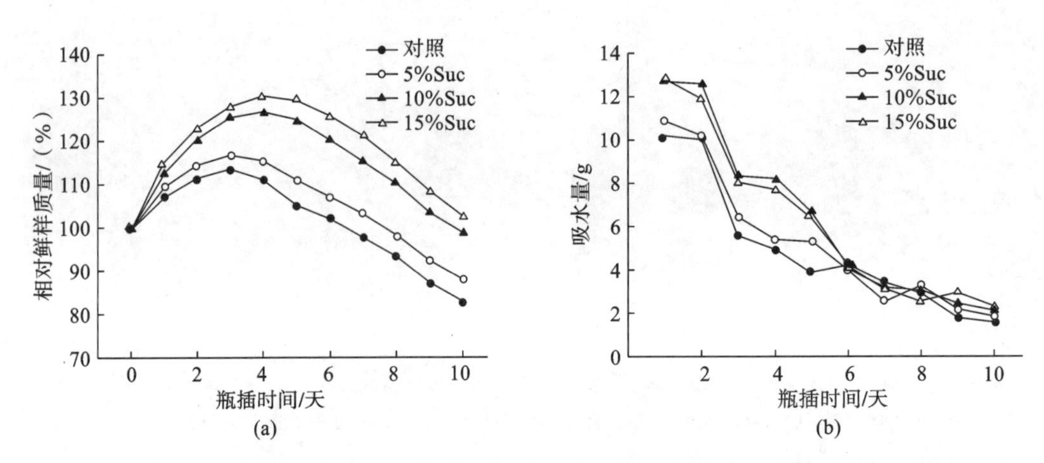

图 5-12　不同蔗糖浓度溶液预处理对唐菖蒲切花瓶插期间相对鲜样质量和吸水量的影响

(a) 相对鲜样质量;(b) 吸水量

2. 催花液处理技术

催花液处理一般在出售前进行,由生产者或集货商完成,是通过人工技术处理促使花蕾开放的方法。催花液一般也要用去离子水配制,含有 1.5%～2.0%的蔗糖、200 mg·L^{-1}杀菌剂、75～100 mg·L^{-1}有机酸,所使用的蔗糖浓度要比预处理液低。处理时将鲜切花插在催花液中若干天,比预处理液处理时间长,在室温或比室温稍低的一些温度条件下进行,花蕾的开放需要有足够的水分供应,所以必须在高湿度条件下进行,以防失水萎蔫;有的鲜切花需要结合补光措施;为了繁殖乙烯积累造成危害,应配有通风系统;当花蕾开放后,应转至较低的温度环境中。催每一种鲜切花,掌握好花蕾发育阶段最适宜的采切时间十分重要。如采切时花蕾过小,即使使用催花液处理,花蕾也不能开放或不能充分开放,无法保持最佳的花期和保证最好的质量。不同种类的鲜切花对糖的反应不一样,有时同一品种反应差异也非常大,所以要为不同的鲜切花确定适宜的糖浓度,防止因糖浓度偏高伤害叶片和花瓣。

采用鲜切花蕾期采收贮藏后催花技术可有效地降低鲜切花的贮运成本和损耗,提高鲜切花的产量和质量,调节季节性鲜切花的供应。国外从 20 世纪 70 年代开始就对切花蕾期采后催花保鲜剂进行了研究,国内也有大量学者对切花的催花液处理进行了探索,如刘雅丽等研究了百合切花绿蕾经两种催花保鲜剂处理后的效果,结果表明,催花保鲜剂能促进绿蕾提前开花,同时对开花后的百合切花有延缓衰老的作用,减少了切花在瓶插期间叶绿素与蛋白质含量的降解,提高了切花的品质和商品价值。同时又对唐菖蒲切花蕾期采后进行了瓶插催花,结果表明催花液不但具有催花效应而且具有保鲜效应。姜跃丽等进行了香石竹的蕾期催花技术研究,结果表明,采收时期是影响香石竹切花催花时间长短的主要因素,其中蔗糖、$AgNO_3$、8-HQC、品种对催花均有显著影响,各因素影响催花效果的顺序:采收时期＞$AgNO_3$＞8-HQC＞蔗糖＞品种。此外,对使用催花液的迎春花的休眠枝条、梅花、桃花切枝、切花菊等进行研究,均取得了较好的保鲜效果。

张甜甜和马骁以硫酸铝、氯化钙、柠檬酸、蔗糖为原料配制的催花保鲜剂,对连翘切枝催花及保鲜效果进行了研究。该试验共设 9 个处理和 1 个对照,对照组为 3%的蔗糖溶液,试验组为含有浓度为 3%的蔗糖溶液和不同浓度的氯化钙、硫酸铝、柠檬酸,具体配方见表 5-12。按对应的配方配制好催花保鲜剂,每个处理放 2 枝连翘切枝,每个处理设 3 组重复,瓶插液液面高度为 12 cm。置于空气湿润、通风良好、无直射光的实验室内(室温 18～20 ℃,相对空气湿度 50%～65%)。为避免细菌滋生影响试验,瓶插液每 3 天更换一次,并斜剪花枝基部。连续观察 20 天,记录花朵的开放情况以及花朵持续开放的时间,通过开花率和持续开放时间选出对连翘切枝催花及保鲜效果最好的试剂配方。

NOTE

表 5-12　连翘切枝催花保鲜剂配方

处　理	氯化钙/($g \cdot L^{-1}$)	硫酸铝/($mg \cdot L^{-1}$)	柠檬酸/($mg \cdot L^{-1}$)	蔗糖/(%)
对照组(CK)	0	0	0	3
1	1	100	200	3
2	2	100	200	3
3	3	100	200	3
4	3	100	200	3
5	3	200	200	3
6	3	300	200	3
7	3	200	300	3
8	3	200	400	3
9	3	200	500	3

从图 5-13 可以看出，处理 3 和处理 9 在 3 月 15 日开始开花，其他处理及对照在 3 月 17 日开始开花，切枝的母本植株在 4 月 1 日开始开花，切枝催花效果明显，处理比连翘正常的花期提前了 14～16 天，充分表明含有蔗糖的瓶插液能够促进连翘切枝提前开花。从图 5-14 可以看出，处理 1 的瓶插寿命最长，达 20 天，而且盛花期达 15 天，比对照多了近 1/2 的时间；处理 2、处理 3 瓶插寿命分别为 16、17 天，并且盛花期均只有 12 天，说明氯化钙的增加反而使得连翘切枝的瓶插寿命缩短；处理 4、处理 5、处理 6 的瓶插寿命分别为 15、11、8 天，可见，随着硫酸铝的增加，连翘切枝的瓶插寿命缩短；处理 7、处理 8、处理 9 的瓶插寿命和盛花期逐渐延长，说明随着柠檬酸的增加，连翘切枝的瓶插寿命以及盛花期都有比较明显的延长。因此，在浓度为 3% 的蔗糖溶液作用下，以氯化钙 1 $g \cdot L^{-1}$、柠檬酸 500 $mg \cdot L^{-1}$、硫酸铝 100 $mg \cdot L^{-1}$ 对连翘切枝的催花保鲜效果最为显著。

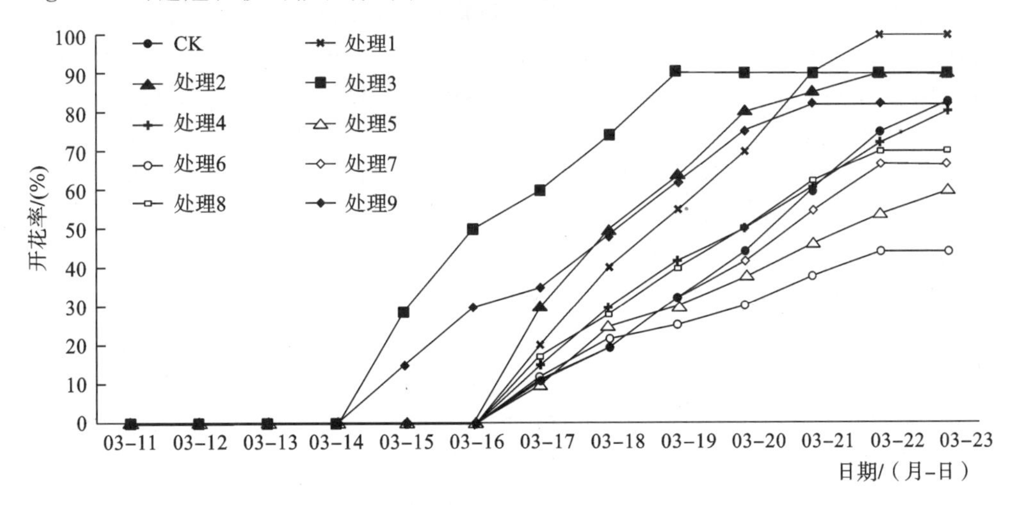

图 5-13　不同瓶插液对连翘切枝开花率的影响

3. 瓶插液处理技术

瓶插液是在花枝瓶插过程中使用的，主要目的是延长瓶插寿命并提高观赏价值。一般由水、糖、杀菌剂、有机酸等物质组成，主要作用是为花枝提供营养、降低花枝体内水解酶及蛋白酶的活性、抑制微生物繁殖、抑制乙烯产生及促进花枝吸水等。不同的鲜切花种类有不同的瓶插液配方，其成分、适宜浓度因切花种类或品种不同而存在差异。下面通过查阅文献，罗列了国内 25 种切花的瓶插液配方。

(1) 菊花瓶插液配方：3%葡萄糖＋150 $mg \cdot L^{-1}$ 8-羟基喹啉＋250 $mg \cdot L^{-1}$柠檬酸＋25 $mg \cdot L^{-1}$水杨酸；3%蔗糖＋30 $mg \cdot L^{-1}$硝酸银＋150 $mg \cdot L^{-1}$柠檬酸；1.0 $mg \cdot L^{-1}$ 6-BA＋0.2 $mg \cdot L^{-1}$ 2,4-D＋20 $g \cdot L^{-1}$蔗糖＋30 $mg \cdot L^{-1}$ $AgNO_3$；300 $mg \cdot L^{-1}$苯甲酸钠＋4%蔗糖＋1%硝酸钙＋500 $mg \cdot L^{-1}$柠檬酸＋200 $mg \cdot L^{-1}$ 8-HQ；1.0 $g \cdot L^{-1}$羧甲基壳聚糖；30 $g \cdot L^{-1}$蔗糖＋75 $mg \cdot L^{-1}$柠檬酸

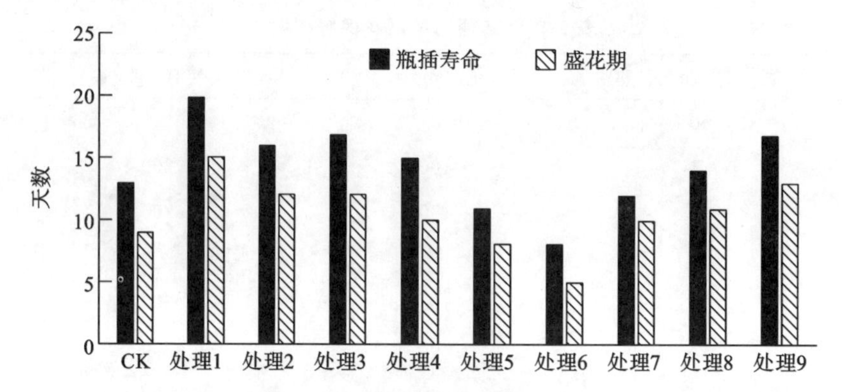

图 5-14　连翘切枝瓶插寿命与盛花期

+20 mg·L^{-1}硝酸银+0.5 mg·L^{-1} 6-BA;1 L 去离子水+0.03%阿司匹林+3%蔗糖。

(2) 牡丹瓶插液配方:牡丹品种"二乔"20 g·L^{-1}蔗糖+100 mg·L^{-1}8-HQ+200 mg·L^{-1}柠檬酸+25 mg·L^{-1}SA;牡丹品种"红朱女"200 mg·L^{-1}PP333+每日喷施叶片 0.1% $CaCl_2$;牡丹品种"洛阳红"3%蔗糖+200 mg·L^{-1} 8-HQS+2 mmol·L^{-1} STS;2%蔗糖+200 mg·L^{-1}柠檬酸+100 mg·L^{-1} 8-HQ+25 mg·L^{-1} SA+50 mg·L^{-1}二氧化氯;牡丹品种"菱花湛露"3%蔗糖+200 mg·L^{-1} 8-HQ+300 mg·L^{-1}柠檬酸+400 mg·$L^{-1}$$Ca(NO_3)_2$+100 mg·$L^{-1}$ $CaCl_2$;20 g·L^{-1}蔗糖+200 mg·L^{-1}8-HQ+150 mg·L^{-1}柠檬酸+50 mg·L^{-1}6-BA;牡丹品种"京云冠"3%蔗糖+200 mg·L^{-1}8-HQ+0.5 mg·L^{-1}6-BA+50 mg·L^{-1} SA+200 mg·L^{-1}柠檬酸+50 mg·$L^{-1}$$Al_2(SO_4)_3$;牡丹品种"高原圣火" 3%蔗糖+200 mg·$L^{-1}$ 8-HQ+2 mg·L^{-1} 6-BA+50 mg·L^{-1} SA+100 mg·L^{-1}柠檬酸+200 mg·$L^{-1}$$Al_2(SO_4)_3$;牡丹品种"正午"3%蔗糖+200 mg·$L^{-1}$8-HQ+0.5 mg·$L^{-1}$ 6-BA+50 mg·L^{-1} SA+100 mg·L^{-1}柠檬酸+50 mg/L $Al_2(SO_4)_3$。

(3) 芍药瓶插液配方:10 g·L^{-1}蔗糖+0.5 mmol·L^{-1}水杨酸;30 g·L^{-1}蔗糖+200 mg·L^{-1} 8-HQ+150 mg·L^{-1}柠檬酸+200 mg·L^{-1}PP333;桂皮粉末 20 g+200 mL 水浸提获得的原液中,取45 mL 加入到 200 mL 水制得的保鲜液;2%蔗糖+200 mg·L^{-1} 8-HQ+1 mol·L^{-1}硫代硫酸银;3%蔗糖+200 mg·L^{-1} 8-HQ+150 mg·L^{-1}柠檬酸+200 mg·L^{-1} $Ca(NO_3)_2$。

(4) 荷花瓶插液配方:300 mg·L^{-1}PP333+300 mg·$L^{-1}$$B_9$+明矾和苯+150 mg·$L^{-1}$苯甲酸钠;1%蔗糖+ 75 mg·$L^{-1}$ GA_3 +200 mg·L^{-1} 8-HQC+250 mg·L^{-1} $CaCl_2$;10 g·L^{-1}蔗糖+100 mg·L^{-1} 氯化钙+100 mg·L^{-1}明矾+100 mg·L^{-1} 8-羟基喹啉硫酸盐。

(5) 睡莲瓶插液配方:50 mg·$L^{-1}$$GA_3$。

(6) 水仙花瓶插液配方:5%蔗糖+200 mg·L^{-1} 8-HQC+45 mg·$L^{-1}$$AgNO_3$+5 mg·$L^{-1}$ 6-BA;玉米秸秆醋液稀释 500 倍液;1000 mg·kg^{-1}甲基托布津+1000 mg·kg^{-1}多菌灵;1%蔗糖+200 mg·L^{-1}赤霉素。

(7) 绣球花瓶插液配方:2 g·L^{-1}可利鲜保鲜液;8.36 g·L^{-1}蔗糖+ 51.59 mg·L^{-1}柠檬酸+1-MCP;2%蔗糖+100 mg·L^{-1}水杨酸+250 mg·L^{-1} 8-HQ+30 mg·L^{-1} $AgNO_3$;20 g·L^{-1}蔗糖+200 mg·L^{-1} 8-HQ+5 mg·L^{-1}水杨酸+100 mg·L^{-1}柠檬酸。

(8) 蜡梅瓶插液配方:900 mg·L^{-1}青霉素+136 mg·L^{-1} $AgNO_3$+90 mg·L^{-1}8-HQ;2000 mg·L^{-1} 维生素 E;5 mg·L^{-1}N-(2-氯-4-吡啶基)-N-苯基脲(CCPU);200 mg·L^{-1}蔗糖+6 mg·L^{-1} 6-BA+2000 mg·L^{-1}维生素 E。

(9) 向日葵瓶插液配方:2%蔗糖+200 mg·L^{-1}8-HQ。

(10) 秋石斛瓶插液配方:3%蔗糖+150 mg·L^{-1}柠檬酸+40 mg·L^{-1} $AgNO_3$;4%蔗糖+0.2 mol·L^{-1}磷酸氢二钾。

(11) 大花飞燕草瓶插液配方:1%蔗糖+200 mg·L^{-1}8-HQS+15 mg·$L^{-1}$$AgNO_3$+50 mg·$L^{-1}$ $Al_2(SO_4)_3$;1%蔗糖+200 mg·L^{-1}8-HQS+50 mg·$L^{-1}$$AgNO_3$+50 mg·$L^{-1}$$Al_2(SO_4)_3$。

NOTE

(12) 洋桔梗瓶插液配方:400 mg·$L^{-1}$$CaCl_2$;3%蔗糖+250 mg·$L^{-1}$8-HQC+250 mg·$L^{-1}$ $Al_2(SO_4)_3$;3%蔗糖+1.5 mmol·L^{-1}硅水合溶液+2 mmol·L^{-1}苹果酸+1.5 mmol·L^{-1}SA;3%蔗

糖+600 mg·L^{-1} 1-MCP+400 mg·L^{-1}柠檬酸+20 mg·L^{-1} SA+100 mg·L^{-1} $CaCl_2$和 3%蔗糖+800 mg·L^{-1} 1-MCP+100 mg·L^{-1}柠檬酸+40 mg·L^{-1} SA+200 mg·L^{-1} $CaCl_2$;25 mg·L^{-1} GA_3预处理+30 g·L^{-1}蔗糖+100 mg·L^{-1}8-HQ;60 mg·L^{-1} SA;250 mg·L^{-1} 8-HQS+50 mg·L^{-1}次氯酸钠;2%蔗糖+250 mg·L^{-1} $Al_2(SO_4)_3$+100 mg·L^{-1}山梨酸;3%蔗糖+200 mg·L^{-1}8-HQC+0.23 mmol·L^{-1}STS+0.05 mmol·L^{-1} $Al_2(SO_4)_3$。

(13) 玉蝉花瓶插液配方:30 mg·L^{-1}蔗糖+250 mg·L^{-1}8-HQ+10.66 mg·L^{-1}6-BA+108.95 mg·L^{-1}柠檬酸+909.95 mg·L^{-1} $CaCl_2$;30 mg·L^{-1}蔗糖+250 mg·L^{-1}8-HQ+1000 mg·L^{-1} $CaCl_2$。

(14) 金露花瓶插液配方:0.005 g·mL^{-1}凤仙花茎的丙酮浸取液。

(15) 姜荷花瓶插液配方:120~140 mg·kg^{-1}漂白粉溶液;1.0%蔗糖+250 mg·L^{-1}8-HQC+400 mg·L^{-1} $Al_2(SO_4)_3$+500 mg·L^{-1} VC+10 mg·L^{-1} 6-BA;2%蔗糖+100 mg·L^{-1}8-HQ+50 mg·L^{-1} 漂白粉+300 mg·L^{-1} $Al_2(SO_4)_3$;超纯水。

(16) 贴梗海棠瓶插液配方:7%白砂糖+0.2% $CaCl_2$+300 mg·L^{-1}白醋+300 mg·L^{-1}叶酸+10 mg·L^{-1} $AgNO_3$。

(17) 花毛茛瓶插液配方:20 g·L^{-1}蔗糖+100 mg·L^{-1} 8-HQ+40 mg·L^{-1} $AgNO_3$;3%蔗糖+200 mg·L^{-1} 8-HQS+40 mg·L^{-1} $AgNO_3$+25 mg·L^{-1} SA+100 mg·L^{-1} $Al_2(SO_4)_3$;1%蔗糖+200 mg·L^{-1}8-HQC+75 mg·L^{-1} $AgNO_3$。

(18) 杜鹃瓶插液配方:2%蔗糖+200 mg·L^{-1}8-HQ+30 mg·L^{-1} SA。

(19) 蒟蒻薯瓶插液配方:2%蔗糖+100 mg·L^{-1} 8-HQ+200 mg·L^{-1}柠檬酸+50 mg·L^{-1} 6-BA+100 mg·L^{-1} K_2HPO_4。

(20) 龙船花瓶插液配方:2%蔗糖+200 mg·L^{-1} 8-HQS+200 mg·L^{-1}柠檬酸;2%蔗糖+150 mg·L^{-1} KH_2PO_4+120 mg·L^{-1} 8-HQ+30 mg·L^{-1}柠檬酸;3%蔗糖+75 mg·L^{-1}硫酸铝+漂白粉+100 mg·L^{-1}抗坏血酸;20 g·L^{-1}果糖+100 mg·L^{-1}8-HQS。

(21) 晚香玉瓶插液配方:12 g·L^{-1}蔗糖+60 mg·L^{-1} 6-BA+400 mg·L^{-1}8-HQC+100 mg·L^{-1}酒石酸。

(22) 石蒜瓶插液配方:0.5%蔗糖+50 mg·L^{-1} 8-HQ+30 mg·L^{-1}6-BA;1%蔗糖+1% $CaCl_2$+200 mg·L^{-1}抗坏血酸。

(23) 桃花瓶插液配方:5%蔗糖+250 mg·L^{-1}8-HQ 或 5%蔗糖+10 mg·L^{-1} 6-BA+250 mg·L^{-1} 8-HQ;5%蔗糖+10 mg·L^{-1}6-BA+250 mg·L^{-1}8-HQ;30 g·L^{-1}蔗糖+150 mg·L^{-1} 8-HQ。

(24) 紫萼瓶插液配方:30 g·L^{-1}蔗糖+400 mg·L^{-1} 8-HQ+50 mg·L^{-1} BA。

(25) 梅花瓶插液配方:10 mg·L^{-1}6-BA、10 mg·$L^{-1}$$GA_3$、25 mg·$L^{-1}$STS或5%蔗糖预处理后,结合400 mg·$L^{-1}$苯甲酸钠瓶插液处理;3%蔗糖+10 mg·$L^{-1}$ 6-BA+200 mg·L^{-1}8-HQC和3%蔗糖+200 mg·L^{-1} $Al_2(SO_4)_3$+200 mg·L^{-1} 8-HQC;5%蔗糖+10 mg·L^{-1} 6-BA+100 mg·L^{-1} 8-HQ+100 mg·L^{-1} SA;3%蔗糖+10 mg·L^{-1} 6-BA+200 mg·L^{-1} 8-HQ。

五、常用的保鲜剂配方

(1) 康奈尔配方:5%蔗糖+0.2‰ 8-HQS+0.05‰醋酸银。

(2) 渥太华配方:4%蔗糖+0.5‰ 8-HQS+0.1‰异抗坏血酸。

(3) 华盛顿配方:4%蔗糖+0.4‰ 8-HQC+0.3‰二甲胺丁酰乙酸。

(4) 以色列溶液:10%蔗糖+0.3‰噻苯咪唑(IBZ)。

8-羟基喹啉柠檬酸的配制:目前市场上尚无8-羟基喹啉柠檬酸出售,可自行配制使用,其方法是将120 mg 8-羟基喹啉与180 mg的柠檬酸放于1 L蒸馏水中共煮,溶解后,溶液呈黄色,即可使用。此法得到的8-羟基喹啉柠檬酸溶液浓度接近0.3‰。

另外,使用蜡、高级醇、硅树脂等一些抗蒸腾剂也可减低切花蒸腾作用,抗蒸腾剂可阻止植物气孔开张,从而增强了切花的抗旱能力,达到延长寿命的目的。此外,抗蒸腾剂还有防病的作用,在月季切花上使用后保鲜效果十分明显。

第三节　综合保鲜技术

鲜切花从种植者到消费者的流通,需要经历农户采收、集货商、批发商、零售商、消费者等流通环节,其中还包括集货商的短途运输和集货商或批发商到零售商之间的远距离运输过程。从生产实际的角度出发,鲜切花流通综合保鲜技术主要包括适期采收、采后分级、采后预冷、保鲜剂处理、薄膜包装保湿兼自发气调及低温贮藏等。

一、适期采收

适期采收是切花质量的保障。采收过早易形成"僵花",不能充分开放,如月季切花采收过早易发生"弯颈"现象;采收过晚又会导致切花寿命和观赏期缩短,增加流通损耗。因此切花在适当的成熟度采收非常重要。如月季的采切标准:用于远距离运输,花萼略有松散;兼作远距离和近距离运输,花瓣伸出萼片;就近批发出售,外层花瓣开始松散;尽快出售,内层花瓣开始松散。另外,尽可能避免在高温和强光下采收,月季等采后失水快的品种宜在上午采收。

二、采后处理保鲜技术应用

1. 预处理

采收后的鲜切花经整理后应及时放入干净的水中以避免失水,有条件的可放入预处理液中进行预处理。早期应用的保鲜剂中多含有硫代硫酸银(STS)和硝酸银($AgNO_3$),具有一定的毒性,大量应用可造成环境污染。近年来试验开发出一些新的高效、无毒、无污染保鲜剂,如顺式丙烯基磷酸(PPOH)等。

预处理在鲜切花采切后即应进行,但由于各农户的条件不同,预处理的方式和效果有一定的差异,集货商还应根据切花品种特性,选择适宜的保鲜剂进行一次统一的保鲜剂预处理,预处理可结合预冷同时进行。

2. 分级

经预处理后的鲜切花即可进行分级。农户在采收后即应作初步分级,送达集货商店。再根据批发市场或消费市场的分级标准进行最后的分级。

3. 预冷

预冷的目的是除去田间热,降低鲜切花的呼吸强度,抑制微生物的活动,降低蒸腾作用,减少鲜切花皱缩和凋谢。预冷主要在鲜切花运输前或贮藏前进行。高俊平等开发的真空预冷与茎基吸收预处理液相结合的保鲜技术,可以同时达到快速降温、补充水分和吸收保鲜剂的三重目的,并在 30 min 内完成全部过程,是目前国内外较为先进的技术。

4. 内包装

内包装即对分级后的鲜切花,按销售地要求及标准进行切枝、捆扎、装入保鲜袋。用于内包装的材料常使用功能性保鲜膜,主要种类有能吸附或除去乙烯气体的薄膜,CA 效果形成气调环境的薄膜,防白雾或结露的薄膜,抗菌、抑菌薄膜,聚乙烯膜,FH 薄膜等。这一类薄膜可以和包装箱共同使用,也可以单独使用。使用功能性保鲜膜是为了达到气调保鲜的目的,即通过调节鲜切花贮运过程呼吸作用自发气调,吸收 O_2 同时释放 CO_2,使鲜切花处于低 O_2 高 CO_2 环境,降低呼吸消耗。不同种类的鲜切花,其适宜的 O_2、CO_2 浓度不同,需要避免高 CO_2 伤害。装入内包装后的鲜切花如果不能即时出货,应立即按品种要求送入相应温度的冷库内进行冷藏。

NOTE

5. 低温贮藏

进入批发市场的鲜切花应立即低温贮藏，温度一般为 2～4 ℃。干冷藏即在贮藏过程中不提供任何补水措施，仅把鲜切花紧密地包裹在箱子、纤维圆筒或聚乙烯袋中，以防止水分散失，如香石竹、月季、百合等的贮藏。湿冷藏即把鲜切花插在水或保鲜液中存放，如满天星、非洲菊等的贮藏。在鲜切花的冷藏过程中温度不能过低，以免造成鲜切花遭受冻害或冷害。在实际贮藏的过程中，常常是低温和高湿联合使用。

6. 远距离运输中的保鲜

鲜切花在远距离运输中产生的损耗是整个流通过程中损耗的主要部分。因此，远距离运输综合保鲜技术的应用，对降低鲜切花的损耗尤为重要。中国农业大学观赏园艺与园林系开发的远距离综合运输保鲜技术是在预冷及预处理液处理的基础上，综合应用聚乙烯膜保湿限气包装、有害气体吸收剂、蓄冷剂与聚苯乙烯保冷隔板等技术，在常温下实现远距离保鲜运输，最大限度地延缓切花衰老，减少流通损耗，是现在国内较先进而实用的鲜切花远距离运输综合保鲜技术，可使远距离运输损耗由原来的40%以上降到 20%以内。同时较常规保鲜技术提高了花材质量，可使售价提高 10%以上。

补血草切花采后进行快速真空预冷，并在运输期间采用蓄冷剂制冷和隔热板保冷，可以有效防止其茎翅、茎翼的衰老变黄。采用相同措施处理满天星，可持久保持小花盛开率，降低枯柄率、萎蔫率。百合切花采后，采用低温结合预处理液处理、薄膜包装及去除乙烯的综合贮藏技术，可以加快百合切花瓶插开放进程，促进部分品种第 3 朵花的开放。随贮藏时间的延长，不同品种表型有差异，“107”“黄巨人”能贮藏 20 天，“白狐”可以贮藏 30 天。

上述保鲜技术在鲜切花装箱时同步进行，装箱操作应在冷藏库或低温中进行。鲜切花常用的外包装箱有聚乙烯泡沫塑料箱、聚苯乙烯泡沫或聚氨酯泡沫衬里的纤维板箱，喷洒液体石蜡的瓦楞纸箱加上保鲜剂(无调湿剂)，也是切花运输包装的较好方式，优于现有的普通瓦楞纸箱。如果在冷藏的基础上再协调生产、流通、销售等部门，建立完善的冷链运输系统，就可得到更好的保鲜效果。

总之，鲜切花采后处理技术与远距离运输综合保鲜技术是国外先进的切花采后保鲜模式，在中国尚属一项新的技术尝试。掌握和实施切花采后保鲜技术，对延长切花市场供应时间、减少切花采后管理及运输损耗、扩大鲜切花出口、提高中国鲜切花在国际市场上的竞争力都具有重要意义。

第四节　基因调控保鲜技术

提高鲜切花产品本身的耐贮运性是提高产品流通质量的最基本且最重要的因素。抗性育种被认为是提高鲜切花产品耐贮运性的一条有效途径。自 20 世纪 90 年代以来，采后生理特别是采后分子生物学研究的深入，为鲜切花的采后抗逆性研究提供了很多重要的方向，如抗旱耐失水胁迫育种、耐低温育种、抗采后流通病害育种等。

一、植物基因工程操作程序

植物基因工程(plant genetic engineering)是指一切在基因水平上操作并改变植物遗传特性的技术。当前植物基因工程已具有较固定的操作程序，一般由目的基因克隆、载体构建、转化受体细胞、重组克隆的筛选和鉴定等步骤组成。

1. 农杆菌介导法

利用农杆菌介导法(Agrobacterium mediated transformation)进行基因转导主要适用于双子叶植物。其操作程序见图 5-15。

(1) 目的基因克隆

①如果其他生物已有同源序列被克隆，可以以此为探针或据此合成引物，从所研究的植物中克隆出

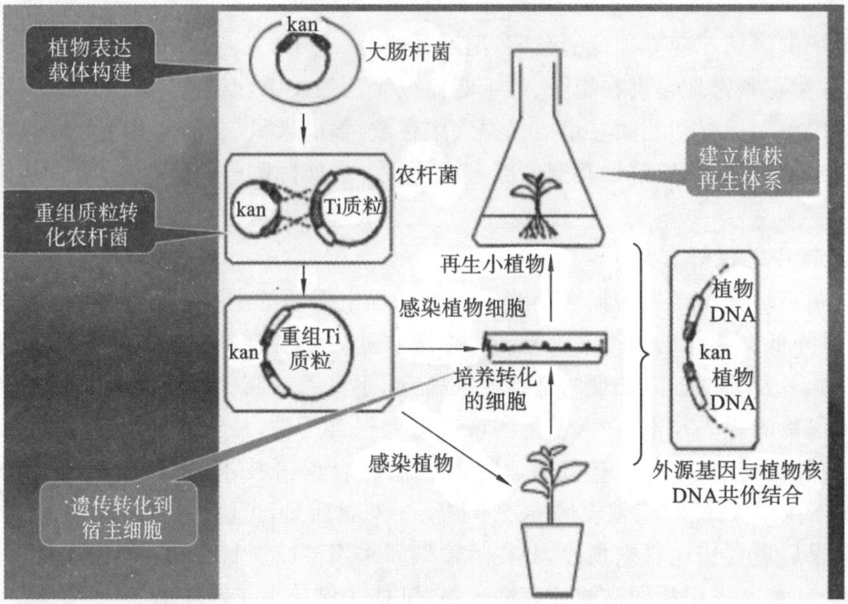

植物表达载体构建
kan
大肠杆菌
重组质粒转化农杆菌
kan
Ti质粒
农杆菌
建立植株再生体系
再生小植物
感染植物细胞
kan
重组Ti质粒
培养转化的细胞
植物DNA
kan
植物DNA
感染植物
外源基因与植物核DNA共价结合
遗传转化到宿主细胞

图 5-15　农杆菌介导法转基因示意图

同源的基因。

②如果证明与衰老相关的蛋白质存在，可从蛋白质入手分离衰老基因。其方法是利用单向或双向电泳直接分析相关蛋白，可通过 mRNA 体外翻译间接证明它是衰老相关蛋白。如能纯化足够多的蛋白质，可制备抗体用以筛选表达蛋白的 cDNA。通过测定蛋白质 N 端氨基酸序列，可推测出编码蛋白质的基因片段序列。之后，以人工合成寡核苷酸序列做探针或以此为引物，通过 RT-PCR 直接扩增出特异蛋白基因。

另外，克隆基因的策略还有染色体步行法、转座子标签法、连锁标记法等多种。

（2）质粒构建　将外源目的 DNA 克隆到一种适当的 Ti 质粒上，构建重组质粒分子。

（3）转化大肠杆菌　将带有外源 DNA 插入的 Ti 质粒载体转化给大肠杆菌细胞。

（4）转化农杆菌　通过细菌间的接合作用，使带有外源 DNA 插入的重组质粒（iv 型）从大肠杆菌转移到根瘤农杆菌，并在此与固有的 Ti 质粒发生同源重组，结果外源 DNA 便从 iv 质粒转移到固有的 Ti 质粒上；同时 iv 质粒或自发丧失或被排斥出宿主细胞。

（5）转化植株　将根瘤农杆菌直接接种到植物伤口部位，或是通过与植物原生质体或愈伤组织共培养，转化植物细胞。

（6）培育转基因植株　经过对愈伤组织或原生质体的培养，再生出转基因植株。由于 Ti 质粒载体感染产生的肿瘤或致瘤基因（onc）会阻碍正常植株的再生。因此，近来发展的 Ti 质粒载体都是用可选择的显性标记取代 onc 基因作为筛选转化组织的记号。

2. 直接转化法

目前在不借助农杆菌的直接转化方法中应用最多的是基因枪法（biolistics）。其基本原理是将在外源基因克隆完成后，将外源基因包被在微小的金粒或钨粒表面，然后在高压的作用下微粒被高速射入受体细胞或组织中，微粒上的外源基因进入细胞后，整合到植物染色体上得到表达，从而实现转化，转化程序如图 5-16 所示。

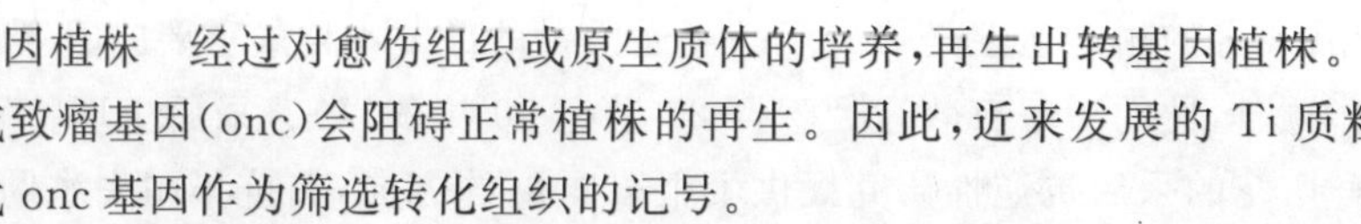

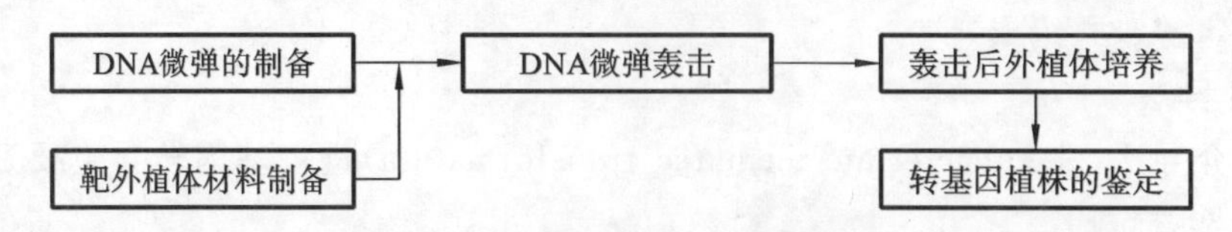

图 5-16　基因枪法操作程序示意图

NOTE

此外，外源基因的直接转导方法还有花粉管导入法、脂质体法、化学刺激法等。

二、鲜切花采后基因工程

鲜切花采后基因工程是近年发展起来的一项新的内容，是指通过采后生理与分子生物学研究分离出与采后抗逆特性有关的基因，在此基础上进行转基因工作，获得采后抗逆性强的，能够提高采后流通质量、观赏寿命长的新的鲜切花品种或品系。这里从以下几个方面分别介绍。

（一）抗衰老基因工程

抗衰老基因工程是观赏植物采后基因工程进展最好的一项内容。

切花根据对乙烯的敏感性可以划分为乙烯敏感型品种和不敏感型品种。其中敏感型品种的开花衰老往往与内源乙烯的生成关系密切，通过各种途径减少内源乙烯的生成是延缓切花衰老进程的有效途径之一。不敏感型品种的内源乙烯生成量通常相对很少，花朵的开放和衰老与乙烯生成关系不是很密切，但是，超过一定浓度的外源乙烯也会对相应的器官产生影响，如导致切花叶片脱落，并进而影响到产品质量。此外，观赏植物产品在从采收到消费者手中的各个流通环节中亦不可避免地要遭受各种物理的、化学的以及生物的胁迫，当胁迫达到一定程度时往往诱发乙烯生成，促进植株的衰老进程。因此，通过抗乙烯基因培育观赏植物新品种对于延缓衰老、提高流通质量是很重要的。

1. 通过阻断乙烯信号转导推迟花衰老

近年来，通过修饰乙烯受体和干扰乙烯信号转导基因表达延长花期有较多报道。Bovy 等将拟南芥 etr1-1 等位基因导入香石竹品种“Lena”，在 20 ℃条件下比较转基因切花和对照的瓶插寿命。对照为 8 天，而一半以上的转基因植株瓶插寿命延长了 6 天以上，最长可达 24 天，为对照的 3 倍。Wilkinson 等将 etr1-1 基因导入矮牵牛，延缓了花瓣的脱落和花衰老。Shaw 等将花椰菜 ERS 等位突变基因 boers 导入矮牵牛，转化植株花朵无论是留在植株上还是采下瓶插，花期均明显延长（花色和花型保持更长时间），且花不受外源乙烯影响。但由于使用组成型启动子，转基因植株的抗性明显降低，这可以通过使用花器官特异启动子克服。Cobb 等用花器官特异启动子 FBP1 和 AP3 控制 etr1-1 转化矮牵牛，73%的 FBP1 转基因植株和 32%的 AP3 转基因植株花期延长 1 倍，一些 FBP1 转基因植株花朵盛开达 14 天，而对照的花期只有 3 天。

Shibuya 等构建了矮牵牛 PhEIN2 基因的正义与 RNA 干扰（RNAi）载体，获得 PhEIN2 转基因植株，转基因植株花期延长，对照授粉后 2 天即衰老，而转基因植株 12 天后才开始衰老。

2. 对切花中乙烯信号转导模式的探讨

许多切花对乙烯敏感，这也为研究植物乙烯信号转导机制提供了一个独特的模式系统。人们可以通过调节乙烯受体基因的表达来实现对乙烯敏感性的调控，如通过减少乙烯受体丰度来增加切花的乙烯敏感性，或通过增加乙烯受体表达降低切花的乙烯敏感性。但在大量的乙烯受体研究中，在衰老过程中以及外源乙烯处理或胁迫条件下，乙烯受体基因表达往往增加。在研究花衰老过程中不同的乙烯受体和信号转导基因过程中，常得到不同的结果。Payton 等报道番茄受体基因 tETR（NR）在整朵花中的转录受花发育的调节，在花衰老早期 mRNA 积累最多；而 Lashbrook 等认为 NR 转录丰度在花瓣、花柱、子房、花药、萼片和花梗中并没有改变。

对香石竹和月季切花发育和衰老中的乙烯受体表达的研究结果也完全不同。在香石竹切花衰老过程中，随着切花对乙烯敏感性的逐渐增加，乙烯受体蛋白量减少，二者呈负相关，符合乙烯信号转导标准模式；而月季切花乙烯的敏感性增加时月季受体基因 RhETR3 表达增加，且乙烯受体转录量和花期长度有关，在短花期的月季品种中乙烯受体基因转录丰度高，而在长花期的月季品种中乙烯受体基因转录丰度保持很低。乙烯处理增加了月季切花受体基因的表达，而对香石竹和天竺葵的乙烯受体基因表达没有影响。不同乙烯浓度和处理时间对乙烯受体表达有不同的影响，长时间低浓度比短时间高浓度更能诱导乙烯受体表达变化。在香石竹和月季中都发现，着生在植株上的花与切下的花经外源乙烯处理后乙烯受体表达也有所不同，这可能是因为在完整的植株中有许多叶片可以吸收大量的乙烯。

根据乙烯信号转导的标准模式，乙烯受体在没有乙烯信号时与 CTR1 结合，抑制 EIN2、EIN3 及其同系物的表达。乙烯受体和 CTR1 在乙烯信号转导中起负调控作用，这意味着增加乙烯受体和 CTR1

水平，或减少 EIN2 和 EIN3 水平将降低切花对乙烯的敏感性，而减少乙烯受体 CTR1 转录或增加 EIN2 和 EIN3 水平将增加切花乙烯敏感性。可以做一个合理的假设，在花衰老和应答乙烯过程中乙烯敏感性增加，受体或 CTR1 应该下降，EIN2 或 EIN3 应该增加。但在月季中并非如此，在衰老和应答外源乙烯过程中月季 2 个 CTR 基因组成性转录，转录因子 RhEIN3 组成性表达。而 Ma 等则认为，乙烯处理后切花 Rh-CTR1 和 Rh-CTR2 的转录反而增加，乙烯处理矮牵牛花后 PhEIN2 表达量反而下降。

总之，可以通过对乙烯受体和 CTR1、EIN2、EIN3 表达的调节来调控切花的乙烯敏感性。另外，乙烯应答的变化还可能与植物体许多内外因子如激素水平、糖含量、环境胁迫和授粉等有关。因此，深入研究乙烯信号转导机制，有可能通过更多的路径从基因水平来调控切花衰老。

（二）提高失水胁迫耐性的基因工程

目前国内外切花的运输特别是其中的远距离运输大多采用干运方式，而切花在干运中的水分损失是不可避免的。因此，通过提高失水胁迫耐性基因工程培育失水胁迫耐性强的品种对于提高切花流通质量具有重要的应用价值。与植物抗旱相关的克隆基因可以分为以下几类：与渗透调节物质合成酶相关的基因、与抗氧化胁迫相关的基因、脱水保护物质基因、调节基因等。目前观赏植物采后基因工程中尚缺乏耐水分胁迫方面的研究报道，这里引用其他植物方面的有关报道来讲述其原理和技术。

1. 渗透调节物质

植物在干旱时可产生渗透胁迫。植物感受了这种胁迫后，细胞内溶质主动积累，渗透势降低，从而产生渗透调节现象。渗透调节物质包括无机离子、糖类、多元醇、氨基酸和生物碱等，这些物质通过降低细胞质的渗透压而使细胞保持较高水势，从而有利于植物在干旱胁迫下吸收水分。迄今为止，已经克隆的基因有脯氨酸合成酶基因、甘氨酸甜菜碱合成酶基因、甘露醇合成酶基因、海藻糖合成酶基因等。高等植物在渗透胁迫条件下大量积累脯氨酸(Pro)。脯氨酸的超量表达可使转基因水稻幼苗具有一定的抗高盐和抗聚乙二醇(PEG)的能力。

甜菜碱是植物中一类常见的亲和性渗透调节物质，广泛存在于高等植物、动物与细菌中，其生物合成是从胆碱开始经胆碱加单氧酶(CMO)和甜菜碱昭脱氢酶(BADH)两步氧化生成的。在干旱胁迫下，甜菜碱的积累与 CMO 和 BADH 活性的增加密切相关。郭岩等用基因枪法将来源于菠菜的 BADH 基因导入水稻“中花 8 号”，转基因植株中的甜菜碱含量提高，耐盐性显著提高。

果聚糖是果糖多聚物，作为一种可溶性碳水化合物存在于植物细胞的液泡中。约有 15%的开花植物能自身合成果聚糖。催化细菌果聚糖合成的催化酶为果聚糖蔗糖酶。Pion-Smits 将编码枯草杆菌果聚糖蔗糖酶的 SacB 基因及其信号序列转化烟草，结果表明，在 10%聚乙二醇(PEG)的胁迫条件下，转基因植株的生长速率快于野生型植株，其生长量在胁迫条件下也明显高于野生型植株。

多胺是一类细胞内广泛存在的小分子含氮化合物。在盐渍和干旱条件下，植物体内大量积累多胺化合物。用燕麦精氨酸脱羧酶基因转化水稻后发现，转基因水稻叶绿素的损失降低，抗旱性增强。

2. 清除活性氧物质

干旱胁迫会诱导细胞的氧化伤害，植物体内有完备的抗氧化防御系统，它由一些能清除活性氧的酶系和抗氧化物质组成，如超氧化物歧化酶(SOD)、过氧化物酶(POD)、过氧化氢酶(CAT)和抗坏血酸(AsA)等，它们协同作用共同抵抗干旱胁迫诱导的氧化伤害。SOD 是植物体内清除活性氧的关键抗氧化酶，根据其结合金属离子的不同，可分为 Cu/Zn-SOD，Mn-SOD 和 Fe-SOD 三种类型，分别定位于叶绿体和细胞质、线粒体、叶绿体中。Van Camp 等将 Mn-SOD 定位于烟草的叶绿体和线粒体上，发现叶绿体中 Mn-SOD 的过量表达使烟草受干旱引起的氧化伤害程度比对照轻，而线粒体中增加的 Mn-SOD 活性对烟草抗氧化胁迫能力的影响不大。

3. 脱水保护物质

胚胎后期丰富蛋白(Lea 蛋白)是胚胎发育后期种子中大量积累的一系列蛋白质，它广泛存在于高等植物中。在植物个体发育的其他阶段，也能因 ABA 或脱水诱导而在其他组织中高水平表达。一般认为，Lea 蛋白在植物细胞中具有保护生物大分子、维持特定细胞结构、缓解干旱、盐、寒等环境胁迫的作用。Xu 等将来源于大麦的 Lea 蛋白 HAV1 cDNA 全序列用基因枪法导入水稻悬浮细胞系，获得的

第二代转基因植株表现出明显抵抗干旱和盐渍的能力。这表明 Lea 蛋白基因在抗胁迫基因工程中具有潜在利用价值。

海藻糖是广泛分布于微生物中的脱水保护物质，具有稳定细胞膜及蛋白质结构的功能。将编码酵母海藻糖-6-磷酸合成酶亚基的 tps1 以农杆菌介导法转化烟草，得到的转基因植株的抗旱能力大大增强。进一步分析发现，转基因烟草叶片的海藻糖含量最高为 3.2 mg/(g・dW)，这样低的浓度可能不足以起到渗透调节作用，因而推测转基因植株抗旱性增强的原因可能在于海藻糖能够维持细胞结构和生物大分子的稳定。

4. 调节基因

调节基因(regulatory gene)是近年来抗旱机理与遗传转化方面研究的一项重要成就。其原理是植物在接受失水胁迫信号时，转录因子在诱导型启动子的诱导下表达，从而诱导具有特定核心元件的一系列与抗旱相关的基因的表达，积累胁迫诱导物质，调节各种生理生化反应，综合提高植物的抗旱能力。其中最成功的是日本学者 Yamaguchi-Shinozaki 在拟南芥上的遗传转化成果。他们将诱导型启动子 Prd29A 和转录因子基因 DREB1A 构建的质粒利用农杆菌介导法转入拟南芥，转化株同时具有极强的抗旱(断水 2 周)、耐盐渍(海水浓度处理 2 h)以及耐低温(−6 ℃，48 h)特性。

(三) 抗病基因工程

花材在采收过程中如造成开放性伤口，病原菌易从此伤口侵入植物体。同时贮运环境消毒不彻底，也会残留病原菌。在环境湿度较高、温度适宜时，这些病原菌便进行繁殖、蔓延，并通过花材的伤口、气孔或皮孔侵入，造成腐烂并诱导乙烯产生。

目前植物抗病基因工程已取得了长足的进展。从已有的研究资料来看，将抗菌活性基因转入月季，明显延长了其瓶插寿命，为采后寿命的延长开辟了一条新的途径。

1. 鲜切花采后抗病性的概念

鲜切花采后抗病性是花材离开母体后，在贮运过程中植物与病原物之间相互关系中寄主植物抵抗病原物侵染的性能。从植物生理学的观点来看，植物的抗病性是植物在形态结构和生期生化等方面综合的时间上和空间上表现的结果，它是建立在一系列的物质代谢的基础上，通过有关基因表达，产生有关抗病调节物质来实现的。

2. 植物抗病基因工程

目前植物抗病基因工程中利用最多的是能直接杀伤病原的蛋白基因。几丁质酶和 β-1,3-葡聚糖酶在水稻、烟草等植物中表达能抑制一些致病真菌细胞的生长。如 PR1 基因在烟草中的表达能抑制霜霉病的发展，PR5 在马铃薯中的表达能抑制晚疫病的发展。

其他抗真菌蛋白(如核糖体失活蛋白)、几丁质的凝集素蛋白以及抗真菌肽的基因也可用于抑制真菌病的发生。一个成功的例证是，将从葡萄中分离得到的 stilbene 合成酶基因导入烟草，提高了烟草抗灰霉病原的特性。月季切花抗病转基因也有成功的例子。

到目前为止，直接控制细菌病原增殖的方法尚不多见。除葡萄糖氧化酶外，目前常用的还有抗菌肽 cecropin 和 T4 噬菌体溶菌酶的基因。此外，利用破坏细菌病毒素 tabatoxin 的乙酰转移酶也取得了一定效果。

随着诱导植物产生抗病性反应的基因、抗病基因以及抗病信号转导基因的克隆，已有可能通过基因工程使植物同时产生多种防卫系统，对多种病原产生较强的抗病力。最近，有些与系统抗性相关的基因已经被克隆，其中 NPR1 基因导入拟南芥提高了植株对细菌病原的抗性。

第六章 几种常见切花的保鲜技术

第一节 月季切花保鲜技术

月季在我国已经有上千年的栽培历史。由于月季花形优美，花姿多样，色彩艳丽，深受世界各国人民的喜爱。一些国家将月季作为国花，我国也有多个城市将月季作为市花。现在的月季品种不下一万种，是插花的主要用材之一。切花月季与人们常见的观赏月季不同，切花月季花枝、花柄硬挺直顺，支撑力强，花枝可达 50 cm 以上，花瓣质地厚，耐瓶插。高心翘角型与高心卷边型的切花月季由于花形美，更为人们所喜爱。红色月季既是西方情人节的佳品，也是客人参加主人宴请的常备礼品。

一、采收

适时采收很重要，既关系到切花质量，也关系到瓶插寿命。一般在清晨采收，此时天气凉爽，湿度大，采后损失小。从花的发育程度看，一般在花开前 2 天采收较好。从形态看，一般花在萼片向外反折到水平以下(即反折大于 90°)、有 1～2 个花瓣微展时采收为宜。采收时间和品种也有关系，如“墨西得斯”在花萼反转时即可采收，“红成功”则需花萼反转到大于 90°时采收，而“索尼亚”则需花萼反转近 180°时采收。从月季切花的色系看，红色系、白色系品种萼片同花瓣夹角大于 90°，采收晚些；黄色系小于 90°，采收早些。剪发枝条长度应在 5 片叶以上。若采收过迟，切花寿命缩短，而且花冠易受机械损伤；采收过早，花蕾未绽开前很易萎蔫。切花体内碳水化合物的含量高低是决定切花寿命长短的主要因素，若采收时花瓣中淀粉含量越高，瓶插时花冠中糖分也越高，瓶插寿命相对较长。如冬季采收的月季比夏季采收的月季瓶插寿命要长两倍，且不易发生“弯颈”现象。

二、分级与包装

采收后的月季应去掉枝条下半部的叶子，参照中华人民共和国农业行业标准《月季切花》(NY/T 321—1997)的分级标准进行分级，这些工作可在 10 ℃左右的低温室中同时进行。其质量分级主要从整体感、花形、花色、花枝、叶、病虫害、损伤、采切标准、采后处理 9 个项目进行，每一个项目等级可划分为一级、二级、三级、四级。

1. 整体感

一级：整体感、新鲜程度极好；二级：整体感、新鲜程度很好；三级：整体感、新鲜程度较好；四级：整体感、新鲜程度一般。

2. 花形

一级：完整优美，花朵饱满，外层花瓣整齐，无损伤；二级：完整优美，花朵饱满，外层花瓣较整齐，无损伤；三级：花形完整，花朵饱满，有轻微损伤；四级：花瓣有轻微损伤。

3. 花色

一级：花色鲜艳，无焦边、变色；二级：花色好，无褪色失水，无焦边；三级：花色良好，不失水，略有焦

NOTE

边;四级:花色良好,略有褪色,有焦边。

4. 花枝

一级:①枝条均匀、挺直;②花茎长度 65 cm 以上,无弯颈;③重量 40 g 以上。

二级:①枝条均匀、挺直;②花茎长度 55 cm 以上,无弯颈;③重量 30 g 以上。

三级:①枝条均匀、挺直;②花茎长度 50 cm 以上,无弯颈;③重量 25 g 以上。

四级:①枝条均匀、挺直;②花茎长度 40 cm 以上,无弯颈;③重量 20 g 以上。

5. 叶

一级:①叶片大小均匀,分布均匀;②叶色鲜绿有光泽,无褪绿叶片;③叶面清洁,平整。

二级:①叶片大小均匀,分布均匀;②叶色鲜绿,无褪绿叶片;③叶面清洁,平整。

三级:①叶片分布较均匀;②无褪绿叶片;③叶面较清洁,稍有污点。

四级:①叶片分布不均匀;②叶片有轻微褪色;③叶面有少量残留物。

6. 病虫害

一级:无购入国家或地区检疫的病虫害;二级:无购入国家或地区检疫的病虫害,无明显病虫害斑点;三级:无购入国家或地区检病的病虫害,有较轻微病虫害斑点;四级:无购入国家或地区检病的病虫害,有轻微病虫害斑点。

7. 损伤

一级:无药害、冷害、机械损伤;二级:基本无药害、冷害、机械损伤;三级:有极轻度药害、冷害、机械损伤;四级:有轻度药害、冷害、机械损伤。

8. 采切标准

一级:适用开花指数 1～3;二级:适用于开花指数 1～3;三级:适用开花指数 2～4;四级:适用开花指数 3～4。

9. 采后处理

一级:①立即入水保鲜剂处理;②依品种 12 枝捆绑成扎,每扎中花枝长度最长与最短的差别不可超过 3 cm;③切口以上 15 cm 去叶、去刺。开花指数 1:花萼略有松散,适合远距离运输和贮藏。

二级:①保鲜剂处理;②依品种 20 枝捆绑成扎,每扎中花枝长度最长与最短的差别不可超过 3 cm;③切口以上 15 cm 去叶、去刺。开花指数 2:花瓣伸出萼片,可以兼作远距离和近距离运输。

三级:①依品种 20 枝捆绑成扎,每扎中花枝长度最长与最短的差别不可超过 5 cm;②切口以上 15 cm 去叶、去刺。开花指数 3:外层花瓣开始松散,适合近距离运输和就近批发出售。

四级:①依品种 30 枝捆绑成扎,每扎中花枝长度的差别不可超过 10 cm;②切口以上 15 cm 去叶、去刺。开花指数 4:内层花瓣开始松散,必须就近尽快出售。

分好级的月季,每 20 枝捆成一束(俗称一扎),用塑料薄膜包好,以防花瓣相互碰撞受损。包好的月季可在低温下保存,这一过程既包含整枝分级工作,也包含切花的田间热去除工作。如有真空预冷设备,也可在去叶分级后用真空预冷设备降温。对田间采切的月季迅速降温,除去田间热可减轻代谢活动,延缓衰老。

高俊平等对月季切花运输过程中不同的包装方式研究表明,高聚膜袋包装月季切花效果最好,其次为低聚膜袋和聚丙烯膜袋,并且聚乙烯包装通过降低包装袋内 O_2 浓度、提高 CO_2 浓度来抑制呼吸强度和乙烯生成量的增加,延长瓶插寿命,并且厚膜比薄膜的效果更好。

三、贮藏保鲜

1. 月季开花指数分级及瓶插寿命的确定

依照高俊平等的研究,开花指数分级标准如下:0 级,萼片直立;1 级,萼片水平;2 级,萼片下垂,外层花瓣开始松散;3 级,初开,外层花瓣展开;4 级,盛开,多层花瓣展开;5 级,花朵露心;6 级,花瓣翻转或开始萎蔫。月季的瓶插寿命确定标准:瓶插之日起到开花指数为 6 级或花瓣出现萎蔫、弯颈或蓝变等衰老征兆前一天的天数。

2. 低温贮藏

至今月季尚无好的冷藏方法，一般只能在低温下湿藏3～7天。过长的时间将减少开花时间。有人在1～2 ℃下湿藏2周或用低温减压法(1333～4666 Pa)贮藏4周，开花品质下降，瓶插开花时间仅为鲜花的60%。用于湿藏的水最好为酸性，每升水可加柠檬酸500 mg，花茎下部的叶片应去掉，以防叶片的多元酚化合物溶于水中，减低贮藏效果，缩短瓶插开花时间。黄振喜等认为0～1 ℃冷藏是降低月季切花呼吸强度最有效的方法，以减缓体内营养物质的消耗；较低的贮藏温度能抑制乙烯的释放，减缓衰老的速度；较低的贮藏温度还能抑制微生物的繁殖与剪口处的侵染。适宜的相对湿度为90%～95%，高湿贮藏可以降低切花蒸腾失水。冷藏期间插入500 mg·L^{-1}柠檬酸水溶液中，可贮藏3～7天，柠檬酸能降低溶液pH，当pH <4时，可抑制细菌的繁殖，降低酶的活性，减轻对导管的堵塞；或将预冷的月季切口浸蘸上300 mg·L^{-1}苯莱特杀菌剂，晾干后，放入塑料袋中干藏，可有效防止微生物在切口处侵染。

李永红以月季切花品种“卡罗拉”“红衣主教”“影星”和“白卡片”4个品种为试材，在低温(4 ℃冷库)条件下，结合预冷(2 ℃，24 h)和保鲜剂处理，采取湿藏和保湿干藏2种方式对月季切花不同品种贮藏特性和贮藏方式异同进行了比较研究。试验结果表明：4个主栽品种耐贮性有所差异，10天以内的短期贮藏，其有效的贮藏方式是低温条件下结合预处理液处理的湿藏；10天以上的贮藏，可采用低温预冷结合预处理液处理后在聚乙烯膜中进行保湿干藏。刘季平等通过24 h和72 h模拟贮藏，研究了干贮和湿贮2种贮藏方式，并结合普通保水剂和多孔型保水剂及自制切花保鲜液(10 mg·L^{-1}纳米银+2%壳聚糖)处理对月季切花瓶插寿命的影响。结果表明，与干贮对照相比，用切花保鲜液湿贮及茎基部用去离子水或切花保鲜液饱和的普通保水剂和多孔型保水剂包裹后干贮均能延长月季切花的瓶插寿命，其中贮藏24 h和72 h效果最好的处理分别为茎基部用切花保鲜液饱和的普通保水剂包裹干贮和切花保鲜液饱和的多孔型保水剂包裹干贮，二者的瓶插寿命分别比空塑料桶干贮对照延长6.8天和14.0天。因此，含切花保鲜液的湿贮及利用保水剂的干贮均能有效延长贮藏后月季切花的瓶插寿命，特别是保水剂应用于切花贮藏保鲜，不仅可以有效发挥保水剂保持水分和缓慢供水的特性，为切花提供一个含水的环境而又避免花叶沾水导致的腐烂，而且比湿贮处理更有利于切花包装、贮藏和运输，且可重复利用，节约环保。另外，保水剂与切花保鲜液组合使用，还可避免切花受到微生物侵害，更加有效地提高切花的贮运保鲜效果。

3. 气调贮藏

气调贮藏比冷藏效果更好，但贮藏成本会提高。在冷藏的基础上，调控二氧化碳含量为0.35%～10%，氧气含量为0.5%～1%，可降低呼吸强度，减少有机物质的消耗；可降低乙烯的释放速度，减缓衰老速度；低氧和高二氧化碳可有效降低微生物的繁殖与侵染。洪世阳等采用两种不同的贮藏方式对月季切花瓶插寿命的影响进行比较研究，结果表明，月季切花在(8±1)℃冷库贮藏条件下可以贮藏8天；而在真空气调保鲜室，温度为(0±1)℃时，最长贮藏时间可以达到30天。因此，短期内上市的月季鲜切花，适合选择冷库贮藏，长期贮藏的月季鲜切花则适合选择真空气调贮藏。

4. 减压贮藏

将月季放在气压为5.3～8.0 kPa的环境中，氧气、乙烯的浓度也相应降低，从而降低呼吸强度，减缓切花的衰老；气压降低，水分蒸腾作用加强，所以要不断喷水。

四、化学保鲜

1. 预处理液

预处理可促进花枝吸水、提供营养物质、灭菌及降低贮运过程中乙烯对切花的伤害作用。宋晓岗等采用“吸液(由蔗糖、硝酸银和柠檬酸组成)+喷化学试剂(茶叶-乙醇提取物和苯甲酸钠溶液)+功能性保鲜纸包装(涂布有硅藻土并喷上氧化剂 $K_2Cr_2O_7$)+低温贮藏(6～8 ℃)”形式具有较好的贮藏保鲜效果，可以在月季切花贮放5天以后使得其仍保持原性状，且在结束贮藏后切花又能恢复正常的观赏品质。贮前进行吸液，一方面吸收水分与养分，维持切花正常生命过程；另一方面使切花吸收具有杀(抑)

NOTE

菌作用又具有乙烯生成抑制作用的银离子及柠檬酸(有降低花序组织 pH 的作用),从而从内部减缓切花衰老并抑制微生物生长,保证切花在贮藏期及贮后瓶插的质量。喷化学试剂的主要目的是从切花外部环境方面进一步创造杀(抑)菌的效果,以阻止贮藏过程中切花表面微生物作用。本试验采用茶叶-乙醇提取物和苯甲酸钠溶液,二者除了具有抑制微生物繁殖的功效之外,茶叶中主要成分茶多酚的抗氧化性为人熟知,而乙醇或苯甲酸钠也对乙烯产生及作用有抑制作用。而采用硅藻土本身可以利用其多孔性对切花在贮藏过程中产生的乙烯进行吸收,而氧化剂则主要考虑其破坏乙烯的功效作用。熊运海采用5%蔗糖溶液处理月季切花品种“红衣主教”1、2级切花(1级花:萼片水平,花瓣紧抱;2级花:萼片下垂,花瓣开始松散),可改善贮藏品质,延长瓶插寿命,增大花朵直径,降低失水速率和细胞膜透性,使共质体失水减弱和推迟。蔗糖处理对1级花材贮藏期生理影响效应较2级花材大,而对贮藏后瓶插期观赏品质的改善较2级花材小,蔗糖处理2级花材适于贮藏运输。此外,熊运海和王青春研究了干藏条件下采用6-BA预处理后对月季切花衰老的影响,结果表明,在干藏条件下,6-BA预处理月季切花“萨曼莎”和“金牌”品种,可增加切花组织水势,降低水分亏缺程度、MDA含量和膜透性,提高SOD活性,从而延缓了切花衰老,提高了月季切花瓶插寿命。其中,不同品种间存在生理效应大小差异。试验结果充分说明,水分亏缺导致膜稳定性破坏是干藏月季切花衰老的主要生理原因,而采用6-BA预处理月季切花是干藏保鲜的有效措施。

2. 瓶插液

由于月季是一种重要切花,因此研究月季瓶插液的人很多,他们用不同品种月季试验,得到了不少瓶插液配方,由于月季品种有不同的代谢类型,因而至今尚无令人满意的通用瓶插液配方。向丽钧等对月季切花进行综合性保鲜实验研究发现,影响月季保鲜效果的因素按影响力大小排序:溶液浓度>预处理温度>花枝长度。最优保鲜剂配方组合:100 mg・L^{-1}蔗糖+100 mg・L^{-1} $Al_2(SO_4)_3$+100 mg・L^{-1} $CaCl_2$+100 mg・L^{-1}赤霉素+100 mg・L^{-1}柠檬酸,切花花枝长度为35 cm,预处理温度为5 ℃。此条件下月季鲜重和花茎以较为缓慢的速率降低,且能较长时间保持花朵鲜艳有光泽、花枝坚挺、花瓣膨胀度良好的状态,切花瓶插寿命达到19天。常用的月季切花瓶插液保鲜剂配方有月季瓶插液配方如下:2%蔗糖+500 mg・L^{-1}草酸+250 mg・L^{-1} 8-HQ+100 mg・L^{-1} $Al_2(SO_4)_3$+0.1 mmol・L^{-1}精氨酸;2%蔗糖+0.2 mmol・L^{-1} 8-HQC+100 μmol・L^{-1}硝普钠+50 μmol・L^{-1}白藜芦醇;0.5%蔗糖+2 g・L^{-1} $CaCl_2$+15~70 mg・L^{-1}二氯异氰尿酸钠;2%蔗糖+5 mg・L^{-1}纳米银+1000 mg・L^{-1} $Ca(NO_3)_2$+100 mg・L^{-1} SA;3%蔗糖+200 mg・L^{-1} 8-HQ+100 mg・L^{-1} $Ca(NO_3)_2$+80 mg・L^{-1} 6-BA;20 g・L^{-1}蔗糖+200 mg・L^{-1} 8-HQ+40 μmol・L^{-1}褪黑素。

月季瓶插亦发生弯茎(花柄弯曲)现象,使花不能正常开放。引起弯茎现象和品种有关,也和栽培管理有关。有些品种花柄细长,开放时急速增重,花柄由于花重引起弯曲。有些是因栽培管理不当引起,氮肥施用过多,钾肥不足,水控不合理,枝条发育细弱。有报道称,瓶插液中加入360 mg・L^{-1} $Co(NO_3)_2$或$CoCl_2$可获得满意的效果,也有人建议在开花前半个月喷施1 mmol・L^{-1}的α-萘醌可促进木质素的形成,有利于花柄的发育,克服弯茎现象。因此,选育适宜的品种与良好的栽培管理是解决这一问题的关键。

第二节　百合切花保鲜技术

一、采收

百合切花采收以花蕾着色为标准。一般每茎具5个以下花蕾的至少一个花蕾着色后才能采收,每5~10个花蕾须有2个花蕾着色,具10个以上花蕾应有3个花蕾着色。采收过早,花会显得苍白,并有一些花蕾不能开放;采收过晚,早期花蕾开放,呼吸作用产生的乙烯影响切花贮藏寿命与质量,花粉撒落也极易污染其他花枝,影响商品品质,因而在切花剪切时应剪除已开的花朵。

切花剪切最好在上午 10 时前，以减少花枝脱水。温室内切花剪切后，在室内干贮的时间不宜超过 30 min。剪切后将切枝下端 10 cm 叶片剥除，并进行分级后，每 10 枝扎成一束，整个加工过程要求在 1 h 内完成，如不能及时分级处理，最好立即将切花浸入清洁的水中，先放进冷藏室。对于需要保留鳞茎继续培养的植株，切花剪切时地面茎秆应留 20 cm 以上。温室栽培的切花，花枝剪切后加强管理，能在翌年 5—6 月再次开花，可二次收获切花。

二、分级与包装

（一）分级

百合切花的分级目前国内尚未制定统一标准，一般应按每枝花茎的花蕾数，茎的长度与坚硬度等分级，大致可以分为四级。①一级花：粗壮挺直、具韧性，长度 75 cm 以上，茎粗 0.9 cm 以上，可正常开放的花苞 6 朵以上。②二级花：长度 60 cm 以上，茎粗 0.7 cm 以上，花苞 5 朵以上。③三级花：茎粗壮，略有弯曲，长度 50 cm 以上，花苞 4 朵以上。④四级花：茎稍弯曲，长度 40 cm 以上，花苞 3 朵以上。

另外，百合鲜切花根据市场等级标准也可分为 A、B、C 三个等级，其中百合鲜切花又分为单头、双头、三头、多头等，每个规格又分为三个不同等级，质量越好的百合鲜切花等级也越高。不同品种百合的质量等级分级可以参照表 6-1。

表 6-1　不同品种百合的质量等级分级

品　种	等　级	主要形状描述
铁炮（白系）	A 级	3 个花苞，枝长 60 cm 以上，茎秆强健，无病害
	B 级	2 个花苞，枝长 50～60 cm，稍有焦叶现象，茎秆强健
	C 级	1 个花苞，枝长 50 cm 以下，有焦叶现象
将军（粉系）	A 级	4 个花苞以上，枝长 70 cm 以上，花苞大，茎秆强健，无病害
	B 级	3 个花苞，枝长 60～70 cm，茎秆强健，花苞较大
	C 级	1～2 个花苞，枝长 60 cm 以下，花苞一般，枝秆一般
西伯利亚（白系）	A 级	4 个以上花苞，枝长 70 cm 以上，茎秆强健，无病害，花型特大
	B 级	3 个花苞，枝长 60～70 cm，茎秆较强健，花苞较大
	C 级	1～2 个花苞，枝长 60 cm 以下
元帅（粉系）	A 级	4 个花苞以上，枝长 80 cm 以上，花型大，茎秆强健，无病害
	B 级	3 个花苞，枝长 60～80 cm，花型较大，茎秆强健
	C 级	1～2 个花苞，枝长 60 cm 以下
罗宾（粉系）	A 级	4 个花苞以上，枝长 70 cm 以上，茎秆强健，无病害
	B 级	3 个花苞，枝长 60～80 cm，茎秆一般
	C 级	1～2 个花苞，枝长 60 cm 以下
黄天霸（黄系）	A 级	4 个花苞以上，枝长 70 cm 以上，茎秆强健，无病害
	B 级	3 个花苞，枝长 60～70 cm，茎秆强健，稍有焦叶现象
	C 级	1～2 个花苞，枝长 60 cm 以下，茎秆一般，焦叶现象较重
钦差（粉系）	A 级	4 个花苞以上，枝长 70 cm 以上，花苞大，枝叶无病害
	B 级	3 个花苞，枝长 60～70 cm，花苞较大
	C 级	1～2 个花苞，枝长 60 cm 以下，品质一般
梯伯（粉红系）	A 级	4 个花苞以上，枝长 80 cm 以上，花苞、枝叶无病害、无破损，茎秆特别强健
	B 级	3 个花苞，枝长 60～80 cm，品质略低于一级
	C 级	1～2 个花苞，枝长 60 cm 以下，枝秆一般

NOTE

续表

品　种	等　级	主要形状描述
索尔邦(粉系)	A 级	4 个花苞以上,枝长 70 cm 以上,花苞、枝叶无病害、无破损,茎秆强健
	B 级	3 个花苞,枝长 60～70 cm,品质略低于一级
	C 级	1～2 个花苞,枝长 60 cm 以下,枝秆稍弱,品质不高

(二) 包装

依据荷兰花卉拍卖协会(VBN)百合切花标准中的包装要求,其包装规格如下所述。

1. 一般规格

百合必须具备以下标准。

(1) 必须以每束 10 枝供货。

(2) 每束以包装套包装好。

(3) 每束百合花枝的长度一致;花枝长度大于或等于 120 cm 的百合,必须浸泡入型号为 997 的盛水容器。

铁炮百合杂种系必须具备以下标准。

(1) 以 10 枝一束供应,每束一包装套包装。

(2) 当包装出现松动以后,以每 20 枝一束,用箔纸包装。

(3) 除以箔纸包装的铁炮百合花枝外,所有的铁炮百合包装时,必须去除茎基部以上 10 cm 的所有叶片。

2. 装箱

装箱依据表 6-2 进行。

表 6-2　百合切花装箱标准

产　品	每 10 枝一束的重量/g	包装箱的最低花枝数/枝
铁炮/亚洲百合杂交种系	≤600	100
	601～900	80
	901～1300	60
	>1300	40
铁炮百合杂交种系	≤500	100
	501～650	80
	651～900	60
	>900	40
东方百合杂种系	≤600	80
	601～850	60
	851～1100	40
	1101～1400	30
	>1400	20
其他百合		装满

三、贮藏保鲜

为保持切花品质与防止花蕾过早开放,可先将切花浸入水温为 2～3 ℃的清水中,使花枝充分吸水。处理时间通常为 4～8 h,不能少于 2 h。亚洲百合的水溶液中可加硫代硫酸银与赤霉素,硫代硫酸银对

其他类型的百合有害，可直接浸入清水中，或加适量杀菌剂。花枝吸水后即进入 2～3 ℃的冷藏室干藏或湿藏。东方百合的贮藏温度可稍高，维持在 2～4 ℃。贮藏室相对湿度需 80%～95%，贮存期不超过 4 周。干贮或运输时使用的包装盒必须打孔，通常使用纸箱的长、宽、高为 80 cm、40 cm、30 cm，每箱 30 扎。箱内花朵分层反向交互排列，并捆绑固定。运输时多数品种适宜 2～4 ℃的低温与 85%～90%的相对湿度，温度要求不高于 8 ℃，以阻止花蕾生长开花，减少乙烯的毒害作用。研究表明，采用 100 $g \cdot L^{-1}$蔗糖预处理对百合切花花蕾开放速度的影响不明显，但可以在一定程度上延长切花的瓶插寿命与开花质量。陈进研究表明，4 ℃低温冷藏可以保证切花在贮藏期间不开放，为百合鲜切花的贮运提供了便利。但是低温冷藏会造成切花开花品质下降，如花蕾干枯、花朵畸形等，并且这种影响随着冷藏时间的增加而加强，可能是低温对切花造成冷害所导致。冷藏加快了瓶插期间花蕾开放的速度，但却缩短了切花的瓶插寿命，且随着冷藏时间的增加，瓶插寿命呈现下降的趋势。冷藏期间将切花插入水中，比干燥冷藏更有利于切花的保鲜。

百合切花进行湿藏可保证花枝不断吸收水分，有利于水分平衡；加之在湿藏过程中用塑料薄膜包住花头，可减缓切花的蒸腾作用，避免切花过快失水发生萎蔫，从而延长保鲜时间。值得注意的是，低温贮藏期间虽然切花体内各种代谢减缓，但仍在进行，仍需消耗一定量养分，因此经低温贮藏后再进行瓶插的百合切花寿命比采后在常温下直接瓶插的短。李金枝等采用预处理液 4%蔗糖＋300 $mg \cdot L^{-1}$ 8-HQC＋60 $mg \cdot L^{-1}$ $Al_2(SO_4)_3$＋100 $mg \cdot L^{-1}$ GA_3对麝香百合切花进行预处理后在 2 ℃低温贮藏，结果表明，用预处理液处理后直接在室温下瓶插的切花寿命最长，而经过低温贮藏 2 周后的切花寿命都略有缩短，但经过预处理液处理后的切花较好。因此，低温冷藏结合预处理可有效延缓百合切花衰老。

李小玲和华智锐以百合为试验材料，先筛选出百合切花的预处理液（2%蔗糖＋200 $mg \cdot L^{-1}$ 8-HQ＋100 $mg \cdot L^{-1}$水杨酸），在此基础上，以预处理液浸插百合切花基部 8 h（浸泡深度为 20 cm），以 4 枝切花为一包裹单位，脱脂棉浸足水，用以包扎切花基部（湿藏），用保鲜膜包装切花后贮藏于 4 ℃的冰箱中 24 h，取出后斜切基部 2 cm 瓶插于蒸馏水中。结果表明，经含水杨酸的预处理液处理的百合切花再进行低温湿藏，可以明显增加百合切花的花径，维持瓶插过程中的吸水量，阻止切花失水，维持切花相对稳定的蒸腾作用，保持花枝鲜重，延缓细胞膜透性的增加，从而提高切花质量，延长百合切花的瓶插寿命。

四、化学保鲜

1. 预处理液

罗红艺等研究了预处理液 4%蔗糖＋300 $mg \cdot L^{-1}$ 8-HQC＋60 $mg \cdot L^{-1}$ $Al_2(SO_4)_3$＋25 $mg \cdot L^{-1}$ B_9能增加百合切花鲜重，提高 SOD 和 CAT 活性，延缓 MDA 含量的增加和超氧阴离子自由基（$O_2^{\cdot -}$）产率，减少水分散失，维持细胞膜结构的相对稳定性，从而延长百合切花瓶插寿命 3 天。李玲等采用预处理液 40 $g \cdot L^{-1}$蔗糖＋300 $mg \cdot L^{-1}$ 8-HQC＋60 $mg \cdot L^{-1}$ $Al_2(SO_4)_3$＋100 $mg \cdot L^{-1}$ GA_3对百合切花进行保鲜效应研究，结果表明，预处理液处理对百合切花的保鲜效果明显，能延长切花瓶插寿命 3 天，增加鲜重，增加花瓣可溶性糖及可溶性蛋白质含量，改善体内水分平衡，提高 POD 活性，降低脯氨酸含量，从而改善百合切花品质和延缓衰老进程。李敏等研究了不同浓度 ABA 及 ABA 和蔗糖预处理对“索邦”百合切花的瓶插寿命、花径、叶色、鲜质量变化率等指标的影响。结果表明，200 $mg \cdot L^{-1}$ 8-HQ 预处理提高了百合切花鲜质量，在 8-HQ 基础上添加低浓度 ABA（0.1 $mg \cdot L^{-1}$）可延长切花瓶插寿命、增大花径，但效果不显著，并且还抑制切花鲜质量增加。而采用 8-HQ 和蔗糖预处理可延长切花寿命，提高切花鲜质量，但在一定程度上会导致切花叶片黄化。进一步在 8-HQ 和蔗糖配方的基础上添加较低浓度的 ABA（0.1 $mg \cdot L^{-1}$、0.5 $mg \cdot L^{-1}$、2 $mg \cdot L^{-1}$）对切花瓶插寿命并无显著影响，但延迟了切花的开放时间，增加了切花鲜质量，还可部分缓解蔗糖预处理所引起的叶片黄化，具有一定的保鲜效果。而采用高浓度 ABA（50 $mg \cdot L^{-1}$）进行预处理则显著缩短切花寿命，降低切花的观赏价值。

NOTE

2. 瓶插液

通过查阅文献，目前已发表的有关百合瓶插液主要配方如下：2%蔗糖＋0.15 g·L^{-1} 8-HQS＋0.05 g·L^{-1} $AgNO_3$＋0.1% $Ca(NO_3)_2$；2%蔗糖＋200 mg·L^{-1} 8-HQC＋0.2 mmol ·L^{-1} STS＋50 mg·L^{-1} $Al_2(SO_4)_3$＋90 mg·L^{-1} 6-BA；2%蔗糖＋200 mg·L^{-1}8-HQ＋300 mg·L^{-1}柠檬酸＋0.1% $CaCl_2$＋0.4 mmol·L^{-1}精氨酸；2%蔗糖＋200 mg·L^{-1} 8-HQ＋300 mg·L^{-1}柠檬酸＋0.1% $CaCl_2$＋0.05‰ $Co(NO_3)_2$；2%蔗糖＋200 mg·L^{-1} 8-HQ＋300 mg·L^{-1}柠檬酸＋90 mg·L^{-1} 6-BA＋100 mg·L^{-1} GA_3；0.1 mmol ·L^{-1} SNP；3%蔗糖＋150 mg·L^{-1} 8-HQ＋0.6 mg·L^{-1}没食子酸丙酯＋50 mmol ·L^{-1}水杨酸、2%蔗糖＋250 mg·L^{-1} 8-HQ＋0.4 mg·L^{-1}没食子酸丙酯＋50 mmol ·L^{-1}水杨酸、1%蔗糖＋200 mg·L^{-1} 8-HQ＋0.5 mg·L^{-1}没食子酸丙酯＋50 mmol ·L^{-1}水杨酸；3%蔗糖＋150 mg·L^{-1} 8-HQ＋100 mg·L^{-1} $Al_2(SO_4)_3$；3%蔗糖＋250 mg·L^{-1}8-HQ＋20 mg·L^{-1} $ZnSO_4$＋0.1%丙三醇；1.65 mg·L^{-1} 0.14% 1-MCP 微囊悬浮剂；20 g·L^{-1}蔗糖＋200 mg·L^{-1} 8-HQ＋20 μmol·L^{-1}褪黑素；50 μL·L^{-1} 1-MCP。

第三节　唐菖蒲切花保鲜技术

唐菖蒲又称剑兰、菖兰，是鸢尾科唐菖蒲属的多年生草本花卉。唐菖蒲株型挺直，绿叶互生，花葶自叶丛抽出，穗状花序，每枝着花8～20朵，由下而上开放；花色丰富艳丽，花瓣薄如绸绢，是制作花篮、花束和插花的优质材料，是世界著名的四大切花之一。此外唐菖蒲还具有药用和保健功效，其球茎入药，有清热解毒、散瘀消肿的功效，主治跌打肿痛，茎叶可提取维生素C。对剧毒气体氟化氢很敏感，遇氟化氢气体，叶子就会发黄萎垂，可用之监测氟化氢污染情况，是一种极好的环保绿化花卉。唐菖蒲喜光性强，属长日照植物，夏季喜凉爽气候，忌过度炎热；冬季喜温暖，怕寒冷。喜疏松、肥沃、排水良好的沙质壤土，不耐涝。唐菖蒲球茎在4～5 ℃时萌动生长；生育的最适温度为白天20～25 ℃，夜间10～15 ℃。植株长到3～4片叶时开始花芽分化，6～7片叶时花芽分化终止，以后紧接着进行花芽发育。花芽分化最适温度为17～20 ℃，此时需长日照，否则花芽败育。分化后短日照有利于花芽发育从而提早开花。花芽分化和花芽发育这两个阶段是对光、水、肥需要的关键阶段。唐菖蒲在露地条件下栽培，开花期为5—11月。在温室栽培条件下，通过调节光照和温度，基本上可周年开花。但是，从产花量方面看，以夏季为最大。

唐菖蒲原产于南非好望角一带，该属约有250种，其中10%左右的种类分布在西亚和地中海地区，而另外的90%分布在非洲地区，这两地的野生种又在经过多年的杂交和选择后形成了当今常用的栽培品种，栽培遍布世界各地。不同花色的唐菖蒲品种见图6-1。唐菖蒲品种按花期可分为春花种和夏花种。春花种在亚热带地区秋季种植，冬季在露地继续生长，翌年春季开花，可提供早切花。但植株矮小，花小，色彩单调。夏花种，春季栽植，夏季开花，如果推迟栽种期，也可以在秋季开花。其植株高大，花型大，色彩丰富，是当前主要栽培种。夏花种中的栽培种极多，按其开花期的早晚又可分为早花类、中花类和晚花类。

一、采收

唐菖蒲切花采收期应根据季节和花序发育程度而定。夏季气温较高，当花茎伸长出来、花穗下部的小花着色1～2朵时或小花从苞叶间出现时，为最佳采收期。春秋季则应在有2～3朵小花着色后剪取。唐菖蒲的采收以傍晚为宜，因为经过一天的光合作用，切花茎中积累了较多的碳水化合物，质量较高；而清晨采切，虽然可保持切花细胞高的膨压，但因露水多，切花较潮湿，采后易受细菌、真菌的感染。采时最少留4片叶子以利于新球、子球的继续生长和充实。采收时花序的发育程度对唐菖蒲切花后面的保鲜具有重大影响，姜微波等在切花绿蕾期（Ⅰ期，花序基部第1朵小花的花瓣尚未露出苞片）、露瓣期（Ⅱ

NOTE

扫码看
彩图 6-1

普丽西拉　金色杰克逊　粉佳人　红怜　蓝精灵

图 6-1　不同花色的唐菖蒲品种

期，第 1 朵小花的花瓣已露出苞片，但未开裂）和开放期（Ⅲ期，第 1 朵小花盛开）三个时期采收唐菖蒲切花，研究了花序的发育程度对唐菖蒲切花的影响。结果表明，采收时花序上花蕾发育程度越低，切花含糖量越低，瓶插时切花体内的糖消耗量越少，切花瓶插观赏品质越差；小花由绿蕾至盛开需吸收高于自身含糖量数倍的糖分，即使是开放期采收的切花，其自身含糖量也不能充分满足花序上花蕾继续生长发育的需要。

二、分级与包装

采收的唐菖蒲按花色归类，按花序长度分级，剔除花茎弯曲及病虫害和机械损伤的花序。然后每 10 枝一束，待其充分吸足水之后，用纸或玻璃纸包扎整齐，装入纸箱。

（一）分级

1. 唐菖蒲开花指数的划分与描述

唐菖蒲切花开花指数的划分与描述见表 6-3，唐菖蒲切花开花指数图解见图 6-2。

表 6-3　唐菖蒲切花开花指数的划分与描述

开花指数	描述
1	花序花蕾未显色，稍有膨大，但包裹紧实，花瓣未伸出，适宜夏秋季远距离运输销售
2	花序最下部 1～2 朵小花显色，花瓣伸出 0.5 cm 以下，且花瓣仍然紧卷；适宜夏秋季远距离运输销售
3	花序最下部 1～4 朵小花显色，花瓣伸出 1 cm 以下，且小花花瓣尚未展开或开发，花瓣仍然紧卷；适宜冬春季远距离运输销售
4	花序最下部 1～4 朵小花显色，花瓣伸出 1 cm 以下，其中基部小花略呈展开状态；适宜近距离运输和就近批发销售
5	花序最下部不少于 4 朵小花花瓣伸出苞片并都显色，其中基部 1 朵小花完全开放，适宜就近尽快销售

2. 唐菖蒲切花质量分级标准

唐菖蒲切花标准（NY/T 322—1997）将唐菖蒲切花整体划分为四级：①一级花花茎长度大于 130 cm，小花 20 朵以上；②二级花花茎长度 100～130 cm，小花 16 朵以上；③三级花花茎长度 85～100 cm，小花 14 朵以上；④四级花花茎长度 70 cm 以上，小花不少于 12 朵。2020 年 8 月 26 日，农业农村部发布了新的标准 NY/T 322—2020，替代 NY/T 322—1997，2021 年 1 月 1 日正式实行。NY/T 322—2020 将唐菖蒲切花质量划分为三级，具体见表 6-4。

NOTE

图 6-2　唐菖蒲切花开花指数图解

表 6-4　唐菖蒲切花质量分级(NY/T 322—2020)

项　目	一　级	二　级	三　级
整体感	整体效果、新鲜度极佳,具有该品种特性	整体效果好、新鲜度好,具有该品种特性	整体效果、新鲜度较好,具有该品种特性
花序	花序完整优美,花的色泽纯正鲜艳,花苞饱满具光泽;从基部统计有 2～4 朵小花离开花梗,夹角≥5°,采切开花指数 1～4	花序较完整优美,花的色泽纯正鲜艳,花苞饱满;从基部统计有 2～6 朵小花离开花梗,夹角≥5°,采切开花指数 1～4	花序较完整,花的色泽较鲜艳,花苞饱满;从基部统计有 2～6 朵小花离开花梗,夹角≥5°,采切开花指数 1～5;基部第一朵完全开放花花径达到该品种特征,但大花品种应≥10 cm;小花品种应≥6 cm
茎秆	硬实,挺直,匀称	硬实,挺直,匀称	较硬实,匀称,略有弯曲
叶	叶厚实鲜绿有光泽,无干尖	叶色鲜绿有光泽,有轻微干尖	叶色鲜绿,有轻微褪绿或干尖
病虫害	整个花枝无肉眼可见的病虫害斑点、孔洞、缺刻;无肉眼可见的虫和虫卵	花序无病虫害斑点、孔洞、缺刻;叶、茎秆有轻微病虫害斑点、孔洞、缺刻;无肉眼可见的虫和虫卵	花序无孔洞、缺刻;允许花序、叶、茎秆有轻微病虫害斑点;无肉眼可见的虫和虫卵
损伤等	无药害、冷害、灼烧及机械损伤	花序无药害、冷害、灼烧及机械损伤等;叶、茎秆有轻微损伤	花序有轻微药害、冷害、灼烧及机械损伤
整齐度	每扎花枝长度最长与最短的差别不超过 3 cm;开花指数偏离允许度≤5%	每扎花枝长度最长与最短的差别不超过 5 cm;开花指数偏离允许度≤15%	每扎花枝长度最长与最短的差别不超过 5 cm;开花指数偏离允许度≤25%

(二)包装

唐菖蒲切花在贮运前先要进行包装,一般每 10 枝或 20 枝捆成一扎,放入纸箱中。箱子可以分为大箱、小箱两种,大箱装切花 20 扎,小箱装 15 扎。在装箱时,中间需用绳子捆绑固定。在纸箱的两侧打

NOTE

孔，保证箱内空气流通，孔距离箱口 8 cm。纸箱宽度可采用 30 cm 或 40 cm。由于唐菖蒲的极性生长势强，花序横置时间太长会促使顶端负向地性向上弯曲生长，从而导致花穗顶部弯曲，影响商品品质，所以在贮运过程中应将花束直立放置。在装完箱后，需在箱子表面注明切花种类、品种名、花色、级别、花梗长度、装箱容量、生产单位及采切时间等。

三、贮藏保鲜

1. 冷藏

唐菖蒲切花在适当低温下可有效地抑制贮藏切花的生长发育，延迟花朵开放，延长贮存期。姜微波等的研究表明，唐菖蒲切花冷藏的最适温度为 0 ℃，在此温度下，切花呼吸作用最大限度受到抑制，可溶性糖消耗减少。连程翔的研究结果表明，若先用 20％的蔗糖溶液预贮 4 h，5 ℃条件下贮藏 10 天后仍可使切花出库外观鲜度较高，花朵顺利开放。蔡永萍等将供试切花包装好后放于 4 ℃冰箱冷贮 7 天后进行瓶插试验，发现唐菖蒲切花经贮藏后观赏品质大大降低，瓶插寿命为 5～6 天，而新鲜切花的瓶插寿命则为 9.3 天，贮藏切花瓶插期间的日观赏值及小花开放率远低于鲜切花。唐菖蒲切花在冷藏后出现小花开放数目降低、苞片发黄、瓶插寿命缩短等现象，究其原因，主要是在贮藏过程中，唐菖蒲花序基部小花吸收其他部分小花的营养，保证其自身的生长发育，因此瓶插后能迅速开放，而顶部小花则由于营养不够导致不能完全开放，严重影响其观赏品质和商品价值。因此，如何降低冷藏过程中的呼吸作用和减少可溶性糖的消耗，是解决提高冷藏唐菖蒲切花品质的关键技术问题。

2. 化学保鲜

唐菖蒲切花采用化学保鲜剂处理的保鲜效果十分明显。据报道，经保鲜剂处理的唐菖蒲，瓶插寿命从 8 天延长到 16 天，而且开花率提高，观赏品质上升。

(1) 预处理液：周荣的研究表明，在 4 ℃ 下用 5％蔗糖预处理 4 h 后，可以推迟切花呼吸高峰的到来，延缓叶片早衰，减轻花蕾冷僵不开现象，从而大大改善了唐菖蒲切花贮藏的外观品质。黄素华以唐菖蒲“临洮红”和“临洮黄”两个品种为材料，采用两种预处理液“300 $mg \cdot L^{-1}$ 8-HQ＋30 $mg \cdot L^{-1}$ 硝酸银＋4％蔗糖”和“300 $mg \cdot L^{-1}$ 8-HQ＋200 $mg \cdot L^{-1}$ 硝酸银＋100 $mg \cdot L^{-1}$ 柠檬酸＋3％蔗糖”，分别在 4 ℃贮藏 15 天和 20 天，结果表明，采用预处理液“300 $mg \cdot L^{-1}$ 8-HQ＋200 $mg \cdot L^{-1}$ 硝酸银＋100 $mg \cdot L^{-1}$ 柠檬酸＋3％蔗糖”可以显著提高唐菖蒲切花的瓶插寿命。张克中等的研究表明，先用 10％蔗糖＋200 $mg \cdot L^{-1}$ 8-HQC 溶液在 4 ℃条件下对唐菖蒲切花进行浸泡 24 h 预处理，然后 4 ℃干贮效果最好，切花保鲜系数最高，保鲜系数下降最慢，而常温贮存很容易衰败。

(2) 催花液：刘雅莉等利用 2 种不同催花液对唐菖蒲切花进行处理，结果表明，催花液能够提高唐菖蒲切花的开放率（如第 15 天时比对照多 34.48％），降低衰老率（如第 15 天时比对照低 56.82％），缓解切花水分胁迫，改善体内水分平衡，抑制和缓解干物质和蛋白质的降解。

(3) 唐菖蒲瓶插液配方：20 $g \cdot L^{-1}$ 蔗糖＋2 $g \cdot L^{-1}$ KNO_3；4％蔗糖＋300 $mg \cdot L^{-1}$ 8-HQ＋150 $mg \cdot L^{-1}$ 硼酸＋20 $mg \cdot L^{-1}$ 6-BA＋200 $mg \cdot L^{-1}$ B_9；3％蔗糖＋250 $mg \cdot L^{-1}$ 8-HQ＋400 $mg \cdot L^{-1}$ 柠檬酸；4％蔗糖＋150 $mg \cdot L^{-1}$ 硼酸＋100 $mg \cdot L^{-1}$ 氯化钴；1％蔗糖＋200 $mg \cdot L^{-1}$ $Al_2(SO_4)_3$＋300 $mg \cdot L^{-1}$ $Ca(NO_3)_2$＋200 $mg \cdot L^{-1}$ KH_2PO_4＋10 $mg \cdot L^{-1}$ 6-BA＋30 $mg \cdot L^{-1}$ 水杨酸；20 $g \cdot L^{-1}$ 蔗糖＋ 200 $mg \cdot L^{-1}$ $Al_2(SO_4)_3$＋250 $mg \cdot L^{-1}$ 8-HQ＋500 $mg \cdot L^{-1}$ 柠檬酸；2％葡萄糖＋100 $mg \cdot L^{-1}$ 青霉素。

第四节　香石竹切花保鲜技术

香石竹是石竹科石竹属多年生草本植物，高可达 70 cm，全株无毛，茎直立丛生，叶片线状披针形，顶端长渐尖，基部稍成短鞘，中脉明显，花常单生枝端，有香气，粉红、紫红或白色；花梗短于花萼，苞片宽

NOTE

卵形，花萼圆筒形，瓣片倒卵形，顶缘蒴果卵球形；5—8 月开花，8—9 月结果。香石竹的品种繁多，主要划分为大花系和小花系两类，栽培品种及特性可参见表 6-5。

表 6-5 香石竹品种及特性

系别	品种	颜色	生长速度	产量	抗病性	品质
大花系	红色恋人	红	很快	高	强	佳
	马斯特	红	快	高	很强	极佳
	达拉斯	红	快	高	较强	佳
	粉佳人	粉	快	高	强	佳
	粉黛	粉	很快	高	很强	佳
	卡曼	粉	很快	高	强	佳
	自由	黄	极快	高	强	佳
	黄精灵	黄	快	高	强	佳
	白雪公主	白	极快	高	强	佳
	绿夫人	绿	很快	很高	强	佳
	绿神	绿	快	很高	很强	佳
	兰贵人	白底紫红边	快	很高	很强	佳
	紫罗兰	紫底白边	很快	高	强	佳
	芭比	白底红丝边	很快	高	很强	佳
	红云	红底白边	慢	很高	很强	佳
	安静	白底亮粉边	极快	高	强	佳
小花系	红色芭芭拉	红	很快	高	强	佳
	深粉色芭芭拉	粉	很快	很高	强	佳
	浪漫	粉红底白边	很快	很高	很强	佳
	紫之蝶	紫红底白边	快	高	强	佳

一、采收

1. 开花指数

香石竹切花采收根据销售、贮藏、运输等不同要求与采收季节的不同，对采收花蕾的开放度亦有不同标准。根据香石竹切花行业标准，将花蕾开放度即开花指数，分为 4 级。

开花指数 1：花瓣伸出花萼不足 1 cm，呈直立状，适合远距离运输。

开花指数 2：花瓣伸出花萼 1 cm 以上，且略有松散，可兼做远距离或近距离运输。

开花指数 3：花瓣松散，开展度小于水平线，适合就近批发出售。

开花指数 4：花瓣全面松散，开展度接近水平，宜尽快出售。

2. 采收适期

单枝大花型香石竹切花采收，从观赏应用效果讲，应在花朵外瓣开放到水平状态，能充分表现切花品质时为最适期，即达到开花指数 4 时最佳。但由于香石竹切花，从采切到上市，还有一段较长的中转、贮运时期，而且花朵在花瓣未展开状态，比开放后耐包装、贮藏、运输。因此，多数情况下主要在花瓣露出、萼筒见色后采收。

多头型香石竹切花采收，通常在花枝上有 2 朵开放，其余花蕾现色时采收。

NOTE

3. 采收方法

香石竹成熟花枝可用剪刀剪切。剪切长度既要考虑切花上市长度要求，更要考虑下茬花枝的发芽能力。一般花枝下部保留 2～3 个节位，以保证选择下一级侧枝萌发成新的花枝。香石竹的具体采收时间，一般在傍晚比较适宜。因为香石竹花头中碳水化合物的积累，以下午 1 点到 4 点这段时间含量最高，花头中的碳水化合物含量直接影响香石竹切花贮藏寿命与瓶插寿命。

4. 吸水处理

香石竹是比较耐干的切花，如果在剪切后，置于清水中吸水 6 h 左右，则更有利于延长保鲜期。一般吸水后用纸箱包装运输，48 h 内切花的保鲜性能不会下降。

二、分级与包装

1. 分级

香石竹在国际贸易中，切花分级有严格标准，各国的等级标准略有差异，香石竹切花行业标准将香石竹切花分为 4 级，主要指标如下。

一级花：花形完整优美；开放花朵直径大于 7.5 cm，较紧实花蕾大于 6.2 cm，坚实花蕾直径大于 5.0 cm；花茎长度 65 cm 以上，花枝重 25 g 以上，适用开花指数 1～3；依品种 10 枝捆为一扎，每扎中花茎长短差别不超过 3 cm，切口以上 10 cm 内去叶，每扎用套袋或纸张包扎保护。

二级花：花形完整，花朵开放直径为 6.8～7.4 cm，较紧实花蕾直径为 5.6～6.1 cm，坚实花蕾直径为 4.4～4.9 cm；花茎长度 55～64 cm，单枝重 20 g 以上，适用开花指数 1～3；每 10 枝或 20 枝捆为一扎，每扎中花茎长短差别不超过 5 cm，切口以上 10 cm 去叶，每扎用套袋或纸张包扎保护。

三级花：花形完整，开放花朵直径要求与二级花相同；花茎长度在 50～54 cm，单枝重 15 g 以上；适用开花指数 2～4，每 30 枝为一扎，每扎花茎长度差别不超过 10 cm。

四级花：花形完整，花色稍差；花茎长度在 40 cm 以上，单枝重 12 g 以上；适用开花指数为 3～4；每 30 枝捆成一扎。

2. 包装

选择同一等级的花材 20 枝，去除花秆基部 15 cm 以下叶片，将宽 35 cm、长 70 cm 白卡纸平铺，宽边折起 10 cm，左边空出 15 cm 待用。先取 12 枝花花头对齐，沿折起的宽边下 5 cm 码放，将左边白纸向右卷折；另取 8 枝花同样方法码放，将白纸向左卷折后用透明胶带封住侧边。根据等级要求把根部切齐，用橡皮筋缠绕根部，插入保鲜液盒放入冷库待用。装入外包装箱时花头离开包装箱 20 cm，箱装满时箱内用包装带固定，包装箱封口后再用包装带固定。

三、贮藏保鲜

采收后的香石竹如不能立即出售，就需进行贮藏，香石竹保鲜性下降的主要原因是产生乙烯。茎叶遭到过度损伤、花蕾开花等，都有大量乙烯产生。因此除减少切花损伤、减少开花花朵贮藏外，切花贮藏室绝不能与其他果品、蔬菜及其他花卉混贮。剪切后的花枝在吸水处理的同时，可以加入硫代硫酸银(STS)抑制乙烯的保鲜处理。硫代硫酸银可用硝酸银与硫代硫酸钠的摩尔浓度按 1∶8 比例配制。为提高保鲜效果，还可添加 8-羟基喹啉(8-HQ)与蔗糖。香石竹切花冷藏，一是在保湿的包装箱内干贮，二是将花枝插在保鲜液中湿贮。

香石竹瓶插液配方：3%蔗糖＋200 $mg \cdot L^{-1}$ 8-HQ＋200 $mg \cdot L^{-1}$柠檬酸＋50 $mg \cdot L^{-1}$ $Al_2(SO_4)_3$＋100 $mg \cdot L^{-1}$ KCl；3%蔗糖＋300 $mg \cdot L^{-1}$ 8-HQ＋250 $mg \cdot L^{-1}$ B_9和 0.1% $CaCl_2$；15.4 $mg \cdot L^{-1}$二氯异氰尿酸钠；3.86%蔗糖＋188.35 $mg \cdot L^{-1}$ 8-HQ＋51.65 $mg \cdot L^{-1}$ 6-BA；150 $\mu mol \cdot L^{-1}$ SNP；3%蔗糖＋50 $mg \cdot L^{-1}$柠檬酸＋600 $mg \cdot L^{-1}$维生素 C＋20 $mg \cdot L^{-1}$ 6-BA；3%蔗糖＋200 $mg \cdot L^{-1}$柠檬酸＋200 $mg \cdot L^{-1}$ 8-HQ＋180 $mg \cdot L^{-1}$明矾；30 $g \cdot L^{-1}$蔗糖＋250 $mg \cdot L^{-1}$柠檬酸＋200 $mg \cdot L^{-1}$ 8-HQS＋10 $mg \cdot L^{-1}$ 6-BA；30 $g \cdot L^{-1}$蔗糖＋250 $mg \cdot L^{-1}$柠檬酸＋200 $mg \cdot L^{-1}$ 8-HQS＋5 $mg \cdot L^{-1}$ ZT；3%蔗糖＋400 $mg \cdot L^{-1}$柠檬酸＋40 $mg \cdot L^{-1}$ $AgNO_3$。

NOTE

第五节　非洲菊切花保鲜技术

非洲菊又名扶郎花，是菊科大丁草属多年生常绿草本花卉。非洲菊为头状花序，一梗只开一个花序。花序硕大，花梗挺拔，花色丰富，盛开时亭亭玉立，绚丽秀雅，是世界著名的第五大切花种类。非洲菊花期为5～7天，不耐贮运。因而对采后处理措施要求严格。

一、采收

非洲菊的采收时期可根据花瓣展开的程度确定，在花梗挺直、外围花瓣趋于平展、内围有2～3环雄蕊开放时采收较为适宜。采花的时间最好在清晨或傍晚，此时花梗中的导管富含水分，可减轻失水萎蔫。

采收时，用手握住花梗基部，来回对折几下，便可把茎基离层折断。亦可用花剪在花梗基部剪取。

采收后，用漏斗状塑料薄膜花托套住花朵，以保护外围的舌状花瓣，再装入包装盒中。建议包装盒的规格为长70 cm、宽40 cm、高30 cm。

二、贮藏保鲜

1. 冷藏

非洲菊不耐贮藏。在相对湿度90%、温度2～4 ℃的条件下，湿贮可保鲜6～10天，干贮只保鲜2～4天。由冷库中移至室温条件下，可保鲜5～7天。

湿贮时，要先排除导管堵塞因子，保证导管流畅。一般是在插入保鲜液之前，先将花梗基部3～6 cm红褐色的部分剪除，露出没被堵塞的导管后，再进行湿贮。

2. 化学保鲜

用保鲜液进行化学保鲜，也有明显的效果。在进行化学保鲜时，保鲜液处理的时间须达24 h，花梗插入保鲜液的深度应在5～10 cm，甚至将花梗全部浸在保鲜液中。常用的瓶插液保鲜剂配方：10%蔗糖+200 $\mu g \cdot g^{-1}$ 8-HQC+50 $\mu g \cdot g^{-1}$ $AgNO_3$；30 $g \cdot L^{-1}$蔗糖+200 $mg \cdot L^{-1}$ 8-HQ+150 $mg \cdot L^{-1}$柠檬酸+75 $mg \cdot L^{-1}$磷酸氢二钾；2%蔗糖+200 $mg \cdot L^{-1}$ 8-HQ+10 $mg \cdot L^{-1}$ B_9；30 $g \cdot L^{-1}$蔗糖+200 $mg \cdot L^{-1}$ 8-HQC+20 $mg \cdot L^{-1}$水杨酸；3%蔗糖+200 $mg \cdot L^{-1}$ 8-HQ+150 $mg \cdot L^{-1}$柠檬酸+10 $g \cdot L^{-1}$ $CaCl_2$+10 $mg \cdot L^{-1}$ 6-BA；77.0 $mg \cdot L^{-1}$二氯异氰脲酸钠；1.0%海藻寡糖+3.0%蔗糖+1.0 $\mu L \cdot L^{-1}$ 1-MCP；30 $mg \cdot L^{-1}$蔗糖+500 $mg \cdot L^{-1}$硝酸钙+100 $mg \cdot L^{-1}$山梨醇；1 $mg \cdot L^{-1}$或者3 $mg \cdot L^{-1}$纳米铜+3%蔗糖。

第六节　满天星切花保鲜技术

满天星又名丝石竹、霞草，是石竹科丝石竹属的多年生宿根性草本花卉。满天星茎部直立，茎枝纤细，分枝繁茂，富立体感。叶似披针，叶色粉绿，花呈圆锥状聚伞花序，花朵小而繁多，白色，略带清香，盛开时细如豆粒的白花，宛如天空繁星点点，具有素雅、圣洁、朦胧的美感，是著名的切花种类，在世界切花市场上占有重要地位。满天星作为各种花束、花篮、插花的陪衬，具有独特的魅力。满天星是花束中不可或缺的最佳辅助花材，只要加上一些满天星，整束花就能显得温柔而更加动人。在自然露地条件下栽培，满天星的开花期为5—6月。如果在促成栽培条件下，可有效地延长开花时间，基本做到周年供应。但通过保鲜措施，可进一步平衡满天星的市场，满足消费者的需要。

NOTE

一、采收

满天星的采收适期以近一半的花朵开放为宜。切取部位和花枝大小无统一标准，国际市场以重量为单位，要求一枝花不轻于25 g，每250 g为一束。也有在茎基部剪取的，要求每枝有3个分叉，10枝为1束。市场上一般以束为批发单位。

满天星花枝细小，保水性差，采收时最好备有水桶或其他盛水容器，剪下花枝后，应立即插入水中，以防失水干枯。

二、分级与包装

满天星常规采收(小花近50%开放)后的切花，花朵繁茂，花丛蓬松而轻盈，不易包装贮藏，在自然条件下失水迅速，造成商品流通中损失巨大，商品货架期短。因此，如何进行满天星切花保鲜是亟待解决的问题。

(一) 分级

在我国，满天星切花划分为如下三级。

(1) 一级：枝长在60 cm以上，花色纯白无杂色，花蕾开放超过70%，无枯花，枝叶无腐败现象，枝叶新鲜，无干枯，花朵大小中等，数量多。

(2) 二级：枝长在50 cm以上，花色洁白，基本无杂色，花蕾开放超过50%，基本无枯花，花朵数量较多，枝秆较新鲜。

(3) 三级：枝长在50 cm以下，花色洁白，有杂色存在，但不严重，花蕾开放程度在50%左右，有部分枯花，及枝叶有腐败现象，但不严重，花朵数量一般，丰满度不够。

(二) 包装

荷兰花卉拍卖协会(VBN)的满天星切花分级包装标准如下。

(1) 当按每捆长度进行分级时，参照以下分级标准。

①满天星每捆的长度以5 cm为一个等级。

②每捆内的每枝满天星长度都要一致。

③长度不一致时最大限度不能超过5 cm。

④每捆花枝长度指从满天星被剪下来的底部至最高花苞花朵的长度。

(2) 当以枝为单位时，按重量对满天星进行分级时，参照以下分级标准。

①按照茎秆重量进行分级。

②重量为20 g以上，以每5 g增加进行分级，详见表6-6。

表6-6 每枝满天星的重量分级标准

每枝平均重量/g	级别代码	每枝平均重量/g	级别代码
10	010	18	018
12	012	20	020
14	014	25	025
16	016		

③每一批里所有花枝的重量最低不能低于花枝平均重量的60%，最高不能高于花枝平均重量的140%。

④在贸易过程中重量分级通常通过编码进行交易。

(3) 当以束为单位，按重量对满天星进行分级时，参照以下分级标准。

①按每捆重量进行分级。

②125 g被分为一个重量等级，详见表6-7。

NOTE

表 6-7　每束满天星的重量分级标准

每束平均重量/g	级别代码	每束平均重量/g	级别代码
50	250	125	625
75	375	150	750
100	500	175 以上(包括 175)	875

③每一批里所有花枝的重量最低都不能低于花束平均重量的 60%，最高都不能高于花枝平均重量的 110%，详见表 6-7。

三、保鲜技术

1. 低温贮藏保鲜

熊运海的研究表明，在低温条件下，以小花开放率 10%～15%的满天星切花为试材，采取湿藏和干藏两种方式，结合预冷和保鲜液处理，对切花贮藏时间和方式进行了研究。结果表明，满天星切花提前采收是可行的，其有效的贮藏保鲜措施应是低温条件下结合保鲜液处理的湿藏。15 天内贮藏，可将切花置预处理液中预冷后再于清水中贮藏；20 天内贮藏，可将切花置预处理液中预冷后再于保鲜液中贮藏。

2. 化学保鲜

满天星分枝多，枝条细而散，不耐贮运。在上市的包装上，往往在每枝花的花枝下端用浸有保鲜液的脱脂棉球包裹，或用直径 1 cm、长度 2～3 cm 的塑料套管，内盛保鲜液，套住每枝花的花枝下端，然后装入包装箱内。

满天星的瓶插保鲜液配方：5 $g \cdot L^{-1}$蔗糖+500 $mg \cdot L^{-1}$ 8-HQ+150 $mg \cdot L^{-1}$ $Al_2(SO_4)_3$。

第七节　小苍兰保鲜技术

小苍兰又名香雪兰、小菖兰、洋晚香玉，是鸢尾科香雪兰属多年生草本花卉。小苍兰花穗优美、色彩丰富、鲜艳绮丽，极具芳香，是重要的切花种类，为冬春季室内装饰的极好材料，亦适宜制作花束、花篮、捧花等。在花卉生产大国荷兰，小苍兰的产量名列切花类第六名。小苍兰在普通温室中栽培，开花期为 3—4 月。在促成栽培条件下，开花期可由 10 月至翌年 4 月。小苍兰一个花序上着生 8 朵以上的小花，而且小花依次绽放，故观赏期较长。

一、采收与包装

小苍兰的适宜采收期根据市场距离和小花发育的情况确定。产地与市场距离较近，采后立即上市销售的，以花序上第一朵小花半开时采收为宜；若市场距离远，采后需长途运输或需贮藏的，以花序上第一朵小花显出固有色泽时为采收适期。

采收时，可在最上一侧枝基部剪切，使其下的侧枝能作第二次及第三次剪切。花枝的剪切长度一般要求达到 55 cm。采收后，先使花序充分吸水，再按花型大小分级。大型花每 10 枝一束；中、小型花每 20 枝一束。将花整理整齐后，用纸或玻璃纸把花朵包扎好，然后，把花束装入纸箱上市。

二、贮藏保鲜

1. 冷藏保鲜

需要冷藏的小苍兰，先经预处理液浸渍处理花枝基部约 30 min，然后预冷。再移至冷藏库内，在0～1 ℃条件下，可贮藏 7～14 天。从冷藏库中取出后，在室温下可保鲜 12 天以上。

2. 化学保鲜

Spikman的研究表明，用水瓶插小苍兰切花时，约有40%的小花不能开放；苏军等的研究表明，小苍兰切花小花开放率依花序次而递降，而小苍兰自身含糖量也依序次递降，因此自身含糖量是决定小花能否完全开放的重要因素。经不同浓度的糖处理后各主、侧序可溶性糖含量均提高数倍以上，且小花开放率也显著提高，这说明自身糖分积累不足可以通过外源糖加以补充和利用。因此，要延长小苍兰切花寿命必须采用保鲜剂溶液处理。

(1) 预处理液：Sytsema的研究表明，采用STS和6-BA配合处理可以使小苍兰切花瓶插寿命延长4.1天，开花率提高6.3%；余朝秀和关文灵的研究表明，采用蔗糖、6-BA、STS和8-HQ配合对小苍兰切花进行预处理后均可以提高切花保鲜效果。其中采用0.1 mmol·L^{-1}STS处理各项指标均不显著，而随着STS浓度提高，达到0.4 mmol·L^{-1}时反而对小苍兰切花的保鲜具有副作用，这可能是STS浓度过高造成毒害导致。蔗糖和6-BA处理在提高小苍兰切花的花枝寿命、开花率上均有明显效果。陈诗林和黄敏玲采用8-HQC、STS、6-BA和蔗糖对蕾期采收的小苍兰切花进行预处理，结果表明，200 mg·L^{-1} 8-HQC+0.2 mmol·L^{-1}STS+0.5 mmol·L^{-1}BA+20%蔗糖预处理液处理的小苍兰的开花率比对照提高37.6%，花径增大5.6 mm，瓶插寿命延长6.9天。

(2) 催花液：William以蕾期采收的小苍兰为材料，研究了蔗糖和8-HQC对其保鲜效果的影响，结果表明，蔗糖能使小苍兰切花充分发育，蔗糖+8-HQC处理能使小苍兰切花瓶插寿命延长2.3天。

(3) 瓶插液：常用的瓶插液配方为50 g·L^{-1}蔗糖+200 mg·L^{-1}抗坏血酸；300 mg·L^{-1}8-HQ+150 mg·L^{-1}柠檬酸+2 g·$L^{-1}$$CaCl_2$；20%蔗糖+100 mg·$L^{-1}$柠檬酸+60 mg·$L^{-1}$水杨酸+3 g·$L^{-1}$ $CaCl_2$；2%蔗糖+0.1% $Ca(NO_3)_2$+200 mg·L^{-1}8-HQ+100 mg·L^{-1}柠檬酸。

第八节　郁金香保鲜技术

郁金香又名洋荷花、草麝香，是百合科郁金香属的多年生草本花卉。株高30～50 cm。茎直立光滑，背白粉，翠绿色。地下具圆锥形鳞茎，皮膜棕褐色，径2～3 cm，叶通常为3～5枚，着生于茎的下、中部，阔披针形至卵状披针形，基部广阔卵形，上部长而渐尖，表面有浅蓝灰色蜡层，叶形长圆、叶色粉绿；花通常为单瓣花。花柄从植株基部伸出，花着生于花柄顶端，直立单生；花容端庄，高雅脱俗；花色丰富，鲜艳夺目，是风靡全球的一代名花，具有很高的观赏价值。郁金香是珍贵的切花种类，常用作花束、花篮、插花的主体花材。同时也可用作盆栽，布置花坛、花境，也可种植于草坪上、树荫下，用途十分广泛。

郁金香的品种繁多，有万余种。郁金香按花型变化可分为四种类型。①杯型：花冠呈杯状，代表品种有乡村郁金香、达尔文郁金香和杂交达尔文郁金香；②碗型：花冠浅盘状呈铃形，花多而小，代表品种有睡莲郁金香；③百合型：花瓣先端渐尖，花冠似百合花，代表品种有百合郁金香；④球型：花冠呈球状，是乡村郁金香和杂交达尔文郁金香中的重瓣种。郁金香按开花迟早划分为早花种和晚花种。①早花种：开花早，一般在3—4月开花，有早花单瓣系、早花重瓣系、孟德尔系、特瑞安福系；②晚花种：开花晚，一般在4月下旬到5月上旬开花，有达尔文系、达尔文杂交系、布尔达系、百合花系、卡德兰系、瑞布峦特系、毕扎尔系、帕依布鲁姆系、派罗特系、彼奥尼系原种及杂种。

一、采收

郁金香的采收期根据上市时间和花色变化而确定。如果采后立即上市销售，可待花蕾充分着色后采收；若需贮藏或长距离运输，则以花蕾约有一半着色时采收为宜。郁金香切花的最佳采收时期是花蕾膨大、花完全着色时。若需长途运输，可在保证花蕾能正常绽放，未完全着色时采收。也可在花口初绽时采收。采收时间一般选择在早晨7—8时。若花口已绽开，最好选择清晨或夜晚花朵闭合(因郁金香花昼开夜闭)时再采收。采收时，从花柄基部剪切。剪下的切花及时放入水中或保鲜液中，让其充分吸

NOTE

水。采收时注意保护留下的叶片，以促进地下鳞茎的生长发育。采收后要先放到1～2 ℃、湿度90%的环境下预冷2 h。贮藏方式一般为切花湿藏或带鳞茎湿藏贮藏，温度1～2 ℃，贮藏期限为7～14天。因花茎具有向光性和向地性，贮存时要竖放、避光以防止植株弯曲。

二、分级与包装

据中华人民共和国国家标准《主要花卉产品等级》要求，郁金香切花的花朵要发育良好，无畸形花蕾；每枝花保持两片以上完整叶片；带球茎销售须清除栽培基质。按照花茎长度、枝条硬度、成熟度、花苞直径等四个指标来划分规格等级。依据花茎的长度可分为三级：一级切花，花茎长度≥40 cm；二级切花，花茎长度25～40 cm；三级切花，花茎长度≤25 cm。

切花郁金香一般采用单花包装。用玻璃纸或聚乙烯薄膜做成长形包装袋，上大下小，以保护花蕾。每10枝一扎，花束茎基部平齐；每束花花枝长度相差不超过2 cm。花束套袋包装采用聚乙烯薄膜。包装纸箱尺寸(长×宽×高)为100 cm×30 cm×15 cm，每箱40扎，或82 cm×32 cm×16 cm，每箱20扎。装箱时，花朵朝外，离箱边5 cm，每层切花反向叠放，中间花枝处需捆绑固定。纸箱两侧需打孔，孔口距离箱口8 cm。保冷包装，温度为1～2 ℃，湿度为85%～90%。包装前最好用预处理保鲜液处理30 min，然后装入纸箱上市。

三、贮藏保鲜

1. 冷藏

经预冷的郁金香切花，0～1 ℃下可湿藏6～7天，干藏4天，9 ℃下可湿藏4天，干藏1天从冷库中取出后置于室温下，可保鲜8～10天。

2. 化学保鲜

(1) 预处理液：许蕊选择植物生长调节剂、杀菌剂对郁金香切花的预处理液进行研究，通过药剂种类和浓度的配比试验，选取切花瓶插寿命和切花形态作为衡量指标，筛选出最佳预处理液。结果表明，100 $mg\cdot L^{-1}$ GA_3＋50 $mg\cdot L^{-1}$ 6-BA＋150 $mg\cdot L^{-1}$ 8-HQC＋150 $mg\cdot L^{-1}$硫酸铝处理能显著延长郁金香切花瓶插寿命，瓶插天数达到6天，比对照延长50%。

(2) 瓶插液：在室温下将花柄基部插入保鲜液中，可延长保鲜期1～2周。Wada等研究发现，在郁金香切花“Oxford”和“Pink Diamond”的瓶插液中加入海藻糖，可以显著改善细胞的新陈代谢，减少细胞膜的渗透系数。常用的郁金香切花瓶插液配方：100 $mg\cdot L^{-1}$苯甲酸钠；3%蔗糖＋300 $mg\cdot L^{-1}$ 8-HQS＋100 $mg\cdot L^{-1}$ $AgNO_3$＋10 $mg\cdot L^{-1}$ 6-BA；0.1 $mmol\cdot L^{-1}$精胺＋2.0 $mmol\cdot L^{-1}$ K_2SO_4；30 $g\cdot L^{-1}$蔗糖＋150 $mg\cdot L^{-1}$柠檬酸＋300 $mg\cdot L^{-1}$ 8-HQC＋5 $mg\cdot L^{-1}$ S_{3307}。

第九节 紫罗兰保鲜技术

紫罗兰又名草桂花，四桃克，是十字花科紫罗兰属多年生草本植物，耐寒性好，冬季可耐－5 ℃低温，花期长且花多色艳。其原产地位于北纬30度到40度的大陆西岸的地中海地区，目前在我国南方也有大规模的种植。紫罗兰植株一般高35～65 cm，植株披白灰色茸毛。叶互生，叶片倒披针形或长椭圆形，长3～5 cm，叶片前端纯圆，基部细长状。紫罗兰的花序为总状花序，挺拔修长、硕大；花梗粗壮，花径约2 cm。紫罗兰花有单瓣与重瓣之分，重瓣紫罗兰花朵大而紧凑，似朵朵绣球围成花柱，单瓣紫罗兰花朵松散，如蝴蝶追逐起舞；花色丰富，芳香幽雅诱人，花期为12月至第二年5月。紫罗兰适宜生长在气温凉爽、光照较充足的地区，可耐半阴的环境。生长最适温度为白天15～18 ℃，夜间约为10 ℃。紫罗兰对阳光照射需求量大，属于长日照植物。紫罗兰若生长在阳光照射不充分的地方易发生病虫害，但强光直射植物会对叶片造成损伤，在实际中可选择没有太阳光直接照射的光亮处。紫罗兰对土壤无特

殊需求，一般在肥沃疏松的中性或微酸性土壤中生长更为适宜。市场上常见的紫罗兰多为其栽培品种，主要有"艾达"(白色花)、"卡口"(淡黄花)、"弗朗西斯克"(红色花)、"阿贝拉"(紫色)、"英卡纳"(淡紫红花)等品种。紫罗兰生育期短，花枝产量高，供花期长；花朵芳香、艳丽，花色丰富，做切花生产经济效益明显。紫罗兰是国际市场上重要的切花种类，在欧洲、日本等国有很久的栽培历史，在欧美和日本很受欢迎。

一、采收

采收时期以花朵开放4～5成时为宜，通常是在花序上有7～8朵小花开放，而且第一朵花没有衰败现象时剪切。剪切应在傍晚进行，从花茎的基部切取。

二、分级与包装

紫罗兰的分级标准主要从花序大小和长度考虑。包括花朵和花茎，总长度在60 cm以上者为一级，40～60 cm的为二级，40 cm以下者为三级。在日本农林水产省制定的鲜切花标准中，紫罗兰切花等级(品质)标准见表6-8，其长度标准见表6-9。装箱数量标准：标准装箱数量，温室栽培为每箱100枝，露地栽培为每箱100枝或200枝。包装箱体有关产品描述标准：在产品外包装箱上有关产品描述应包含栽培类型(温室栽培、露地栽培)、种类名、品种名、等级(品质)标准、长度标准、装箱数量、生产商名称。

表6-8　紫罗兰切花等级(品质)标准

评价事项	等级		
	优	秀	良
花径叶的平衡度	无弯曲，平衡度特别好	无弯曲，平衡度好	次于秀的物品
花型与花色	品种本来的特性，花型与花色均极好	品种本来的特性，花型与花色均良好	品种本来的特性，花型与花色次于秀
病虫害	没有可以确认的病虫害	几乎没有可以确认的病虫害	仅有极少的可以确认的病虫害
损失等	没有可以确认的晒伤、药害、擦伤等损伤	几乎没有可以确认的晒伤、药害、擦伤等损伤	仅有极少可以确认的晒伤、药害、擦伤等损伤
剪切	适当时期进行剪切	适当时期进行剪切	适当时期进行剪切

表6-9　紫罗兰切花长度标准

温室栽培		露地栽培	
表示事项	长度选定标准	表示事项	长度选定标准
100以上	100 cm以上	60以上	60 cm以上
80	80 cm以上，100 cm以下	50	50 cm以上，60 cm以下
60	70 cm以上，80 cm以下	40	40 cm以上，50 cm以下
60以下	60 cm以上，80 cm以下	40以下	40 cm以下

分级后，将切花按级别和一定数量整理成束，重瓣紫罗兰每10枝1束，单瓣紫罗兰每20枝1束。然后，将花茎基部插入水中或保鲜液中，待其充分吸水后，用玻璃纸或报纸包装，置于纸箱内，运往市场。

三、贮藏保鲜

1. 冷藏保鲜

不立即上市销售的紫罗兰切花，可用冷藏或化学保鲜剂进行保鲜。在1～4 ℃的低温下，紫罗兰切花能贮藏10天。

NOTE

2. 化学保鲜

（1）预处理液：雷俊玲和林萍研究了 4 种含有不同杀菌剂的预处理液对紫罗兰切花的保鲜效应。结果表明，各预处理液处理均能不同程度地延长紫罗兰切花瓶插寿命，其中以 1.5%蔗糖+0.15 $\mu mol \cdot L^{-1}$ STS+300 $mg \cdot L^{-1}$ 8-HQ+20 $mg \cdot L^{-1}$ NaClO 的预处理液处理效果最佳。潘耕耘等以重瓣紫罗兰品种为材料，清水处理为对照，研究了 8 种预处理液对其切花保鲜效果结果。表明，预处理液 40 $g \cdot L^{-1}$ 蔗糖+300 $mg \cdot L^{-1}$ $Al_2(SO_4)_3$+10 $mg \cdot L^{-1}$ NaClO 可最大限度地延长紫罗兰切花的瓶插寿命，增加其花枝鲜重和花茎，促进开花，维持水分平衡和花瓣可溶性糖含量，延缓 MDA 产生，并维持花瓣膜结构的相对稳定性。该处理切花的瓶插寿命达 11 天，开花率和花茎的增幅分别达 33.71%和 17.95%。而传统所用的 0.2 $mmol \cdot L^{-1}$ STS 处理 12 h 后，紫罗兰切花出现叶片失绿、花瓣边缘萎蔫等毒害现象。关文灵等采用 STS、$AgNO_3$、6-BA、8-HQC 和蔗糖配成 4 组预处理液，对紫罗兰切花进行预处理，随后在密封的鲜花专用箱中模拟空运 36 h，取出置于瓶插液中瓶插，观测其鲜重变化、瓶插寿命、开花品质。结果表明，10 $g \cdot L^{-1}$ 蔗糖+0.03% 8-HQC 处理 12 h 保鲜效果最好，能有效延缓切花衰老进程，并提高紫罗兰的观赏品质。

（2）紫罗兰切花瓶插保鲜液配方：3%蔗糖+30 $mg \cdot L^{-1}$ 苯甲酸+200 $mg \cdot L^{-1}$ $Al_2(SO_4)_3$；1%蔗糖+200 $mg \cdot L^{-1}$ 8-HQS+25 $mg \cdot L^{-1}$ $AgNO_3$+50 $mg \cdot L^{-1}$ $Al_2(SO_4)_3$；50 $mg \cdot L^{-1}$ GA_3。

第十节 金鱼草保鲜技术

金鱼草又名龙头兰、洋彩雀，是玄参科金鱼草属多年生草本花卉。原产于地中海地区，分布区域南至摩洛哥和葡萄牙，北至法国，东至土耳其和叙利亚。茎基部有时木质化，高可达 80 cm。茎基部无毛，中上部被腺毛，基部有时分枝。金鱼草叶下部的对生，上部的常互生，具短柄；叶片无毛，披针形至矩圆状披针形，长 2～6 cm，全缘。金鱼草因花状似金鱼而得名，其花为总状花序，着生于花茎的顶端，密被腺毛；花梗长 5～7 mm；花萼与花梗近等长，5 深裂，裂片卵形，钝或急尖；花冠大，唇形；花色丰富。金鱼草的自然花期为 4—7 月。金鱼草的蒴果呈卵形，长约 15 mm，基部强烈向前延伸，被腺毛，顶端孔裂。金鱼草在中国园林广为栽种，适合群植于花坛、花境，与百日草、矮牵牛、万寿菊、一串红等配置效果尤佳。高性品种可用作背景种植，矮性品种宜种植在岩石边或窗台花池，或边缘种植。金鱼草的花色有粉色、红色、紫色、黄色、白色、复色等，宜作切花，是制作花束、花篮和插花的良好材料。

一、采收

金鱼草的采收期依花序发育而定，以花序下端有 2～3 朵小花开放时采收较为适宜。采收时一般从花茎的基部剪取，然后立即插入水中，以防过度失水。

二、分级与包装

金鱼草的分级主要根据株高和花穗长度进行。一般将切花总长度达 70 cm 且花穗长度达 20 cm 的金鱼草归为一级；而总长度 50～70 cm、花穗长度 15～20 cm 者，归为二级；切花总长度在 50 cm 以下、花穗长度 15 cm 以下者，归为三级。分级后，每 10～20 枝为一束，用玻璃纸或报纸包装，然后按不同的花色装入瓦楞纸箱。

三、贮藏保鲜

1. 冷藏

在 5 ℃低温下，将花束的花茎基部浸入水中或保鲜液中湿藏，可贮藏 8～10 天。从冷库中取出置于室温下，可保鲜 3～5 天。为了保持金鱼草的直立性，在贮藏过程中应将花束直立放置。

2. 化学保鲜

(1) 预处理液:在预处理和贮藏及瓶插过程中,采用化学药剂处理,可显著延长金鱼草的寿命。张宇和江春以茎干长度和粗度整齐一致、无病虫害、花序上 1/3 小花开放的金鱼草为材料,研究了不同浓度 STS 预处理浓度对切花金鱼草的影响,结果表明,以 0.2 mmol·L^{-1} STS 预处理 12 h 效果最好,可有效抑制乙烯释放量,缓解可溶性糖和蛋白质降解速度,维持花瓣细胞膜稳定性等。关文灵等在室温 18~23 ℃、相对湿度 60%~70%条件下,研究了 STS、$AgNO_3$、6-BA、8-HQC 和蔗糖组配成的 4 种预处理液对金鱼草切花保鲜效果的影响,结果表明,10 g·L^{-1}蔗糖+300 mg·L^{-1}8-HQC 预处理 12 h 的保鲜效果最好,能有效延缓金鱼草切花衰老。高琼和吕炯璋选取茎干长度和粗度比较整齐一致,无病虫害,花序上 1/3 小花开放时的花材,在蒸馏水中将花枝斜剪成 25 cm 左右,瓶插于 250 mL 含有基础液(20 g·L^{-1}蔗糖+300 mg·L^{-1}8-HQ+300 mg·L^{-1}柠檬酸)+6 种不同浓度的 STS 预处理液中,处理时间为 12 h。结果表明,STS 作为一种乙烯拮抗剂,在适合的浓度范围内可有效延长金鱼草切花的瓶插寿命、提高观赏品质,保持切花水分平衡,抑制乙烯的合成。其中以 20 g·L^{-1}蔗糖+300 mg·L^{-1} 8-HQ+300 mg·L^{-1}+0.2 mmol·L^{-1} STS 的预处理液效果最佳。

(2) 金鱼草瓶插液配方:4%蔗糖+25 mg·L^{-1} $AgNO_3$+100 mg·L^{-1}柠檬酸;7.5%的天麻、桂皮和甘草 3 种中药材浸提液(每 500 mL 瓶插液中含有 37.5 mL 中药材浸提原液);3%蔗糖+200 mg·L^{-1}8-HQC+150 mg·L^{-1}柠檬酸+75 mg·L^{-1}磷酸二氢钠;10%蔗糖;5%蔗糖+10 mg·L^{-1} 6-BA+100 mg·L^{-1}8-HQ+50 mg·L^{-1} SA。

第十一节　鹤望兰保鲜技术

鹤望兰又称天堂鸟、极乐鸟,是旅人蕉科鹤望兰属的多年生草本花卉。鹤望兰叶似芭蕉,花茎从叶腋抽出,花序由一个船形的苞片所构成,长如掌心,呈佛焰苞状。绽放时,总苞紫红,花萼橙黄,花瓣浅蓝,整个花序恍如展翅滑翔的彩雀,故得名鹤望兰。由于鹤望兰花姿奇特、高贵,加上开花迟,栽培管理成本高,其售价昂贵。目前,除用作切花外,还可在室内盆栽观赏,是世界著名的花卉种类。鹤望兰的花期很长,从 9 月至翌年 6 月均可开花。单花开花时间为 10~15 天。鹤望兰鲜切花不用任何保鲜措施,夏季可水养 20 天左右,冬季可达 50 天,既是珍贵的盆栽花卉,又是非常好的切花材料,享有“鲜切花王”的美誉。

一、采收与包装

鹤望兰的采收期根据花序的发育程度确定。当花序上第 1 朵花完全绽放、第 2 朵花即将开放时采收比较适宜。

采收时,最好带 3~5 片叶剪取。采收后,立即放入预处理液浸渍切花基部,处理时间约 4 h。然后,用玻璃纸包住花序部分,再根据切花长度,每 5 枝为 1 束,带叶片整理成束。最后装入瓦楞纸箱。

二、保鲜技术

采用化学药剂处理,能有效地延长鹤望兰切花的寿命。

(1) 预处理液:陈源泉等研究了 5 组冷藏预处理液对鹤望兰切花保鲜效果的影响,结果表明,以 10%蔗糖+300 mg·L^{-1} 8-HQC+75 mg·L^{-1} $KH_2PO_4\cdot 3H_2O$ 进行预处理的效果最佳,切花经过2~3 周 8~10 ℃冷藏后,瓶插寿命比对照延长了 7.9 天,小花开放率比对照提高了 98.2%。

(2) 鹤望兰切花的瓶插液配方:4%蔗糖+250 μg·L^{-1} 8-HQ+200 μg·L^{-1}柠檬酸+25 μg·L^{-1} $AgNO_3$+100 μg·L^{-1} $CoSO_4$+25 μg·L^{-1} EDTA-Na+500 μg·L^{-1} B_9;5%蔗糖+300 mg·L^{-1} 8-HQC+100 mg·L^{-1}柠檬酸+150 mg·L^{-1} STS+100 mg·L^{-1} $CoCl_2$+25 mg·L^{-1} EDTA-Na;30

NOTE

g·L^{-1}蔗糖+200 mg·L^{-1} 8-HQ+150 mg·L^{-1}柠檬酸+200 mg·$L^{-1}$$Co(NO_3)_2$;30 g·$L^{-1}$蔗糖+200 mg·$L^{-1}$ 8-HQC+150 mg·L^{-1}柠檬酸+0.4 mmol·L^{-1}精氨酸。

第十二节　花烛保鲜技术

花烛又名红掌、安祖花、大叶花烛、蜡烛花、烛台花等,天南星科花烛属,多年生植物,原产于南美。花鲜红色,有蜡质,光亮,花中的肉穗花序金黄色,酷似小蜡烛,又有“灯台花”之称,外文译音又叫安祖花。株形优美,属于名贵花卉,栽培得当可四时开花不断。花烛属名贵切花,鲜艳的色彩给人以热烈豪放的感觉,插花时间长达近一个月,装饰效果极佳。各种插花配以花烛,高雅倍增,因而它深受人们的青睐。花烛的品种甚多,有“热带”“苏雷”“白雪”“总统”“绿苹果”等 60 多个有明确品种名称的栽培品种。按其佛焰苞颜色不同可划分为 10 大类品系,即鲜红色类、红粉色类、粉色类、紫色类、酱红色类、绿色类、绿红色类、绿白色类、白色类。不同花烛切花品种的保鲜期存在差异。郭兆武等选取了 12 个具有代表性的花烛品种进行瓶插保鲜试验,比较各品种间保鲜期的差异。结果表明,12 个品种中“热带”“梦幻”“紫色快车”“罗沙”“卡罗”5 个品种保鲜期短,其瓶插保鲜期在 10 天左右;“绿苹果”“卡丽”“白兰地”“苏雷”“元老”“总统”“白雪”7 个品种保鲜期长,其瓶插保鲜期在 17～33 天。结合感观审评结果,提出了花烛鲜切花存在易败品系和非易败品系,非易败品系佛焰苞多为绿色,易败品系佛焰苞多为红色。

一、采收与分级

1. 采收时间

红色的佛焰苞花序充分发育,即佛焰苞充分展开,黄色的花序下部小花出现时为采收适期。

2. 按品质分级

花烛按品质可以划分为 A 级、B 级和 C 级,具体划分标准如下。

(1) A 级:品种纯正,整体感极好,花掌面无缺陷;佛焰苞片完整,颜色鲜亮、光洁,无杂色斑点,肉穗花序鲜亮完好,花葶挺立、坚实,有韧性,粗壮,粗细均匀,无病虫、药害。

(2) B 级:品种纯正,整体感较好,花掌面略有缺陷,由轻微斑点、划痕、有轻微卷曲不影响整体外观;佛焰苞片较完整,肉穗花序鲜亮较完好,花葶略有弯曲,较细弱,无病虫、药害。

(3) C 级:凡不符合 A 级、B 级要求的列为 C 级。

3. 按大小分级

按花掌的大小可分为特级、一级、二级、三级、四级。花掌大小检测以花烛基部掌面横切面处测量。具体分级标准如下。

(1) 特级标准:花掌横径≥13 cm。

(2) 一级标准:11 cm≤花掌横径<13 cm。

(3) 二级标准:9 cm≤花掌横径<11 cm。

(4) 三级标准:7 cm≤花掌横径<9 cm。

(5) 四级标准:花掌横径<7 cm。

二、冷藏保鲜

冷藏处理是花烛鲜切花采后保鲜、贮运和销售等配套技术中的重要环节。花烛原产地较热,贮藏温度 13 ℃以上,相对湿度 90%以上,应置于保鲜液中湿藏。低温会产生冻害,使花色变暗。潘英文等以花烛品种“Tropical”为材料,研究了 7 ℃、9 ℃、11 ℃、13 ℃、15 ℃、17 ℃和 19 ℃不同温度下冷藏处理 7

天后对其瓶插寿命的影响。结果表明，在 11 ℃以下冷藏处理 7 天后其切花出现冻害症状；17 ℃为花烛鲜切花的最佳冷藏温度，经此温度冷藏处理的鲜切花瓶插寿命达 15.1 天，比对照平均延长 3.1 天。此外，经冷藏后的花烛鲜切花的水分平衡值、可溶性总糖含量均比对照下降少，这可能是由于冷藏期鲜切花的生理代谢有所减缓，营养消耗相对较少导致。经冷藏后的花烛鲜切花和对照的 MDA 含量均呈升高趋势，其中冷藏后的含量增加相对较少，这可能是由于冷藏期鲜切花的细胞膜受损程度较小。周慧等在筛选优化冰袋数量及其预冷时间的基础上，以冰袋为冷源，研究了预冷处理和包装箱内冰袋冷藏对花烛鲜切花采后保鲜和生理变化的影响。结果表明，花烛鲜切花经冷库预冷 6 h，放入以 4 个冰袋作冷源的包装箱内冷藏 48 h 后保鲜效果优于其他处理组，其鲜切花的瓶插寿命为 12.1 天，比对照延长了 1.3 天。这充分说明采用冷库预冷及冰袋作为冷源进行冷藏处理，可一定程度延长花烛鲜切花的瓶插寿命，保证其品质。从生理指标变化测定结果来看，经处理后的花烛鲜切花吸水量和失水量均低于对照，随瓶插时间延长，MDA 含量增多，但低于对照，可溶性总糖含量降低，但比对照高，表明处理后的花烛鲜切花新陈代谢速度降低，水消耗相对较少，细胞受到 MDA 的破坏程度及可溶性总糖消耗也相对较低，从而延长切花的瓶插寿命，保证鲜切花品质，增强其观赏性和耐插性。伍培等的研究表明，花烛的适宜贮藏温度为 13 ℃，在室温上瓶插花的花期可达 20～41 天，该品种并不适宜于长时间的冷藏。

此外，在运输及销售过程中，花外应包塑料薄膜，防止水分丢失，也可用水果蜡喷涂，不仅可增加花的亮度，也可防止水分的丢失，延长瓶插时间。

三、化学保鲜

1. 预处理液

$AgNO_3$ 和 STS 是常用的含 Ag^+ 切花保鲜剂，其保鲜原理是抑制切花乙烯的产生，以达到保鲜的目的。但是郭兆武等认为，$AgNO_3$ 和 STS 有腐蚀作用，不同浓度的 $AgNO_3$ 和 STS 对大部分种类的切花均会出现轻重不同的副作用。对花烛切花来说，乙烯不是其衰败的直接诱导因子，因为该切花对 Ag^+ 不敏感，含 Ag^+ 保鲜剂对其花葶和总苞都有不同程度的副作用，如花葶表皮出现褐斑，佛焰苞总苞局部红色淡褪。因而用含 Ag^+ 的乙烯抑制剂（如 $AgNO_3$ 和 STS）对花烛切花进行保鲜处理只有副作用，没有保鲜作用，这是含 Ag^+ 保鲜剂处理的花烛切花保鲜期短，甚至比对照稍短的主要原因。因此，$AgNO_3$ 和 STS 不宜用作花烛切花保鲜剂的主效剂。该团队通过近两年的研究，采用一种无毒、无腐蚀、无色、无污染的新型环保型高效花烛切花保鲜剂配方 1（2%蔗糖＋1.0 $mg \cdot L^{-1}$ BA＋0.1 $mg \cdot L^{-1}$KT＋3.0 $mg \cdot L^{-1}$抗坏血酸），与国内外已发表的含 Ag^+ 保鲜剂配方 2（4%蔗糖＋50 $mg \cdot L^{-1}$ $AgNO_3$＋50 $mmol \cdot L^{-1}$磷酸二氢钠）进行对比，在高温季节和低温季节两个不同时期对花烛切花进行预处理，高温季节实验共设计 6 个处理，低温季节实验共设计 7 个处理，具体见表 6-10。

表 6-10　花烛切花预处理实验设计

处　理	1	2	3	4	5	6	
高温季节	配方 1 浸泡 6 h 后瓶插于蒸馏水中	配方 1 浸泡 12 h 后瓶插于蒸馏水中	配方 2 浸泡 6 h 后瓶插于蒸馏水中	配方 2 浸泡 12 h 后瓶插于蒸馏水中	蒸馏水浸泡 6 h 后瓶插于蒸馏水中	蒸馏水浸泡 12 h 后瓶插于蒸馏水中	
处理	1	2	3	4	5	6	7(对照)
低温季节	配方 1 浸泡 6 h 后瓶插于蒸馏水中	配方 1 浸泡 12 h 后瓶插于蒸馏水中	配方 2 浸泡 6 h 后瓶插于蒸馏水中	配方 2 浸泡 12 h 后瓶插于蒸馏水中	蒸馏水浸泡 6 h 后瓶插于蒸馏水中	蒸馏水浸泡 12 h 后瓶插于蒸馏水中	直接瓶插于蒸馏水中

NOTE

结果表明，2%蔗糖+1.0 mg·L^{-1} BA+0.1 mg·L^{-1} KT+3.0 mg·L^{-1}抗坏血酸配方能补充生理代谢所消耗的能源物质，有效调节花烛切花体内的生理代谢，维持胞内正常的微环境，保持亚细胞结构的完整性，显著延长瓶插寿命及提高观赏品质(图 6-3)。解剖学特征结果也充分表明，花烛切花佛焰苞的薄壁细胞显微结构与对照第 1 天的无显著差异，而与瓶插 15 天 时的对照样本相比，其佛焰苞的薄壁细胞的完整度、薄壁细胞内含物、红色素含量等都存在明显差异；自制保鲜剂处理的花烛切花瓶插 15 天时的感观审评效果与第 1 天时的鲜样基本一致(图 6-4)。

扫码看
彩图 6-3

图 6-3　高温季节下各处理的不同保鲜效果

扫码看
彩图 6-4

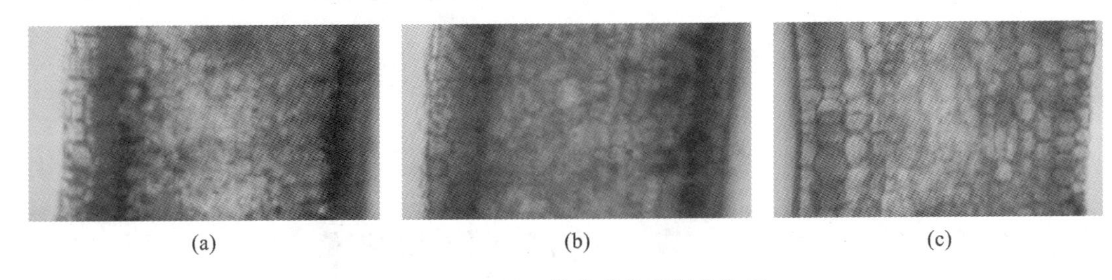

图 6-4　不同处理佛焰苞片解剖学特征

(a) 鲜切第 1 天，佛焰苞的薄壁细胞内具有明显的红色素和维持鲜度的深色内含物；(b) 经新型环保型高效花烛切花保鲜液预处理后瓶插 15 天时佛焰苞薄壁细胞内红色素和深色内含物与鲜切第 1 天的近似；(c) 瓶插 15 天时的对照切花佛焰苞的薄壁细胞内红色素淡退或消失，维持切花鲜度的深色内含物基本消失

2. 瓶插液

麦有专等总结了造成花烛切花衰老的主要原因：①蒸腾作用造成的水分丧失从而导致花枝枯萎；②自由基对细胞结构的破坏；③呼吸作用对细胞内有机物的消耗，尤其是夏季，气温比较高，呼吸作用比较强，造成了花枝本身营养成分的消耗，造成了细胞"饥饿"和细胞凋亡，促使切花衰老腐败；④微生物的作用，堵塞花梗导管。因此，针对花烛切花衰老原因，筛选科学的花烛切花保鲜剂显得尤为必要。为此，他们团队以花烛中的常用切花品种"热情"为材料，用 4%蔗糖和 8-HQ 预处理后，以 4%蔗糖+50 mg·L^{-1} $AgNO_3$+50 mg·L^{-1} NaH_2PO_4为对照，采用 3 种不同的瓶插液配方：处理 1 为 2%二甲基琥珀酰肼+1%8-HQS+0.1%$Ca(NO_3)_2$+5%蔗糖；处理 2 为 5%蔗糖+0.1 g·L^{-1}明矾+10 mg·L^{-1} 6-BA；处理 3 为 4%蔗糖+0.08% NaCl+0.01%过磷酸钙+0.01%中药杀菌剂(黄连的乙醇提取液)+0.1 mmol·L^{-1}NaOH+0.1 mmol·L^{-1}柠檬酸+10 mg·L^{-1}6-BA(表 6-11)，从中筛选出最佳的花烛切花瓶插保鲜液配方。试验结果见图 6-5。

花烛切花试验观察分为 3 期：1 期为最佳观赏期，花色鲜艳，无褪色、无斑点；2 期为中间观赏期，花

NOTE

色变淡，光泽度减退，花苞片部分褪色，5%的花苞片面积坏死，柱头变黑小于长度 1/3，出现任何一个症状定性即为 2 期；3 期为观赏末期，花苞片 2/3 以上褪色，脱水无光泽度，花苞片干涩，5%～10%的花苞片面积坏死，柱头变黑大于长度 1/3，出现任何一个症状定性为 3 期。1～2 期为花烛保鲜期，1～3 期为花烛观赏期。试验结果表明，瓶插液配方处理 3 为最佳的瓶插保鲜液，保鲜期为 23 天，比对照延长了 13 天，观赏期达 31 天，比对照延长了 18 天，效果显著；且处理 3 明显地减少了花烛佛焰苞的水分丧失，有利于维持组织的含水量，降低细胞膜透性，抑制膜脂的过氧化作用，减少丙二醛含量的积累，提高了 SOD 的活性，增加了脯氨酸和可溶性糖的含量，降低了呼吸速率。

表 6-11　不同瓶插液的保鲜效果比较

瓶插液配方	1 期/天	2 期/天	3 期/天	观赏期/天	比 CK 延长天数百分比/(%)
对照(CK)	6	4	3	13	—
处理 1	6	4	3	13	0
处理 2	8	4	6	18	38.5
处理 3	15	8	8	31	138.5

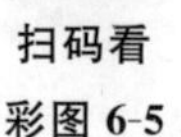
扫码看
彩图 6-5

(a)

(b)

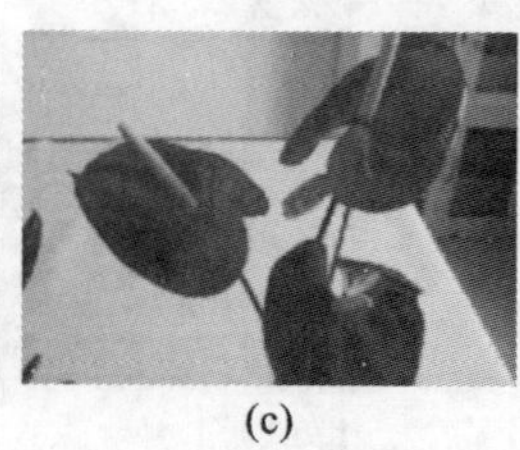
(c)

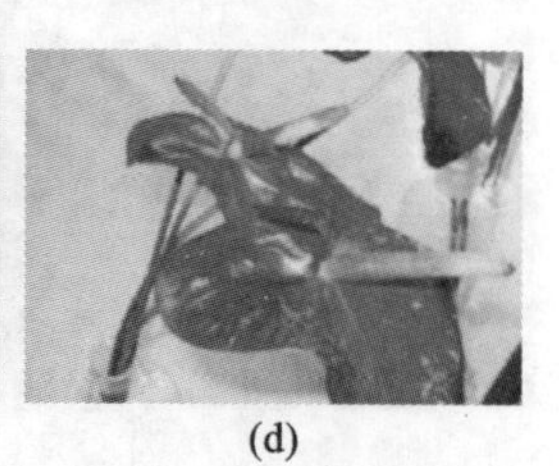
(d)

图 6-5　不同处理的花烛瓶插效果比较(30 天后)

(a) 对照的瓶插花烛植株；(b) 处理 1 的瓶插花烛植株；(c) 处理 2 的瓶插花烛植株；(d) 处理 3 的瓶插花烛植株

花烛切花瓶插液的其他配方：2%蔗糖＋1.0 mg·L^{-1} BA＋0.1 mg·L^{-1} KT＋3.0 mg·L^{-1}抗坏血酸；饮用自来水和蒸馏水。

第十三节　马蹄莲保鲜技术

马蹄莲，天南星科马蹄莲属植物，因花似马蹄而得名，又名观音莲。马蹄莲叶片翠绿，花苞片洁白硕大，宛如马蹄，形状奇特，是国内外重要的切花花卉，用途十分广泛，既可盆栽观赏，也可用做花篮、花束与瓶插或者作为花坛的材料。马蹄莲花茎高出叶上，挺秀雅致，观赏部分佛焰苞呈喇叭状，洁白无瑕，稍有香味。中央肉穗花序黄色，给人以美好、幸福与喜悦的感觉，是近几年来花卉市场上的重要品种。马蹄莲原产于埃及、南非沼泽地，现世界各地广为栽培，国际鲜切花市场上以新西兰为马蹄莲主产国。马蹄莲花期不受日照的影响，是我国南北方广大地区冬季的主要切花，目前国内昆明地区是马蹄莲主要产区，在广西、四川等地均有马蹄莲切花的栽培基地。

马蹄莲喜好湿地，性强健，不耐寒，忌干旱与夏季曝晒，要求疏松肥沃、排水良好的枯质壤土。适宜 pH 为 6.5～7.0，生长期最适宜的温度为白天 18 ℃左右，夜温 10 ℃以上。花期宜有阳光，否则佛焰苞带绿色。在主茎上，每展开 4 枚叶片就各分化 2 个花芽，夏季高温季节，温度超过 18 ℃太多，则会因盲花或花枯萎现象而花芽不分化，或中途停止发育。目前马蹄莲国内主要栽培种有如下几种。①红马蹄莲：佛焰苞玫瑰红紫色，内面绿白色，向基部过渡为紫色或白色；檐部倾斜，反卷，向上渐狭为锥状尖头，花期 5—6 月。②白马蹄莲：佛焰苞长 10 cm，白色，有时绿色，斜漏斗状，内面基部深紫色。③紫心黄马蹄莲：佛焰苞呈长圆状，长 8～9 cm，稻黄色，内面基部深紫色；雌花序绿色，雄花序橙黄色，花期 8 月。

NOTE

一、采收、分级与包装

1. 采收

采收部位为马蹄莲的带梗花序。当马蹄莲的佛焰苞膨大松动、颜色转为乳白色时即可采收，操作最好在上午气温较低时进行。在采摘技巧上注意采摘时应手握鲜花的根部垂直向上用力拔起鲜花。产品先暂放在无日光直射之处，尽快预冷处理。

2. 分级

所采收的花材应该在具本种典型特征、无破损污染、视觉效果良好的前提下进行分级：①一级切花的长度为 70 cm 左右；②二级切花的长度为 65 cm 左右；③三级切花的长度为 60 cm 左右；④相同等级的切花长度之差，不宜超过标准的±1.5 cm。

3. 包装

将相同等级的马蹄莲花枝 10 枝一束进行捆绑固定，将 10 枝鲜花头部对齐并拢用窄胶带将花颈部、中部及下部分别捆扎，一般鲜切花保留 80 cm 后将其余尾部切除。鲜花包装后应及时垂直放于水桶中且置于阴凉处存放，应注意保持水的清洁且应浸过花茎 2/3 高度。

二、低温贮藏保鲜

1. 马蹄莲瓶插寿命的测定标准

马蹄莲观赏品质评分标准见表 6-12，观赏品质评分为 0 时，即为瓶插寿命的终点。

表 6-12 观赏品质评分标准

级别	衰败程度	评分
Ⅰ	佛焰苞鲜艳度无任何衰败状	3
Ⅱ	佛焰苞有 5%左右坏死斑或条纹，花序尖端有小黑点	2
Ⅲ	佛焰苞有 5%～15%坏死斑或条纹，花序尖端变黑、坏死	1
Ⅳ	佛焰苞有超过 15%的坏死斑或条纹，花序尖端变黑、坏死	0

2. 预处理液结合冷藏保鲜技术

温度是影响采后切花质量的首要环境条件，低温贮藏作为切花保鲜最基本、最有效的手段，可以有效地抑制贮藏切花的生长发育，延迟花朵开放，延长贮存期。刁留彦以筛选出的最佳预处理液 10 $g \cdot L^{-1}$蔗糖+150 $mg \cdot L^{-1}$ $Al_2(SO_4)_3$+100 $mg \cdot L^{-1}$ $Co(NO_3)_2$+100 $mg \cdot L^{-1}$ GA_3 用于低温冷藏前的预处理，实验设置 4 个处理：①预处理液处理 8 h+湿藏 7 天+瓶插蒸馏水；②蒸馏水 8 h+湿藏 7 天+瓶插蒸馏水；③预处理液处理 8 h+直立干贮 7 天+瓶插蒸馏水；④蒸馏水 8 h+直立干贮 7 天+瓶插蒸馏水。结果表明，处理 1 的马蹄莲切花佛焰苞的展开程度最大，显著大于其余各组，说明该处理的马蹄莲切花佛焰苞中的水分供应状况良好，细胞内含物充实，细胞体积增加，从而使整个佛焰苞直径变大、伸长；处理 3 的最大花径和花长虽然与对照组的差异也达到了显著水平，但仍小于处理 1，这可能是因为湿藏的贮藏方式更有利于马蹄莲切花在贮藏期间保持良好的水分供应状况，从而促进马蹄莲切花出库后佛焰苞的生长。

三、化学保鲜

1. 预处理液

刁留彦和刘军用不同药剂对马蹄莲切花进行预处理，然后将不同处理的切花用报纸包装好，放置于密封的鲜花专用箱中 24 h，模拟航空贮运。取出后于自来水中瓶插，观察鲜重变化，观赏品质及瓶插寿命。结果表明，10 $g \cdot L^{-1}$蔗糖+150 $mg \cdot L^{-1}$ $Al_2(SO_4)_3$+100 $mg \cdot L^{-1}$ $Co(NO_3)_2$+100 $mg \cdot L^{-1}$ GA_3 的保鲜效果最好，切花鲜重变化率峰值明显提高，最大花径和花长明显增加，瓶插寿命明显延长。该处理能有效延缓马蹄莲切花衰老，提高观赏品质。

2. 瓶插液

马蹄莲瓶插液配方：5 g·kg^{-1}蔗糖+10 mg·L^{-1}6-BA+100 mg·$L^{-1}$$Co(NO_3)_2$；1.4 mg·$L^{-1}$表油菜素内酯；0.5%蔗糖+0.1% $Ca(NO_3)_2$+50 mg·L^{-1}SA；50 mg·L^{-1}苯甲酸；微波火力10%预处理30 s+0.5%蔗糖+50 mg·L^{-1}SA+0.1% $Ca(NO_3)_2$；0.5%蔗糖+50 mg·L^{-1}山梨酸。

第十四节　六出花保鲜技术

六出花，原属石蒜科，因花序并非伞形花序而被分出列入六出花科，六出花属植物，别名秘鲁百合，属多年生宿根草木。根肥厚，块状肉质。地上茎从根茎处萌发，直立细长达1.6 m左右。叶片三生披针形，花序下为一轮生叶，花瓣轮排成喇叭形。单花直径8～10 cm，花瓣二轮，每轮3瓣，形似百合花。花色有红、橙、粉、黄、白、蓝、紫等色。一年四季除严冬酷夏之外都能开花，因此花期长，产花率高，是近年来鲜切花王国发展的新秀。六出花形如蝴蝶，花色鲜艳靓丽，切花寿命长、栽培管理简单、病虫害少而备受消费者和生产者青睐，是上等切花和盆栽用材，已成为装点居室的新选择。荷兰每年六出花的年销售额达4350万美元，列荷兰切花年销售额的第九位；日本六出花的年销售额达到4300万美元，年产970万枝，列日本切花产值的第十四位。六出花喜温暖、湿润和充足的阳光。夏季喜凉爽、畏热，耐半阴。生长适宜温度为16～25 ℃，当温度超过26 ℃时，生长虽旺盛，但花芽难以分化。六出花原产于南美、巴西、秘鲁、墨西哥等地，属长日照植物，但忌烈日直晒。六出花可地栽，也可盆栽，栽种土壤以疏松、肥沃和排水良好的沙质土壤为好。地栽选择通风避光场所，定植前应充分施用腐叶土、腐叶堆肥等做基肥。生长期白天温度不超过26 ℃，晚间9～12 ℃为好。15天左右施肥一次。入冬新芽生长快，茎叶密生，当疏去小叶芽，可以起到促花、延长花期目的。

常见的六出花栽培品种(图6-6)：金黄六出花(Aurea)，花金黄色；纯黄六出花(Lutea)，花黄色；橙色多佛尔(Dover orange)，花深橙色。从花色系列来看，白色系有兰花(Orchid)、蒙娜丽莎(Monalisa)、沃尔特·弗兰芝(Walter·Heming)、斑马(Zebra)等；黄色系有金丝雀(Canaria)、斯坦维金丝雀(Stavia canaria)、黄魁(Yellow king)；粉红色系有苹果花(Applebossom)、芭蕾(Balleriana)、杰琳(Jacqueline)、淡紫(Lilae giory)、帕特里克(Patricia)、粉鸟(Pink bird)；红色系有卡娜(Cona)、深红魁(King cardinal)、红鸟(Red bird)、红溪谷(Red valley)、晚霞(Red sunset)、冰川(Glaeier)等。

扫码看
彩图6-6

图6-6　不同颜色的六出花品种

一、采收

采收的花枝除去下部叶片，20枝为一束捆扎包装。保护地栽植的，2—3月即有少量鲜花供应市场，此时气温较低，一个花枝上有2～3朵小花初开时为最宜采花期。4—6月鲜花供应高峰时，气温偏高，当花苞鼓起，且着色完全或一个花枝上有一朵小花初开时即可采收。采收时采用切枝方法，用

NOTE

剪刀剪取，以防用力拉扯损伤根茎。如果就地销售可在开花前1～2天采收，用于水插，花朵都可开放。如果外运，可在开花前4～5天的蕾期采收，花蕾小，不易损伤花朵，但需瓶插液养，以保证花朵能正常开放。

二、分级

自2004年11月1日开始执行的荷兰花卉拍卖协会(VBN)制定的六出花产品标准，适用于所有隶属于荷兰花卉拍卖协会的拍卖活动。

1. 商品交易的基本条件

(1) 最低商品质量要求　至少两个花芽已现蕾。而对于小花型六出花，要求花瓣的长度不大于5 cm。测量时应选择枝条上最大的花朵进行测量，并且所测量花瓣的长度不包括包裹子房的花瓣部分；枝条上至少有2个花蕾已显色；花茎的平均长度不超过10 cm，测量花茎长度时不包括花朵子房部分；六出花变种仍未进行产品分类；茎干长度不超过70 cm。

(2) 成熟度　六出花的最低成熟度规定为每一批六出花中95%以上的茎秆上都至少有1个已显色的花蕾。

2. 质量与等级标准

(1) 每束花的质量要求　六出花的质量要求如下。①花束必须正常完好，无花芽干瘪萎缩等症状。②每枝六出花茎干上至少有3个花蕾，其中含2个花蕾的茎干数小于5%，产品质量合格；而含2个花蕾的茎干数大于5%，则产品质量不合格。③对于小花型六出花而言，每枝花的茎干上至少有4个花蕾，其中含2～3个花蕾的茎干数小于5%，产品质量合格；而含2～3个花蕾的茎干数大于5%，则产品质量不合格。

(2) 每束花的分级标准　六出花必须根据长度、成熟度和重量条件进行分级，其中重量分级标准见表6-13。此外，小花型六出花应以茎干上的花蕾数进行分级，分为2级，其中含2～3个花蕾的为一级，含4个花蕾以上的为一级。

表6-13　六出花重量的分级标准

每束花的平均重量/g	级别代码	每束花的平均重量/g	级别代码
200～249	020	450～499	045
250～299	025	500～549	050
300～349	030	550～599	055
350～399	035	600～649	060
400～449	040	650～699	065

(3) 包装规格　六出花(不包括小花型六出花)必须具备以下标准：①必须以每束10枝供货；②每束以包装套包装好；③茎干长度大于等于45 cm，必须使用编码为566号集装箱，且以每100枝进行包装；④茎干长度在50～65 cm(包括50和65 cm)，必须使用编码为577号集装箱的进行包装；⑤茎干长度大于等于70 cm，必须使用编码为997号的集装箱进行包装。⑥编码为577号或997号集装箱，装箱时以重量分级，具体参照表6-14。

表6-14　六出花装箱时的重量分级标准

每束重量/g	级别代码(重量分级)	每集装箱(577/997号)的花枝数
249以下	＜025	140
250～349	025～030	120
350～449	035～040	100
450～649	045～060	80
650以上	065	60

NOTE

对于小花型六出花而言，必须以每束 10 枝供货；必须使用编码为 566(996)号的集装箱供货。其装箱时的重量分级标准依据表 6-15。

表 6-15 小花型六出花装箱的重量分级标准

每束重量/g	级别代码（重量分级）	每一集装箱的花枝数	
		566 号集装箱（花枝茎干长度大于 45 cm）	996 号集装箱（花枝茎干长度大于 50 cm）
≤199	015	100	80
≥200	020	100	60

三、冷藏保鲜

采收后在运输或贮藏过程中，如用常规冷藏（冷藏在 4～6 ℃条件下）常导致叶片变黄，花瓣颜色变淡，甚至大量腐烂。而真空冷藏则可有效地减少叶片及花的腐烂。六出花在 4 ℃下可湿藏 2～3 天，在 0.5～2 ℃下干藏约 7 天。零售商和消费者可采用如下冷藏方法：①收到切花后立即再剪截，去除下部的叶片，然后在 STS 脉冲液中处理；②进行水合处理约 2 h，然后转入一种含糖量较低的保鲜液中；③储存在 2 ℃ 温度下。

四、化学保鲜

六出花对乙烯非常敏感，乙烯引起花朵畸形，花色变暗，花瓣脱落。硫代硫酸银(STS)处理可有效延长瓶插寿命，减轻叶片黄化。对氟敏感，不要接触含氟高的水。皮肤接触六出花可能引起皮炎，注意对手的保护。采用化学保鲜液，则可显著延长其瓶插寿命，提高其观赏品质。

1. 预处理液

李宪章采用 5—6 月采的六出花大花枝（花序上的花蕾 5 cm 左右长，第二、第三天即可开花）为材料，研究了 4 $mmol \cdot L^{-1}$STS 预处理对单花开放时间的影响。结果表明，未经 STS 预处理的一般观赏期为 5 天，经 STS 预处理的可延长 3 天左右的观赏时间；再用小花枝（花枝上的花蕾 2～3 cm 长，水插后需在第 4 天才能开始开花，但花开得小而颜色苍白，一部分更小的花蕾不能开放）为材料，用不同蔗糖浓度（2%、4%、8%）加 300 $\mu mol \cdot mol^{-1}$ 8-HQC 进行实验，结果表明，蔗糖浓度对六出花的开花情况没有明显影响。但是先用 4 $mmol \cdot L^{-1}$STS 预处理后，再用 2%蔗糖＋300 $\mu mol \cdot mol^{-1}$ 8-HQC 进行瓶插处理其观赏期可达 7 天，而未经 STS 预处理的其观赏期只有 4 天，第 5 天时已产生大量落花。这充分说明 STS 预处理后再用保鲜剂可延长六出花的开放天数，增加观赏期。

2. 瓶插液

六出花瓶插液配方：1%蔗糖＋200 $mg \cdot L^{-1}$ 8-HQS＋25 $mg \cdot L^{-1}$ $AgNO_3$ ＋50 $mg \cdot L^{-1}$ $Al_2(SO_4)_3$；5%蔗糖＋50 $mg \cdot L^{-1}$GA＋1.0 $mmol \cdot L^{-1}$STS＋300 $mg \cdot L^{-1}$8-HQ＋200 $mg \cdot L^{-1}$VC；5%蔗糖＋200 $mg \cdot L^{-1}$8-HQC；15 mL/225 mL（提取液/溶液总量）天麻提取液。

第十五节 兰花保鲜技术

兰花是一类高档切花。用于切花的主要是热带兰，以石斛最为常见，其次是蝴蝶兰。兰花花形美观，色彩多样，花期也长，因而深受人们青睐。除了插花用外，也常用作胸花。新娘喜欢将兰花作为捧花。热带兰原产于热带地区，不耐低温，对乙烯敏感。

NOTE

采切及采后处理：待花序上的小花开放 2/3～3/4 时方可采切。采后花枝茎基应立即插于水中或保鲜液中。石斛兰可在 5～7 ℃下湿藏 2 周；蝴蝶兰贮藏温度为 10 ℃左右；兰花耐低温，可在 1～2 ℃条件下湿藏，一般也只能冷藏半个月。所有兰花对乙烯敏感，运输途中，包装箱内应放乙烯吸收剂。兰花花枝基部插于装保鲜液或装水的塑料小瓶中，或外包湿脱脂棉。每 10 枝外用塑料袋或玻璃纸包装。

蝴蝶兰瓶插液配方：3 g・L^{-1}蔗糖＋5 mg・L^{-1}BA；2.0 mmol ・L^{-1}STS 预处理 1.5 h＋2％蔗糖＋200 mg・L^{-1} 8-HQS＋25 mg・L^{-1} $AgNO_3$；2.0 mmol ・L^{-1}STS 预处理 2.0 h ＋200 mg・L^{-1} 8-HQ＋4％蔗糖＋250 mg・L^{-1}水杨酸＋250 mg・L^{-1} $Al_2(SO_4)_3$。

第十六节　翠菊保鲜技术

翠菊，菊科，翠菊属植物，又名江西蜡，一年生或二年生草本花卉，通常于 5—7 月开花。翠菊株型高大，长势健壮；花朵硕大，花色丰富；花枝坚挺，耐水插；适应性强，易栽培管理。国内外已选育出许多优良的观赏品种，如小行星系列、矮皇后系列、迷你小姐系列、波特・佩蒂奥系列等，在矮化育种和提高观赏价值方面都有重大改进。一般切花品种高 50～80 cm，花色繁多，有红、粉、白、蓝等色，是良好的切花材料。

翠菊的采切时间是待花序上有 1/4 小花六七成开放时即可采切，从茎基部采切。翠菊按花朵大小和花色分级，分束包装，通常 10 枝或 20 枝为一束，装箱上市。

采收的切花可先用 1000 mg・L^{-1} $AgNO_3$预处理后插于瓶插液（2％蔗糖＋300 mg・L^{-1}8-HQC；2％蔗糖＋25 mg・L^{-1} $AgNO_3$＋75 mg・L^{-1}柠檬酸；2％蔗糖＋250 mg・L^{-1}8-HQC＋70 mg・L^{-1}矮壮素）中。严敏和田惠研究了不同保鲜液对翠菊切花瓶插寿命、观赏值、水分平衡值降为零的时间、鲜重变化率降为 1 的时间、花瓣可溶性蛋白质和可溶性糖含量等 6 个指标的影响，结果表明，这 6 个指标之间的相关性呈显著正相关或极显著正相关，可作为切花保鲜液筛选较为可靠的指标；这 6 个指标在不同保鲜液中的差异表现极为显著。实验表明，保鲜液 2％蔗糖＋200 mg・L^{-1}8-HQ＋75 mg・L^{-1}柠檬酸＋50 mg・L^{-1}氯化钴更经济、实用与环保。

实验一　鲜切花贮藏过程中失水特性研究实验

一、实验目的

了解鲜切花采后贮藏的一般方式；了解不同鲜切花采后水分损失的主要途径和对切花品质的影响；了解水分平衡在保持观赏植物产品品质上的重要意义。

二、实验原理

观赏植物产品的价值与本身水分平衡有关，切花采后流通损耗的重要原因之一就是采后失水造成水分不平衡。不同种类、同一种类不同品种切花失水胁迫耐性有差异，而且切花水分损失途径、失水胁迫后切花的表现等都不同。研究切花采后失水特性、失水胁迫耐性等对切花采后保鲜非常重要。

三、实验材料

月季、香石竹、满天星、菊花、唐菖蒲等切花。

四、实验仪器和药品

千分之一分析天平、花枝剪、插花容器、标签纸、切花包装箱、塑料薄膜、蒸馏水、游标卡尺。

五、实验步骤

(1) 花材整理。将市场购买(温室采切)的月季切花在实验室进行去刺、去多余叶片等，留花朵下方3～4片复叶，将花材长度剪切为35 cm；将香石竹、满天星切花基部叶片去除，花材长度剪切为35 cm；菊花去除基部叶片，花材长度剪切为45 cm；唐菖蒲花材长度剪切为约45 cm。注意所有切花在水中进行剪切，剪切过程中需剔除含有病斑等的花枝。

(2) 用吸水纸吸干切花表面水分，分别用标签标记顺序，称量鲜样质量。

(3) 将切花分别用塑料薄膜包装，置于切花包装箱中。以不用塑料薄膜包装的切花为对照，分别在25 ℃恒温条件下放置6 h、12 h、24 h、36 h，分别在不同时间段取出称量鲜样质量。

(4) 在胁迫后分别将切花进行复水瓶插，在切花瓶插观察室中记录花朵开放进程。用没有经过胁迫失水的切花作为瓶插对照。

(5) 记录瓶插过程开花指数变化(根据不同切花开花指数判断标准目测)和花朵直径的变化(用游标卡尺测量花朵直径)。

NOTE

(6) 统计分析切花鲜样质量损失率，统计胁迫后不同切花的瓶插寿命缩短百分率。

六、实验结果与分析

比较不同种类鲜切花的失水速率；比较不同种类切花复水后瓶插的表现情况。

实验二　鲜切花呼吸速率的测定

一、实验目的

掌握气流法测定鲜切花呼吸速率的原理与步骤；比较不同种类鲜切花的呼吸速率。

二、实验原理

呼吸强度的测定通常是采用定量碱液吸收鲜切花在一定时间内呼吸所释放出来的 CO_2，再用酸滴定剩余的碱，即可计算出呼吸所释放出来的 CO_2 量，求出其呼吸强度。

三、实验材料

月季、香石竹、满天星、菊花、唐菖蒲等切花。

四、实验仪器和药品

(1) 仪器设备　真空干燥器、大气采样器、吸收管、滴定管架、铁夹、呼吸室、25 mL 滴定管、150 mL 三角瓶、500 mL 烧杯、10 mL 移液管、100 mL 容量瓶、万用试纸、电子天平。

(2) 试剂　保鲜剂、钠石灰、20%氢氧化钠、0.4 mol/L 氢氧化钠、0.1 mol/L 草酸、饱和氯化钡溶液、酚酞指示剂、正丁醇、凡士林。

五、实验步骤

(1) 将花材整理好后，取品种相同、长势相近的鲜切花材料分别置于清水和保鲜液中于室温下保存 7 天。

(2) 检查装置气密性，保证其气密性良好。

(3) 用天平称量鲜切花材料鲜重，分别放入呼吸室，先将呼吸室与安全瓶连接，拨动开关，将空气流量调至 400 mL/min 左右，将定时钟旋钮按反时钟方向转到 30 min 处，使呼吸室抽空平衡，然后连接吸收管开始正式测定。

(4) 空白滴定用移液管吸收 0.4 mol/L 的 NaOH 10 mL，放入 1 支吸收管中，加一滴正丁醇，稍加摇动后再将其中碱液毫无损失地移到三角瓶中，用煮沸过的蒸馏水冲洗几次，直到显中性为止，加 5 mL 饱和 $BaCl_2$ 溶液和酚酞指示剂 2 滴，然后用 0.1 mol/L 草酸滴定至粉红色消失即为终点。记下滴定量，重复一次，取平均值，即为空白滴定量(V_1)。如果两次滴定相差超过 0.1 mL，必须重新滴定一次，同时取一支吸收管装好同量碱液和一滴正丁醇，放在大气采样器的管架上备用。

(5) 当呼吸室抽空 30 min 后，立即接上吸收管，把定时针再次转到 30 min 处，调整流量大约 400 mL/min。待样品测定 30 min 后，取下吸收管，将碱液移入三角瓶中，加饱和 $BaCl_2$ 5 mL 和酚酞指示剂 2 滴，用 0.1 mol/L 草酸滴定，操作同空白滴定，记下滴定量(V_2)。

(6) 用同种方法分别测量清水和保鲜液处理的鲜切花材料。

六、实验结果与分析

计算公式如下：

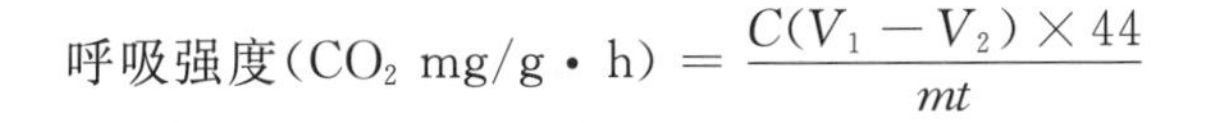

$$\text{呼吸强度}(CO_2\ mg/g \cdot h) = \frac{C(V_1 - V_2) \times 44}{mt}$$

其中：C 为 $H_2C_2O_4$ 摩尔浓度(mol/L)；m 为样品重量(g)；t 为测定时间(h)；V_1 为空白滴定量(mL)；V_2 为样液滴定量(mL)；44 为 CO_2 的毫克当量。

此法可比较不同种类鲜切花的呼吸速率和保鲜剂对鲜切花衰老的延缓效果。

实验三　鲜切花可溶性糖的测定

一、实验目的

学习利用蒽酮比色定糖法测定不同种类鲜切花可溶性糖的原理和方法。

二、实验原理

糖类在较高温度下被硫酸作用脱水生成糠醛或糖醛衍生物后与蒽酮($C_{14}H_{10}O$)缩合成蓝色化合物。溶液含糖量在 150 μg/mL 以内，与蒽酮反应生成的颜色深浅与糖量成正比。

三、实验材料

月季、香石竹、满天星、菊花、唐菖蒲等切花。

四、实验仪器和药品

保鲜剂、试管、试管架、烘箱、植物粉碎机、水浴锅、制冰机、分光光度计、蒽酮试剂(称取 100 mg 蒽酮溶于 100 mL 98%硫酸溶液中，用时配制)、葡萄糖标准溶液(100 μg/mL)200 mL。

五、实验步骤

(1) 制作标准曲线。取 7 支干燥洁净的试管，编号后按下表配方配置。

编　　号	1	2	3	4	5	6	7
葡萄糖标准液(100 μg/mL)/mL	0	0.1	0.2	0.3	0.4	0.6	0.8
蒸馏水/mL	1.0	0.9	0.8	0.7	0.6	0.4	0.2
蒽酮试剂/mL	10	10	10	10	10	10	10

每管加入葡萄糖标准液和蒸馏水后立即混匀，迅速置于冰浴中，待各管都加入蒽酮试剂后，同时置于沸水中，加热 7 min，立即取出冰浴冷却。待各管溶液达室温后，用 1 cm 厚度的比色皿，以第一管为空白，迅速测其余各管的光吸收值。然后以第 2～7 管溶液含糖量(μg)为横坐标，吸光度(A_{620})为纵坐标，画出含糖量与 A_{620} 的相关标准曲线。

(2) 将花材整理好后，取品种相同、长势相近的鲜切花材料分别置于清水和保鲜液中室温保存 7 天。

(3) 取鲜切花上新鲜叶片洗净后置于烘箱内 105 ℃ 杀青 15 min 后 80 ℃烘干至恒重。再用植物粉碎机(微型)研细，过筛，称取 100 目筛下物 0.3 g 为待测样品。清水处理和保鲜液处理各 3 份，分别置于锥形瓶中，编号，加入 80 mL 沸蒸馏水，放入沸水中。不时摇动，提取 0.5 h。取出立即过滤，残渣用沸蒸馏水反复洗涤并过滤，合并滤液。冷却至室温，分别用蒸馏水定容至 100 mL。

(4) 取 4 支试管按下表配置。

编　　号	1	2	3	4
样品溶液/mL	0	1.0	1.0	1.0

续表

编　　号	1	2	3	4
蒸馏水/mL	1.0	0	0	0
蒽酮试剂/mL	10.0	10.0	10.0	10.0

其他操作与制作标准曲线相同。将测定样品的吸光度，计算可溶性糖的含量。分两次分别测定清水处理和保鲜液处理的样品的可溶性糖含量。

六、实验结果与分析

由标准线性方程求出糖的量(μg)，按下式计算测试样品的糖含量。

$$\text{可溶性糖含量} = \frac{\dfrac{\text{从回归方程求得糖的量}}{\text{吸取样品液体积}} \times \text{提取液量} \times \text{稀释倍数}}{\text{样品干重} \times 10^6} \times 100\%$$

实验四　鲜切花可溶性蛋白质含量测定

一、实验目的

掌握鲜切花可溶性蛋白质含量测定的原理与步骤；比较不同处理下的各种鲜切花的可溶性蛋白质含量。

二、实验原理

考马斯亮蓝 G-250 测定蛋白质含量属于染料结合法的一种。该染料在游离状态下呈红色，在稀酸溶液中与蛋白质的疏水区结合后变为青色，前者最大吸收波长在 465 nm 处，后者在一定蛋白质浓度范围内(1～1000 μg)，蛋白质与色素结合物在 595 nm 波长下的吸光度与蛋白质含量成正比，故可用于蛋白质的定量测定。

考马斯亮蓝 G-250 与蛋白质结合反应十分迅速，2 min 左右即达到平衡。其结合物在室温下 1 h 内保持稳定。此法灵敏度高，易于操作，干扰物质少，是一种比较好的定量法。其缺点是在蛋白质含量很高时线性偏低，且不同来源蛋白质与色素结合状况有一定差异。

三、实验材料

月季、香石竹、满天星、菊花、唐菖蒲等切花。

四、实验仪器和药品

(1) 仪器设备　分光光度计、研钵、烧杯、移液管。

(2) 试剂。

①标准蛋白质溶液(100 μg/mL 牛血清白蛋白)：称取牛血清白蛋白 25 mg，加水溶解并定容至 100 mL，吸取上述溶液 40 mL，用蒸馏水稀释至 100 mL 即可。

②考马斯亮蓝 G-250 溶液：称取 100 mg 考马斯亮蓝 G-250，溶于 50 mL 90%乙醇中，加入 100 mL 85%(W/V)的磷酸，再用蒸馏水定容到 1 L，贮存于棕色瓶中，常温下可保存一个月。

③鲜切花保鲜液。

五、实验步骤

(1) 标准曲线的绘制　取 6 支具塞试管，按下表加入试剂。混合均匀后，向各管中加入 5 mL 考马

斯亮蓝 G-250 溶液，摇匀，并放置 5 min 左右，在 595 nm 下比色测定吸光度。以蛋白质浓度为横坐标、吸光度为纵坐标绘制标准曲线。

管　号	1	2	3	4	5	6
标准蛋白质/mL	0	0.2	0.4	0.6	0.8	1.0
蒸馏水量/mL	1.0	0.8	0.6	0.4	0.2	0
蛋白质含量/μg	0	20	40	60	80	100

(2) 实验材料的处理　将花材整理好后，取品种相同、长势相近的鲜切花材料分别置于清水和保鲜液中室温保存 7 天。

(3) 样品测定

①样品提取：分别取不同处理过后切花新鲜叶片 0.5 g，加入 2 mL 蒸馏水研磨，磨成匀浆后用 6 mL 蒸馏水冲洗研钵，洗涤液收集在同一离心管中，在 4000 r/min 下离心 10 min，弃去沉淀，上清液转入容量瓶，以蒸馏水定容至 10 mL，摇匀后待测。

②吸取样品提取液 0.1 mL，放入具塞试管中(每个样品重复 2 次)，加入 5 mL 考马斯亮蓝 G-250 溶液，充分混合，放置 2 min 后在 595 nm 下比色，测定吸光度，并通过标准曲线查得蛋白质含量。

③结果计算：

$$样品中蛋白质含量(mg/g)=(C \cdot V_T)/(1000 \cdot V_S \cdot W_F)$$

式中：C 为标准曲线值(μg)；V_T 为提取液总体积(mL)；W_F 为样品鲜重(g)；V_S 为测定时加样量(mL)。

通过此法可比较不同处理对鲜切花的可溶性蛋白质含量的影响，从而了解保鲜液的保鲜效果。

实验五　鲜切花叶片叶绿素含量测定

一、实验目的

掌握鲜切花叶片叶绿素含量测定的原理与步骤；比较不同处理下的各种鲜切花叶片叶绿素含量。

二、实验原理

根据叶绿体色素提取液对可见光谱的吸收，利用分光光度计在某一特定波长测定其吸光度，即可用公式计算出提取液中各色素的含量。

三、实验材料

月季、香石竹、满天星、菊花、唐菖蒲等切花。

四、实验仪器和药品

(1) 仪器设备　分光光度计、分析天平、研钵、棕色容量瓶、小漏斗、定量滤纸、吸水纸、擦镜纸、滴管。

(2) 试剂　96%乙醇(或 80%丙酮)、石英砂、碳酸钙粉。

五、实验步骤

(1) 取鲜切花叶片，擦净组织表面污物，剪碎(去掉中脉)，混匀。

(2) 称取剪碎的新鲜样品 0.2 g，共 3 份，分别放入研钵中，加少量石英砂和碳酸钙粉及 2～3 mL

NOTE

95%乙醇，研成均浆，再加乙醇 10 mL，继续研磨至组织变白。静置 3～5 min。

(3) 取滤纸 1 张，置漏斗中，用乙醇湿润，沿玻璃棒把提取液倒入漏斗中，过滤到 25 mL 棕色容量瓶中，用少量乙醇冲洗研钵、研棒及残渣数次，最后连同残渣一起倒入漏斗中。

(4) 用滴管吸取乙醇，将滤纸上的叶绿体色素全部洗入容量瓶中。直至滤纸和残渣中无绿色为止。最后用乙醇定容至 25 mL，摇匀。

(5) 把叶绿体色素提取液倒入厚度为 1 cm 的比色皿内。以 95%乙醇为空白对照，在波长 665 nm、649 nm 下测定吸光度 A_{665}、A_{649}。

六、实验结果与分析

叶绿素 a 浓度： $C_a = 13.95A_{665} - 6.8A_{649}$

叶绿素 b 浓度： $C_b = 24.96A_{649} - 7.32A_{665}$

二者相加即可得到叶绿素总浓度。

$$\text{叶绿素含量(mg/g)} = \frac{C \times V \times N}{m \times 1000}$$

式中：C 为色素含量(mg/L)；V 为提取液体积(mL)；N 为稀释倍数；m 为样品鲜质量。

实验六　鲜切花蒸腾速率的测定

一、实验目的

蒸腾是植物的水分代谢的重要过程。蒸腾的快慢与矿质盐等在植物体内运输的速度以及叶温等都有关系，特别是蒸腾速率还可以作为确定需水程度的重要指标。离体快速称重法的特点是能在自然条件下进行。植物枝条虽然离开了母体，但短时间内在生理上尚无明显变化，因此所求得的蒸腾速率与实际情况近似。但本方法不能连续测量和自动记录较长时间内的蒸腾速率。本实验目的主要是掌握用离体快速称重法测定植物蒸腾速率的原理及方法。

二、实验原理

植物蒸腾失水，其重量减轻，因此可用称重法测定植物叶片在一定时间内一定叶面积所失水量，从而求出蒸腾速率。

三、实验材料

月季、香石竹、满天星、菊花、唐菖蒲等切花。

四、实验仪器和药品

电子分析天平、剪刀、硫酸纸。

五、实验步骤

(1) 蒸腾测定　在锥形瓶中加入蒸馏水，滴 1～2 滴石蜡，记录刻度 1，计时。选择不带枯叶鲜切花插入锥形瓶中。在光照下 2～3 h 后，取出枝条，记录刻度 2。

(2) 叶面积测定(如有条件可用叶面积仪测定)　采用剪纸称重法测定叶面积，其方法如下：取厚薄一致的硫酸纸，剪成 10 cm×10 cm(1 dm^2)大小的纸片，称重。把被测叶片铺在同样的白纸片上，用铅笔描出被测叶片的叶形状(不带叶柄和枝条)，然后剪下纸叶片，称重。

按以下公式计算被测叶片的叶面积：

$$叶面积(cm^2)=\frac{纸叶片重(mg)}{1\ dm^2\ 纸片重(mg)}$$

六、实验结果与分析

$$蒸腾速率(mg\ H_2O\cdot dm^{-2}\cdot h^{-1})=\frac{蒸腾水量(mg)\times 60}{叶片面积(dm^2)\times 测定时间(min)}$$

实验七　鲜切花过氧化物酶活性的测定

一、实验目的

过氧化物酶是植物体内普遍存在的、活性较高的一种酶，它与呼吸作用、光合作用以及生长素的氧化等都密切相关，在植物生长发育过程中，它的活性不断发生变化，因此，测定这种酶的含量可以反映某一时期植物体内代谢的变化。

二、实验原理

过氧化物酶广泛分布于植物的各个组织器官中，本实验以邻甲氧基苯酚(愈创木酚)为过氧化物酶的底物，在此酶存在下，H_2O_2可将邻甲氧基苯酚氧化成红棕色的4-邻甲氧基苯酚，此产物在470 nm处有最大光吸收，因此可通过测量A_{470}，以每分钟A_{470}变化值表示酶活性大小。

三、实验材料

月季、香石竹、满天星、菊花、唐菖蒲等切花。

四、实验仪器和药品

(1) 仪器设备　可见光分光光度计、离心机、研钵、容量瓶、量筒、试管、吸管。

(2) 试剂　0.05 mol/L pH 5.5 磷酸缓冲液、0.05 mol/L 愈创木酚、2% H_2O_2、20%三氯乙酸。

五、实验步骤

(1) 粗酶液的制备　取鲜切花新鲜叶片1 g洗净，切碎置入研钵中，加0.05 mol/L pH 5.5 磷酸缓冲液10 mL研成匀浆转入离心管中，4000 r/min离心10 min，取上清液转入25 mL容量瓶中，沉淀用5 mL磷酸缓冲液再提取2次，上清液并入容量瓶中，定容至刻度线，低温下保存备用。

(2) 过氧化物酶活性测定　酶活性测定的反应体系包括0.05 mol/L pH 5.5 磷酸缓冲液2.9 mL，2% H_2O_2 1.0 mL，0.05 mol/L 愈创木酚1.0 mL和0.1 mL酶液。用加热煮沸5 min的酶液为对照，反应体系加入酶液后，立即于37 ℃水浴保温15 min，然后迅速转入冰浴，并加入20%三氯乙酸2.0 mL终止反应，然后过滤(或5000 r/min离心10 min)，适当稀释，470 nm波长下测定吸光度。

六、实验结果与分析

以每分钟内A_{470}变化0.01为1个过氧化物酶活性单位(U)。

$$过氧化物酶活性(U/(g\cdot min))=\frac{\Delta A_{470}\times V_T}{W\times V_S\times 0.01\times t}$$

NOTE

式中：ΔA_{470}为反应时间内A变化值；V_T为提取酶液总体积(mL)；V_S为测定时取用酶液体积(mL)；W为植物鲜重(g)；t为反应时间(min)。

实验八　鲜切花过氧化氢酶活性的测定

一、实验目的

过氧化氢酶普遍存在于植物的所有组织中，其活性与植物的代谢强度及抗寒、抗病能力有一定关系，故常加以测定。

二、实验原理

过氧化氢酶(catalase)属于血红蛋白酶，含有铁，它能催化过氧化氢分解为水和氧气，在此过程中起传递电子的作用，过氧化氢则既是氧化剂又是还原剂。可根据 H_2O_2 的消耗量或 O_2 的生成量测定该酶活性的大小。

在反应系统中加入一定量(反应过量)的过氧化氢溶液，经酶促反应后，用标准高锰酸钾溶液(在酸性条件下)滴定多余的过氧化氢，即可求出消耗的 H_2O_2 的量。

三、实验材料

月季、香石竹、满天星、菊花、唐菖蒲等切花。

四、实验仪器和药品

10% H_2SO_4、0.2 mol/L pH 7.8 磷酸缓冲液。

0.1 mol/L $KMnO_4$ 标准液：取 $KMnO_4$(AR)3.1605 g，用新煮沸冷却蒸馏水配制成 1000 mL，再用 0.1 mol/L 草酸溶液标定。

0.1 mol/L H_2O_2：市售 30% H_2O_2 约 17.6 mol/L，取 30% H_2O_2 溶液 5.68 mL，用蒸馏水稀释至 1000 mL，用标准 0.1 mol/L $KMnO_4$ 溶液(在酸性条件下)进行标定。

0.1 mol/L 草酸：称取优级纯 $H_2C_2O_4 \cdot 2H_2O$ 12.607 g，用蒸馏水溶解后，定容至 1000 mL。

研钵、三角瓶、酸式滴定管、恒温水浴锅、容量瓶。

五、实验步骤

酶液提取：取鲜切花新鲜叶片 2.5 g 加入 0.2 mol/L pH 7.8 的磷酸缓冲溶液少量，研磨成匀浆，转移至 25 mL 容量瓶中，用该缓冲液冲洗研钵，并将冲洗液转至容量瓶中，用同一缓冲液定容，4000 r/min 离心 15 min，上清液即为过氧化氢酶的粗提液。

取 50 mL 三角瓶 4 个(两个测定瓶，另两个为对照瓶)，测定瓶加入酶液 2.5 mL，对照瓶加煮死酶液 2.5 mL，再加入 2.5 mL 0.1 mol/L H_2O_2，同时计时，于 30 ℃恒温水浴中保温 10 min 后，立即加入 10% H_2SO_4 2.5 mL。

用 0.1 mol/L $KMnO_4$ 标准溶液滴定，至出现粉红色且在 30 min 内不消失，即为终点。

六、实验结果与分析

酶活性用每克鲜重样品 1 min 内分解 H_2O_2 的量(mg)表示：

$$过氧化氢酶活性(U/(g\cdot min))=\frac{(A-B)\times\frac{V_T}{V_S}\times 1.7}{W\times t}$$

式中：A 为对照 $KMnO_4$ 滴定量(mL)；B 为酶反应后 $KMnO_4$ 滴定量(mL)；V_T 为提取酶液总量(mL)；V_S

为反应时所用酶液量(mL);W 为样品鲜重(g);t 为反应时间(min);1.7 表示 0.1 mol/L $KMnO_4$ 1 mL 相当于 1.7 mg H_2O_2。

应注意 $KMnO_4$ 溶液及 H_2O_2 溶液临用前要经过重新标定。

实验九　鲜切花超氧化物歧化酶活性测定

一、实验目的

(1) 了解还原法测定超氧化物歧化酶活性的原理和方法。

(2) 熟悉植物叶片中 ROS 去除机制。

二、实验原理

超氧化物歧化酶(superoxide dismutase,SOD)普遍存在于动、植物体内,是一种清除超氧阴离子自由基的酶,它催化下列反应:

$$2O_2^{\cdot -}+2H^+ \longrightarrow H_2O_2+O_2$$

本反应的产物 H_2O_2 可由过氧化氢酶进一步分解或被过氧化物酶利用。本实验依据超氧化物歧化酶抑制氮蓝四唑(NBT)在光下的还原作用来确定酶活性大小。在有氧化物质存在下,核黄素可被光还原,被还原的核黄素在有氧条件下极易再氧化而产生超氧阴离子自由基,超氧阴离子自由基可将氮蓝四唑还原为蓝色的甲腙,后者在 560 nm 处有最大吸收。而 SOD 可清除超氧阴离子自由基,从而抑制了甲腙的形成。于是光还原反应后,反应液蓝色越深,说明酶活性越低,反之酶活性越高。据此可以计算酶活性大小。

三、实验材料

月季、香石竹、满天星、菊花、唐菖蒲等切花。

四、实验仪器和药品

(1) 仪器设备　高速台式离心机、分光光度计、微量进样器、荧光灯(反应试管处光照强度为 4000 lx)、试管或指形管数支。

(2) 试剂

①0.05 mol/L 磷酸缓冲液(pH 7.8)。

②130 mmol/L 甲硫氨酸(Met)溶液:称取 1.9399 g Met,用磷酸缓冲液定容至 100 mL。

③750 μmol/L 氮蓝四唑溶液:称取 0.06133 g NBT,用磷酸缓冲液定容至 100 mL,避光保存。

④100 μmol/L EDTA-Na_2溶液:称取 0.03721 g EDTA-Na_2,用磷酸缓冲液定容至 1000 mL。

⑤20 μmol/L 核黄素溶液:称取 0.0753 g 核黄素,用蒸馏水定容至 1000 mL,避光保存。

五、实验步骤

(1) 酶液提取　取一定部位的植物叶片(视需要定,去叶脉)0.5 g 于预冷的研钵中,加 1 mL 预冷的磷酸缓冲液在冰浴上研磨成浆,加缓冲液使终体积为 5 mL,取 1.5～2 mL 于 1000 r/min 下离心 20 min,上清液即为 SOD 粗提液。

(2) 显色反应　取 5 mL 指形管(要求透明度好)4 支,2 支为测定管,另 2 支为对照管,按下表加入各种溶液。

NOTE

试剂(酶)	用量/mL	终 浓 度
0.05 mol/L 磷酸缓冲液	1.5	
130 mmol/L Met 溶液	0.3	13 mmol/L
750 μmo/L NBT 溶液	0.3	75 μmol/L
100 μmol/L EDTA-Na_2 溶液	0.3	10 μmol/L
20 μmol/L 核黄素	0.3	2.0 μmol/L
酶液	0.05	2 支对照管以缓冲液代替酶液
蒸馏水	0.25	
总体积	3	

混匀后将 1 支对照管置暗处，其他各管于 4000 lx 日光下反应 20 min(要求各管受光情况一致，温度高，时间缩短，温度低，时间延长)。

(3) SOD 活性测定与计算　反应结束后，以不照光的对照管作空白，分别测定其他各管的吸光度。

六、实验结果与分析

以抑制 NBT 光还原的 50%为一个 SOD 活性单位(U)，按下式计算 SOD 总活性。

$$\text{SOD 总活性(U/g)} = \frac{(A_{CK} - A_E) \times V}{1/2 \times A_{CK} \times W \times V_t}$$

式中：SOD 总活性以每克样品鲜质量的酶单位表示(U/g)；A_{CK} 为照光对照管的吸光度；A_E 为样品管的吸光度；V 为样品液总体积(mL)；V_t 为测定时样品用量(mL)；W 为样品鲜质量(g)。

实验十　鲜切花叶片丙二醛含量测定

一、实验目的

通过实验，掌握鲜切花体内丙二醛含量测定的原理及方法。

二、实验原理

丙二醛(MDA)是由于植物器官衰老或在逆境条件下受伤害，其组织或器官膜脂质发生过氧化反应而产生的。它的含量与植物衰老及逆境伤害有密切关系。测定植物体内丙二醛含量，通常利用硫代巴比妥酸(TBA)在酸性条件下加热与组织中的丙二醛产生显色反应，生成红棕色的三甲川(3,5,5-三甲基噁唑-2,4-二酮)，三甲川最大的吸收波长在 532 nm 处。但是测定植物组织中的 MDA 时受多种物质的干扰，其中最主要的是可溶性糖，糖与硫代巴比妥酸显色反应产物的最大吸收波长在 450 nm 处，在 532 nm 处也有吸收。植物遭受干旱、高温、低温等逆境胁迫时可溶性糖增加，因此测定植物组织中丙二醛与硫代巴比妥酸反应产物含量时一定要排除可溶性糖的干扰。此外在 532 nm 波长处非特异的背景吸收的影响也要加以排除。低浓度的铁离子能显著增加硫代巴比妥酸与蔗糖或丙二醛显色反应物在 532 nm 和 450 nm 处的吸光度值，所以在蔗糖、丙二醛与硫代巴比妥酸显色反应中需要有一定的铁离子，通常植物组织中铁离子的含量为 100～300 $\mu g \cdot g^{-1}$，根据植物样品量和提取液的体积，加入铁离子的终浓度为 0.5 nmol/L。在 532 nm、600 nm 和 450 nm 波长处测定吸光度值，即可计算出丙二醛含量。

三、实验材料

月季、香石竹、满天星、菊花、唐菖蒲等切花。

四、实验仪器和药品

(1) 仪器设备　研钵、离心机、分光光度计、恒温水浴锅。

(2) 试剂

①100%三氯乙酸：在装有 500 g TCA 的瓶中加入 227 mL 水，形成的溶液含有 100%(M/V)TCA，4 ℃下避光保存。

②10%三氯乙酸：用 100%TCA 稀释 10 倍得到 10% TCA，4 ℃下避光保存。

③0.6%硫代巴比妥酸(TBA)溶液：称 0.6 g TBA，先用少量 1 mol/L NaOH 溶解，然后用 10% TCA 定容。

④石英砂。

五、实验步骤

(1) 将花材整理好后，取品种相同、长势相近的鲜切花材料分别置于清水和保鲜液中室温保存 7 天。

(2) 称取两处理的切花叶片各 1 g，加入 10%三氯乙酸 5 mL，研磨至匀浆，再加 5 mL 10%三氯乙酸进一步研磨，分成 2 等份倒入 10 mL 离心管中，匀浆以 5000 r/min 离心 10 min，其上清液转入 10 mL 离心管中，为丙二醛提取液。

(3) 取 4 支干净 5 mL 离心管，编号，3 支为样品管(三个重复)，各加入提取液 2 mL，对照管加蒸馏水 2 mL，然后各管再加入 2 mL 0.6%硫代巴比妥酸溶液。摇匀，混合液在沸水浴中反应 15 min，迅速冷却后再离心。取上清液分别在 532 nm、600 nm 和 450 nm 波长下测定吸光度(A)。

六、实验结果与分析

$$C_{糖}(\text{mmol/L})=11.71A_{450}$$

$$C_{\text{MDA}}(\mu\text{mol/L})=6.45(A_{532}-A_{600})-0.56A_{450}$$

式中：A_{450} 为在 450 nm 波长下测得的吸光度；A_{532} 为在 532 nm 波长下测得的吸光度；A_{600} 为在 600 nm 波长下测得的吸光度。

$$提取液中\text{MDA}浓度(\mu\text{mol/mL})=\frac{C_{\text{MDA}}\times\frac{反应液体积(\text{mL})}{1000}}{测定时提取液用量(\text{mL})}$$

$$\text{MDA}含量(\mu\text{mol/g FW})=\frac{提取液中\text{MDA}浓度(\mu\text{mol/mL})\times提取液总量(\text{mL})}{植物组织鲜重(\text{g})}$$

此法可比较在不同保鲜液处理下鲜切花 MDA 含量的变化，进而为筛选最佳保鲜液配方提供依据。

实验十一　气相色谱法测定鲜切花内源乙烯含量实验

一、实验目的

乙烯是植物内源激素之一，以气体形式存在。准确测定乙烯释放量，对认识乙烯在鲜切花贮藏过程中的作用有着重要的意义。

二、实验原理

气相色谱具有灵敏度高、稳定性好等优点。色谱仪中的分离系统包括固定相和流动相。由于固定相和流动相对各种物质的吸附或溶解能力不同，因此各种物持的分配系数(或吸附能力)不一样。

NOTE

当含混合物的待测样(含乙烯的混合气)进入固定相以后,不断通以流动相(通常为 N_2 或 H_2),待测物不断地再分配,最后,依照分配系数大小顺序依次被分离,并进入检测系统得到检测。检测信号的大小反映出物质含量的多少,在记录仪上就呈现色谱图。要使待测物得到充分的分离,就需要一种合适的固定相。乙烯往往与乙炔、乙烷难以分离,而采用 GD×502 作为固定相则可达到比较满意的效果。

三、实验材料

月季、香石竹、满天星、菊花、唐菖蒲等切花。

四、实验仪器和药品

密封装置(带空心橡皮塞的三角瓶或真空干燥器)、气相色谱仪、标准乙烯。

五、实验步骤

(1) 实验材料的处理。将花材整理好后,取品种相同、长势相近的鲜切花材料分别置于清水和保鲜液中室温保存 7 天。

(2) 将两种处理的材料分别置于密封装置内一段时间后,用排水法收集装置内气体。

(3) 测定。取一定浓度(以 N_2 作为稀释剂)、一定量(100~1000 μL)的标准乙烯进样,并注意出峰时间。待乙烯峰至顶端时即为乙烯的保留时间,重复 3~4 次,得到平均值。该平均值即作为样品中乙烯定性的依据之一。取同样量的待测样品,注入色谱柱(进样)。待样品峰全部出完后,即可做下一个样品。

(4) 定性。①外标法定性:样品中与标准乙烯保留时间相同的峰,即为样品乙烯峰。②内标法定性:在得到某一样品的色谱图后,向该样品中加入一定量的标准乙烯进样,若某峰增高,该峰即为样品中乙烯峰。

六、实验结果与分析

$$\text{样品中乙烯浓度}(\mu L/L)=\text{样品峰高}\times\text{标样浓度}/\text{标准峰高}$$

$$\text{样品中乙烯生成速率}(\mu L/g/h)=\frac{\text{乙烯浓度}(\mu L/L)\times\text{容器容积}(L)}{\text{密封时间}(h)\times\text{样品重量}(g)}$$

此法可测定不同保鲜剂对鲜切花生成内源乙烯的影响,从而检验保鲜效果。

实验十二　鲜切花内源脱落酸及赤霉素含量的测定实验

一、实验目的

脱落酸(ABA)和赤霉素(GA)是植物重要的内源激素。准确测定鲜切花的脱落酸、赤霉素含量,对认识其在鲜切花贮藏过程中的作用有着重要的意义。

二、实验原理

利用 ABA 和 GA 能溶解于有机溶剂(如丙酮、甲醇)的特性进行提取,将粗提物经过一系列的分离技术(如萃取、薄层层析或纸层析等),使 ABA、GA 与其他成分分离。再对纯化的 ABA 和 GA 进行生物学鉴定或物理化学鉴定。

三、实验材料

月季、香石竹、满天星、菊花、唐菖蒲等切花。

NOTE

四、实验仪器和药品

(1) 仪器设备　气相色谱仪、分液漏斗、组织匀浆器、旋转蒸发干燥器、层析缸、华特曼3号层析纸、微量注射器。

(2) 试剂　100%甲醇、80%甲醇、石油醚、乙酸乙酯、1 mol/L HCl、硅酸GF232、氯仿、GA、ABA、乙醇、正丁醇、异丙醇、3 mol/L氨水。

五、实验步骤

(1) 实验材料的处理　将花材整理好后，取品种相同、长势相近的鲜切花材料分别置于清水和保鲜液中室温保存7天。

(2) ABA和GA的提取和分离

①样品提取。取洗净擦干的鲜切花花瓣(用100%甲醇固定，放置于−10 ℃冰箱中待测)10 g，剪碎，加入60 mL预冷(低于0 ℃的80%甲醇溶液，匀浆5 min，匀浆液在4 ℃下振荡(或搅拌)24 h，过滤。残渣再用20 mL甲醇液振荡1 h。反复2次，滤液混合。将滤液在旋转蒸发器上干燥减压蒸发(36～38 ℃)至原体积一半，再加入10 mL石油醚提取部分色素，将下层甲醇液取出，弃掉石油醚层，继续减质浓缩至水溶液。水溶液中含有IAA、ABA、GA和CTK等。

②样品萃取。将水溶液用1 mol/L HCl调pH至2.5～2.8。并以与水溶液等体积的乙酸乙酯萃取。将混合溶液装入分液漏斗，分离水相和乙酸乙酯相。取水相再用乙酸乙酯萃取2次。合并乙酸乙酯溶液。此时，CTK(细胞分裂素)存在于水相中，而ABA、GA、IAA存在于乙酸乙酯中。

③样品的纯化。将乙酸乙酯溶液用旋转蒸发器浓缩至干。用2 mL 100%甲醇溶解残留物；然后取100 μL甲醇溶液点在涂有硅胶GF254玻板下端1 cm处(或点在华特曼3号层析纸上)，并在同一水平上分别点上标准GA和ABA溶液100 μL；再用体积比为10∶1∶1的异丙醇-28%氨水-水作为展层剂展层，前沿至玻板顶端0.5 cm处即停止展层；层析完毕后，吹干玻板并在紫外灯下观察色带，与标准ABA和GA的Rf值相同或相近的色带，就作为纯化后的ABA和GA；最后将ABA和GA带分别刮下(或剪下)，用95%乙醇浸提3次。溶液经减压蒸干后，即可进一步做生物学测定或气相色谱测定。

(3) ABA和GA的测定

①ABA测定。精选小麦种子，25 ℃黑暗下浸种2 h，排于培养皿湿滤纸上，在25 ℃下发芽。待胚根出现后，移入培养缸中的塑料网上，继续在25 ℃下暗中培养。约72 h后，选取胚芽鞘2.8～3.0 cm的幼苗，用刀片自顶端分别切成3 mm、5 mm、5 mm三小段，取中间5 mm切段置蒸馏水中2～3 h，备用。

然后，称取20 mg ABA，溶于少量乙醇，以无离子水定容至100 mL，得到ABA母液(200 μg/mL)。再吸取5 mL母液，加无离子水定容至100 mL，即为10 μg/mL。吸取5 mL 10 μg/mL ABA溶液，用2%蔗糖-0.01 mol/L磷酸缓冲液(pH 5.0)定容至50 mL，即为1 μg/mL ABA标准液，以此类推，分别配成0、0.001 μg/mL、0.01 μg/mL、0.1 μg/mL、1 μg/mL标准液。

取2 mL各种浓度的ABA标准液分别置入10 mL具塞试管，每管加入小麦芽鞘切段10根，各浓度均需3～4组重复，加塞后，置暗处25 ℃摇床上振荡20 h。将10个切段取出测定其总长度(cm)，然后按下列公式计算处理后减少的百分数(R)：$R(\%)=(D_{空}-D_{处理})/D_{原}\times 100\%$。式中，$D_{空}$为空白总长度；$D_{处理}$为处理总长度；$D_{原}$为原始总长度(5.0 cm)。以$R$与ABA浓度的相关性，绘制标准曲线。

最后，将待测样品溶于2 mL 2%蔗糖-0.01 mol/L磷酸缓冲液(pH 5.0)，置于具塞试管中，按上述步骤操作，算出R，再查标准曲线，就可得到ABA浓度C。

②GA测定。取籽粒饱满的水稻种子，用漂白粉溶液灭菌30 min，冲洗后再加适量的水，使能盖过种子，在30 ℃黑暗中发芽2天。种子露白后，选芽长2 mm的种子，胚芽朝上，排在小杯中的琼脂凝胶上。每杯排放10粒左右种子。小杯放进玻璃箱内，盖上盖，放进恒温培养箱中，在30 ℃，2000～6000 lx

NOTE

光照下培养2天。精选第二叶叶尖刚伸出第一叶、苗高0.9～1 cm的幼苗，将不符合的拔去。用50%的丙酮将100 mg/L的GA_3稀释成0.1 mg/L、1.0 mg/L、10 mg/L、100 mg/L的GA_3溶液。从恒温培养箱中取出小烧杯，编号，分别用0.1 mg/L、1.0 mg/L、10 mg/L、100 mg/L的GA_3处理，对照为50%丙酮溶液。所有小烧杯再放入恒温培养箱中培养3天。测定第二叶叶鞘长度。以GA_3浓度的对数为横坐标，第二叶叶鞘长度为纵坐标，绘制标准曲线。

六、实验结果与分析

样品中的ABA、GA_3浓度可直接根据标准曲线求得。

此法可测定不同保鲜剂对鲜切花生成内源脱落酸和赤霉素的影响，从而检验保鲜效果。

实验十三　鲜切花叶片电导率测定实验

一、实验目的

膜透性增大的程度与逆境胁迫强度有关，也与植物抗逆性的强弱有关。运用电导法鉴定不同种类鲜切花在不同保鲜液作用下的电导率，可以鉴定其抗逆性强弱，以评价保鲜液的保鲜效果。

二、实验原理

植物细胞膜对维持细胞的微环境和正常的代谢起着重要的作用。在正常情况下，细胞膜对物质具有选择透过性。当植物受到逆境影响时，细胞膜遭到破坏，膜透性增大，从而使细胞内的电解质外渗，以致植物细胞浸提液的电导率增大。

三、实验材料

月季、香石竹、满天星、菊花、唐菖蒲等切花。

四、实验仪器和药品

电导仪、天平、真空干燥器、抽气机、恒温水浴锅、注射器、尼龙网、试管。

五、实验步骤

(1) 将花材整理好后，取品种相同、长势相近的鲜切花材料分别置于清水和保鲜液中室温保存7天。

(2) 每次处理选择20片叶片作为实验材料，分别用蒸馏水冲洗二次，并用洁净滤纸吸干，将叶片剪成1～2 cm长小段。

(3) 将所剪材料分别放入带标记的大试管中，用干净尼龙网罩住，向各试管中准确加入蒸馏水20 mL，浸没叶片(以不浮出尼龙网为原则)。

(4) 将准备好的材料放入真空干燥器，用抽气机抽气15 min左右，以抽出细胞间隙中的空气；重新缓缓放入空气，水即被压入组织中而使叶下沉。

(5) 将抽过气的材料取出，放在实验桌上静置20 min，然后用玻棒轻轻搅动叶片，在20～25 ℃下，用电导仪测定溶液电导率。

六、实验结果与分析

比较不同处理的叶片细胞透性情况及其电导率差别，可作为遴选最佳保鲜液配方的重要依据之一。

实验十四　鲜切花花青素含量的测定

一、实验目的

掌握花青素含量测定的原理和方法。

二、实验原理

花青素(anthocyanidin),又称花色素,是自然界一类广泛存在于植物中的水溶性天然色素,是花色苷水解而得的有颜色的苷元。花卉中的主要呈色物质大部分与花青素有关。在植物细胞液泡不同的pH条件下,花青素使花瓣呈现五彩缤纷的颜色。鲜切花中花青素对在贮藏运输过程中保持其花色艳丽有着重要作用。

三、实验材料

月季、香石竹、满天星、菊花、唐菖蒲等切花。

四、实验仪器和药品

(1) 试剂　花青素标样、95%乙醇、盐酸、甲醇、正丁醇、硫酸铁铵。

(2) 仪器设备　分光光度计、电子恒温水浴锅、高速粉碎机、超声波清洗机、烘箱、离心机。

五、实验步骤

(1) 准确配制质量浓度为0.50 mg/mL的花青素标准溶液,分别吸取0 mL、0.1 mL、0.2 mL、0.3 mL、0.4 mL、0.5 mL置于6支10 mL具塞比色管中,各加入甲醇溶液至1.0 mL,然后加入6.0 mL正丁醇-盐酸溶液(体积比为95∶5)和0.2 mL质量分数为2%的硫酸铁铵溶液(临用时配制),摇匀后,置沸水浴中加热40 min,然后迅速冷却,在波长400～600 nm处进行扫描,确定其最大吸收波长,于最大吸收波长处测定花青素标准溶液吸光度,得到标准曲线方程。测得待测溶液在最大吸收波长下的吸光度(平行6次),再通过标准曲线得出其浓度。

(2) 将花材整理洗净擦干后,取花瓣部分放入烘箱60 ℃烘干至恒重,粉碎,过80目筛,称取1 g粉末,加入提取液(0.1%盐酸和95%乙醇),50 ℃超声提取后,4000 r/min离心10 min,取上清液冷却至室温后稀释,测定最大吸收波长下的吸光度。

六、实验结果与分析

由标准线性方程计算得到结果,按其稀释倍数求得各样品中原花青素含量。

实验十五　鲜切花保鲜液的配置

一、实验目的

掌握不同品种鲜切花保鲜液的配置方法。

二、实验原理

随着人们物质生活和精神生活水平的提高,鲜切花越来越受到人们的欢迎。鲜切花与其他商品不

同，在不进行任何处理时，其寿命将不会长久，达不到观赏的作用，且不耐贮藏运输。目前常用保鲜液来延长鲜切花的瓶插寿命，该方法具有简单有效的特点。大量研究表明，保鲜液能在很大程度上提高鲜切花的瓶插寿命。

三、实验材料

月季、香石竹、菊花、唐菖蒲等切花。

四、实验仪器和药品

花瓶、水、蔗糖、8-羟基喹啉等。

五、常见鲜切花保鲜液配方

鲜切花品种	蔗糖/(%)	8-羟基喹啉/(mg/L)	6-BA/(mg/L)	CCC/(mg/L)	$AgNO_3$/(mg/L)	水杨酸/(mg/L)
月季	0.7	200	20	—	—	—
香石竹	0.5	200	—	—	50	—
菊花	0.5	200	—	—	25	—
唐菖蒲	0.5	300	—	20	50	—
郁金香	0.5	300	—	50	—	—
蝴蝶兰	0.3	—	5	—	—	—
非洲菊	0.3	—	—	—	200	—
绣球	2	250	—	—	30	100

实验十六　温度对鲜切花贮藏的影响

一、实验目的

通过对不同温度下鲜切花的保鲜期长短的研究，找到最适宜的温度范围，使得鲜切花的保鲜期在原有技术的基础上得以延长。

二、实验原理

控制温度条件，通过测定切花的生理指标确定其贮藏最适温度。

三、实验材料

月季、香石竹、满天星、菊花、唐菖蒲等切花。

四、实验仪器和药品

低温恒温槽等。

五、实验步骤

(1) 实验材料的处理。将花材整理好后，选取品种相同、长势相近的鲜切花材料。

(2) 将材料分为 7 组，每组 10 枝，分别置于 −5 ℃、−2 ℃、0 ℃、5 ℃、10 ℃、15 ℃、20 ℃环境下保存，每天测定各项生理指标，直至花材完全萎蔫，失去测量价值。

(3) 各生理指标如下。

①呼吸速率(见实验二)。

②含水量(见实验一)。

③相对电导率(见实验十三)。

④丙二醛(见实验十)。

⑤过氧化物酶、过氧化氢酶、超氧化物歧化酶活性(见实验七、八、九)。

六、实验结果与分析

对多次测定的数据计算平均值，求标准差，对数据进行相关性及显著性分析，得到最适宜温度范围。

实验十七　鲜切花的采收

一、实验目的

掌握鲜切花采收过程中技术要点。

二、实验原理

在适宜的发育阶段采切，切花能更长时间保持新鲜状态。一般而言，越在花朵发育的后期采切，切花的瓶插寿命越短。掌握切花采收的技术要点，能够有效地延长瓶插寿命，减少损失。

三、实验材料

月季、香石竹、满天星、菊花、唐菖蒲等切花。

四、采收要点

(1) 采收时期　切花最适宜的采收阶段因植物种类、品种、季节、环境等条件而有所区别。用于本地市场直接销售的切花采收阶段比长距离运输或需贮藏的晚一些。在能保证花蕾正常开放、不影响品质的前提下，应尽可能在花蕾期采收。

但一些切花在幼嫩蕾期采收，不能正常开放，或易于枯萎。

月季和非洲菊如采收过早，“弯颈”现象发生更频繁。这是因为月季“弯颈”区域的花茎中维管束组织木质化程度不够，支持结构没有完全成熟。非洲菊则与花茎中心空腔尚未形成有关，这一空腔可作为另一输水通道。有些切花在蕾期采切后，在清水中不能正常开放，需插入特制的“花蕾开放液”中才会开花。

一些具穗状花序的切花(如乌头花、飞燕草和假龙头花)须在花序基部 1～2 朵小花开放时采收，否则花蕾将不能正常开放。还有一类花(如雏菊)必须在花充分开放后才能采收。如果切花在本地市场直接销售，就无必要在花蕾紧实阶段采收。

(2) 采收时间　大部分切花宜在上午采收，尤其是那些采后失水快的种类(如月季)。要注意在露水、雨水或其他水汽干燥后进行。切花采收之后，应立即放入保鲜液中，尽快预冷或置于冷库之中，以防止水分丧失，保持高的质量。要尽可能避免在高温(高于 27 ℃)和高强度光照下采收。

(3) 采收方法　要用锋利的剪刀把花茎从母株上斜剪下来。一般来讲，如果切花采后立即置于水中或保鲜液中，采切方法并不严格影响瓶插寿命。剪截时应形成一斜面，以增加花茎吸水面积，这对吸

水只能通过切口的本质茎类切花尤为重要。草质茎类切花除由切口导管吸水外，还可从外表皮组织进行，因此剪口并不那么重要。剪口应当光滑，避免压破茎部，否则会引起含糖汁液渗出，有利于微生物侵染(可以在水中放杀菌剂来解决感菌的问题)，反过来又将形成茎的阻塞。

切割花茎的部位要尽可能地使花茎长些，但由于花茎基部木质化程度过高，基部刀割会导致切花吸水能力下降，缩短切花寿命。因此切割的部位应选择靠近基部而花茎木质化程度适度的地方。

(4) 采收后贮藏环境

温度：低温，放到分级包装室中。

湿度：因种类不同而异。提高大气中的相对湿度，可以减缓切花内水分的丧失。

光照：低光照或黑暗状态，采后短期内无光没有太大问题，长期无光会造成黄叶、落花和落果。

环境空气：防止乙烯伤害，尽量不要有燃烧物。

实验十八　鲜切花周年生产技术

一、实验目的

掌握鲜切花周年生产技术的要点。

二、实验原理

针对不同种类切花，采取不同的生产管理方法，有利于实现切花生产高产、高效。

三、实验材料

月季、香石竹、满天星、菊花、唐菖蒲等切花。

四、切花生产特点

(1) 切花栽培的特点

①产量高，收益大。

②可周年生产。

③产品需要贮存、包装。

④投入大，效益高。

(2) 影响鲜切花质量的因素　切花质量包括观赏寿命、花资、花朵的大小、小花发育状况、鲜度、颜色、茎和花梗的支撑力、叶色和质地等。切花质量影响因素有以下几点。

①切花种类和品种：不同种类、不同品种的切花，花色、花形、产量、抗性、生产周期、采后寿命的差别都很大。

②光照：光照强度影响植株的光合作用和花瓣的色泽。

③温度：栽培期间温度过高，会使花朵小，缩短切花的货架寿命。

④施肥：为了生产出高质量的切花，应合理施肥，维持氮、磷、钾和其他营养元素的适宜数量和比例，不要过量施肥。

⑤灌水：土壤水分过多或过少，均会引起植株的生理危害，最终缩短切花的瓶插寿命。

⑥空气湿度：空气湿度太高会给细菌和真菌的发生和发展创造有利条件，所以应注意栽培环境的通风透气。

⑦病虫害防治：在切花栽培过程中，应严格控制病虫害的发生，这对生产高品质的切花至关重要。病虫害损伤植株的器官和组织，降低切花外观质量，使组织脱水，加速切花萎蔫，刺激内源乙烯生成，从

而加快切花老化。

⑧空气污染：在切花温室生产中，应注意避免空气污染。污染的主要来源是燃烧产生的废气，如内燃机、烧油器和煤气炉产生的废气。这些废气中含有大量的乙烯和其他有害物质，它们会加快切花的衰老，造成生理伤害。

五、切花生产技术要点

1. 栽培方式

栽培方式根据栽培基质的不同可分为有土栽培和无土栽培。

(1) 有土栽培成本低，技术容易掌握，根据是否采用温室分为露地栽培和温室栽培。

温室栽培的优点：管理方便，防病虫害蔓延，节水；温度湿度容易控制，苗木生长整齐，生长周期短，花叶质量好；可周年生产，全年为市场提供鲜切花，满足市场需求。

(2) 无土栽培是指以水、草炭或森林腐叶土、蛭石等介质作植株根系的基质固定植株，植株根系直接接触营养液的栽培方法。

无土栽培优点：营养液成分易于控制，且可随时调节。在光照、温度适宜而没有土壤的地方，如沙漠、海滩、荒岛，只要有一定量的淡水供应，便可进行。无土栽培根据栽培介质的不同分为水培、雾(气)培和基质栽培。

2. 切花栽培技术要点

(1) 保护地栽培　采用温室或塑料大棚；冷凉栽培室和冷藏库；光、温、水、气调节设施；其他设施。

(2) 土壤改良和消毒　一般需排水良好、疏松肥沃的土壤，即含 60%～70%的沙粒和 30%～40%粉粒和黏粒，也可以使用人工配置的营养土；一般用管道蒸汽和化学药剂对土壤进行消毒；采用轮作和多施基肥的方式改良土壤。

(3) 调控花期　要实现鲜切花周年切花生产，常年供花，就必须利用切花栽培的各个环节，根据栽培种类的生物学特性，采取相应的技术措施，进行花期调节，使植物提前或延迟开花。

NOTE

参考文献

CANKAOWENXIAN

[1] 夏冰.鲜切花采后生理特性研究进展[J].湖北林业科技,2010(3):43-45.

[2] 王荣华,邵鑫星,郑兴峰.二氯异氰尿酸钠对月季切花的保鲜效应[J].江苏农业科学,2011,39(3):352-354.

[3] 侍华丽.含 NS 保鲜液对月季切花保鲜效果的研究[J].现代园艺,2019(19):46-47,100.

[4] 邱靓,陈海霞.不同浓度的 6-BA 对月季切花的保鲜效果研究[J].现代园艺,2019,42(17):40-41.

[5] 向丽钧,魏冰瑶,晏丽.环保型保鲜剂对月季切花保鲜效果综合研究[J].湖南文理学院学报(自然科学版),2020,32(2):53-59.

[6] 李光亚,范华鹏,王盼,等.褪黑素对百合、月季切花保鲜效应的影响[J].安徽农学通报,2020,26(22):54-56.

[7] 卓玛才仁,李玉兄,魏国良.基于响应面法优化香石竹切花保鲜剂配方[J].青海农林科技,2019(2):14-18.

[8] 常怀成,罗未蓉,张愉飞,等.外源 NO 对康乃馨鲜切花保鲜效果的影响[J].黑龙江农业科学,2019(7):89-93.

[9] 蒋亚莲,陆琳,瞿素萍,等.不同浓度 6-BA 和 B9 对多头香石竹切花保鲜效果的影响[J].山西农业科学,2020,48(4):644-648.

[10] 杨运英,杨晓春,王廷芹.不同浓度明矾对康乃馨切花的保鲜效应[J].广东农业科学,2020,47(4):47-53.

[11] 万珠珠,谭秀梅,刘敏,等.细胞分裂素处理对香石竹切花保鲜效果的影响[J].北方园艺,2020(21):85-88.

[12] 刘宣园,郭佳,黄丽,等.保鲜剂对香石竹切花的动态保鲜效应研究[J].现代园艺,2021,44(1):55-56.

[13] 曾长立,陈禅友.外源一氧化氮对百合鲜切花的生理效应[J].东北林业大学学报,2011,39(1):46-48.

[14] 赵敏,姚建英,孟宪敏,等.百合切花无银保鲜液筛选及其保鲜效果[J].江苏农业科学,2017,45(21):223-225.

[15] 顾小军,杞国信,杨肖艳,等.0.14% 1-甲基环丙烯微囊悬浮剂对百合切花的保鲜效果[J].现代农药,2019,18(6):45-47,56.

[16] 李巧玲,贺学勤,孙伯钧,等.不同处理对唐菖蒲切花保鲜的影响[J].内蒙古农业大学学报(自然科学版),2012,33(1):251-253.

[17] 刘群舫,刘煜光.不同瓶插液处理对唐菖蒲切花保鲜的影响[J].河北林果研究,2013,28(2):145-147.

[18] 刘柳姣,胡子有,黄虹心,等.3 种有机酸浸泡花泥对唐菖蒲切花保鲜效果的影响[J].亚热带农业研究,2014,10(2):112-115.

[19] 王文婷,丁香玉,姜烁,等.不同浓度柠檬酸对唐菖蒲保鲜效果的影响[J].林业科技通讯,2021(2):73-77.

[20] 朱秀敏,张晓丽,尹园园.不同保鲜剂对鲜切花保鲜效果的研究[J].北方园艺,2011(9):185-188.

[21] 杨红超,马丽,吴有花.6-BA与2,4-D混合保鲜剂对菊花切花保鲜效果研究[J].北方园艺,2013(1):166-168.

[22] 任亚萍,周勃,米银法,等.苯甲酸钠对菊花切花保鲜效果及抗氧化系统的影响[J].江苏农业科学,2017,45(11):139-142.

[23] 王茹华,张启发,李晔,等.羧甲基壳聚糖对切花菊瓶插保鲜的效果[J].北方园艺,2018(15):129-133.

[24] 郑鹏丽,宋燕,周明芹.不同保鲜溶液对菊花鲜切花保鲜效果的影响[J].湖北农业科学,2019,58(8):113-116.

[25] 项德强,杨秋花,赵壮乐.采后处理和保鲜液对菊花鲜切花瓶插寿命的影响[J].安徽农学通报,2020,26(13):45-46.

[26] 彭绍峰,王占营,周子发,等.钙对牡丹切花保鲜效果的影响[J].北方园艺,2011(1):183-184.

[27] 章志红,季节,蒋联芳.不同保鲜液对切花牡丹观赏品质和生理的影响[J].江苏农业科学,2020,48(13):212-215.

[28] 罗浩.牡丹切花品种筛选及采后技术研究[D].北京:北京林业大学,2020.

[29] 徐萌,董梅,周亚平.不同植物生长调节剂对芍药切花保鲜效果的影响[J].贵州农业科学,2014,42(5):45-48.

[30] 马冬梅,赵菊莲.中草药浸提液对芍药鲜切花瓶插寿命的影响[J].林业科技通讯,2017(8):68-72.

[31] 高水平,魏春梅,王焰,等.采收期对芍药切花保鲜效果的影响[J].河南农业科学,2013,42(10):115-117,121.

[32] 张玉,李伟.$Ca(NO_3)_2$对芍药切花瓶插期生理和观赏品质的影响[J].北方园艺,2019(19):81-87.

[33] 韩磊,刘志祥,曾超珍.满天星切花保鲜液的筛选及其生理效应研究[J].湖北农业科学,2011,50(2):313-315.

[34] 陈婧婧,王小德,马进,等.不同瓶插液对梅花品种三轮玉蝶采后生理特性的影响[J].江苏农业科学,2012,40(7):252-254.

[35] 姚馨婷,张璐,李婷婷,等.苯甲酸与赤霉素对中国水仙切花保鲜效果的影响[J].热带作物学报,2020,41(1):184-191.

[36] 王小敏,李维林,朱洪武,等.喇叭水仙切花保鲜技术研究[J].中国农学通报,2010,26(19):221-225.

[37] 姜贺飞,李继爱,王晓旭,等.秸秆醋液对水仙切花瓶插寿命及生理指标的影响[J].浙江林业科技,2010,30(4):20-23.

[38] 黄木花.杀菌剂对中国水仙切花保鲜及其生理变化的影响[J].现代园艺,2011(19):6-7.

[39] 王培.八仙花切花不同商品肥料应用及保鲜技术研究[D].银川:宁夏大学,2014.

[40] 杨景雅,赵艳娟,张静,等.绣球切花采后保鲜技术的研究[J].黑龙江农业科学,2020(2):61-72.

[41] 李慧娥,龙海军,杨顺,等.不同配方保鲜液对绣球切花保鲜效果的比较[J].江苏农业科学,2020,48(12):170-174.

[42] 陈江为,肖旎珺.不同配方瓶插液对八仙花保鲜效果的影响[J].现代园艺,2021,44(1):21-23,26.

[43] 孔芳,凌宏龙,薛正莲,等.保鲜液对蝴蝶兰切花保鲜生理效应的研究[J].北方园艺,2013(2):130-133.

[44] 董小艳,郑金生,何俊平,等.不同保鲜处理对蝴蝶兰切花保鲜效应的影响[J].安徽农学通报,2020,26(19):59-62.

[45] 章志红,孙天舒,朱凤娟.九种保鲜剂对切花马蹄莲保鲜效果的研究[J].湖北农业科学,2013,52(5):

1128-1130.
[46] 吴中军,夏晶晖,吴夏.复合保鲜技术对马蹄莲切花保鲜效果的影响[J].北方园艺,2015(23):142-145.
[47] 刘珊.不同保鲜液对马蹄莲和洋桔梗切花保鲜效应的研究[D].武汉:华中师范大学,2015.
[48] 孙正海,辛培尧,林开文,等.中药材浸提液对金鱼草切花瓶插寿命的影响[J].江苏农业科学,2012,40(1):225-228.
[49] 汪成忠,唐蓉,顾国海,等.不同处理对金鱼草瓶插寿命的影响[J].现代园艺,2015(1):7-8.
[50] 张瑜瑜,李晶,吴旭,等.金鱼草切花瓶插生理和保鲜效应研究[J].北方园艺,2013(9):154-159.
[51] 胡小京,赵云,关元静.水杨酸对金鱼草切花保鲜效果的影响[J].江苏农业科学,2020,48(8):213-218.
[52] 刘芳,许飞飞,吴三林,等.CPPU处理对切花腊梅保鲜的影响[J].北方园艺,2012(11):176-178.
[53] 刘小林.不同处理液对蜡梅切花保鲜效果的影响[J].潍坊工程职业学院学报,2016,29(3):99-101,105.
[54] 马红芸,李敏,王维娜,等.不同保鲜液对秋石斛切花生理效应的影响[J].黑龙江农业科学,2018(12):47-50.
[55] 黄海泉,樊国盛,王誉茶,等.不同保鲜剂对大花飞燕草切花生理特性的影响[J].植物生理学报,2014,50(4):395-400.
[56] 张桂玲.1-MCP复合瓶插液对洋桔梗切花保鲜效果的研究[J].热带作物学报,2013,34(3):473-479.
[57] 黄牡丹,孙铁坤,杜玉婷,等.不同处理对洋桔梗切花的保鲜效应[J].湖北农业科学,2013,52(16):3930-3932,3942.
[58] 李军萍,师进霖,徐峥嵘,等.水杨酸对洋桔梗切花保鲜的效应[J].福建农业学报,2013,28(1):55-59.
[59] Hutchinson M J, Muchiri J N, Waithaka K. Effects of chemical preservatives and water quality on postharvest keeping quality of cut Lisianthus (Eustoma grandiflorum L.) [J]. Botswana Journal of Agriculture & Applied Sciences, 2013, 23(3): 8-18.
[60] 王珂,李振山,侯江涛.不同营养剂对洋桔梗保鲜时间的影响[J].商丘职业技术学院学报,2017,16(3):101-103.
[61] 于晓萌,杜钰,郝宏娟,等.基于响应面法优化玉蝉花切花保鲜剂配方的研究[J].中国农业科技导报,2017,19(10):121-131.
[62] 于晓萌,郝宏娟,王丹,等.$CaCl_2$处理对玉蝉花切花保鲜效果和生理特性的影响[J].浙江农业学报,2017,29(5):773-781.
[63] 何民佐,黎凡行,马红梅.凤仙花茎的不同提取物对金露花鲜切花的保鲜效应[J].海南热带海洋学院学报,2016,23(5):82-86.
[64] 盛爱武,刘念,兰霞,等.不同保鲜液对黄姜花切花保鲜效果的研究[J].安徽农业科学,2010,38(23):12776-12777.
[65] 刘建新,丁华侨,李明江,等.姜荷属花卉的切花保鲜试验[J].浙江农业科学,2015,56(6):890-892.
[66] 戚家栋.保鲜剂配方对贴梗海棠切花保鲜及生理效应的调控[J].湖北农业科学,2015,54(11):2694-2697.
[67] 黄美娟,马秋月,徐俊,等.不同保鲜剂对花毛茛切花的保鲜效果研究[J].云南农业大学学报,2014,29(5):778-783.
[68] Zhang Z H, Zhu F J, Sun T S, et al. Effects of preservatives on the quality of ranunculus cut flowers[J]. Agricultural Science & Technology, 2014, 15(8): 1328-1363.

[69] 郭碧花.水杨酸对杜鹃花切花保鲜效应的研究[J].黑龙江科技信息,2013(20):103.

[70] 张瑜瑜,李晶,吴旭,等.六出花切花瓶插生理和保鲜效应研究[J].黑龙江农业科学,2013(3):52-58.

[71] 杨泽雄,辛培尧.2种中药材提取液对六出花瓶插寿命的影响[J].江苏农业科学,2016,44(4):355-357.

[72] 王廷芹,邝安丽,张燕宜.不同质量浓度果糖对大王龙船花切花保鲜效果的影响[J].仲恺农业工程学院学报,2016,29(1):6-12.

[73] 张颖异.石蒜(*Lycoris radiata*)切花保鲜和衰老机理的研究[D].南昌:江西农业大学,2012.

[74] 冯玉民,刘玉艳,于凤鸣,等.瓶插小苍兰切花保鲜液试验初探[J].北方园艺,2011(6):164-167.

[75] 任敬民,文素珍,魏东华,等.不同保鲜液及冷藏对迎春桃花保鲜效果的研究[J].佛山科学技术学院学报(自然科学版),2016,34(2):35-38,42.

[76] 罗红艺,刘璇,李思思,等.无机盐对紫罗兰切花的保鲜效应[J].华中师范大学学报(自然科学版),2015,49(5):763-766.

[77] 黄海泉,樊国盛,郑俊霞,等.不同保鲜剂对紫罗兰切花的保鲜效果[J].南方农业学报,2014,45(4):654-658.

[78] 潘耕耘,雷俊玲,林萍.紫罗兰预处理液及其保鲜机制研究[J].安徽农业科学,2010,38(23):12716-12719,12723.

[79] 吕盛坪,吕恩利,陆华忠,等.果蔬预冷技术研究现状与发展趋势[J].广东农业科学,2013,40(8):101-104.

[80] 王冠邦,张信荣.压差预冷多尺度热力学特性实验研究[J].工程热物理学报,2020,41(7):1565-1572.

[81] 吴静妍,董然,刁昊炜,等.不同预处理液对切花月季卡罗拉生理效应的影响[J].湖北农业科学,2016,55(19):4987-4990.

[82] 杨立文,黄河,张蜜,等.不同预处理液对切花菊'优香'的保鲜效果[J].东北林业大学学报,2015,43(3):34-38.

[83] 胡小京,皮维秀,杜忠友.不同浓度KT预处理液对干藏洋桔梗切花保鲜的影响[J].湖北农业科学,2015,54(7):1684-1687.

[84] 冼锡金,黄月容,李红梅,等.蔗糖溶液预处理对唐菖蒲"嫦娥粉"切花花朵开放的促进作用[J].仲恺农业工程学院学报,2014,27(2):5-9.

[85] 李永华,马海燕,李永."神马"切花菊蕾期采后催花液[J].东北林业大学学报,2012,40(5):62-66.

[86] 张甜甜,马骁.不同瓶插液对连翘切枝瓶插开花的影响[J].山西农业科学,2017,45(3):409-410,485.

[87] 王翠丽,崔洋,马海燕,等.神马切花菊催花液的保鲜生理研究[J].江西农业学报,2014,26(1):21-24.

[88] 张玲,邹承俊,何兴无.计算机视觉技术在农业自动化中的应用[J].电脑知识与技术,2014,10(31):7464-7465.

[89] 刘涛,仲晓春,孙成明,等.基于计算机视觉的水稻叶部病害识别研究[J].中国农业科学,2014,47(4):664-674.

[90] 李晓斌,郭玉明.机器视觉高精度测量技术在农业工程中的应用[J].农机化研究,2012,34(5):7-11.

[91] 李东洋,谢琳.基于计算机视觉的农业自动化技术研究[J].农村实用技术,2020(12):19-20.

[92] 黄维.计算机视觉技术在农业自动化领域的应用[J].农业工程,2018,8(11):25-27.

[93] 李想.基于计算机视觉的花卉分级系统研究[D].天津:天津理工大学,2015.

[94] 吴超.基于计算机视觉的玫瑰鲜切花质量分级评价[D].昆明:昆明理工大学,2019.
[95] 高水平,魏春梅,王焰,等.采收期对芍药切花保鲜效果的影响[J].河南农业科学,2013,42(10):115-117,121.
[96] 郑先章.关于减压贮藏技术及理论主流观点的商榷[J].农业工程学报,2017,33(14):1-10.
[97] 杨曙光,陈美龄,钱骅,等.减压贮藏保鲜技术的研究与应用进展[J].食品工业,2015,36(1):223-226.
[98] 王博,李光乐,林茂,等.减压贮藏保鲜技术优点及问题探析[J].广东农业科学,2012,39(2):79-82.
[99] Wei F J, Wang J, Huang S, et al. Effect of pre-harvest application of promalin and 1-MCP on preservation of cut lily and its relationship to energy metabolism[J]. Scientia Horticulturae, 2018,239:1-8.
[100] 罗江会,马婧,刘道凤,等.乙烯对蜡梅切花开放衰老及乙烯受体基因表达的影响[J].植物生理学报,2015,51(2):253-258.
[101] 张金锋,种高军.不同剪切角度对3种常见切花保鲜效果的研究[J].安徽农学通报,2021,27(3):37-38,146.
[102] 曾长立,陈禅友.外源一氧化氮对百合鲜切花的生理效应[J].东北林业大学学报,2011,39(1):46-48.
[103] Su J, Nie Y, Zhao G, et al. Endogenous hydrogen gas delays petal senescence and extends the vase life of lisianthus cut flowers[J]. Postharvest Biology and Technology, 2019, 147:148-155.
[104] Ahmad S S, Tahir I. Increased oxidative stress, lipid peroxidation and protein degradation trigger senescence in Iris versicolor L. flowers[J]. Physiology and Molecular Biology of Plants, 2016,22(4):507-514.
[105] 郑芳,耿兴敏,何丽斯,等.两种杜鹃花切花开放和衰老进程中活性氧代谢的变化[J].中国野生植物资源,2020,39(8):18-25.
[106] 魏婧,徐畅,李可欣,等.超氧化物歧化酶的研究进展与植物抗逆性[J].植物生理学报,2020,56(12):2571-2584.
[107] 薛梅,李晓英.化学保鲜剂对马蹄莲切花抗氧化酶活性的影响[J].重庆文理学院学报(自然科学版),2012,31(3):67-69.
[108] 王周峰.鲜切花香石竹栽培管理技术[J].科学种养,2015(3):24-25.
[109] 赵敏,朱东奇,王俊英,等.不同配方保鲜液对香石竹切花的保鲜效果[J].贵州农业科学,2014,42(6):144-146.
[110] 刘培林.花卉智能大棚系统及其关键技术研究[D].天津:天津工业大学,2018.
[111] 吴伟.第十三届全国菊花展新品种介绍[J].花木盆景(花卉园艺),2020(2):24-25.
[112] 陈发棣,陈素梅,房伟民,等.菊花优异种质资源挖掘与种质创新研究[J].中国科学基金,2016,30(2):112-115.
[113] 王秀英.传统年宵花带来浓浓年味[J].中国花卉园艺,2020(1):18-21.
[114] 杨立晨,李得瑞,茹梦媛,等.22种百合属植物在青岛地区引种的适应性研究[J].中国农学通报,2020,36(23):46-53.
[115] 钱遵姚,杨光炤,张军云,等.不同切花百合品种的物候特征和表型性状差异[J].南方农业学报,2020,51(5):1152-1158.
[116] 吴超,林巧奇,秦德辉,等.切花百合种质资源表型性状遗传多样性分析[J].分子植物育种,2016,14(5):1300-1308.
[117] 张芳明,丁晓瑜.百合新品种引种与延长供花期配套栽培技术[J].浙江农业科学,2020,61(8):1596-1597,1652.

[118] 邵小斌,赵统利,朱朋波,等.主要切花月季品种评价与筛选[J].浙江农业科学,2019,60(11):2063-2065.

[119] 吴朗平.切花玫瑰栽培技术[J].云南农业,2019(1):66-67.

[120] 华小平.苏北切花月季日光温室栽培[J].中国花卉园艺,2020(8):35-36.

[121] 王力,刘冰,李禹尧,等.棚室康乃馨鲜切花生产技术规程[J].黑龙江农业科学,2017(6):161-162.

[122] 谭亚萍,谭国安.我国设施农业发展现状、障碍及对策研究[J].广西农业机械化,2019(3):64,66.

[123] 陈焕轩,韩迎春,冯璐,等.智慧农业在棉花生产管理中的应用[J].棉花学报,2020,32(3):269-278.

[124] 冯康.基于机器视觉的棉花识别与定位技术的研究[D].石河子:石河子大学,2015.

[125] 赵春江.智慧农业发展现状及战略目标研究[J].智慧农业,2019,1(1):1-7.

[126] 黄超琼,王天宝,陈超,等.基于安卓的智慧农业 APP 设计与实现[J].软件导刊,2015,14(1):1-3.

[127] 高宇,高军萍,李寒,等.植物表型监测技术研究进展及发展对策[J].江苏农业科学,2017,45(11):5-10.

[128] 次丹妮.基于计算机视觉的花卉叶部病害识别方法研究[D].天津:天津职业技术师范大学,2016.

[129] 冯筱.基于物联网的温室花卉智能灌溉系统设计[D].曲阜:曲阜师范大学,2015.

[130] 刘兆娜,郭绍霞,李伟.AM 真菌对百合生长和生理特性的影响[J].草业学报,2017,26(11):85-93.

[131] 孙龙燕,徐萌,刘宁,等.AM 真菌对郁金香生长的影响[J].青岛农业大学学报(自然科学版),2014,31(4):242-245,265.

[132] 李文彬,卢文倩,谢佳委,等.丛枝菌根真菌对郁金香生长及其切花生理的影响[J].菌物学报,2018,37(4):456-465.

[133] Luisa L, Valentina F, Francesco V, et al. Strigolactones cross the kingdoms: plants, fungi, and bacteria in the arbuscular mycorrhizal symbiosis[J]. Journal of Experimental Botany, 2018, 69(9): 2175-2188.

[134] 陈盛超.2002～2016 年广东鲜切花出口分析研究[D].广州:华南农业大学,2017.

[135] 杨扬.2012～2016 年广东与荷兰花卉贸易情况分析[D].广州:华南农业大学,2018.

[136] 董燕.2014～2015 年我国海关花卉进出口统计数据分析[J].中国花卉园艺,2017(7):29-31.

[137] 董燕.2018 年我国海关花卉进出口数据分析[J].中国花卉园艺,2019(7):18-19.

[138] 张力.2016 年鲜切花产销形势分析[J].中国花卉园艺,2017(7):16-19.

[139] 黄帅.采前 1-MCP 处理对月季切花保鲜效应及其作用机理研究[D].杨凌:西北农林科技大学,2018.

[140] 关伟,过聪,向发云,等.湖北省花卉产业调研报告[J].湖北农业科学,2020,59(S1):238-241.

[141] 姚飞.基于产业链视角的云南鲜切花产业研究[D].昆明:云南大学,2018.

[142] 金龙云.昆明市鲜切花产业发展现状及其存在问题研究[D].昆明:云南大学,2018.

[143] 李芬,祝剑峰.切花保鲜技术研究[J].农村经济与科技,2020,31(13):70-71.

[144] 姜山.切花采后生理及其保鲜技术的应用[J].南方农业,2015,9(36):59-60.

[145] 陆继亮.世界花卉产销现状及发展趋势[J].现代园艺,2020,43(23):73-75.

[146] 王旸,刘春艳,田云芳.世界四大鲜切花保鲜剂成分研究进展[J].现代农业科技,2018(12):138-139.

[147] 李琴,陈德富.我国鲜切花出口发展的现状、问题与对策[J].对外经济贸易,2019(7):46-49.

[148] 陈进,刘小林.鲜切花采后生理变化特征及保鲜技术研究进展[J].现代农业科技,2017(15):136-137,139.
[149] 万珠珠,谭秀梅,刘敏,等.细胞分裂素处理对香石竹切花保鲜效果的影响[J].北方园艺,2020(21):85-88.
[150] 苏宝川.鲜切花采前保鲜技术研究[J].安徽农学通报,2019,25(22):45-47.
[151] 师巧慧.鲜切花衰老机理与保鲜技术的研究[J].农业与技术,2018,38(24):224.
[152] 高翠玲,范珺.现代包装技术在切花保鲜中的应用[J].中国包装,2016(3):48-50.
[153] 麦海欣,林环,吴楚纯,等.乙烯抑制剂在切花保鲜的应用[J].东南园艺,2020,8(1):60-64.
[154] 杨明珊,陆继亮,魏国震,等.云南现代花卉产业的优势和问题[J].农业工程技术,2020,40(13):14-21,28.
[155] 秦光远,代亚轩,程宝栋.中国鲜切花进口需求弹性分析[J].新疆财经,2019(4):5-14.
[156] 许蕊.郁金香切花保鲜预处理液筛选研究[J].中国园艺文摘,2012,28(9):18-19.
[157] 文雨婷.不同植物生长调节剂对郁金香切花保鲜效果及机理研究[D].郑州:河南农业大学,2014.
[158] 张元,唐道城.翠菊株系观赏性状综合评价[J].青海大学学报(自然科学版),2014,32(3):21-26,79.
[159] 林焰.园林花木景观应用图册——草本分册[M].北京:机械工业出版社,2014.
[160] 孙静,张永生.家庭养花实用宝典[M].北京:中国华侨出版社,2013.
[161] 周慧,林明光,潘英文,等.冰袋预冷对红掌切花采后保鲜和生理变化的影响[J].农业研究与应用,2015(6):1-5.
[162] 潘英文,韩松,温国泉,等.红掌切花采后冷藏保鲜技术研究[J].西南农业学报,2011,24(3):1082-1085.
[163] 庞宝康.美丽的六出花[J].国土绿化,2015(6):51.
[164] 黄振喜,刘丽云,潘恩敬,等.切花月季的贮藏保鲜技术[J].现代园艺,2020,43(3):76-77.
[165] 熊运海.蔗糖对月季切花贮藏保鲜效应研究[J].安徽农业技术师范学院学报,2000(2):40-42,39.
[166] 洪世阳,梁静萍,石晓光,等.不同贮藏方式对热带地区切花月季瓶插寿命的影响[J].现代农业科技,2017(21):143-144.
[167] 刘季平,廖列文,梁建峰,等.不同贮藏处理方式对月季切花瓶插寿命的影响[J].现代农业科技,2014(5):185-187.
[168] 陈进.预处理结合低温冷藏对百合切花保鲜效果的研究[J].中国园艺文摘,2017,33(8):31-32.
[169] 李小玲,华智锐.水杨酸和低温对百合切花保鲜效应的研究[J].陕西农业科学,2017,63(7):15-18.
[170] 霍妍,赵春莉,姚思扬,等.无银保鲜剂对卷丹百合切花的保鲜效果[J].湖北农业科学,2017,56(19):3711-3713.
[171] 王宝春,姜春华,王锦荣,等.不同浓度1-MCP对切花百合的保鲜效果[J].甘肃农业科技,2020(6):16-19.
[172] 王磊,昝亚玲,尉淑珍. Zn^{2+} 对百合鲜切花保鲜效应的研究[J].现代园艺,2018(9):5-8.
[173] 李红梅.唐菖蒲栽培管理技术及切花采收与处理[J].福建农业,2013(1):22-23.
[174] 郭峰,刘锦波,董仁凯,等.唐菖蒲切花形态特征及无土栽培技术[J].现代农业科技,2016(5):162-163.
[175] 刘志洋,韩梦瑶,王琪悦,等.青霉素对唐菖蒲保鲜作用的研究[J].农村实用技术,2021(2):94-95.